建 筑 节 能

Energy Efficiency in Buildings

48

涂逢祥　主编

中国建筑工业出版社

图书在版编目（CIP）数据

建筑节能．48/涂逢祥主编．—北京：中国建筑工业出版社，2008
ISBN 978-7-112-09777-7

Ⅰ．建… Ⅱ．涂… Ⅲ．建筑—节能 Ⅳ．TU111.4

中国版本图书馆CIP数据核字（2007）第187304号

责任编辑：马 红
责任设计：董建平
责任校对：王雪竹 王 爽

建筑节能
Energy Efficiency in Buildings
48
涂逢祥 主编
*
中国建筑工业出版社出版、发行（北京西郊百万庄）
各地新华书店、建筑书店经销
北京永净印刷有限责任公司制版
北京建筑工业印刷厂印刷
*
开本：787×1092毫米 1/16 印张：20¾ 字数：503千字
2008年2月第一版 2008年2月第一次印刷
印数：1—2,500册 定价：**43.00**元
ISBN 978-7-112-09777-7
(16441)

主编单位

中国建筑业协会建筑节能专业委员会

北京绿之都建筑节能环保技术研究所

主　编

涂逢祥

副主编

郎四维　白胜芳

编　委

林海燕　冯　雅　方修睦　任　俊

编辑部通讯地址： 100076　北京市南苑新华路一号

电　　　　话： 010—67992220—291，322

传　　　　真： 010—67962505

电 子 信 箱： **cbeea@sohu. com**

目　录

建筑节能战略与政策

Strategies and Policies on Energy Efficiency in China

节能示范建筑

Energy Efficient Demonstration Buildings

围护结构节能

Energy Efficiency of Building Envelope

节能窗与遮阳技术

Energy Efficient Windows and Sun Shading Technology

暖通空调节能技术

Energy Efficiency Technology of HVAC

国外建筑节能

Energy Efficiency in Buildings Abroad

建筑能耗调查

Investigation about Energy Consumption in Buildings

建筑节能进展

Progress on Energy Efficiency in Buildings

《建筑节能》第33～48册总目录

Contents of Energy Efficiency in Buildings from Book 33 to Book 48

中华人民共和国节约能源法

全国人民代表大会

（1997年11月1日第八届全国人民代表大会常务委员会第二十八次会议通过，2007年10月28日第十届全国人民代表大会常务委员会第三十次会议修订）

第一章　总　　则

第一条　为了推动全社会节约能源，提高能源利用效率，保护和改善环境，促进经济社会全面协调可持续发展，制定本法。

第二条　本法所称能源，是指煤炭、石油、天然气、生物质能和电力、热力以及其他直接或者通过加工、转换而取得有用能的各种资源。

第三条　本法所称节约能源（以下简称节能），是指加强用能管理，采取技术上可行、经济上合理以及环境和社会可以承受的措施，从能源生产到消费的各个环节，降低消耗、减少损失和污染物排放、制止浪费，有效、合理地利用能源。

第四条　节约资源是我国的基本国策。国家实施节约与开发并举、把节约放在首位的能源发展战略。

第五条　国务院和县级以上地方各级人民政府应当将节能工作纳入国民经济和社会发展规划、年度计划，并组织编制和实施节能中长期专项规划、年度节能计划。

国务院和县级以上地方各级人民政府每年向本级人民代表大会或者其常务委员会报告节能工作。

第六条　国家实行节能目标责任制和节能考核评价制度，将节能目标完成情况作为对地方人民政府及其负责人考核评价的内容。

省、自治区、直辖市人民政府每年向国务院报告节能目标责任的履行情况。

第七条　国家实行有利于节能和环境保护的产业政策，限制发展高耗能、高污染行业，发展节能环保型产业。

国务院和省、自治区、直辖市人民政府应当加强节能工作，合理调整产业结构、企业结构、产品结构和能源消费结构，推动企业降低单位产值能耗和单位产品能耗，淘汰落后的生产能力，改进能源的开发、加工、转换、输送、储存和供应，提高能源利用效率。

国家鼓励、支持开发和利用新能源、可再生能源。

第八条　国家鼓励、支持节能科学技术的研究、开发、示范和推广，促进节能技术创新与进步。

国家开展节能宣传和教育，将节能知识纳入国民教育和培训体系，普及节能科学知识，增强全民的节能意识，提倡节约型的消费方式。

第九条 任何单位和个人都应当依法履行节能义务，有权检举浪费能源的行为。

新闻媒体应当宣传节能法律、法规和政策，发挥舆论监督作用。

第十条 国务院管理节能工作的部门主管全国的节能监督管理工作。国务院有关部门在各自的职责范围内负责节能监督管理工作，并接受国务院管理节能工作的部门的指导。

县级以上地方各级人民政府管理节能工作的部门负责本行政区域内的节能监督管理工作。县级以上地方各级人民政府有关部门在各自的职责范围内负责节能监督管理工作，并接受同级管理节能工作的部门的指导。

第二章 节能管理

第十一条 国务院和县级以上地方各级人民政府应当加强对节能工作的领导，部署、协调、监督、检查、推动节能工作。

第十二条 县级以上人民政府管理节能工作的部门和有关部门应当在各自的职责范围内，加强对节能法律、法规和节能标准执行情况的监督检查，依法查处违法用能行为。

履行节能监督管理职责不得向监督管理对象收取费用。

第十三条 国务院标准化主管部门和国务院有关部门依法组织制定并适时修订有关节能的国家标准、行业标准，建立健全节能标准体系。

国务院标准化主管部门会同国务院管理节能工作的部门和国务院有关部门制定强制性的用能产品、设备能源效率标准和生产过程中耗能高的产品的单位产品能耗限额标准。

国家鼓励企业制定严于国家标准、行业标准的企业节能标准。

省、自治区、直辖市制定严于强制性国家标准、行业标准的地方节能标准，由省、自治区、直辖市人民政府报经国务院批准；本法另有规定的除外。

第十四条 建筑节能的国家标准、行业标准由国务院建设主管部门组织制定，并依照法定程序发布。

省、自治区、直辖市人民政府建设主管部门可以根据本地实际情况，制定严于国家标准或者行业标准的地方建筑节能标准，并报国务院标准化主管部门和国务院建设主管部门备案。

第十五条 国家实行固定资产投资项目节能评估和审查制度。不符合强制性节能标准的项目，依法负责项目审批或者核准的机关不得批准或者核准建设；建设单位不得开工建设；已经建成的，不得投入生产、使用。具体办法由国务院管理节能工作的部门会同国务院有关部门制定。

第十六条 国家对落后的耗能过高的用能产品、设备和生产工艺实行淘汰制度。淘汰的用能产品、设备、生产工艺的目录和实施办法，由国务院管理节能工作的部门会同国务院有关部门制定并公布。

生产过程中耗能高的产品的生产单位，应当执行单位产品能耗限额标准。对超过单位产品能耗限额标准用能的生产单位，由管理节能工作的部门按照国务院规定的权限责令限期治理。

对高耗能的特种设备，按照国务院的规定实行节能审查和监管。

第十七条 禁止生产、进口、销售国家明令淘汰或者不符合强制性能源效率标准的用能产品、设备；禁止使用国家明令淘汰的用能设备、生产工艺。

第十八条 国家对家用电器等使用面广、耗能量大的用能产品，实行能源效率标识管理。实行能源效率标识管理的产品目录和实施办法，由国务院管理节能工作的部门会同国务院产品质量监督部门制定并公布。

第十九条 生产者和进口商应当对列入国家能源效率标识管理产品目录的用能产品标注能源效率标识，在产品包装物上或者说明书中予以说明，并按照规定报国务院产品质量监督部门和国务院管理节能工作的部门共同授权的机构备案。

生产者和进口商应当对其标注的能源效率标识及相关信息的准确性负责。禁止销售应当标注而未标注能源效率标识的产品。

禁止伪造、冒用能源效率标识或者利用能源效率标识进行虚假宣传。

第二十条 用能产品的生产者、销售者，可以根据自愿原则，按照国家有关节能产品认证的规定，向经国务院认证认可监督管理部门认可的从事节能产品认证的机构提出节能产品认证申请；经认证合格后，取得节能产品认证证书，可以在用能产品或者其包装物上使用节能产品认证标志。

禁止使用伪造的节能产品认证标志或者冒用节能产品认证标志。

第二十一条 县级以上各级人民政府统计部门应当会同同级有关部门，建立健全能源统计制度，完善能源统计指标体系，改进和规范能源统计方法，确保能源统计数据真实、完整。

国务院统计部门会同国务院管理节能工作的部门，定期向社会公布各省、自治区、直辖市以及主要耗能行业的能源消费和节能情况等信息。

第二十二条 国家鼓励节能服务机构的发展，支持节能服务机构开展节能咨询、设计、评估、检测、审计、认证等服务。

国家支持节能服务机械开展节能知识宣传和节能技术培训，提供节能信息、节能示范和其他公益性节能服务。

第二十三条 国家鼓励行业协会在行业节能规划、节能标准的制定和实施、节能技术推广、能源消费统计、节能宣传培训和信息咨询等方面发挥作用。

第三章 合理使用与节约能源

第一节 一 般 规 定

第二十四条 用能单位应当按照合理用能的原则，加强节能管理，制定并实施节能计划和节能技术措施，降低能源消耗。

第二十五条 用能单位应当建立节能目标责任制，对节能工作取得成绩的集体、个人给予奖励。

第二十六条 用能单位应当定期开展节能教育和岗位节能培训。

第二十七条 用能单位应当加强能源计量管理，按照规定配备和使用经依法检定合格的能源计量器具。

用能单位应当建立能源消费统计和能源利用状况分析制度，对各类能源的消费实行分类计量和统计，并确保能源消费统计数据真实、完整。

第二十八条 能源生产经营单位不得向本单位职工无偿提供能源。任何单位不得对能源消费实行包费制。

第二节 工业节能

第二十九条 国务院和省、自治区、直辖市人民政府推进能源资源优化开发利用和合理配置，推进有利于节能的行业结构调整，优化用能结构和企业布局。

第三十条 国务院管理节能工作的部门会同国务院有关部门制定电力、钢铁、有色金属、建材、石油加工、化工、煤炭等主要耗能行业的节能技术政策，推动企业节能技术改造。

第三十一条 国家鼓励工业企业采用高效、节能的电动机、锅炉、窑炉、风机、泵类等设备，采用热电联产、余热余压利用、洁净煤以及先进的用能监测和控制等技术。

第三十二条 电网企业应当按照国务院有关部门制定的节能发电调度管理的规定，安排清洁、高效和符合规定的热电联产、利用余热余压发电的机组以及其他符合资源综合利用规定的发电机组与电网并网运行，上网电价执行国家有关规定。

第三十三条 禁止新建不符合国家规定的燃煤发电机组、燃油发电机组和燃煤热电机组。

第三节 建筑节能

第三十四条 国务院建设主管部门负责全国建筑节能的监督管理工作。

县级以上地方各级人民政府建设主管部门负责本行政区域内建筑节能的监督管理工作。

县级以上地方各级人民政府建设主管部门会同同级管理节能工作的部门编制本行政区域内的建筑节能规划。建筑节能规划应当包括既有建筑节能改造计划。

第三十五条 建筑工程的建设、设计、施工和监理单位应当遵守建筑节能标准。

不符合建筑节能标准的建筑工程，建设主管部门不得批准开工建设；已经开工建设的，应当责令停止施工、限期改正；已经建成的，不得销售或者使用。

建设主管部门应当加强对在建建筑工程执行建筑节能标准情况的监督检查。

第三十六条 房地产开发企业在销售房屋时，应当向购买人明示所售房屋的节能措施、保温工程保修期等信息，在房屋买卖合同、质量保证书和使用说明书中载明，并对其真实性、准确性负责。

第三十七条 使用空调采暖、制冷的公共建筑应当实行室内温度控制制度。具体办法由国务院建设主管部门制定。

第三十八条 国家采取措施，对实行集中供热的建筑分步骤实行供热分户计量、按照用热量收费的制度。新建建筑或者对既有建筑进行节能改造，应当按照规定安装用热计量装置、室内温度调控装置和供热系统调控装置。具体办法由国务院建设主管部门会同国务院有关部门制定。

第三十九条 县级以上地方各级人民政府有关部门应当加强城市节约用电管理，严格控制公用设施和大型建筑物装饰性景观照明的能耗。

第四十条 国家鼓励在新建建筑和既有建筑节能改造中使用新型墙体材料等节能建筑

材料和节能设备，安装和使用太阳能等可再生能源利用系统。

第四节　交通运输节能

第四十一条　国务院有关交通运输主管部门按照各自的职责负责全国交通运输相关领域的节能监督管理工作。

国务院有关交通运输主管部门会同国务院管理节能工作的部门分别制定相关领域的节能规划。

第四十二条　国务院及其有关部门指导、促进各种交通运输方式协调发展和有效衔接，优化交通运输结构，建设节能型综合交通运输体系。

第四十三条　县级以上地方各级人民政府应当优先发展公共交通，加大对公共交通的投入，完善公共交通服务体系，鼓励利用公共交通工具出行；鼓励使用非机动交通工具出行。

第四十四条　国务院有关交通运输主管部门应当加强交通运输组织管理，引导道路、水路、航空运输企业提高运输组织化程度和集约化水平，提高能源利用效率。

第四十五条　国家鼓励开发、生产、使用节能环保型汽车、摩托车、铁路机车车辆、船舶和其他交通运输工具，实行老旧交通运输工具的报废、更新制度。

国家鼓励开发和推广应用交通运输工具使用的清洁燃料、石油替代燃料。

第四十六条　国务院有关部门制定交通运输营运车船的燃料消耗量限值标准；不符合标准的，不得用于营运。

国务院有关交通运输主管部门应当加强对交通运输营运车船燃料消耗检测的监督管理。

第五节　公共机构节能

第四十七条　公共机构应当厉行节约，杜绝浪费，带头使用节能产品、设备，提高能源利用效率。

本法所称公共机构，是指全部或者部分使用财政性资金的国家机关、事业单位和团体组织。

第四十八条　国务院和县级以上地方各级人民政府管理机关事务工作的机构会同同级有关部门制定和组织实施本级公共机构节能规划。公共机构节能规划应当包括公共机构既有建筑节能改造计划。

第四十九条　公共机构应当制定年度节能目标和实施方案，加强能源消费计量和监测管理，向本级人民政府管理机关事务工作的机构报送上年度的能源消费状况报告。

国务院和县级以上地方各级人民政府管理机关事务工作的机构会同同级有关部门按照管理权限，制定本级公共机构的能源消耗定额，财政部门根据该定额制定能源消耗支出标准。

第五十条　公共机构应当加强本单位用能系统管理，保证用能系统的运行符合国家相关标准。

公共机构应当按照规定进行能源审计，并根据能源审计结果采取提高能源利用效率的措施。

第五十一条　公共机构采购用能产品、设备，应当优先采购列入节能产品、设备政府采购名录中的产品、设备。禁止采购国家明令淘汰的用能产品、设备。

节能产品、设备政府采购名录由省级以上人民政府的政府采购监督管理部门会同同级有关部门制定并公布。

第六节　重点用能单位节能

第五十二条　国家加强对重点用能单位的节能管理。

下列用能单位为重点用能单位：

（一）年综合能源消费总量一万吨标准煤以上的用能单位；

（二）国务院有关部门或者省、自治区、直辖市人民政府管理节能工作的部门指定的年综合能源消费总量五千吨以上不满一万吨标准煤的用能单位。

重点用能单位节能管理办法，由国务院管理节能工作的部门会同国务院有关部门制定。

第五十三条　重点用能单位应当每年向管理节能工作的部门报送上年度的能源利用状况报告。能源利用状况包括能源消费情况、能源利用效率、节能目标完成情况和节能效益分析、节能措施等内容。

第五十四条　管理节能工作的部门应当对重点用能单位报送的能源利用状况报告进行审查。对节能管理制度不健全、节能措施不落实、能源利用效率低的重点用能单位，管理节能工作的部门应当开展现场调查，组织实施用能设备能源效率检测，责令实施能源审计，并提出书面整改要求，限期整改。

第五十五条　重点用能单位应当设立能源管理岗位，在具有节能专业知识、实际经验以及中级以上技术职称的人员中聘任能源管理负责人，并报管理节能工作的部门和有关部门备案。

能源管理负责人负责组织对本单位用能状况进行分析、评价，组织编写本单位能源利用状况报告，提出本单位节能工作的改进措施并组织实施。

能源管理负责人应当接受节能培训。

第四章　节能技术进步

第五十六条　国务院管理节能工作的部门会同国务院科技主管部门发布节能技术政策大纲，指导节能技术研究、开发和推广应用。

第五十七条　县级以上各级人民政府应当把节能技术研究开发作为政府科技投入的重点领域，支持科研单位和企业开展节能技术应用研究，制定节能标准，开发节能共性和关键技术，促进节能技术创新与成果转化。

第五十八条　国务院管理节能工作的部门会同国务院有关部门制定并公布节能技术、节能产品的推广目录，引导用能单位和个人使用先进的节能技术、节能产品。

国务院管理节能工作的部门会同国务院有关部门组织实施重大节能科研项目、节能示范项目、重点节能工程。

第五十九条　县级以上各级人民政府应当按照因地制宜、多能互补、综合利用、讲求效益的原则，加强农业和农村节能工作，增加对农业和农村节能技术、节能产品推广应用的资金投入。

农业、科技等有关主管部门应当支持、推广在农业生产、农产品加工储运等方面应用节能技术和节能产品，鼓励更新和淘汰高耗能的农业机械和渔业船舶。

国家鼓励、支持在农村大力发展沼气，推广生物质能、太阳能和风能等可再生能源利用技术，按照科学规划、有序开发的原则发展小型水力发电，推广节能型的农村住宅和炉灶等，鼓励利用非耕地种植能源植物，大力发展薪炭林等能源林。

第五章 激励措施

第六十条 中央财政和省级地方财政安排节能专项资金，支持节能技术研究开发、节能技术和产品的示范与推广、重点节能工程的实施、节能宣传培训、信息服务和表彰奖励等。

第六十一条 国家对生产、使用列入本法第五十八条规定的推广目录的需要支持的节能技术、节能产品，实行税收优惠等扶持政策。

国家通过财政补贴支持节能照明器具等节能产品的推广和使用。

第六十二条 国家实行有利于节约能源资源的税收政策，健全能源矿产资源有偿使用制度，促进能源资源的节约及其开采利用水平的提高。

第六十三条 国家运用税收等政策，鼓励先进节能技术、设备的进口，控制在生产过程中耗能高、污染重的产品的出口。

第六十四条 政府采购监督管理部门会同有关部门制定节能产品、设备政府采购名录，应当优先列入取得节能产品认证证书的产品、设备。

第六十五条 国家引导金融机构增加对节能项目的信贷支持，为符合条件的节能技术研究开发、节能产品生产以及节能技术改造等项目提供优惠贷款。

国家推动和引导社会有关方面加大对节能的资金投入，加快节能技术改造。

第六十六条 国家实行有利于节能的价格政策，引导用能单位和个人节能。

国家运用财税、价格等政策，支持推广电力需求侧管理、合同能源管理、节能自愿协议等节能办法。

国家实行峰谷分时电价、季节性电价、可中断负荷电价制度，鼓励电力用户合理调整用电负荷；对钢铁、有色金属、建材、化工和其他主要耗能行业的企业，分淘汰、限制、允许和鼓励类实行差别电价政策。

第六十七条 各级人民政府对在节能管理、节能科学技术研究和推广应用中有显著成绩以及检举严重浪费能源行为的单位和个人，给予表彰和奖励。

第六章 法律责任

第六十八条 负责审批或者核准固定资产投资项目的机关违反本法规定，对不符合强制性节能标准的项目予以批准或者核准建设的，对直接负责的主管人员和其他直接责任人员依法给予处分。

固定资产投资项目建设单位开工建设不符合强制性节能标准的项目或者将该项目投入生产、使用的，由管理节能工作的部门责令停止建设或者停止生产、使用，限期改造；不能改造或者逾期不改造的生产性项目，由管理节能工作的部门报请本级人民政府按照国务院规定的权限责令关闭。

第六十九条 生产、进口、销售国家明令淘汰的用能产品、设备的，使用伪造的节能产品认证标志或者冒用节能产品认证标志的，依照《中华人民共和国产品质量法》的规定处罚。

第七十条 生产、进口、销售不符合强制性能源效率标准的用能产品、设备的，由产品质量监督部门责令停止生产、进口、销售，没收违法生产、进口、销售的用能产品、设备和违法所得，并处违法所得一倍以上五倍以下罚款；情节严重的，由工商行政管理部门吊销营业执照。

第七十一条 使用国家明令淘汰的用能设备或者生产工艺的，由管理节能工作的部门责令停止使用，没收国家明令淘汰的用能设备；情节严重的，可以由管理节能工作的部门提出意见，报请本级人民政府按照国务院规定的权限责令停业整顿或者关闭。

第七十二条 生产单位超过单位产品能耗限额标准用能，情节严重，经限期治理逾期不治理或者没有达到治理要求的，可以由管理节能工作的部门提出意见，报请本级人民政府按照国务院规定的权限责令停业整顿或者关闭。

第七十三条 违反本法规定，应当标注能源效率标识而未标注的，由产品质量监督部门责令改正，处三万元以上五万元以下罚款。

违反本法规定，未办理能源效率标识备案，或者使用的能源效率标识不符合规定的，由产品质量监督部门责令限期改正；逾期不改正的，处一万元以上三万元以下罚款。

伪造、冒用能源效率标识或者利用能源效率标识进行虚假宣传的，由产品质量监督部门责令改正，处五万元以上十万元以下罚款；情节严重的，由工商行政管理部门吊销营业执照。

第七十四条 用能单位未按照规定配备、使用能源计量器具的，由产品质量监督部门责令限期改正；逾期不改正的，处一万元以上五万元以下罚款。

第七十五条 瞒报、伪造、篡改能源统计资料或者编造虚假能源统计数据的，依照《中华人民共和国统计法》的规定处罚。

第七十六条 从事节能咨询、设计、评估、检测、审计、认证等服务的机构提供虚假信息的，由管理节能工作的部门责令改正，没收违法所得，并处五万元以上十万元以下罚款。

第七十七条 违反本法规定，无偿向本单位职工提供能源或者对能源消费实行包费制的，由管理节能工作的部门责令限期改正；逾期不改正的，处五万元以上二十万元以下罚款。

第七十八条 电网企业未按照本法规定安排符合规定的热电联产和利用余热余压发电的机组与电网并网运行，或者未执行国家有关上网电价规定的，由国家电力监管机构责令改正；造成发电企业经济损失的，依法承担赔偿责任。

第七十九条 建设单位违反建筑节能标准的，由建设主管部门责令改正，处二十万元以上五十万元以下罚款。

设计单位、施工单位、监理单位违反建筑节能标准的、由建设主管部门责令改正，处十万元以上五十万元以下罚款；情节严重的，由颁发资质证书的部门降低资质等级或者吊销资质证书；造成损失的，依法承担赔偿责任。

第八十条 房地产开发企业违反本法规定，在销售房屋时未向购买人明示所售房屋的节能措施、保温工程保修期等信息的，由建设主管部门责令限期改正，逾期不改正的，处三万元以上五万元以下罚款；对以上信息作虚假宣传的，由建设主管部门责令改正，处五万元以上二十万元以下罚款。

第八十一条 公共机构采购用能产品、设备，未优先采购列入节能产品、设备政府采购名录中的产品、设备，或者采购国家明令淘汰的用能产品、设备的，由政府采购监督管理部门给予警告，可以并处罚款；对直接负责的主管人员和其他直接责任人员依法给予处分，并予通报。

第八十二条 重点用能单位未按照本法规定报送能源利用状况报告或者报告内容不实的，由管理节能工作的部门责令限期改正；逾期不改正的，处一万元以上五万元以下罚款。

第八十三条 重点用能单位无正当理由拒不落实本法第五十四条规定的整改要求或者整改没有达到要求的，由管理节能工作的部门处十万元以上三十万元以下罚款。

第八十四条 重点用能单位未按照本法规定设立能源管理岗位，聘任能源管理负责人，并报管理节能工作的部门和有关部门备案的，由管理节能工作的部门责令改正；拒不改正的，处一万元以上三万元以下罚款。

第八十五条 违反本法规定，构成犯罪的，依法追究刑事责任。

第八十六条 国家工作人员在节能管理工作中滥用职权、玩忽职守、徇私舞弊，构成犯罪的，依法追究刑事责任；尚不构成犯罪的，依法给予处分。

第七章 附 则

第八十七条 本法自2008年4月1日起施行。

中国应对气候变化国家方案（摘要）

国务院

气候变化是国际社会普遍关心的重大全球性问题。气候变化既是环境问题，也是发展问题，但归根到底是发展问题。《联合国气候变化框架公约》（以下简称《气候公约》）指出，历史上和目前全球温室气体排放的最大部分源自发达国家，发展中国家的人均排放仍相对较低，发展中国家在全球排放中所占的份额将会增加，以满足其经济和社会发展需要。《气候公约》明确提出，各缔约方应在公平的基础上，根据他们共同但有区别的责任和各自的能力，为人类当代和后代的利益保护气候系统，发达国家缔约方应率先采取行动应对气候变化及其不利影响。《气候公约》同时也要求所有缔约方制定、执行、公布并经常更新应对气候变化的国家方案。

中国作为一个负责任的发展中国家，对气候变化问题给予了高度重视，并根据国家可持续发展战略的要求，采取了一系列与应对气候变化相关的政策和措施，为减缓和适应气候变化做出了积极的贡献。作为履行《气候公约》的一项重要义务，中国政府特制定《国家方案》，本方案明确了到2010年中国应对气候变化的具体目标、基本原则、重点领域及其政策措施。中国将按照科学发展观的要求，认真落实《国家方案》中提出的各项任务，努力建设资源节约型、环境友好型社会，提高减缓与适应气候变化的能力，为保护全球气候继续做出贡献。

《气候公约》第四条第七款规定：“发展中国家缔约方能在多大程度上有效履行其在本公约下的承诺，将取决于发达国家缔约方对其在本公约下所承担的有关资金和技术转让承诺的有效履行，并将充分考虑到经济和社会发展及消除贫困是发展中国家缔约方的首要和压倒一切的优先事项”。中国愿在发展经济的同时，与国际社会和有关国家积极开展有效务实的合作，努力实施本方案。

《国家方案》共分为五个部分，内容如下：

第一部分　中国气候变化的现状和应对气候变化的努力

近百年来，许多观测资料表明，地球气候正经历一次以全球变暖为主要特征的显著变化，中国的气候变化趋势与全球的总趋势基本一致。为应对气候变化，促进可持续发展，中国政府通过实施调整经济结构、提高能源效率、开发利用水电和其他可再生能源、加强生态建设以及实行计划生育等方面的政策和措施，为减缓气候变化做出了显著的贡献。

1　中国气候变化的观测事实与趋势

在全球变暖的大背景下，中国近百年的气候也发生了明显变化。近百年来，中国年平均气温升高了0.5～0.8℃，略高于同期全球增温平均值，近50年变暖尤其明显。从1986年到2005年，中国连续出现了20个全国性暖冬。近50年来，中国主要极端天气与气候事件的频率和强度出现了明显变化。1990年以来，多数年份全国年降水量高于常年，出现南涝北旱的雨型，干旱和洪水灾害频繁发生。近50年来，中国沿海海平面年平均上升速率为2.5mm，略高于全球平均水平；山地冰川快速退缩，并有加速趋势。

根据中国科学家的预测，中国未来的气候变暖趋势将进一步加剧：与2000年相比，2020年中国年平均气温将升高1.3～2.1℃，2050年将升高2.3～3.3℃；未来100年中国境内的极端天气与气候事件发生的频率可能性增大，将对经济社会发展和人们的生活产生很大影响；干旱区范围可能扩大，荒漠化可能性加重；沿海海平面仍将继续上升，青藏高原和天山冰川将加速退缩，一些小型冰川可能消失。

2 中国温室气体排放现状

根据《中华人民共和国气候变化初始国家信息通报》，1994年中国温室气体排放总量为40.6亿t二氧化碳当量（扣除碳汇后的净排放量为36.5亿t二氧化碳当量）。据专家初步估算，2004年中国温室气体排放总量约为61亿t二氧化碳当量（扣除碳汇后的净排放量约为56亿t二氧化碳当量）。从1994年到2004年，中国温室气体排放总量的年均增长率约为4%。

中国温室气体历史排放量很低，且人均排放一直低于世界平均水平。1950年中国化石燃料燃烧二氧化碳排放量为7900万t，仅占当时世界总排放量的1.31%；1950～2002年间中国化石燃料燃烧二氧化碳累计排放量占世界同期的9.33%，人均累计二氧化碳排放量61.7t，居世界第92位。2004年中国化石燃料燃烧人均二氧化碳排放量为3.65t，相当于世界平均水平的87%、经济合作与发展组织国家的33%。在经济社会稳步发展的同时，中国单位国内生产总值（GDP）的二氧化碳排放强度总体呈下降趋势。1990年中国单位GDP化石燃料燃烧二氧化碳排放强度为5.47kgCO_2/美元（2000年价），2004年下降为2.76kgCO_2/美元，下降了49.5%，而同期世界平均水平只下降了12.6%，经济合作与发展组织国家下降了16.1%。

3 中国减缓气候变化的努力与成就

作为一个负责任的发展中国家，自1992年联合国环境与发展大会以后，中国率先组织制定了《中国二十一世纪议程——中国21世纪人口、环境与发展白皮书》，并从国情出发采取了一系列政策措施，为减缓全球气候变化做出了积极的贡献。

第一，调整经济结构，推进技术进步，提高能源利用效率。1991～2005年中国以年均5.6%的能源消费增长速度支持了国民经济年均10.2%的增长速度，能源消费弹性系数约为0.55。中国万元GDP能耗由1990年的2.68t标准煤下降到2005年的1.43t标准煤（以2000年可比价计算），年均降低4.1%。按环比法计算，1991～2005年的15年间，通过经济结构调整和提高能源利用效率，中国累计节约和少用能源约8亿t标准煤，相当于减少约18亿t的二氧化碳排放。

第二，发展低碳能源和可再生能源，改善能源结构。到2005年底，中国的水电装机容量已经达到1.17亿kW，占全国发电装机容量的23%，年发电量为4010亿kWh，占总发电量的16.2%；2005年中国可再生能源利用量已经达到1.66亿t标准煤（包括大水电），占能源消费总量的7.5%左右，相当于减排3.8亿t二氧化碳。

第三，大力开展植树造林，加强生态建设和保护。中国人工造林保存面积达到0.54亿公顷，蓄积量15.05亿m^3，人工林面积居世界第一。全国森林面积达到17491万公顷，森林覆盖率从20世纪90年代初期的13.92%增加到2005年的18.21%。据专家估算，1980~2005年中国造林活动累计净吸收约30.6亿t二氧化碳。

第四，实施计划生育，有效控制人口增长。自20世纪70年代以来，通过计划生育，到2005年中国累计少出生3亿多人口，按照国际能源机构统计的全球人均排放水平估算，仅2005年一年就相当于减少二氧化碳排放约13亿t。

此外，中国政府在应对气候变化相关法律、法规和政策措施的制定，相关体制和机构建设，气候变化的科学研究和提高公众意识等方面也开展了一系列工作，取得了较好的效果。

第二部分　气候变化对中国的影响与挑战

受认识水平和分析工具的限制，目前世界各国对气候变化影响的评价尚存在较大的不确定性。现有研究表明，气候变化已经对中国产生了一定的影响，造成了沿海海平面上升、西北冰川面积减少、春季物候期提前等，而且未来将继续对中国自然生态系统和经济社会系统产生重要影响。与此同时，中国还是一个人口众多、经济发展水平较低、能源结构以煤为主、应对气候变化能力相对较弱的发展中国家，随着城镇化、工业化进程的不断加快以及居民用能水平的不断提高，中国在应对气候变化方面面临严峻的挑战。

1　中国与气候变化相关的基本国情

中国气候条件相对较差，自然灾害较重。中国主要属于大陆型季风气候，与北美和西欧相比，中国大部分地区的气温季节变化幅度要比同纬度地区相对剧烈，很多地方冬冷夏热，夏季全国普遍高温，为了维持比较适宜的室内温度，需要消耗更多的能源。中国气象灾害频发，其灾域之广、灾种之多、灾情之重、受灾人口之众，在世界上都是少见的。

首先，中国是一个生态环境比较脆弱的国家。2005年，全国森林覆盖率仅为18.21%，草地大多是高寒草原和荒漠草原，北方温带草地受干旱、生态环境恶化等影响，正面临退化和沙化的危机，土地荒漠化面积已经占到整个国土面积的27.4%。中国大陆海岸线长达1.8万多km，濒邻的自然海域面积约473万km^2，面积在$500m^2$以上的海岛有6500多个，易受海平面上升带来的不利影响。

其次，受资源禀赋制约，中国的一次能源结构以煤为主。2005年中国的一次能源生产量中原煤占76.4%，一次能源消费量中煤炭占68.9%，石油为21.0%，天然气、水电、核电、风能、太阳能等所占比重为10.1%，而同期全球一次能源消费构成中，煤炭只占27.8%，石油36.4%，天然气、水电、核电等占35.8%。由于煤炭消费比重较大，造成中国能源消费的二氧化碳排放强度相对较高。

第三，中国是世界上人口最多的国家。2005年底中国大陆人口（不包括香港、澳门、台湾）达到13.1亿，约占世界人口总数的20.4%；2005年城镇人口占全国总人口的比例只有43.0%，低于世界平均水平；随着城镇化进程的推进，目前每年约有上千万的农村劳动力向城镇转移。2005年中国人均商品能源消费量约1.7t标准煤，只有世界平均水平的

2/3，远低于发达国家的平均水平。

第四，中国的经济发展水平仍较低。2005 年中国人均国民生产总值约为 1714 美元（按当年汇率计算，下同），仅为世界人均水平的 1/4 左右；中国地区之间的经济发展水平差距较大，2005 年东部地区的人均 GDP 约为 2877 美元，而西部地区只有 1136 美元左右，仅为东部地区人均 GDP 的 39.5%；中国城乡居民之间的收入差距也比较大，2005 年城镇居民人均可支配收入为 1281 美元，而农村居民人均纯收入只有 397 美元，仅为城镇居民收入水平的 31.0%；中国的脱贫问题还未解决，截至 2005 年底，中国农村尚有 2365 万人均年纯收入低于 683 元人民币的贫困人口。

2　气候变化对中国的影响

气候变化对中国影响体现在农业、森林和其他生态系统、水资源、海岸带环境和生态系统等领域。

对农业的影响主要是：中国的春季物候期自 20 世纪 80 年代以来提前了 2～4 天，未来气候变化因素将使中国农业生产的不稳定性增加，农业成本和投资需求随着生产条件的变化会大幅度增加，潜在荒漠化趋势增大，草原面积减少，某些家畜疾病的发病率可能提高；

对森林和其他生态系统的影响主要是近 50 年来中国西北冰川面积减少了 21%，西藏冻土最大减薄了 4～5m，未来中国森林类型的分布将北移，虽然森林生产力从热带、亚热带地区到寒温带地区均有不同程度增加，但森林火灾及病虫害发生的频率和强度可能增高，对大熊猫、滇金丝猴和藏羚羊等珍稀物种的生存环境可能产生较大影响；

对水资源的影响主要是水资源分布的变化，未来 50～100 年，气候变化将可能增加中国洪涝和干旱灾害发生的概率，北方地区水资源短缺形势不容乐观，西北一些省份水资源供需矛盾可能进一步加大；

对海岸带环境和生态系统的影响主要是海岸侵蚀和海水入侵，珊瑚礁、红树林等生态系统的退化。

此外，气候变化对人体健康、大中型工程项目建设、旅游业和能源供应等也将产生一些不利影响。

3　中国应对气候变化面临的挑战

中国应对气候变化面临的挑战主要表现为对发展模式、能源结构、自主创新能力及农业、林业、水资源和海岸带等适应气候变化能力的挑战。

在发展模式方面，世界上目前尚没有既有较高的人均 GDP 水平又能保持很低人均能源消费量的先例，未来随着中国经济的发展，能源消费和二氧化碳排放量必然还要持续增长，减缓温室气体排放将使中国面临挑战。

在能源结构方面，中国是世界上少数几个以煤为主的国家，由于调整能源结构在一定程度上受到资源结构的制约，提高能源利用效率又面临着技术和资金上的障碍，以煤为主的能源资源和消费结构在未来相当长的一段时间将不会发生根本性的改变，使得中国在降低单位能源的二氧化碳排放强度方面比其他国家面临更大的困难。

在能源技术自主创新方面，应对气候变化的挑战，最终要依靠科技，中国目前正在进行的大规模能源、交通、建筑等基础设施建设，如果不能及时获得先进的、有益于减缓温室气体排放的技术，则这些设施的高排放特征就会在未来几十年内存在，这对中国应对气候变化，减少温室气体排放提出了严峻挑战。

在森林资源保护和发展方面，中国森林资源总量不足，远远不能满足国民经济和社会发展的需求，随着工业化、城镇化进程的加快，保护林地、湿地的任务加重，压力加大，再加上生态环境脆弱，现有可供植树造林的土地多集中在自然条件较差的地区，给植树造林和生态恢复带来巨大的挑战。

在农业领域，中国不仅是世界上农业气象灾害多发地区，而且也是一个人均耕地资源占有少、农业经济不发达，适应能力非常有限的国家，如何在气候变化的情况下确保中国农业生产持续稳定发展，对中国农业领域提高气候变化适应能力和抵御气候灾害能力提出了长期的挑战。

在水资源开发和保护领域，如何在气候变化的情况下，加强水资源管理，加强水利基础设施建设，确保大江大河、重要城市和重点地区的防洪安全，保障人民群众的生活用水，确保经济社会的正常运行，保护好河流生态系统，是水资源开发和保护领域长期面临的挑战。

在沿海地区和海岸带领域，由于海平面上升引起的海岸侵蚀、海水入侵、土壤盐渍化、河口海水倒灌等问题，是沿海地区面临的现实挑战。

第三部分　中国应对气候变化的指导思想、原则与目标

中国应对气候变化的指导思想是：全面贯彻落实科学发展观，推动构建社会主义和谐社会，坚持节约资源和保护环境的基本国策，以控制温室气体排放、增强可持续发展能力为目标，以保障经济发展为核心，以节约能源、优化能源结构、加强生态保护和建设为重点，以科学技术进步为支撑，不断提高应对气候变化的能力，为保护全球气候做出新的贡献。

中国应对气候变化要坚持六项原则，即：在可持续发展框架下应对气候变化，遵循《气候公约》规定的“共同但有区别的责任”，减缓与适应并重，将应对气候变化的政策与其他相关政策有机结合，依靠科技进步和科技创新，以及积极参与、广泛合作的原则。

到 2010 年，中国将努力实现以下主要目标：

1. 控制温室气体排放。实现单位国内生产总值能源消耗比 2005 年降低 20% 左右，相应减缓二氧化碳排放；力争使可再生能源开发利用总量（包括大水电）在一次能源供应结构中的比重提高到 10% 左右；煤层气抽采量达到 100 亿 m^3；力争使工业生产过程的氧化亚氮排放稳定在 2005 年的水平上；推广农业新技术，加大沼气利用力度等措施，努力控制农牧业甲烷排放增长速度；努力实现森林覆盖率达到 20%。

2. 增强适应气候变化能力。力争新增改良草地 2400 万公顷，治理退化、沙化和碱化草地 5200 万公顷，农业灌溉用水有效利用系数提高到 0.5；力争实现 90% 左右的典型森林生态系统和国家重点野生动植物得到有效保护，自然保护区面积占国土总面积的比重达到 16% 左右，治理荒漠化土地面积 2200 万公顷；力争减少水资源系统对气候变化的脆弱性，基本建成大江大河防洪工程体系，提高农田抗旱标准；力争实现全面恢复和营造红树林区，沿海地区抵御海洋灾害的能力得到明显提高，最大限度地减少海平面上升造成的社会影响和经济损失。

第四部分　中国应对气候变化的相关政策和措施

按照全面贯彻落实科学发展观的要求，把应对气候变化与实施可持续发展战略，加快建设资源节约型、环境友好型社会和创新型国家结合起来，纳入国民经济和社会发展总体规划；一面抓减缓温室气体排放，一面抓提高适应气候变化的能力。中国政府将采取一系列法律、经济、行政及技术等手段，大力节约能源，优化能源结构，改善生态环境，提高适应能力，加强科技开发和研究能力、提高公众的气候变化意识，完善气候变化管理机制，努力实现《国家方案》提出的目标与任务。

在中国控制温室气体排放的政策措施方面，能源生产和转换、提高能源效率与节约能源、工业生产过程、农业、林业和城市废弃物是重点领域。其中，在能源生产和转换领域，通过加快水电开发步伐，预计2010年可减少二氧化碳排放约5亿t；通过积极推进核电建设，预计2010年可减少二氧化碳排放约0.5亿t；通过加快火力发电的技术进步，加快淘汰落后的小火电机组，预计2010年可减少二氧化碳排放约1.1亿t；通过大力发展煤层气产业，鼓励在煤矿瓦斯利用领域开展清洁发展机制项目合作等措施，预计2010年可减少温室气体排放约2亿t二氧化碳当量；通过推进生物质能源的发展，预计2010年可减少温室气体排放约0.3亿t二氧化碳当量；通过积极扶持风能、太阳能、地热能、海洋能等的开发和利用，预计2010年可减少二氧化碳排放约0.6亿t，通过增强林业碳汇，碳汇数量比2005年增加约0.5亿t二氧化碳；在提高能源效率与节约能源领域，积极推进燃煤工业锅炉（窑炉）改造、区域热电联产、余热余压利用、节约和替代石油、电机系统节能、能量系统优化、建筑节能、绿色照明、政府机构节能、节能监测和技术服务体系建设等十大重点节能工程的实施，确保工程实施的进度和效果，尽快形成稳定的节能能力，通过实施上述十大重点节能工程，预计“十一五”期间可实现节能2.4亿t标准煤，相当于减排二氧化碳约5.5亿t。“十一五”期间，在工业生产过程、农业、林业和城市废弃物管理领域也将采取一系列切实可行的政策措施，做到在可持续发展框架下努力控制温室气体排放。

在适应气候变化的政策措施方面，农业、森林和其他自然生态系统、水资源、海岸带及沿海地区是重点领域。其中，在农业领域要继续加强农业基础设施建设，推进农业结构和种植制度调整，选育抗逆品种，遏制草地荒漠化加重趋势，加强新技术的研究和开发，增强农业生产适应气候变化不利影响的能力；在森林和其他自然生态系统领域，要制定和实施与适应气候变化相关的法律法规，强化对现有森林资源和其他自然生态系统的有效保护，加大林业技术开发和推广应用力度，降低气候变化对生物多样性的不利影响，提高预警和应急能力；在水资源领域，要建立与市场经济体制相适应的水利工程投融资体制和水利工程管理体制，加强水利基础设施的规划和建设，加大水资源配置、综合节水和海水利用技术的研发与推广力度；在海岸带及沿海地区领域，要建立健全相关法律法规，加大技术开发和推广应用力度，加强海洋环境的监测和预警能力，强化应对海平面升高的适应性对策。

中国政府决定成立由温家宝总理任组长的国家应对气候变化领导小组。在与气候变化相关的科技工作、公众意识和体制建设等方面，中国政府也将采取一系列积极的政策和措施，不断增强应对气候变化的综合能力。

第五部分　中国对若干问题的基本立场及国际合作需求

气候变化主要是发达国家自工业革命以来大量排放二氧化碳等温室气体造成的，其影响已波及全球。应对气候变化，需要国际社会广泛合作。为有效应对气候变化，并落实本方案，中国愿与各国加强合作，并呼吁发达国家按《气候公约》规定，切实履行向发展中国家提供资金和技术的承诺，提高发展中国家应对气候变化的能力。

1　中国对气候变化若干问题的基本立场

1.1　减缓温室气体排放。减缓温室气体排放是应对气候变化的重要方面。《气候公约》附件一缔约方国家应按“共同但有区别的责任”原则率先采取减排措施。发展中国家由于其历史排放少，当前人均温室气体排放水平比较低，其主要任务是实现可持续发展。中国作为发展中国家，将根据其可持续发展战略，通过提高能源效率、节约能源、发展可再生能源、加强生态保护和建设、大力开展植树造林等措施，努力控制温室气体排放，为减缓全球气候变化做出贡献。

1.2　适应气候变化。适应气候变化是应对气候变化措施不可分割的组成部分。过去，适应方面没有引起足够的重视，这种状况必须得到根本改变。国际社会今后在制定进一步应对气候变化法律文书时，应充分考虑如何适应已经发生的气候变化问题，尤其是提高发展中国家抵御灾害性气候事件的能力。中国愿与国际社会合作，积极参与适应领域的国际活动和法律文书的制定。

1.3　技术合作与技术转让。技术在应对气候变化中发挥着核心作用，应加强国际技术合作与转让，使全球共享技术发展所产生的惠益。应建立有效的技术合作机制，促进应对气候变化技术的研发、应用与转让；应消除技术合作中存在的政策、体制、程序、资金以及知识产权保护方面的障碍，为技术合作和技术转让提供激励措施，使技术合作和技术转让在实践中得以顺利进行；应建立国际技术合作基金，确保广大发展中国家买得起、用得上先进的环境友好型技术。

1.4　切实履行《气候公约》和《京都议定书》的义务。《气候公约》规定了应对气候变化的目标、原则和承诺，《京都议定书》在此基础上进一步规定了发达国家2008～2012年的温室气体减排目标，各缔约方均应切实履行其在《气候公约》和《京都议定书》下的各项承诺，发达国家应切实履行其率先采取减排温室气体行动，并向发展中国家提供资金和转让技术的承诺。中国作为负责任的国家，将认真履行其在《气候公约》和《京都议定书》下的义务。

1.5　气候变化区域合作。《气候公约》和《京都议定书》设立了国际社会应对气候变化的主体法律框架，但这决不意味着排斥区域气候变化合作。任何区域性合作都应是对《气候公约》和《京都议定书》的有益补充，而不是替代，其目的是为了充分调动各方面应对气候变化的积极性，推动务实的国际合作。中国将本着这种精神参与气候变化领域的区域合作。

2　气候变化国际合作需求

2.1　技术转让和合作需求。在气候变化观测、监测方面，主要技术需求包括大气、海洋和陆地生态系统观测技术，气象、海洋和资源卫星技术，气候变化监测与检测技术，以及气候系统的模拟和计算技术等方面；在减缓温室气体排放方面，主要技术需求包括先进的能源技术和制造技术，环保与资源综合利用技术，高效交通运输技术，新材料技术，新型建筑材料技术等方面；在适应气候变化方面，主要技术需求包括喷灌、滴灌等高效节水农业技术，工业水资源节约与循环利用技术，工业与生活废水处理技术，居民生活节水技术，高效防洪技术，农业生物技术，农业育种技术，新型肥料与农作物病虫害防治技术，林业与草原病虫害防治技术，速生丰产林与高效薪炭林技术，湿地、红树林、珊瑚礁等生态系统恢复和重建技术，洪水、干旱、海平面上升、农业灾害等观测与预警技术等。

2.2　能力建设需求。在人力资源开发方面，主要需求包括气候变化基础研究、减缓和适应的政策分析、信息化建设、清洁发展机制项目管理等方面的人员培训、国际交流、学科建设和专业技能培养等能力建设；在适应气候变化方面，主要需求包括开发气候变化适应性项目，开展极端气候事件案例研究，完善气候观测系统，提高沿海地区及水资源和农业等部门适应气候变化等能力建设；在技术转让与合作方面，主要需求包括及时跟踪国际技术发展动态，有效识别与评价气候变化领域中的先进适用技术，促进技术转让与合作的对策分析，提高对转让技术的消化和吸收等能力建设；在提高公众意识方面，主要需求包括制定提高公众气候变化意识的中长期规划及相关政策，建立与国际接轨的专业宣传教育网络和机构，培养宣传教育人才，面向不同区域、不同层次利益相关者的宣传教育活动，宣传普及气候变化知识，引导公众选择有利于保护气候的消费模式等能力建设；在信息化建设方面，主要需求包括分布式的气候变化信息数据库群，基于网络的气候变化信息共享平台，以应用为导向的气候变化信息体系和信息服务体系，公益性信息服务体系和发展产业化信息服务体系，国际信息交流与合作等能力建设；在国家信息通报编制方面，主要需求包括满足温室气体清单编制需求的统计体系，确定主要排放因子所需的测试数据，清单质量控制、气候变化影响和适应性评价、未来温室气体排放预测等方法，以及国家温室气体数据库等能力建设。

国家发展改革委员会　组织编制

2007 年 6 月

国务院关于印发节能减排综合性工作方案的通知

一、充分认识节能减排工作的重要性和紧迫性

《中华人民共和国国民经济和社会发展第十一个五年规划纲要》提出了“十一五”期间单位国内生产总值能耗降低20%左右，主要污染物排放总量减少10%的约束性指标。这是贯彻落实科学发展观，构建社会主义和谐社会的重大举措；是建设资源节约型、环境友好型社会的必然选择；是推进经济结构调整，转变增长方式的必由之路；是提高人民生活质量，维护中华民族长远利益的必然要求。

当前，实现节能减排目标面临的形势十分严峻。2006年以来，全国上下加强了节能减排工作，国务院发布了加强节能工作的决定，制定了促进节能减排的一系列政策措施，各地区、各部门相继做出了工作部署，节能减排工作取得了积极进展。但是，2006年全国没有实现年初确定的节能降耗和污染减排的目标，加大了“十一五”后4年节能减排工作的难度。更为严峻的是，2007年一季度，工业特别是高耗能、高污染行业增长过快，占全国工业能耗和二氧化硫排放近70%的电力、钢铁、有色、建材、石油加工、化工等六大行业增长20.6%，同比加快6.6个百分点。与此同时，各方面工作仍存在认识不到位、责任不明确、措施不配套、政策不完善、投入不落实、协调不得力等问题。这种状况如不及时扭转，不仅2007年节能减排工作难以取得明显进展，“十一五”节能减排的总体目标也将难以实现。

我国经济快速增长，各项建设取得巨大成就，但也付出了巨大的资源和环境代价，经济发展与资源环境的矛盾日趋尖锐，群众对环境污染问题反应强烈。这种状况与经济结构不合理、增长方式粗放直接相关。不加快调整经济结构、转变增长方式，资源支撑不住，环境容纳不下，社会承受不起，经济发展难以为继。只有坚持节约发展、清洁发展、安全发展，才能实现经济又好又快发展。同时，温室气体排放引起全球气候变暖，备受国际社会广泛关注。进一步加强节能减排工作，也是应对全球气候变化的迫切需要，是我们应该承担的责任。

各地区、各部门要充分认识节能减排的重要性和紧迫性，真正把思想和行动统一到中央关于节能减排的决策和部署上来。要把节能减排任务完成情况作为检验科学发展观是否落实的重要标准，作为检验经济发展是否“好”的重要标准，正确处理经济增长速度与节能减排的关系，真正把节能减排作为硬任务，使经济增长建立在节约能源资源和保护环境的基础上。要采取果断措施，集中力量，迎难而上，扎扎实实地开展工作，力争通过今明两年的努力，实现节能减排任务完成进度与“十一五”规划实施进度保持同步，为实现“十一五”节能减排目标打下坚实基础。

二、狠抓节能减排责任落实和执法监管

发挥政府主导作用。各级人民政府要充分认识到节能减排约束性指标是强化政府责任的指标，实现这个目标是政府对人民的庄严承诺，必须通过合理配置公共资源，有效运用经济、法律和行政手段，确保实现。当务之急，是要建立健全节能减排工作责任制和问责制，一级抓一级，层层抓落实，形成强有力的工作格局。地方各级人民政府对本行政区域节能减排负总责，政府主要领导是第一责任人。要在科学测算的基础上，把节能减排各项工作目标和任务逐级分解到各市（地）、县和重点企业。要强化政策措施的执行力，加强对节能减排工作进展情况的考核和监督，国务院有关部门定期公布各地节能减排指标完成情况，进行统一考核。要把节能减排作为当前宏观调控重点，作为调整经济结构，转变增长方式的突破口和重要抓手，坚决遏制高耗能、高污染产业过快增长，坚决压缩城市形象工程和党政机关办公楼等楼堂馆所建设规模，切实保证节能减排、保障民生等工作所需资金投入。要把节能减排指标完成情况纳入各地经济社会发展综合评价体系，作为政府领导干部综合考核评价和企业负责人业绩考核的重要内容，实行“一票否决”制。要加大执法和处罚力度，公开严肃查处一批严重违反国家节能管理和环境保护法律法规的典型案件，依法追究有关人员和领导者的责任，起到警醒教育作用，形成强大声势。省级人民政府每年要向国务院报告节能减排目标责任的履行情况。国务院每年向全国人民代表大会报告节能减排的进展情况，在“十一五”期末报告五年两个指标的总体完成情况。地方各级人民政府每年也要向同级人民代表大会报告节能减排工作，自觉接受监督。

强化企业主体责任。企业必须严格遵守节能和环保法律法规及标准，落实目标责任，强化管理措施，自觉节能减排。对重点用能单位加强经常监督，凡与政府有关部门签订节能减排目标责任书的企业，必须确保完成目标；对没有完成节能减排任务的企业，强制实行能源审计和清洁生产审核。坚持“谁污染、谁治理”，对未按规定建设和运行污染减排设施的企业和单位，公开通报，限期整改，对恶意排污的行为实行重罚，追究领导和直接责任人员的责任，构成犯罪的依法移送司法机关。同时，要加强机关单位、公民等各类社会主体的责任，促使公民自觉履行节能和环保义务，形成以政府为主导、企业为主体、全社会共同推进的节能减排工作格局。

三、建立强有力的节能减排领导协调机制

为加强对节能减排工作的组织领导，国务院成立节能减排工作领导小组。领导小组的主要任务是，部署节能减排工作，协调解决工作中的重大问题。领导小组办公室设在发展改革委，负责承担领导小组的日常工作，其中有关污染减排方面的工作由环保总局负责。地方各级人民政府也要切实加强对本地区节能减排工作的组织领导。

国务院有关部门要切实履行职责，密切协调配合，尽快制定相关配套政策措施和落实意见。各省级人民政府要立即部署本地区推进节能减排的工作，明确相关部门的责任、分工和进度要求。各地区、各部门和中央企业要在2007年6月30日前，提出本地区、本部门和本企业贯彻落实的具体方案报领导小组办公室汇总后报国务院。领导小组办公室要会同有关部门加强对节能减排工作的指导协调和监督检查，重大情况及时向国务院报告。

节能减排综合性工作方案

一、进一步明确实现节能减排的目标任务和总体要求

（一）主要目标。到2010年，万元国内生产总值能耗由2005年的1.22t标准煤下降到1t标准煤以下，降低20%左右；单位工业增加值用水量降低30%。“十一五”期间，主要污染物排放总量减少10%，到2010年，二氧化硫排放量由2005年的2549万t减少到

2295 万 t，化学需氧量（COD）由 1414 万 t 减少到 1273 万 t；全国设市城市污水处理率不低于 70%，工业固体废物综合利用率达到 60% 以上。

（二）总体要求。以邓小平理论和“三个代表”重要思想为指导，全面贯彻落实科学发展观，加快建设资源节约型、环境友好型社会，把节能减排作为调整经济结构、转变增长方式的突破口和重要抓手，作为宏观调控的重要目标，综合运用经济、法律和必要的行政手段，控制增量、调整存量，依靠科技、加大投入，健全法制、完善政策，落实责任、强化监管，加强宣传、提高意识，突出重点、强力推进，动员全社会力量，扎实做好节能降耗和污染减排工作，确保实现节能减排约束性指标，推动经济社会又好又快发展。

二、控制增量，调整和优化结构

（三）控制高耗能、高污染行业过快增长。严格控制新建高耗能、高污染项目。严把土地、信贷两个闸门，提高节能环保市场准入门槛。抓紧建立新开工项目管理的部门联动机制和项目审批问责制，严格执行项目开工建设“六项必要条件”（必须符合产业政策和市场准入标准、项目审批核准或备案程序、用地预审、环境影响评价审批、节能评估审查以及信贷、安全和城市规划等规定和要求）。实行新开工项目报告和公开制度。建立高耗能、高污染行业新上项目与地方节能减排指标完成进度挂钩、与淘汰落后产能相结合的机制。落实限制高耗能、高污染产品出口的各项政策。继续运用调整出口退税、加征出口关税、削减出口配额、将部分产品列入加工贸易禁止类目录等措施，控制高耗能、高污染产品出口。加大差别电价实施力度，提高高耗能、高污染产品差别电价标准。组织对高耗能、高污染行业节能减排工作专项检查，清理和纠正各地在电价、地价、税费等方面对高耗能、高污染行业的优惠政策。

（四）加快淘汰落后生产能力。加大淘汰电力、钢铁、建材、电解铝、铁合金、电石、焦炭、煤炭、平板玻璃等行业落后产能的力度。“十一五”期间实现节能 1.18 亿 t 标准煤，减排二氧化硫 240 万 t；2007 年实现节能 3150 万 t 标准煤，减排二氧化硫 40 万 t。加大造纸、酒精、味精、柠檬酸等行业落后生产能力淘汰力度，“十一五”期间实现减排化学需氧量（COD）138 万 t，2007 年实现减排 COD62 万 t。制订淘汰落后产能分地区、分年度的具体工作方案，并认真组织实施。对不按期淘汰的企业，地方各级人民政府要依法予以关停，有关部门依法吊销生产许可证和排污许可证并予以公布，电力供应企业依法停止供电。对没有完成淘汰落后产能任务的地区，严格控制国家安排投资的项目，实行项目“区域限批”。国务院有关部门每年向社会公告淘汰落后产能的企业名单和各地执行情况。建立落后产能退出机制，有条件的地方要安排资金支持淘汰落后产能，中央财政通过增加转移支付，对经济欠发达地区给予适当补助和奖励。

（五）完善促进产业结构调整的政策措施。进一步落实促进产业结构调整暂行规定。修订《产业结构调整指导目录》，鼓励发展低能耗、低污染的先进生产能力。根据不同行业情况，适当提高建设项目在土地、环保、节能、技术、安全等方面的准入标准。尽快修订颁布《外商投资产业指导目录》，鼓励外商投资节能环保领域，严格限制高耗能、高污染外资项目，促进外商投资产业结构升级。调整《加工贸易禁止类商品目录》，提高加工贸易准入门槛，促进加工贸易转型升级。

（六）积极推进能源结构调整。大力发展可再生能源，抓紧制订出台可再生能源中长期规划，推进风能、太阳能、地热能、水电、沼气、生物质能利用以及可再生能源与建筑一体化的科研、开发和建设，加强资源调查评价。稳步发展替代能源，制订发展替代能源中长期规划，组织实施生物燃料乙醇及车用乙醇汽油发展专项规划，启动非粮生物燃料乙醇试点项目。实施生物化工、生物质能固体成型燃料等一批具有突破性带动作用的示范项目。抓紧开展生物柴油基础性研究和前期准备工作。推进煤炭直接和间接液化、煤基醇醚和烯烃代油大型台套示范工程和技术储备。大力推进煤炭洗选加工等清洁高效利用。

（七）促进服务业和高技术产业加快发展。落实《国务院关于加快发展服务业的若干意见》，抓紧制定实施配套政策措施，分解落实任务，完善组织协调机制。着力做强高技术产业，落实高技术产业发展“十一五”规划，完善促进高技术产业发展的政策措施。提高服务业和高技术产业在国民经济中的比重和水平。

三、加大投入，全面实施重点工程

（八）加快实施十大重点节能工程。着力抓好十大重点节能工程，“十一五”期间形成2.4亿t标准煤的节能能力。2007年形成5000万t标准煤节能能力，重点是：实施钢铁、有色、石油石化、化工、建材等重点耗能行业余热余压利用、节约和替代石油、电机系统节能、能量系统优化，以及工业锅炉（窑炉）改造项目共745个；加快核准建设和改造采暖供热为主的热电联产和工业热电联产机组1630万kW；组织实施低能耗、绿色建筑示范项目30个，推动北方采暖区既有居住建筑供热计量及节能改造1.5亿m^2，开展大型公共建筑节能运行管理与改造示范，启动200个可再生能源在建筑中规模化应用示范推广项目；推广高效照明产品5000万支，中央国家机关率先更换节能灯。

（九）加快水污染治理工程建设。“十一五”期间新增城市污水日处理能力4500万t、再生水日利用能力680万t，形成COD削减能力300万t；2007年设市城市新增污水日处理能力1200万t，再生水日利用能力100万t，形成COD削减能力60万t。加大工业废水治理力度，“十一五”形成COD削减能力140万t。加快城市污水处理配套管网建设和改造。严格饮用水水源保护，加大污染防治力度。

（十）推动燃煤电厂二氧化硫治理。“十一五”期间投运脱硫机组3.55亿kW。其中，新建燃煤电厂同步投运脱硫机组1.88亿kW；现有燃煤电厂投运脱硫机组1.67亿kW，形成削减二氧化硫能力590万t。2007年现有燃煤电厂投运脱硫设施3500万kW，形成削减二氧化硫能力123万t。

（十一）多渠道筹措节能减排资金。十大重点节能工程所需资金主要靠企业自筹、金融机构贷款和社会资金投入，各级人民政府安排必要的引导资金予以支持。城市污水处理设施和配套管网建设的责任主体是地方政府，在实行城市污水处理费最低收费标准的前提下，国家对重点建设项目给予必要的支持。按照“谁污染、谁治理，谁投资、谁受益”的原则，促使企业承担污染治理责任，各级人民政府对重点流域内的工业废水治理项目给予必要的支持。

四、创新模式，加快发展循环经济

（十二）深化循环经济试点。认真总结循环经济第一批试点经验，启动第二批试点，支持一批重点项目建设。深入推进浙江、青岛等地废旧家电回收处理试点。继续推进汽车零部件和机械设备再制造试点。推动重点矿山和矿业城市资源节约和循环利用。组织编制钢铁、有色、煤炭、电力、化工、建材、制糖等重点行业循环经济推进计划。加快制订循环经济评价指标体系。

（十三）实施水资源节约利用。加快实施重点行业节水改造及矿井水利用重点项目。“十一五”期间实现重点行业节水31亿m^3，新增海水淡化能力90万m^3/d，新增矿井水利用量26亿m^3；2007年实现重点行业节水10亿m^3，新增海水淡化能力7万m^3/d，新增矿井水利用量5亿m^3。在城市强制推广使用节水器具。

（十四）推进资源综合利用。落实《“十一五”资源综合利用指导意见》，推进共伴生矿产资源综合开发利用和煤层气、煤矸石、大宗工业废弃物、秸秆等农业废弃物综合利用。“十一五”期间建设煤矸石综合利用电厂2000万kW，2007年开工建设500万kW。推进再生资源回收体系建设试点。加强资源综合利用认定。推动新型墙体材料和利废建材产业化示范。修订发布新型墙体材料目录和专项基金管理办法。推进第二批城市禁止使用实心粘土砖，确保2008年底前256个城市完成“禁实”目标。

（十五）促进垃圾资源化利用。县级以上城市（含县城）要建立健全垃圾收集系统，全面推进城市生活垃圾分类体系建设，充分回收垃圾中的废旧资源，鼓励垃圾焚烧发电和供热、填埋气体发电，积极推进城乡垃圾无害化处理，实现垃圾减量化、资源化和无害化。

（十六）全面推进清洁生产。组织编制《工业清洁生产审核指南编制通则》，制订和发布重点行业清洁生产标准和评价指标体系。加大实施清洁生产审核力度。合理使用农药、肥料，减少农村面源污染。

五、依靠科技，加快技术开发和推广

（十七）加快节能减排技术研发。在国家重点基础研究发展计划、国家科技支撑计划和国家高技术发展计划等科技专项计划中，安排一批节能减排重大技术项目，攻克一批节能减排关键和共性技术。加快节能减排技术支撑平台建设，组建一批国家工程实验室和国家重点实验室。优化节能减排技术创新与转化的政策环境，加强资源环境高技术领域创新团队和研发基地建设，推动建立以企业为主体、产学研相结合的节能减排技术创新与成果转化体系。

（十八）加快节能减排技术产业化示范和推广。实施一批节能减排重点行业共性、关键技术及重大技术装备产业化示范项目和循环经济高技术产业化重大专项。落实节能、节水技术政策大纲，在钢铁、有色、煤炭、电力、石油石化、化工、建材、纺织、造纸、建筑等重点行业，推广一批潜力大、应用面广的重大节能减排技术。加强节电、节油农业机械和农产品加工设备及农业节水、节肥、节药技术推广。鼓励企业加大节能减排技术改造和技术创新投入，增强自主创新能力。

（十九）加快建立节能技术服务体系。制订出台《关于加快发展节能服务产业的指导意见》，促进节能服务产业发展。培育节能服务市场，加快推行合同能源管理，重点支持专业化节能服务公司为企业以及党政机关办公楼、公共设施和学校实施节能改造提供诊断、设计、融资、改造、运行管理一条龙服务。

（二十）推进环保产业健康发展。制订出台《加快环保产业发展的意见》，积极推进环境服务产业发展，研究提出推进污染治理市场化的政策措施，鼓励排污单位委托专业化公司承担污染治理或设施运营。

（二十一）加强国际交流合作。广泛开展节能减排国际科技合作，与有关国际组织和国家建立节能环保合作机制，积极引进国外先进节能环保技术和管理经验，不断拓宽节能环保国际合作的领域和范围。

六、强化责任，加强节能减排管理

（二十二）建立政府节能减排工作问责制。将节能减排指标完成情况纳入各地经济社会发展综合评价体系，作为政府领导干部综合考核评价和企业负责人业绩考核的重要内容，实行问责制和“一票否决”制。有关部门要抓紧制订具体的评价考核实施办法。

（二十三）建立和完善节能减排指标体系、监测体系和考核体系。对全部耗能单位和污染源进行调查摸底。建立健全涵盖全社会的能源生产、流通、消费、区域间流入流出及利用效率的统计指标体系和调查体系，实施全国和地区单位 GDP 能耗指标季度核算制度。建立并完善年耗能万吨标准煤以上企业能耗统计数据网上直报系统。加强能源统计巡查，对能源统计数据进行监测。制订并实施主要污染物排放统计和监测办法，改进统计方法，完善统计和监测制度。建立并完善污染物排放数据网上直报系统和减排措施调度制度，对国家监控重点污染源实施联网在线自动监控，构建污染物排放三级立体监测体系，向社会公告重点监控企业年度污染物排放数据。继续做好单位 GDP 能耗、主要污染物排放量和工业增加值用水量指标公报工作。

（二十四）建立健全项目节能评估审查和环境影响评价制度。加快建立项目节能评估和审查制度，组织编制《固定资产投资项目节能评估和审查指南》，加强对地方开展“能评”工作的指导和监督。把总量指标作为环评审批的前置性条件。上收部分高耗能、高污染行业环评审批权限。对超过总量指标、重点项目未达到目标责任要求的地区，暂停环评审批新增污染物排放的建设项目。强化环评审批向上级备案制度和向社会公布制度。加强“三同时”管理，严把项目验收关。对建设项目未经验收擅自投运、久拖不验、超期试生产等违法行为，严格依法进行处罚。

（二十五）强化重点企业节能减排管理。“十一五”期间全国千家重点耗能企业实现节能 1 亿 t 标准煤，2007 年实现节能 2000 万 t 标准煤。加强对重点企业节能减排工作的检查和指导，进一步落实目标责任，完善节能减排计量和统计，组织开展节能减排设备检测，编制节能减排规划。重点耗能企业建立能源管理师制度。实行重点耗能企业能源审计和能源利用状况报告及公告制度，对未完成节能目标责任任务的企业，强制实行能源审计。2007 年要启动重点企业与国际国内同行业能耗先进水平对标活动，推动企业加大结构调整和技术改造力度，提高节能管理水平。中央企业全面推进创建资源节约型企业活动，推广典型经验和做法。

（二十六）加强节能环保发电调度和电力需求侧管理。制定并尽快实施有利于节能减排的发电调度办法，优先安排清洁、高效机组和资源综合利用发电，限制能耗高、污染重的低效机组发电。2007 年上半年启动试点，取得成效后向全国推广，力争节能 2000 万 t 标准煤，“十一五”期间形成 6000 万 t 标准煤的节能能力。研究推行发电权交易，逐年削减小火电机组发电上网小时数，实行按边际成本上网竞价。抓紧制定电力需求侧管理办法，规范有序用电，开展能效电厂试点，研究制定配套政策，建立长效机制。

（二十七）严格建筑节能管理。大力推广节能省地环保型建筑。强化新建建筑执行能耗限额标准全过程监督管理，实施建筑能效专项测评，对达不到标准的建筑，不得办理开工和竣工验收备案手续，不准销售使用；从 2008 年起，所有新建商品房销售时在买卖合同等文件中要载明耗能量、节能措施等信息。建立并完善大型公共建筑节能运行监管体系。深化供热体制改革，实行供热计量收费。2007 年着力抓好新建建筑施工阶段执行能耗限额标准的监管工作，北方地区地级以上城市完成采暖费补贴“暗补”变“明补”改革，在25个示范省市建立大型公共建筑能耗统计、能源审计、能效公示、能耗定额制度，实现节能1250万t标准煤。

（二十八）强化交通运输节能减排管理。优先发展城市公共交通，加快城市快速公交和轨道交通建设。控制高耗油、高污染机动车发展，严格执行乘用车、轻型商用车燃料消耗量限值标准，建立汽车产品燃料消耗量申报和公示制度；严格实施国家第三阶段机动车污染物排放标准和船舶污染物排放标准，有条件的地方要适当提高排放标准，继续实行财政补贴政策，加快老旧汽车报废更新。公布实施新能源汽车生产准入管理规则，推进替代能源汽车产业化。运用先进科技手段提高运输组织管理水平，促进各种运输方式的协调和有效衔接。

（二十九）加大实施能效标识和节能节水产品认证管理力度。加快实施强制性能效标识制度，扩大能效标识应用范围，2007年发布《实行能效标识产品目录（第三批）》。加强对能效标识的监督管理，强化社会监督、举报和投诉处理机制，开展专项市场监督检查和抽查，严厉查处违法违规行为。推动节能、节水和环境标志产品认证，规范认证行为，扩展认证范围，在家用电器、照明等产品领域建立有效的国际协调互认制度。

（三十）加强节能环保管理能力建设。建立健全节能监管监察体制，整合现有资源，加快建立地方各级节能监察中心，抓紧组建国家节能中心。建立健全国家监察、地方监管、单位负责的污染减排监管体制。积极研究完善环保管理体制机制问题。加快各级环境监测和监察机构标准化、信息化体系建设。扩大国家重点监控污染企业实行环境监督员制度试点。加强节能监察、节能技术服务中心及环境监测站、环保监察机构、城市排水监测站的条件建设，适时更新监测设备和仪器，开展人员培训。加强节能减排统计能力建设，充实统计力量，适当加大投入。充分发挥行业协会、学会在节能减排工作中的作用。

七、健全法制，加大监督检查执法力度

（三十一）健全法律法规。加快完善节能减排法律法规体系，提高处罚标准，切实解决“违法成本低、守法成本高”的问题。积极推动节约能源法、循环经济法、水污染防治法、大气污染防治法等法律的制定及修订工作。加快民用建筑节能、废旧家用电器回收处理管理、固定资产投资项目节能评估和审查管理、环保设施运营监督管理、排污许可、畜禽养殖污染防治、城市排水和污水管理、电网调度管理等方面行政法规的制定及修订工作。抓紧完成节能监察管理、重点用能单位节能管理、节约用电管理、二氧化硫排污交易管理等方面行政规章的制定及修订工作。积极开展节约用水、废旧轮胎回收利用、包装物回收利用和汽车零部件再制造等方面立法准备工作。

（三十二）完善节能和环保标准。研究制订高耗能产品能耗限额强制性国家标准，各地区抓紧研究制订本地区主要耗能产品和大型公共建筑能耗限额标准。2007年要组织制订粗钢、水泥、烧碱、火电、铝等22项高耗能产品能耗限额强制性国家标准（包括高耗电产品电耗限额标准）以及轻型商用车等5项交通工具燃料消耗量限值标准，制（修）订36项节水、节材、废弃产品回收与再利用等标准。组织制（修）订电力变压器、静电复印机、变频空调、商用冰柜、家用电冰箱等终端用能产品（设备）能效标准。制订重点耗能企业节能标准体系编制通则，指导和规范企业节能工作。

（三十三）加强烟气脱硫设施运行监管。燃煤电厂必须安装在线自动监控装置，建立脱硫设施运行台账，加强设施日常运行监管。2007 年底前，所有燃煤脱硫机组要与省级电网公司完成在线自动监控系统联网。对未按规定和要求运行脱硫设施的电厂要扣减脱硫电价，加大执法监管和处罚力度，并向社会公布。完善烟气脱硫技术规范，开展烟气脱硫工程后评估。组织开展烟气脱硫特许经营试点。

（三十四）强化城市污水处理厂和垃圾处理设施运行管理和监督。实行城市污水处理厂运行评估制度，将评估结果作为核拨污水处理费的重要依据。对列入国家重点环境监控的城市污水处理厂的运行情况及污染物排放信息实行向环保、建设和水行政主管部门季报制度，限期安装在线自动监控系统，并与环保和建设部门联网。对未按规定和要求运行污水处理厂和垃圾处理设施的城市公开通报，限期整改。对城市污水处理设施建设严重滞后、不落实收费政策、污水处理厂建成后一年内实际处理水量达不到设计能力 60% 的，以及已建成污水处理设施但无故不运行的地区，暂缓审批该地区项目环评，暂缓下达有关项目的国家建设资金。

（三十五）严格节能减排执法监督检查。国务院有关部门和地方人民政府每年都要组织开展节能减排专项检查和监察行动，严肃查处各类违法违规行为。加强对重点耗能企业和污染源的日常监督检查，对违反节能环保法律法规的单位公开曝光，依法查处，对重点案件挂牌督办。强化上市公司节能环保核查工作。开设节能环保违法行为和事件举报电话和网站，充分发挥社会公众监督作用。建立节能环保执法责任追究制度，对行政不作为、执法不力、徇私枉法、权钱交易等行为，依法追究有关主管部门和执法机构负责人的责任。

八、完善政策，形成激励和约束机制

（三十六）积极稳妥推进资源性产品价格改革。理顺煤炭价格成本构成机制。推进成品油、天然气价格改革。完善电力峰谷分时电价办法，降低小火电价格，实施有利于烟气脱硫的电价政策。鼓励可再生能源发电以及利用余热余压、煤矸石和城市垃圾发电，实行相应的电价政策。合理调整各类用水价格，加快推行阶梯式水价、超计划超定额用水加价制度，对国家产业政策明确的限制类、淘汰类高耗水企业实施惩罚性水价，制定支持再生水、海水淡化水、微咸水、矿井水、雨水开发利用的价格政策，加大水资源费征收力度。按照补偿治理成本原则，提高排污单位排污费征收标准，将二氧化硫排污费由目前的每公斤 0.63 元分三年提高到每公斤 1.26 元；各地根据实际情况提高 COD 排污费标准，国务院有关部门批准后实施。加强排污费征收管理，杜绝“协议收费”和“定额收费”。全面开征城市污水处理费并提高收费标准，吨水平均收费标准原则上不低于 0.8 元。提高垃圾处理收费标准，改进征收方式。

（三十七）完善促进节能减排的财政政策。各级人民政府在财政预算中安排一定资金，采用补助、奖励等方式，支持节能减排重点工程、高效节能产品和节能新机制推广、节能管理能力建设及污染减排监管体系建设等。进一步加大财政基本建设投资向节能环保项目的倾斜力度。健全矿产资源有偿使用制度，改进和完善资源开发生态补偿机制。开展跨流域生态补偿试点工作。继续加强和改进新型墙体材料专项基金和散装水泥专项资金征收管理。研究建立高能耗农业机械和渔船更新报废经济补偿制度。

（三十八）制定和完善鼓励节能减排的税收政策。抓紧制定节能、节水、资源综合利用和环保产品（设备、技术）目录及相应税收优惠政策。实行节能环保项目减免企业所得税及节能环保专用设备投资抵免企业所得税政策。对节能减排设备投资给予增值税进项税抵扣。完善对废旧物资、资源综合利用产品增值税优惠政策；对企业综合利用资源，生产符合国家产业政策规定的产品取得的收入，在计征企业所得税时实行减计收入的政策。实施鼓励节能环保型车船、节能省地环保型建筑和既有建筑节能改造的税收优惠政策。抓紧出台资源税改革方案，改进计征方式，提高税负水平。适时出台燃油税。研究开征环境税。研究促进新能源发展的税收政策。实行鼓励先进节能环保技术设备进口的税收优惠政策。

（三十九）加强节能环保领域金融服务。鼓励和引导金融机构加大对循环经济、环境保护及节能减排技术改造项目的信贷支持，优先为符合条件的节能减排项目、循环经济项目提供直接融资服务。研究建立环境污染责任保险制度。在国际金融组织和外国政府优惠贷款安排中进一步突出对节能减排项目的支持。环保部门与金融部门建立环境信息通报制度，将企业环境违法信息纳入人民银行企业征信系统。

九、加强宣传，提高全民节约意识

（四十）将节能减排宣传纳入重大主题宣传活动。每年制订节能减排宣传方案，主要新闻媒体在重要版面、重要时段进行系列报道，刊播节能减排公益性广告，广泛宣传节能减排的重要性、紧迫性以及国家采取的政策措施，宣传节能减排取得的阶段性成效，大力弘扬“节约光荣，浪费可耻”的社会风尚，提高全社会的节约环保意识。加强对外宣传，让国际社会了解中国在节能降耗、污染减排和应对全球气候变化等方面采取的重大举措及取得的成效，营造良好的国际舆论氛围。

（四十一）广泛深入持久开展节能减排宣传。组织好每年一度的全国节能宣传周、全国城市节水宣传周及世界环境日、地球日、水日宣传活动。组织企事业单位、机关、学校、社区等开展经常性的节能环保宣传，广泛开展节能环保科普宣传活动，把节约资源和保护环境观念渗透在各级各类学校的教育教学中，从小培养儿童的节约和环保意识。选择若干节能先进企业、机关、商厦、社区等，作为节能宣传教育基地，面向全社会开放。

（四十二）表彰奖励一批节能减排先进单位和个人。各级人民政府对在节能降耗和污染减排工作中做出突出贡献的单位和个人予以表彰和奖励。组织媒体宣传节能先进典型，揭露和曝光浪费能源资源、严重污染环境的反面典型。

十、政府带头，发挥节能表率作用

（四十三）政府机构率先垂范。建设崇尚节约、厉行节约、合理消费的机关文化。建立科学的政府机构节能目标责任和评价考核制度，制订并实施政府机构能耗定额标准，积极推进能源计量和监测，实施能耗公布制度，实行节奖超罚。教育、科学、文化、卫生、体育等系统，制订和实施适应本系统特点的节约能源资源工作方案。

（四十四）抓好政府机构办公设施和设备节能。各级政府机构分期分批完成政府办公楼空调系统低成本改造；开展办公区和住宅区供热节能技术改造和供热计量改造；全面开展食堂燃气灶具改造，“十一五”时期实现食堂节气20%；凡新建或改造的办公建筑必须采用节能材料及围护结构；及时淘汰高耗能设备，合理配置并高效利用办公设施、设备。在中央国家机关开展政府机构办公区和住宅区节能改造示范项目。推动公务车节油，推广实行一车一卡定点加油制度。

（四十五）加强政府机构节能和绿色采购。认真落实《节能产品政府采购实施意见》

和《环境标志产品政府采购实施意见》，进一步完善政府采购节能和环境标志产品清单制度，不断扩大节能和环境标志产品政府采购范围。对空调机、计算机、打印机、显示器、复印机等办公设备和照明产品、用水器具，由同等优先采购改为强制采购高效节能、节水、环境标志产品。建立节能和环境标志产品政府采购评审体系和监督制度，保证节能和绿色采购工作落到实处。

中国节能技术政策大纲（摘录）

国家发展和改革委员会　科学技术部

3　建筑节能

目前我国城乡既有建筑面积超过420亿m^2，年竣工建筑面积超过20亿m^2，其中大部分为高耗能建筑，居住和公共建筑用能增长迅速。新建建筑应严格执行节能设计标准，积极开展既有建筑的节能改造，使建筑能耗大幅度降低。

3.1　建筑节能设计技术

3.1.1　严格实施建筑节能设计标准

按照建筑用途和所处气候、区域的不同，做好建筑、采暖、通风、空调及采光照明系统的节能设计；完善建筑节能设计标准，建立建筑节能评价体系。

3.1.2　完善、规范符合我国国情与节能标准要求的管理技术

发展适用于各种建筑的用能模拟软件与节能设计计算及审核软件。发展建筑用能检测和智能控制技术与设备。

3.1.3　发展建筑节能标准化，完善建筑节能标准系列

制定并不断更新建筑节能设计标准、节能改造标准和施工验收规范，采暖空调照明系统运行标准，建筑节能产品标准，以及有关热工性能及能耗检测方法标准，并编制配套的节能设计标准图集。

3.1.4　加快墙体材料改革，研发节能节材结构体系

3.2　建筑墙体、屋面和门窗节能技术

3.2.1　推广采用高效保温材料复合的外墙和屋面，特别是外保温外墙和倒置屋面

发展以粘贴、钉挂、喷抹和浇入方法复合的多种外墙外保温技术，特别是工业化方法建造技术。在严寒和寒冷地区淘汰外墙内保温技术。研究保温墙体防火、防潮、防裂技术。

3.2.2　研究、发展绿化遮阳、通风散热和相变蓄热技术

完善倒置屋面、架空屋面、种植屋面与反射屋面等技术。

3.2.3　发展节能窗技术，控制窗墙面积比，改善窗户的传热系数和遮阳系数

研发玻璃节能技术，推广采用中空玻璃，提倡充入惰性气体，推广低辐射率（Low-E）玻璃、太阳能控制低辐射（Sun-E）玻璃。低导热率的间隔条。推广断桥、复合、加设空腔等技术，降低窗框的传热。严格窗框与窗扇、窗框与墙体间的密封。推广窗户遮阳，发展活动外遮阳技术。

3.2.4　限制玻璃幕墙的使用，提高玻璃幕墙节能要求，严格控制玻璃幕墙能耗、发

展双层通风遮阳式幕墙

3.2.5 推广能耗较低的高效保温建筑材料和制品，研发相变储能材料和薄膜型热反射材料在建筑中的应用

3.2.6 研究和完善隔热涂料的应用技术，在夏季有隔热要求的地区推广应用

3.3 采暖和空调节能技术

3.3.1 发展以集中供热为主导、多种方式相结合的城镇供热采暖节能技术

3.3.2 发展优化配置冷、热源技术，避免低负载运行，提高采暖空调和热泵系统运行时的实际COP值，推广建筑空调和采暖系统风机和水泵变频调速技术

3.3.3 研发各种空气热回收技术与装置

经过技术经济比较，采用如转轮式全热交换器、纸质全热交换器、热管式显热换热器、空气—空气换热器和溶液式全热回收器等。提倡充分利用室外空气的自然冷却能力转移建筑内热量，如过渡季利用室外新风方式、冷却塔换热方式等。

3.3.4 发展地热源、水源、空气源热泵技术和污水源热泵技术

一般情况下不应采用直接电采暖方式。提倡蓄冷、蓄热空调和采暖，尽量利用电网低谷负荷。

3.3.5 发展太阳能供热水、太阳能利用设备与建筑一体化技术。研究太阳能采暖制冷技术

3.3.6 发展燃气空调，在夏季电力不足地区推广使用

3.4 采光和通风节能技术

3.4.1 发展利用自然光技术

3.4.2 发展利用自然通风技术，合理组织室内气流路径。开发住宅用手动或自动调节进风量的通风器。

3.5 既有建筑节能改造技术

3.5.1 研究分析既有建筑现状，建立既有建筑节能改造评估体系

3.5.2 研发、推广针对不同地区、不同结构、不同构造既有建筑的节能改造技术

主要包括外墙增加外保温、隔热、屋顶加设倒置屋面、平屋顶加设坡屋顶、窗户改为双（三）玻中空及Low-E、Sun-E玻璃、窗户外侧增设活动遮阳卷帘，玻璃幕墙设外夹层，入口加设外门等技术。发展单管串联采暖系统改造、加设温控阀及热计量表的技术。

4 城市与民用节能

城市与民用节能，包括公共事业、居民、机关、院校和商业及大型公建等方面用能的节约。当前城市与民用能源消费正快速上升，推广节能技术对缓解能源供需矛盾，改善城市环境十分重要。

4.1 城市供热和制冷技术

4.1.1 发展集中供热技术

发展热电联产、区域锅炉房集中供热技术，取代小型、分散锅炉供热。合理选择集中供热方式，提高热电比重。需用电供热时，应发展蓄热技术，利用低谷电。

4.1.2 发展热电冷联供技术

发展城市热水供应和夏季热制冷技术。有条件的地方，可以发展分布式热电冷联供系统。

4.1.3 推广节能的供热管网技术改造

推广供热管网保温技术。推广直埋预制保温管。对供热管道、法兰、阀门及附件按国家标准采取保温措施。改善热力管网的调节方式，推广管网水力平衡设备，发展管网调度、运行、调节的智能监控技术。发展应用管网先进抗垢技术，降低管网能耗。

4.1.4 发展热计量控制用仪表设备技术，研发不同用途的热计量控制用仪表设备

4.2 民用能源优质化技术

4.2.1 发展城市民用燃气技术

因地制宜地利用天然气、液化石油气、煤制气、煤层气等燃气资源，增加天然气在城市民用气源中的比例。扩大城市燃气用气领域，优化用气结构，开发、应用节能器具，提高燃气利用效率。

4.2.2 推广燃气生产和输配调度智能控制技术

优化城市燃气系统，提高运行效率。

4.2.3 推广型煤和先进炉型技术

杜绝燃烧散煤，发展多品种、多规格的型煤生产；推广烟煤无烟燃烧技术。

4.3 绿色照明技术

4.3.1 推广绿色照明技术和产品

推广高光效、长寿命、显色性好的电光源，如：稀土高效荧光灯产品；推广设计科学的灯具及节能电子镇流器产品。一般建筑内部采用紧凑型荧光灯、T5及T8荧光灯，减少普通白炽灯的使用比例。实施照明产品的能效标准。

4.3.2 发展城市绿色照明技术

推广使用科学的节能照明控制技术。道路照明、建筑物泛光照明和区域场所照明，要采用金属卤化物灯和高压钠灯等节能型电光源。发展城市景观照明中的半导体照明（LED）工程技术。

4.4 办公及家用节能电器

4.4.1 推广高效节能产品

研发、推广使用高效节能电冰箱、空调器、电视机、洗衣机、电脑等办公及家用电器技术。研究开发和推广变频等高效电机，研究开发高效制冷部件压缩机、热交换器等，研究开发和推广真空绝热等高效保温材料和技术。

4.4.2 减少待机能耗

研发、推广低待机能耗电器，对间断使用电器，推广采用可控电源插座。

强化建筑节能标准实施与监管
促进节能省地环保型建筑发展

黄　卫

国家标准《建筑节能工程施工质量验收规范》于2007年1月发布，将于2007年10月1日起实施。《规范》的发布实施，是对建筑节能标准体系的及时补充完善，为落实建筑节能设计标准、开展节能工程施工质量验收和贯彻建筑节能法规政策提供了统一的技术要求，是建设领域积极贯彻落实科学发展观、落实建设资源节约型环境友好型社会要求的具体措施。

1　进一步提高对建筑节能标准重要性的认识

近年来，中央领导对发展节能省地型建筑十分重视，胡锦涛总书记、吴邦国委员长、温家宝总理和曾培炎副总理都曾专门了解过我国建筑节能情况，并对建筑“四节”工作做出过重要指示，要求大力发展节能省地环保型建筑，制定并强制推行更加严格的“四节”标准。党的十六届五中全会提出，要把节约资源、走可持续发展道路作为基本国策，加快建设资源节约型、环境友好型社会。“十一五”规划纲要确定了到2010年单位国内生产总值能源消耗降低20%左右的约束性指标，指出要完善工程建设标准体系，严格执行建筑节能设计标准。《国务院关于加强节能工作的决定》要求初步建立起与社会主义市场经济体制相适应的比较完善的节能法规和标准体系，把推进建筑节能列为要着力抓好的重点领域。可见，加强标准的制定、大力推进建筑节能，发展节能省地环保型建筑，是建设领域贯彻落实科学发展观，促进能源资源节约和合理利用，实现经济社会可持续发展的一项重要工作，必须抓紧抓好。

建筑节能标准是实现建筑节能的技术依据和基本准则，标准的制定完善和贯彻实施是实现建筑节能目标、促进节能省地环保型建筑发展的重要措施和手段。建设部自20世纪80年代起，从制定建筑节能设计标准开始，着手推进建筑节能工作。先后制定并发布实施了采暖地区、夏热冬冷地区、夏热冬暖地区居住建筑节能设计标准以及公共建筑节能设计标准等一系列节能标准。同时，各地也组织制定相应的建筑节能地方标准、技术政策、标准图集等，基本形成了以建筑节能设计标准为核心的建筑节能标准体系。建筑节能标准，特别是节能强制性标准的制定和实施，为各地开展建设节能省地环保型建筑的工作起到了重要的技术保障作用。

随着建筑节能工作的深入开展，对节能建筑的质量和性能的要求也越来越高。为落实节能设计标准确定的措施，保证建筑节能工程的施工质量，我们组织中国建筑科学研究院等30多个单位的专家，制定了《建筑节能工程施工质量验收规范》。第一次明确规定将建筑节能工程作为一项分部工程进行管理，并强调节能工程施工和验收的四个重点：设计文件执行力、进场材料设备质量、施工过程质量控制和系统调试与运行检测，以此实现设计、施工、验收的闭合管理。《规范》的发布和实施，进一步完善了建筑节能的技术支撑体系和执法依据，必将对全面推进建筑节能、建设节能省地环保型建筑发挥重要作用。

2 建筑节能标准的实施和监督工作取得了初步成效

建筑节能标准要能够真正发挥作用，关键还在于标准能否得到贯彻实施。为了更好地贯彻落实国家和行业建筑节能标准中的有关技术规定，全国各省、自治区、直辖市建设主管部门有针对性地制定了适应当地特点、独具特色的建筑节能地方标准，以及国家标准、行业建筑节能标准的地方实施细则，大力推进了各地节能省地环保型建筑的建设。北京、天津、山东、河南、河北等省市已率先执行了节能65%的设计标准，上海、重庆等地也准备全面实施节能65%的设计标准。

各地还积极开展节能法规、标准的宣传、教育和培训工作，增强大家的节能意识、标准意识。学标准、讲标准、用标准的观念逐渐深入人心。据统计，两年多来，全国举办《公共建筑节能设计标准》、《住宅建筑规范》等国家标准的宣贯培训班400多次，参加培训的人员近10万人，所开展的有关建筑节能标准及法规政策的宣传、培训活动，取得了明显的成效。同时，根据建设部《实施工程建设强制性标准监督规定》和《民用建筑节能管理规定》等规章的要求，各地将建筑节能标准执行情况的审查作为建筑工程施工图设计文件审查、工程实施监管和竣工验收备案的重要内容。加强标准的实施和监督检查成为推动建筑节能的有力措施，同时也促进了各地工程建设标准化工作的快速发展。

但是，我们也要看到，当前我国建筑节能标准化工作离建设资源节约型、环境友好型社会的形势要求还有差距，节能标准的数量质量还不能满足节能工作快速发展的需要，节能标准体系需要进一步完善，节能标准的实施情况仍然不容乐观，加强节能标准特别是强制性条文实施的监督是当前乃至今后一段时期各地建设部门负责标准化、节能和质量工作的同志的一项重要任务。

3 强化建筑节能标准实施和监督的具体要求

完善建筑节能标准、有标准可依，是搞好建筑节能工作的前提和基础；严格执行节能标准，是实现建筑节能目标的途径和手段；加强标准实施的监督，则是落实建筑节能技术要求的重要保障措施。各地要以《建筑节能工程施工质量验收规范》等有关建筑节能标准的宣贯为契机，按照建设部《关于加强〈建筑节能工程施工质量验收规范〉宣贯、实施及监督工作的通知》（建办标函［2007］302号）的总体部署，认真做好建筑节能标准的宣贯培训、实施及监督工作。

3.1 切实加强对节能标准宣贯培训工作的管理

各地要在前两年开展宣贯培训工作的基础上，认真总结经验，结合实际制定《规范》宣贯培训的具体工作方案，因地制宜地采取有效措施，保证宣贯培训的覆盖面和培训质量，切实提高全行业执行标准的能力和自觉性。一是要加强组织领导，加强与有关部门、媒体单位的协调合作，发挥有关协会、学会、标准化中心、监督机构、培训机构等单位的积极性，共同推动标准的宣贯培训工作。二是要采取多种形式，注重宣贯培训的实际效果，让工作在第一线的施工、监理、质量监督等工程建设管理人员、技术人员准确理解、掌握标准的内容和实施要求。三是要加强对宣贯培训工作的统一管理，认真执行建设部关于办班管理的有关规定和《工程建设地方标准化工作管理规定》（建标［2004］20号）

的要求，坚决制止任何单位或个人擅自举办的以盈利为目的的各种名目的培训班。四是除编制组成员以外，未经师资培训合格的人员不得从事《规范》及有关标准讲解，并且要使用正版、解释准确的培训教材和参考资料，保证标准规范得到正确理解和执行。

3.2 及时修改完善地方标准或实施细则

各省、自治区、直辖市建设主管部门要积极做好《规范》等有关建筑节能标准贯彻实施的衔接配套工作，结合当地实际情况，因地制宜地制定地方标准或国家标准、行业标准的地方实施细则，按照建设部《工程建设地方标准化工作管理规定》的要求，报建设部进行备案管理后实施。未经备案的工程建设地方标准，不得在建设活动中使用。对已发布实施的有关建筑节能工程施工质量验收的地方标准，要对照《规范》的规定进行复审，出现不一致的要及时进行修订或废止，并重新进行备案。有关的标准设计、工具书和辅助设计软件等，也必须与现行标准保持一致。

3.3 积极推动建筑节能技术进步

各地要在宣传、执行现行建筑节能标准的基础上，促进节能新技术、新工艺、新材料、新产品的发展，提高我国建筑节能的科技水平。有关单位要根据节能标准的技术水平，加大技术创新力度，加强建筑节能新技术、新材料、新产品在工程中应用的研究、试验和实践，改进、完善节能施工操作工艺规程，通过消化、吸收国际先进标准、科研成果，大力发展属于我国自主创新的技术和具有自主知识产权的建筑节能新技术。对不符合现行建筑节能强制性标准，或现行标准没有规定的建筑节能新技术、新工艺、新材料，要按照建设部“三新核准”行政许可实施细则的规定，取得许可后在建设工程中使用，使建筑节能科技成果能够得到及时应用和推广。

3.4 强化建筑节能标准实施的全过程监管

建筑节能工作和建筑节能标准都贯穿了工程建设全过程，涉及规划、设计、施工、使用维护和运行管理等各环节，以及采暖、通风、空调、照明等各方面，单独强调哪一个环节或哪一个方面都难以实现最终的节能目标。因此，必须强化以建筑节能强制性标准贯彻实施为主要内容的工程建设全过程监管。通过节能标准的严格贯彻执行，在节能技术要求和具体措施上做到全面覆盖，以综合实现建筑节能目标。各地要把工程建设强制性标准的实施监督作为行政执法的重要内容，从工程建设各个环节，切实加强标准执行情况的监督检查。有条件的地区，可将工程建设各方责任主体执行建筑节能强制性标准的情况纳入信用档案管理。

我们一定要从国家建设资源节约型环境友好型社会的高度，更加重视建筑节能标准的实施和监督工作，加强领导，落实责任。让我们共同努力，为我国发展节能省地环保型建筑做出贡献！

（本文为黄卫同志在《建筑节能工程施工质量验收规范》发布宣贯暨师资培训会议上的讲话摘要）

黄　卫　建设部　副部长

低能耗建筑的发展思路

涂逢祥　白胜芳

【摘要】　本文分析了近期低能耗建筑必将取得发展的历史背景，提出发展低能耗建筑的目标、要求与作用，指出低能耗建筑必须以先进节能技术的集成优化为基础，并介绍了一些可供选用的技术。

【关键词】　**建筑节能　低能耗　发展**

1　低能耗建筑发展的背景

1.1　我国建设成就十分巨大，每年建成的房屋建筑面积已超过20亿m^2，比所有发达国家年竣工面积之和还要多，但付出资源环境代价过大，能源浪费严重。而我国能源形势严峻，发展经济与资源环境的矛盾日益尖锐。大力推进建筑节能、大大降低建筑能耗已刻不容缓。

1.2　化石能源的大量使用，所排放的温室气体使地球变暖，危及人类和生物的生存，受到国际社会的广泛关注。我国是以煤炭为主的能源生产大国和消费大国，能源消费和温室气体排放都已占到世界第二位，而且能源消费和温室气体排放量还在继续增加，受到国际上的减排压力也日益增大。尽力减少温室气体排放，保护地球环境，造福人类，是我们应该承担的历史责任。

1.3　在世界性建筑节能大趋势的推动下，许多发达国家低能耗建筑发展迅速，规模越来越大，技术愈加成熟和先进，还建成了一批微能耗、零能耗（或零碳排放）建筑，引导了建筑节能的技术进步。我国有些城市也建成了或正在建设一些低能耗建筑。随着建筑节能推进力度的加强，低能耗建筑必将在我国得到较快发展，从而带动节能建筑向更高水平前进。

2　发展低能耗建筑的基本要求

2.1　发展低能耗建筑的目标，是既要创造舒适、健康的生活环境，又要节约使用、高效利用自然资源和能源，降低日常能源费用支出，减少运营成本。

低能耗建筑应该创造出人与自然和谐的环境，一年四季室温适宜，有益于人体心身健康，有充足的日照和良好的通风，还可改善整个城市的生态环境，大大减少有害气体、CO_2、固体垃圾等污染物的排放。

2.2　低能耗建筑必须满足建筑节能标准的要求。节能标准的规定是所有建筑应该遵守的节能的基本要求，居住建筑及公共建筑节能标准中的规定性指标或性能性指标必须达到，而且对低能耗建筑的节能要求要高于一般节能标准的要求，其能耗必须低于建筑节能标准的基准能耗15%以上。

多年以来，世界各国建筑节能标准规范的核心思想，首先是控制各单项围护结构的保温隔热指标，并提高用能设备系统的能源效率。他们每隔几年就修订一次建筑节能标准，每次修订时都提高保温隔热要求，也提高设备系统的能源效率。一些发达国家最新发布的建筑节能标准，已经从控制围护结构传热系数等具体指标，转变为控制单位建筑面积所用的一次能源总量，以便更灵活地运用不同的技术手段，进一步节约使用能源。今后，还会随着节能要求的提高而提高标准要求，从而使低能耗建筑更加普及，其要求也会进一步提高。

2.3　低能耗建筑应该在当地和广阔的范围内起到示范作用、表率作用和带动作用。低能耗建筑是其建造者为社会所做的有益贡献，理应得到社会的认可和赞赏，当然也可以作为开发商的宣传卖点。但是，必须是实实在在的低能耗建筑，这种建筑不仅要通过计算和测评，而且建成后要经过检测，拿得出冬季和夏天的室内温度，以及采暖、空调能耗等可靠数据，住户反映舒适性很好，用充分的事实证明是货真价实的低能耗建筑，不要只是用低能耗建筑来做广告。有的开发商利用政府监管不到位、消费者不成熟的机会，只是在炒作宣传上下功夫，实际上根本没有做到，其结果只能是诚信缺失，遭人唾骂。随着法制日益健全，还要负担法律责任。

2.4　当然要计算低能耗建筑为了节能所增加的建设投资。为了建造低能耗建筑，可能需要高成本，也可以是中等成本或不算高的成本。但一定要计及建筑物全寿命的成本，即建筑物从规划设计施工，运营使用 50 年以致拆除发生的各项费用的总和，不能只片面计算一次投资。在许多发达国家，还要计算低能耗建筑为减少温室气体排放取得的环境和社会效益，这样做，应该是更加全面、更加完整的。

对于低能耗建筑，国家正在制定有关激励政策，今后将会取得政府经济政策的支持，使各方经济效益良好；也会得到各种奖励。这应该是顺理成章的事情。

3　低能耗建筑技术的集成优化

3.1　先进节能技术的集成，是低能耗建筑的技术基础。发展低能耗建筑应该根据工程的具体条件，调动多种技术手段，加以集成、配套、优化，其中可以采用不同层次的新技术，可以是创新技术、高新技术、适用技术，甚至是常规技术，使之相互结合，优化集成。既是现代的，又是中国的，不一定非要追求最新、最先进不可，还是以推广价值高、工程质量可靠、居住生活舒适、带动作用大的为好。

3.2　我国地域辽阔，各地气候、经济、技术、人文条件差异很大，技术与设备的选用一定要从当地实际情况出发，在不同的条件下有不同的解决方案。在低能耗建筑的草创时期，请国外著名专家提出设计方案还是有好处。但现在流行请洋专家做设计可能就值得研究。洋专家的设计不一定能很好地结合本地该项目的实际情况。如果已经有了“洋”方案，建议还是再请经验丰富的中国专家审查，这样做的结果可能会更好。

3.3　与发达国家常用的轻质建筑相比，我国建筑多用混凝土、砖石等重质材料建造，建筑物本身具有热容量大、热稳定性高的优势，这种优势应充分在低能耗建筑中得到利用。

3.4　当前不少公共建筑一味追求新、奇、特，玻璃幕墙泛滥成灾，这些建筑能源浪费十分严重，而且舒适性很差。要通过严格执行公共建筑节能设计标准予以控制；同时要积极鼓励低能耗大型公共建筑的发展。

4 低能耗技术的选择

下列一些技术可以根据情况考虑选用：

4.1 规划时布置好建筑朝向、建筑间距，搞好庭院绿化、垂直绿化与屋顶绿化。

4.2 建筑面积标准适当，体形系数合理，窗墙面积比合适，不宜采用大型落地窗。

4.3 发展多功能、可整体工作的复合外墙，高效保温外墙还可避免冷桥结露。采用外保温或内保温，与地区气候有关，在严寒和寒冷地区以采用外保温为好；对于全天候采暖和空调的建筑，当然也以外保温为好。

4.4 选用高效节能窗，采用充入惰性气体的中空玻璃、低辐射率（Low-E）玻璃、太阳能控制低辐射（Sun-E）玻璃，低导热率的间隔条。选用断桥、复合、加设空腔的窗框，严格进行窗框与窗扇、窗框与墙体间的密封。保证室内采光良好。

4.5 采用可调节外遮阳，热天遮挡太阳直射辐射，控制阳光进入，冷天还有保温作用。这在南方特别是对东、西向窗户更为重要。如果能用智能化控制，可根据外界条件启闭并至调节遮阳范围和角度，则效果更好。单层玻璃幕墙耗能过多，采用双层通风遮阳式幕墙可使其热工性能大为改善。

4.6 立体绿化与植被屋面具有良好的保温隔热效果，有利于减弱建筑群间的热岛效应。将绿色植物引入室内，还可创造与自然接触的人性化环境。

4.7 房屋密闭性提高后，通风换气不良对于人体健康和室内卫生的损害要引起特别注意。在热天气温低时段充分利用室外空气的自然冷却能力来转移建筑内热量，可以少消耗能源。合理组织室内气流路径，就可以利用室外新鲜空气更新室内在生活和工作过程中污染了的空气，使室内空气清新洁净。合理进行建筑设计，并使用手动或自动调节进风量的通风器。采用置换式新风系统，冬夏季用最小但足够的风量进行通风换气，春秋季实现可调节的自然通风。

4.8 北方大城市多层及高层建筑密集的地区，应使用城市热网集中供热。热电联产、区域锅炉房集中供热的热效率，要比小型、分散锅炉供热热效率高得多。居民用热应该计量，可按房屋幢安设热量表，热费可按热分配计、温度或面积分摊。做好供暖热水系统的水力平衡、流量平衡调节。建筑物采暖空调运行负荷往往是变化的，冷、热源设备大部分时间都在部分负荷条件下工作，而部分负荷条件下的工作效率一般要小于满负荷运行时。建筑空调和采暖系统风机和水泵采用变频调速技术，使设备具有良好的能量调节特性，可以提高能源利用效率。

4.9 采用高能效比的冷热水机组，以及高效供热供冷输送设备，吸收式供冷热设备等。自然能源的温度与建筑需用能源温度相当接近，只要利用热泵将其温度略加提高或降低，就能满足建筑采暖空调的需要。住宅可应用小型户式热泵除湿机组，开发地源热泵技术和产品。

夏热冬冷地区如果采用热电联产，由于一年供热时间不到3个月，设备利用率低，管网损耗大，并不经济。

利用通风换气中进风与排风之间的空气焓差，使用显热与潜热回收器，做到回收能量。

4.10 采用混凝土楼板辐射制冷/采暖系统。在楼板、顶棚中埋设塑料盘管，冬季通入28℃热水对房间进行辐射供暖，夏季通入19℃凉水对房间进行辐射供冷。冷热辐射温度接近室内舒适温度的上下限。

4.11 充分利用自然光。采用高光效、长寿命、显色性好的电光源照明，如稀土高效荧光灯产品，使用设计科学的灯具及节能电子镇流器产品。一般建筑内部采用紧凑型荧光灯、T5及T8荧光灯，以及控制楼道照明的声控开关。地下室可利用光导管采光，减少白天照明电耗，并无电光源的眩光和频闪等光污染。

4.12 利用可再生能源，如太阳能、风能、地热能、生物能、水能等自然能源；使用太阳能集热器提供热水，并做到与建筑围护结构一体化，有的还可与光伏电池相结合，有的可采用燃料电池。

4.13 为了节约生产建筑材料特别是保温隔热材料所消耗的能源，应该重视建筑材料的再生利用，如废弃保温材料、拆除材料、无毒工业废料的再生利用，以及钢材、铝材、铜材的再生利用等。

4.14 建筑设备系统内做到合理搭配，改善薄弱环节，实现优化集成。按照不同系统分别安设能量计量表。

4.15 运用智能技术进行节能调控。根据变化的运行负荷工况，不断调整采暖、通风、空调与照明设备以及遮阳设施运行状况。对于供暖空调设备系统来说，由于室外气候变化，室内人员出入，一般不是设计工况的满负荷状态，要做到在实际运行时部分负荷状态下节能效果良好，必须不断进行调控。

4.16 在雨量充沛的地区，在建筑物旁边利用回收的雨水形成生态池，可改善建筑微气候。

涂逢祥　北京中建建筑科学技术研究院 教授级高工
中国建筑业协会建筑节能专业委员会　会长　首席专家　邮编：100076

降低建筑能耗是一项长期而艰巨的任务

涂逢祥

【摘要】 本文从宏观上分析和预计我国建筑能耗变化情况，指出尽管我们在建筑节能方面做出了很大的努力，中国建筑能耗总量仍然会继续增长，我们当前的任务是把建筑总能耗增长速度最大程度地减慢下来，通过几十年时间坚持不懈的努力，建筑节能必能取得重大成效。

【关键词】 **中国　建筑能耗　降低**

现在全国都在大力抓建筑节能，建筑节能工作取得了前所未有的巨大进展，建筑能耗得到了降低。节能工作抓得越紧、越实、越久，能耗会降低得越多。这是毫无疑义的。

然而，尽管我们在建筑节能方面已经做出了很大的努力，并将做出更大的努力，勿庸讳言，在今后一个相当长的时期内，中国建筑能耗总量仍然会继续增长，建筑能耗占全国总能耗的比例，也还会继续提高，近期内建筑节能总量也不可能达到能源消费总量的30%或者20%。这个趋势是客观的，现在就应该实事求是地研究清楚。那么，情况为什么是这样的呢?

1　中国建筑能耗总量仍然会继续增长

这是因为，中国是一个发展中大国，过去人民生活水平普遍低得很，广大群众连温饱都难以维持，根本谈不上过舒适的生活，生活用的能源当然就很少。现在，国家经济经过多年快速发展，人均国内生产总值已超过2000美元，人民生活总体水平还是不高，正在逐步提高。城乡都在大量建造房屋，目前一年建成的房屋总量已经超过22亿 m^2，到2020年大约还要建造300亿 m^2 的房屋，这些房屋建成后必然要使用大量能源。而且发展的趋势是，所建的住房越来越宽敞舒适，公共建筑的内部条件也越来越优越。无论居住建筑还是公共建筑，冬天采暖和夏天空调的使用越来越普遍，现在采暖地区向南发展，采暖面积迅速扩大，北方也越来越多地使用空调，空调设备拥有量急剧增多，开启空调的时间也在逐年增加；居民家庭家用电器品种数量如电视机、洗衣机等越来越多，洗浴用热水量明显增加，照明条件逐步改善；广大农村过去多采用薪柴、秸秆等生物质燃料采暖和做饭烧水，现在则越来越多地改用煤、天然气、电等商品能源。也就是说，我国普通居民本来的生活用能水平是非常低的，现在不断提高用能水平的状况是客观的需要，必须满足。我们提倡的节能并不是要压制正常的需求，而是在首先保证人们正常需求的条件下有效地使用能源，提高用能效率。由此可见，在当前这个历史阶段，我国建筑能耗总量继续提高，建筑能耗占全国总能耗的比例继续增加，是必然的，正常的；要求建筑能耗总量减少，或者建筑能耗占全国总能耗的比例降低，都是不现实、不可能的。和发达国家相比，现在我国建筑能耗（指商品能源）占全国总能耗的比例，大约要低十来个百分点，随着人民生活的改善，我国这个比例，是会逐步提高的。

2 把建筑总能耗增长速度最大程度地减慢下来

既然如此，为什么又要把建筑节能抓得很紧呢？应该说，在这种形势下，建筑节能特别需要抓紧。当前建筑总能耗正在快速增加。在相当长的一段时间内，建筑节能的任务，就是要把建筑总能耗增长速度尽可能地、最大程度地减慢下来。十分清楚，建筑节能的潜力是很大的。我国过去一般采用的建造方法，围护结构保温隔热不良，采暖空调设备和系统用能效率低；新近大量建造的玻璃幕墙建筑，也大多数属于高耗能房屋；功能和面积相近，而能耗相差1~2倍的建筑，并不在少数。可见我国建筑节能潜力是巨大的。居住建筑和公共建筑节能设计标准，要求节能50%或者节能65%，是有根据的，实践也已证明是可行的。通过要求新建建筑严格执行设计标准，对既有建筑进行节能改造，并加强建筑运行管理，完全可以节约大量能源，从而大大降低建筑总能耗增长速度。如果放任自流，或者不认真监管，就会造成严重的浪费损失。

3 建筑节能通过几十年时间坚持不懈努力，必能取得重大成效

当前建筑节能处在大发展初期，首先是把新建建筑坚决管住，要求全都建成为节能建筑，避免高能耗建筑继续增加。但是每年新建建筑竣工面积究竟只有全部既有建筑面积的近1/20，即使新建建筑全部按节能建筑要求建成，节能量也只可能是建筑耗能新增量的一部分。今天建筑能耗巨大，是在承受多年来建造高能耗建筑的后果；现在新建的节能建筑，其节能成果将会在几十年时间内显现，并逐步累积起来。因此，现在就必须坚决抓紧既有建筑的节能改造。而既有建筑数量极大，能耗太多，节能改造所需资金巨大，工作相当困难。尽管“十一五”期间建筑节能改造方面准备下很大的力气，到2010年也只能改造既有建筑中很少的一部分，不到全国既有建筑面积的1%。绝大部分既有公共建筑还有待以后改造，而既有居住建筑的改造也只能是开一个小头。也就是说，“十二五”、“十三五”、“十四五”期间建筑节能改造的任务必将更加艰巨。换句话说，过去几十年时间盖的高耗能建筑，可能至少需要今后二三十年的极大努力，才能逐步改造完成；最近这些年建造的越来越多的节能建筑，过多少年后必将为国家的可持续发展继续做出重大贡献。许多发达国家今天建筑节能取得了很大成效，也正是二三十年来不懈努力的结果。

“十一五”将是中国建筑节能发展史上大跨越的重要时期，城市新建建筑从此全部按建筑节能标准建造，建筑节能改造和节能运行工作有了良好的开端，出现了前所未有的崭新局面。但是，由于能源形势将持续紧张，温室气体减排的压力越来越大，“十二五”、“十三五”、“十四五”期间建筑节能的任务，特别是加紧组织节能改造和节能运行的任务必将更加艰巨繁重，到那时建筑节能的要求也会超越现行标准，必定有新的提高。可以相信，通过几十年时间不同年代的人们坚持不懈的努力，我国建筑节能必能取得重大成效。

涂逢祥　北京中建建筑科学技术研究院 教授级高工
中国建筑业协会建筑节能专业委员会　会长　首席专家　邮编：100076

“两个减少”是低能耗建筑技术发展的方向

黄振利　孙桂芳

【摘要】　建筑节能在我国经历了艰难的历程，分步进行建筑节能已经不能满足我国经济发展对能源的需求。低能耗建筑已成为调整建筑能源消耗结构的出路，“两个减少”——“减少垃圾生成量，减少能源消耗量”是低能耗建筑技术发展的方向。

【关键词】　垃圾减少　低能耗　能源　发展　方向

引言

目前，全球能源形势非常严峻，据一些国际研究机构分析，世界一次性能源仅够人类使用30年，能源危机始终困扰各国。在经济快速发展的中国，能源匮乏也引起人们的高度关注。在能源消耗的众多形式中，建筑能耗在我国能源总消费量中所占比例逐年上升，已经从20世纪70年代末的10%上升到如今的27.6%，而采暖、空调、通风的能源消耗又占其中的60%左右。我国建筑采暖、空调、通风主要利用的是不可再生的能源，如煤、天然气、电力等，低品位的一次性能源应用很不普遍，因此石油、电力、天然气等能源已经十分短缺。能源紧缺和环境污染已经成为制约中国经济可持续发展的两大瓶颈。国家“十一五”规划提出发展循环经济，建设资源节约型社会，在建设领域发展节能省地型住宅和公用建筑，发展低能耗利废建材产品，凸显了建筑节能和资源综合利用两大主题。

建筑节能是节省能源消耗的一个重要途径。可是，我国现有的节能水平还很低，虽然国家从1997年就开始强制实施建筑节能50%的标准，到目前已有170多个城市强制实施了节能50%的标准，而北京、天津等地已经开始强制实施节能65%的标准，但节能步伐还是比较慢，因此到2020年将有大量高能耗的既有建筑存在，将会持续消耗大量能源，这对能源形势会造成严重威胁。

因此，只有加快低能耗建筑技术的发展，并充分利用可再生能源如太阳能等低品位能源，才能有效地降低我国的建筑能耗，从而实现我国节能、节地、节材、节水的目标。而建筑节能的根本出路，在于能源消费结构的调整，实现化石能源退出建筑能源消耗领域，继而用低品位能源、可再生能源特别是太阳能来替代现在使用的高品位能源。其中最好的途径是推广和普及低能耗建筑。这是未来建筑发展的一个必然趋势。

1　调整能源结构的出路——低能耗建筑

1.1　低能耗建筑概念

我国建筑能耗占总能耗的27.8%。所谓的低能耗建筑是指不用或者尽量少用一次能源，而使用可再生能源对建筑物进行采暖和制冷。低能耗建筑是一种类似于窑洞的建筑，其冬暖夏凉、能耗低、舒适、适宜居住。低能耗建筑的设计原则为：

（1）建筑物采暖和制冷上尽量少用一次性能源；

（2）依据建筑能耗的分配比例，在技术上抓主要矛盾，以外墙、外窗、屋面为重点；

（3）充分考虑我国的经济条件、气候条件、生活方式和习惯等方面的因素，利用现有的建筑材料和资源、建设资金等；

（4）低造价、高效率，使低能耗建筑技术具有在社会中普及应用的价值。

1.2　低能耗建筑设计的基本原理

在我国采暖地区（严寒及寒冷地区）由于建筑能耗绝大部分是冬季采暖能耗，而热量的损失主要是由于围护结构的传热损失和空气渗透损失。建筑物的总失热包括围护结构的传热热损失（约占70%～80%）和通过门窗缝隙的空气渗透损失（约占20%～30%）。

为了保持室内的舒适还应给室内提供一定的热量，建筑物的总得热包括采暖设备供热、太阳辐射得热（通过窗户和其他围护结构进入室内的热量）以及建筑物内部得热(包括炊事、照明、家电和人体散热)。当建筑物的总失热量和总得热量达到平衡时室内温度得以保持。因此建筑节能的主要途径就是加强围护结构的保温与隔热性能，提高门窗气密性能以减少热量损失，并采用节能型高效供暖系统。当围护结构的保温性能及门窗气密性能足够好时，只需很少的供热即可满足室内舒适温度的要求（室内温度不低于16℃)，这就是低能耗建筑设计的基本原理。

1.3　低能耗的技术路线

低能耗技术应符合“新窑居理论”。

众所周知，冬暖夏凉是传统窑居的基本特性，其原理为窑洞被覆结构的蓄热系数大，保温、隔热以及热波衰减性能好。窑居普遍设在山坡上，黄土又是很好的保温隔热材料，因此它的“屋顶”和“墙壁”厚而坚硬且不易传热。窑洞的顶和壁既不能直接从大气中吸热，也不能直接向大气中散热，因此窑洞里的气温变化总是落后于外界的气温变化，温差变化不大，夏季室温比室外普遍低10℃左右，冬季室温比室外普遍高15℃左右，而且温度和相对湿度都相对稳定。借此原理我们可以推论提高现代建筑的外围护结构热工性能，减少室内与外界直接的能量转换，是可以实现室内温度的基本恒定而达到建筑节能目的的。其次，窑居建筑在稳定室内环境温度中借助了土壤蓄热（冷）原理、太阳能热利用原理，其能耗皆取之于自然，由此可以预见在保证外围护结构热工性能的基础上，利用可再生能源可以实现建筑采暖、制冷的能耗需求。

在此基础上我们归纳提出了适用于低能耗建筑设计的“新窑居理论”。具体是将现代建筑技术与传统窑居理论有机结合，大力提高建筑的外围护结构（墙体、屋面、窗等）的保温隔热性能，在降低使用一次性能源的同时积极利用地热、太阳能等可再生能源，并综合改良室外环境、室内通风与采光条件，就可以得到良好的室内物理环境，并建造出经济实用的适于我国国情的低能耗建筑。

1.4　低能耗建筑综合技术组成

1.4.1　外墙子系统

外墙保温隔热技术是低能耗建筑中的主体技术，以聚氨酯外墙外保温技术、挤塑聚苯板复合胶粉聚苯颗粒外墙外保温隔热技术、膨胀聚苯板复合胶粉聚苯颗粒外墙外保温隔热技术为主。

应用自身具有调温性能的相变储能蓄热材料对室温进行调节。聚氨酯复合胶粉聚苯颗粒外墙外保温技术和胶粉聚苯颗粒复合聚苯板外墙外保温技术能将建筑物所有外立面、所有外墙出挑构件及附墙部件进行保温处理，隔断所有热桥，相当于给建筑物包上了一件非常合身的大棉袄。可使墙体及屋面的传热系数达到0.2W/（m^2·K）以下，其外墙及屋顶传热损失只有节能50%标准时传热损失的1/6~1/3。

1.4.2　屋面子系统

屋面的保温隔热与防水是其主要功能，常规的屋面保温材料与防水材料存在性能单一问题，防水的不能保温，保温的不能防水。喷涂聚氨酯硬泡（SPUF）、聚脲弹性体（SPUA）屋面保温防水一体化技术除采用兼具优良保温防水性能的SPUF-聚氨酯硬泡作为保温防水一体化功能性材料外，还复合欧美盛行的、防水性能极其优异的SPUA-喷涂聚脲弹性体作为防水饰面材料，从而使SPUF-SPUA屋面保温、隔热、防水一体化体系可用于防水等级为Ⅰ~Ⅳ的工业与民用建筑的平屋面、斜屋面及大跨度的金属网架结构屋面、异型屋面的防水保温隔热，也适用于旧屋面的维修或改造。

采用植被屋面降低夏季高温对室内的影响，同时净化环境。

1.4.3　外窗及遮阳子系统

外窗是围护结构各部分中热工性能最差的部分，要实现超低能耗，改善外窗的性能是必须的。要求采用传热系数不大于1.0W/（m^2·K）的保温节能窗复合遮阳系统。系统安装应确保具有良好气密性、水密性、保温隔热性、抗风压性能。

外窗应具有高效保温和吸收太阳能的性能。以双层、三层、中空、充气、低辐射玻璃为主，窗框具有良好气密性、水密性、保温隔热性、抗风压性能，配合以优质的外遮阳系统。

遮阳系统应具有密闭、通风、隔热、防盗等功能，同时冬天还对窗户起到补充保温等作用。

1.4.4　低能耗采暖制冷及健康新风子系统

采暖制冷时采用地面式低温采暖和制冷系统，冬季以28℃的温水向室内送暖，夏季则以19℃的凉水进行低温辐射水蒸发制冷，冷热辐射温度接近或等于室内的舒适温度上下限，使人的感受非常舒适。而太阳能集热技术应用于采暖系统，则可进一步节省冬季采暖及生活所需热水的能耗。

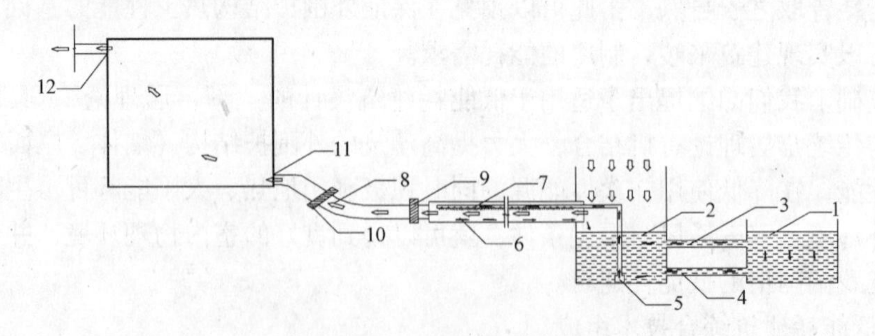

图1　水制冷换气系统

1—冷却容器；2—送水容器；3—上连接管；4—下连接管；5—水泵；
6—空气制冷管道；7—喷水管道；8—送风软管；9—除湿器；
10—吸风机；11—进风口；12—排风口

新风系统采用小功率、小温差的地面送风式空调技术和设备代替大功率、大温差的上给上排式空调设备。新风机组将室外新鲜空气经过滤除尘（加热/降温、加湿/除湿）等处理后，以低速地面送风的方式送到每个房间。采用热量回收系统，通过通风管将各房间相对污浊的空气收集起来，与新风交换显热，预热新鲜空气后的污浊空气由设在屋顶部的风机抽出排放，实现健康的通风换气，如图 1 所示。在夏季宜采用水蒸汽蒸发制冷系统。

2　低能耗建筑技术发展的方向——“两个减少”

在建筑节能领域，外墙外保温技术作为建筑节能外围护结构保温的主要技术已成为共识，但是其系统产品需消耗大量的能源和资源。外墙外保温系统所采用的高效保温材料主要是聚苯板和聚氨酯，而每生产 1t 聚苯板，则需要消耗约 2t 的原油（见图 2），而每生产 1t 合成聚氨酯的主要原料异氰酸酯，所消耗的石油化工原料约为 2t 多（见图 3）。外墙外保温系统配套干拌砂浆/预拌砂浆产品的生产需要消耗大量水泥和天然砂石。水泥生产消耗大量资源和能源，2005 年全国水泥产量 10.38 亿 t，消耗 8 亿多吨石灰石和 4 亿 t 标准煤[1]。2005 年全国生产混凝土和砂浆使用天然砂超过 20 亿 t[1]，采掘天然砂，破坏河道，影响河堤的防洪，危害生态环境，北京市早在 2001 年就禁止在其境内开采天然砂石。与此同时，我国又存在大量的废聚苯乙烯塑料、废聚酯塑料、废橡胶轮胎、废纸、粉煤灰、尾矿砂、钢渣和高炉矿渣等固体废弃物，占用大量土地，严重污染环境，仅 2004 年全国工业固体废弃物产生量为 12 亿 t[1]。因此以固体废弃物为原料开发低能耗建筑技术，充分利用大量的固体废弃物，两个减少——“减少垃圾生成量，减少能源消耗量”已成为低能耗建筑技术的发展方向。

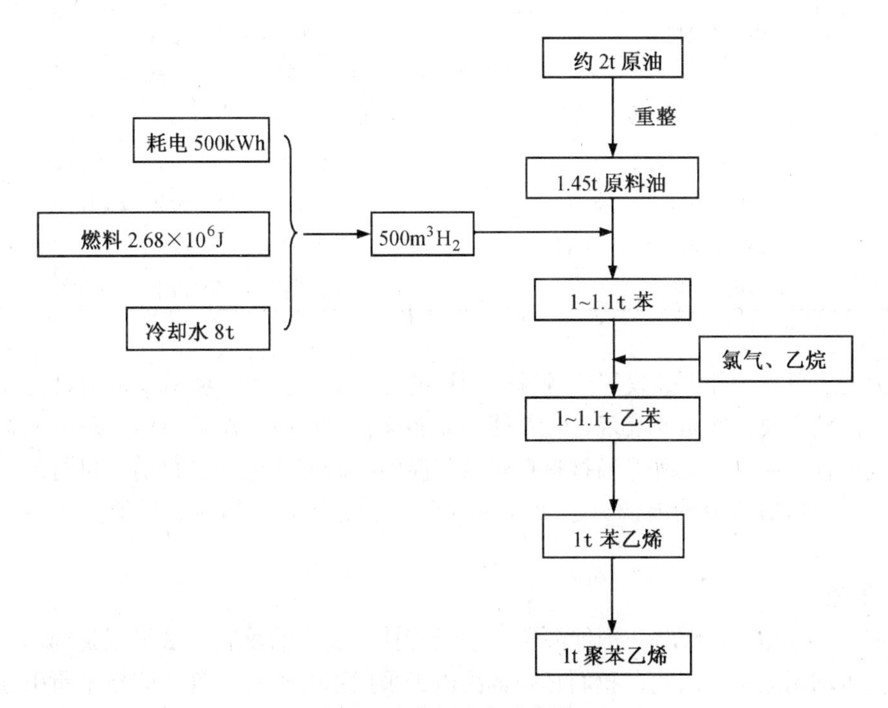

图 2　聚苯板生产示意图

现在每年有 20 多亿 m^2 的新建建筑竣工，既有建筑面积为 420 亿 m^2，如果这些建筑均采用聚苯板进行保温，按8cm厚的聚苯板计算，新建建筑进行保温时每年将消耗400万t的原油，既有建筑节能改造将消耗8400万t原油。若采用聚氨酯作为保温材料，所消耗的原油量也与此相近。中国2005年的原油产量预计为1.83亿t，而建筑节能将消耗掉大量原油，所以如今建造和使用建筑，直接、间接消耗的能源占到全社会总能耗的46.7%。

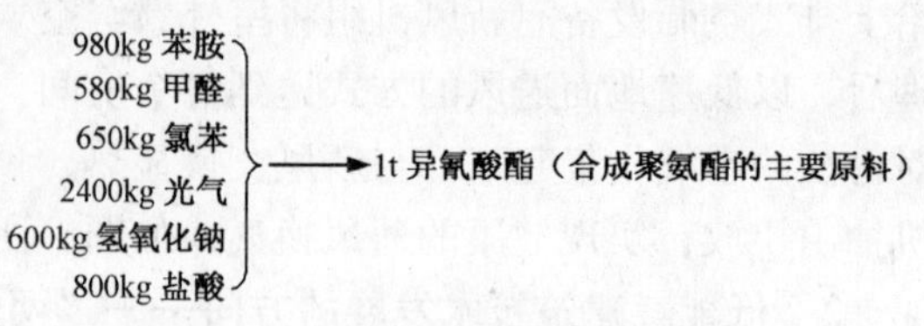

图3 异氰酸酯生产示意图

从表1可见，我们很有必要加大可再生能源的利用和研究，减少一次能源在建筑中的应用，调整建筑能耗的消费结构，支撑经济发展对能源的需求。

利废外墙外保温系统与普通外墙外保温系统的环境影响评价 **表1**

产品	组成材料	环境影响
普通保温系统	聚苯板	消耗大量原油
	聚氨酯	消耗大量原油
	水泥	产生大量 CO_2、SO_x、NO_x、烟尘和粉尘
	水洗河砂	破坏生态环境，危害桥梁路基安全
	重钙粉	消耗大量的能源和产生粉尘
	木质纤维	消耗大量的木材
利废保温系统	废聚苯颗粒	消除白色污染，减少能源消耗
	废聚酯塑料	消除白色污染，减少能源消耗
	部分水泥用粉煤灰替代	减少 CO_2、SO_x、NO_x、烟尘和粉尘排放
	用粉煤灰替代重钙粉	减少土地占用、粉尘污染、水源污染
	用尾矿砂替代水洗河砂	减少土地占用、粉尘污染、水源污染
	用废纸纤维替代木质纤维	减少木材消耗，消除废纸污染
	废橡胶颗粒	消除废轮胎堆积带来污染

大力发展可再生能源，发展资源综合利用的建筑节能技术，将减少对石油等化石资源的消耗。而其主要方案是要实现建筑节能产品多样化，以减少建筑节能中对聚苯板和聚氨酯的过度依赖。而加大无机保温材料在建筑节能中的研究和应用是目前最可行的方案。采暖、制冷、通风所需要的能源，也要采用可再生的能源如太阳能、风能、水能、地热能等。

3 小结

温家宝总理指出，缓解我国能源资源与经济社会发展的矛盾，必须立足国内，显著提高能源资源利用效率。因此，我们必须解决由于采用不合理的建筑节能技术所引起的能源困境。我们要加强对建筑节能技术基础理论的研究，采用正确的建筑节能技术路线支持的产品与技术体系，在合理的经济造价与节能指标结合的基础上，大力发展低能耗建筑，给人们提供既舒适又节能的建筑。另外，我们还要发展资源再生、综合利用的建筑节能产品，大力发展循环经济，从而“减少垃圾生成量，减少能源消耗量”。

对于我国政府或者建筑行业相关管理部门而言，应该引导人们的消费观念，尽快出台相关低能耗建筑的设计标准，通过行政手段调整能源消费结构，充分发挥建筑科技的优势，使建筑的能源消耗尽量少用化石能源，开发使用可再生能源。从而，能有尽量多的化石能源支持经济的增长。

参考文献

[1] 中国散协干混砂浆专业委员会编．干混砂浆技术与应用．北京：清华同方光盘电子出版社，2006.

黄振利　北京振利高新技术有限公司　总经理　邮编：100073

朗诗置业的低能耗建筑实践与思考

郭咏海　程洪涛

【摘要】　本文介绍了南京朗诗国际街区低能耗建筑产品的系统形式和新的探索，并阐述了如何在政策上扶持节能企业的一些思考。

【关键词】　节能　低能耗　高舒适度　柔和空调系统　政策支持

随着全面、协调、可持续发展的科学发展观和大力发展循环经济作为长期基本国策的确立，加快转变经济增长方式，推动全社会开展节能降耗工作不仅是建设资源节约、环境友好型小康社会的必要前提，也是当前极为紧迫的任务。

国务院在为实现“十一五”规划提出的节能降耗和污染减排目标时既强调了发挥政府的主导作用，也强化了企业作为节能减排的主体责任，朗诗置业在严格遵守节能环保法律法规和标准的同时，迎难而上，通过自己切实的工作，创新地实践，打造出朗诗第一代低能耗、高舒适度的住宅建筑产品——朗诗·国际街区一期项目，先后获得了包括2006年度建设部科技示范工程、中国科技地产名盘、江苏省优秀住宅金奖等一系列荣誉。

1　朗诗的低能耗建筑实践

低能耗建筑产品一般是指通过节能技术的应用，减少或取代在建筑采暖和制冷过程中对一次性能源的消耗，同时通过一系列的技术集成，达到单位面积能耗指标的减少和居住环境舒适度的提高。

朗诗置业正在开发的低能耗住宅项目“朗诗·国际街区”位于南京市河西新区中央商务轴与商业轴的交会处，北临河西大街、西临庐山路，总占地面积约16万m^2，总建筑面积约35万m^2，其中地上总建筑面积为28.35万m^2，是目前国内最大的节能舒适型住宅小区。项目规划超前，由国外建筑大师以在花园里“种”房子的概念设计而成，以7层电梯住宅为主，18层电梯住宅为辅，双轴景观设计，多样化户型配比，国际一线品牌精装修交付，定位国际化街区式住宅，营造出开放与私密兼容并蓄的社区文化，见图1。

在系统设计方面整合了包括地源热泵系统、混凝土顶棚辐射采暖/供冷系统、置换新风系统、屋面及外墙保温系统、金属外遮阳系统、同层排水系统、中央吸尘系统、食物垃圾处理系统等多项世界先进的建筑技术，以达到高舒适度低耗能的居住要求，成就一流的“健康、舒适、节能、环保”的住宅产品，2006年由建设部建筑节能中心认定综合节能率

图1　朗诗·国际街区总体规划图

达到80.8%。

已经交付并且入住的朗诗·国际街区首期项目——北园总占地面积30076 m^2，工程总建筑面积92017.2m^2，地上建筑面积为68083.6 m^2，分为1～6号楼，其中1号、3号、4号为18层，2号、5号、6号为7层。因地形和朝向的特殊关系及本工程所采用的柔和空调系统使得建筑对朝向没有特别的要求，故1～6号楼以风车旋转式布置于地块的四周，加大了住宅间距，形成了良好的围合关系，如图2所示：

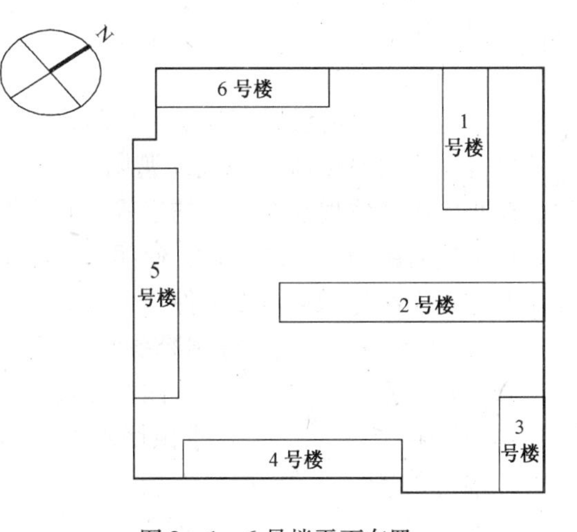

图2　1～6号楼平面布置

1.1　柔和空调系统组成形式

本工程的柔和空调系统是由外墙外保温系统、屋顶地面保温系统、中空Low-E玻璃窗、外遮阳系统、顶棚辐射系统、置换新风系统、地源热泵系统等组成，为高舒适度低能耗住宅，实现了“新风、低噪、舒适、节能”的住宅功能。

建筑外围护系统

外墙保温系统

本工程采用外墙外保温系统，良好的外墙外保温系统是实现低能耗高舒适柔和空调的前提条件，本工程外保温采用表观密度30kg/m^3厚100mm的聚苯乙烯板［导热系数λ=0.031W/（m·℃），热阻R_1=3.23m^2℃/W］，墙体为厚200mm的钢筋混凝土［导热系数λ=1.74W/（m·℃），热阻R_2=0.115m^2℃/W］，墙体的总热阻$R_{墙}=R_1+R_2=3.23+0.115=3.345$ m^2℃/W，有效地隔断墙体与室外间的能量传递。

屋顶保温系统

屋顶保温层为表观密度30kg/m^3厚度200mm的挤塑板［导热系数λ=0.029W/(m·℃),热阻R_1=6.9 m^2·℃/W］，屋面板为200mm厚的钢筋混凝土［导热系数λ=1.74W/(m·℃)，热阻R_2=0.115 m^2·℃/W］，屋面的总热阻$R=R_1+R_2=6.9+0.115=$

7 m^2 · ℃/W，有效地阻挡太阳辐射热。

地面保温系统

首层地面保温层为表观密度 30kg/m^3 厚 100mm 的聚苯乙烯板［导热系数 $\lambda=0.031$W/（m · ℃），热阻 $R_1=3.23$ m^2 · ℃/W］，地面结构为厚 200mm 的钢筋混凝土［导热系数 $\lambda=1.74$ W/（m · ℃），热阻 $R_2=0.115$ m^2 · ℃/W］，地面的总热阻 $R_{地}=R_1+R_2=3.23+0.115=3.345$ m^2 · ℃/W，有效地隔断首层与地下室间的能量传递。

断桥铝合金中空 Low-E 玻璃窗

本工程的窗户采用断桥铝合金框和中空 Low-E 玻璃窗，断桥铝合金有内外两层，中间通过不导热的高强尼龙连成一个整体，有效阻挡热量传递，断桥铝合金传热系数 $K=3.2$ W/ m^2 · ℃；中空 Low-E 玻璃的中空层充满氩气，玻璃第二面镀有 Low-E 涂层，它既不让室内的能量跑出去，又不让室外的冷热进来，中空 Low-E 玻璃的传热系数 $K=1.6$W/（m^2 · ℃）；整窗的平均传热系数 $K=2.3$ W/（m^2 · ℃）；窗户与窗洞口之间采用了完善的保温隔热措施。

金属外遮阳卷帘

金属遮阳卷帘的设置在夏季可以阻挡 90% 以上的太阳辐射热，大大降低因太阳辐射而形成的夏季室内冷负荷，并且外遮阳卷帘能够随意调节室内光线强度，满足人的不同需要，从小的细节体现以人为本的宗旨，并且卷帘关闭还可以防盗。

以上这一系列技术的组合，使朗诗国际街区住宅的建筑围护结构能耗大大降低，满足了柔和空调系统应用的前提条件。

1.2　顶棚辐射平面采暖制冷系统

顶棚辐射系统：主要承担室内显热负荷，冬季供回水温度为 28 ~ 26℃的低温热水，保持室内温度在 20 ~ 22℃，夏季供回水温度 18 ~ 20℃的高温冷水，保持室内温度在 24 ~ 26℃；辐射采暖制冷的室内温度场非常均匀，没有机械转动部件，没有噪声也没有风吹，舒适度非常高。见图 3，顶棚埋管示意图。

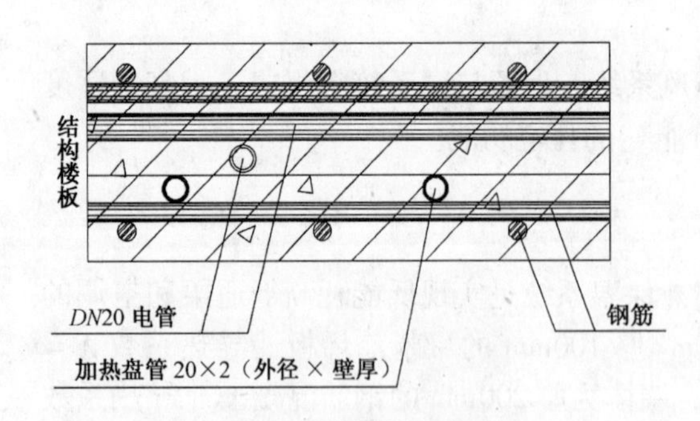

图 3　顶棚埋管示意图

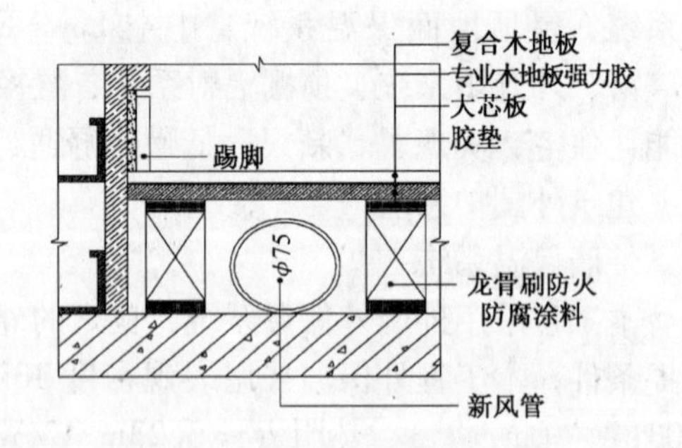

图 4　地板下新风管道示意

1.3　置换新风系统

置换新风系统新风量按 30m^3/（h · 人）供给，见图 4。夏季新风主要承担室内潜热负荷及很小部分的显热负荷，新风机械表冷温度为 14℃，相对湿度为 100%，送入室内为 16℃，相对湿度为 90%，保持室内温度在 24 ~ 26℃，相对湿度在 50% ~ 65% 之间；冬季新风机械加热温度为20℃，通过加湿器后相对湿度为40%左右，以18℃、相对湿度48%左右的状态送入室内，顶棚辐射采暖系统承担部分新风显热负荷，保持室内温度在20～22℃，相对湿度在35%～45%之间。新风冬夏均以比室温低的温度从墙角地面以小于0.3m/s的风速送入室内，在地面扩散形成新风湖，遇到人体等室内发热体加热后自然上升包裹人体，使人体始终吸入的是新鲜空气，而人体呼出的废气亦随上升气流带走，从卫生间、厨房等顶部的排风口排出室外。置换新风系统让人始终处在健康的新风环境中。另外本工程新风系统中采用了全热回收装置，能有效地回收排风中70%左右的能量，从而达到节能的目的。

1.4　空调系统冷、热负荷

本工程利用TRNSYS软件对建筑负荷和空调系统的能耗作典型年8760h的逐时负荷模拟分析，对整个系统在夏季和冬季过程中的负荷分配有精确的计算。

1.5　地源热泵系统

系统概述

本工程空调采暖冷热源均由地源热泵系统供应，地源热泵系统同时提供全年24h生活热水。其中地源热泵系统更具末端形式及不同季节的空调工况要求，又分为顶棚辐射系统、置换新风系统、制备生活热水系统、自由制冷制热系统等。

顶棚辐射系统

本系统设置两台地源热泵机组供给顶棚系统，单台制冷量为418.9kW，制热量为420kW。夏季提供18℃/20℃冷冻水来冷却顶棚楼板达到冷辐射空调效果，冬季提供28℃/26℃的热水来加热顶棚楼板达到热辐射采暖效果。夏季机组EER高达7.55，冬季COP高达8.46，充分达到节能的目的。

置换新风系统

本系统设置两台带热回收装置的主机供给新风系统，单台制冷量为1000.5kW，制热量为1202kW。夏季提供7℃/12℃的冷冻水来冷却干燥新风，冬季提供35℃/30℃的热水来加热新风。夏季机组EER高达7.5，冬季COP高达9.01，节能效果非常显著。

生活热水系统

新风地源热泵主机提供60℃/55℃生活热水，夏季加热生活热水的热量全部来自于热回收。冬季及过渡季节由地源埋管系统提供热量来加热生活热水，制备生活热水时其COP高达5.35。

自由制冷制热系统

通过对全年空调逐时负荷模拟分析，我们发现在初夏和初冬季节室内冷热负荷需求很少，而初夏季节地温经过一个冬季的运行处在较低的温度，能满足初夏时较低的冷负荷要求；初冬季节地温经过一个夏季的运行处在较高的温度，能满足初冬时较低的热负荷要求；故我们在地源热泵系统内设置了一台板式换热器，在初夏和初冬季节末端循环空调水直接通过板式换热与地源水进行热交换来达到空调采暖的负荷需求，不需开启地源热泵主机，实现系统节能运行。

地源埋管系统

由于工程周围场地很小，因此考虑采用桩基埋管，不足的部分在地面建筑空地采用垂直埋管补充。埋于桩基中的地埋管型式（U型或W型）和长度均由桩基的形状和深度决定。我们通过对当地土壤换热能力的测试，可确定U，W，U+W，U+U等各种类型埋管的每米取热量和释热量。桩基埋管从桩相互之间距离及避免交叉等因素考虑，共计有效利用桩孔为1200个，环路为885个，平均桩深30m；室外补孔302个，间距5m，钻孔深度60m。

地源埋管采用两级分集水器，二级分集水器置于各栋楼专设的窗井内，一级分集水器置于地源热泵机房内。分组的地埋管环路首先接入相应的二级分集水器，为了合理分配各栋楼的水量，在二级集水器总管上加装平衡阀；各栋楼地埋管二级分水总管再接入机房内一级分集水器。这就避免了环路过多且各个环路阻力相差过大造成的水力失调现象。见图5。

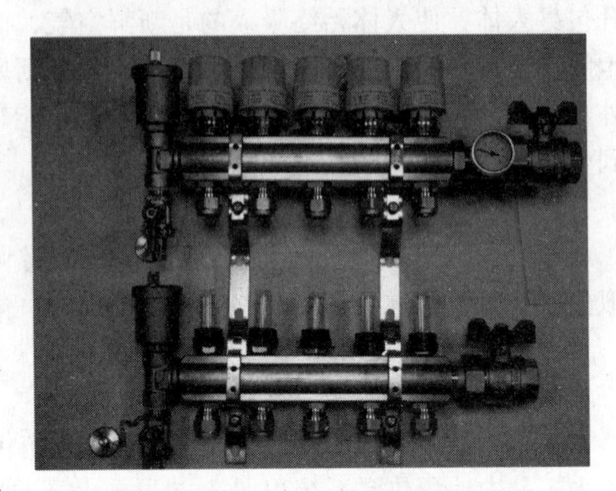

图5　带高精度浮子流量计的辐射水分集水器

2　朗诗置业在绿色建筑方面新的探索

面对国家资源节约和建设部绿色建筑等方面的要求，在2007年3月启动的朗诗置业杭州项目中严格遵守了国家的“$90m^2$/70%”新政，并在复制朗诗国际街区项目技术系统上有所创新。2007年4月启动的朗诗置业苏州项目，为力争达到绿色建筑评价标准二星级的要求将整合更多新的建筑技术，提升了房地产的整体品质。这些技术系统包括太阳能光热及光电利用，屋顶绿化系统，新的空调末端系统，设备变频系统，运行管理系统，智能化集成系统，材料的再生循环利用，雨水回收及中水回用系统等。

在朗诗国际街区第一代产品的基础上，朗诗的研发团队秉承“创造人居价值”的企业使命，正在积极与公司的外部专家资源及厂商合作，努力打造面向更多客户群体的多元化系列产品，让更多的人群能够分享高舒适度低能耗的居住品质。

3　对于国家政策支持方面的思考

朗诗的科技住宅不仅给居住者带来了高舒适度的居住享受，其节能技术的应用更带来了巨大的社会效益，经初步测算，朗诗·国际街区项目每年夏季可节电约23万kWh，相当于标准煤30t，冬季节电约170万kWh，相当于标准煤220t，这些综合起来相当于每年减少向大气中排放二氧化碳740t。同时一期项目的成功交付和入住，也吸引了来自国内外的政府官员、专家学者、设计师及开发商同行的参观，为科技住宅的普及和推广起到了示范作用。

由于我国在低能耗建筑系统的研究和实践上起步晚，底子薄，缺乏有实际设计经验的专家和成熟的产品体系，更缺少经历过时间和不同气候条件考验的建筑产品，企业往往借鉴的是来自海外的技术体系和设计团队，不得不大量采用进口或合资的产品，在巨大的资本投入的同时也伴随着巨大的风险，这既包括设计和产品质量本身，也包括后期的运行管理和维护，对从业人员的素质和技能要求也相应提高。同时由于系统的投入和与之相配的精装修导致成本居高不下，售价相比其他住宅类商品明显偏高，在如今房地产竞争加剧的条件下，也承担了不少市场风险。因此，来自政府相关部门的政策扶持和优惠措施对于企业的可持续发展和行业的良性循环将起到极其重要的作用。

在国务院发布的《国家中长期科学和技术发展规划纲要（2006～2020年）》中倡导科技的自主创新能力，并从财税、金融、政府采购、知识产权保护、人才队伍建设等方面制定了一系列政策措施来确保规划的顺利实施。在此基础上，我们借鉴国内外的相关经验，就如何增强企业的创新能力，运用激励机制培育和快速扩大节能建筑的市场份额，提出以下几点建议，供有关决策部门参考：

3.1 加大在绿色、节能科技方面的财政投入力度，鼓励多元化的科技投入体系，特别是对专注于节能住宅方面的企业在节能科技的研发和实际应用方面的投入，可以结合其对节能的实际贡献，给予相应的财税政策支持，这包括对企业的研发费用给予税前扣除或税收抵免，返还一定比例的建设规费，给予节能建筑专项资金奖励，减免房地产交易契税和增值税，享受高新技术产业的相关优惠政策等。

3.2 对专注于节能住宅方面的企业在信贷服务和融资环境上采取倾斜政策，深化、优化资本市场，创造更适宜的投融资环境，以发行高新技术债券和低息贷款等方式鼓励科技地产企业抓住机遇，利用各种市场手段加快发展，做强做大。

3.3 对于节能类地产项目，在土地获取上应优先考虑，在规划审批、工程建设许可等方面可以采用“绿色通道”的方式，优先办理并缩短审批周期。

3.4 在住房销售上给予消费者一定程度的优惠激励政策，来培育和促进节能建筑市场的发展，对于取得国家权威部门节能建筑认证的住宅产品，根据其节能等级的不同，在房屋交易时给予购房者程度不同的交易契税减免。

3.5 鼓励企业充分利用知识产权制度来提高科技创新水平，支持企业在系统集成方面申报专利，加强对节能技术专利和企业品牌的保护。

3.6 鼓励并积极吸纳企业参与有关建筑节能技术研究的课题申报、应用规范和标准体系的制定、公共政策的分析、政府的决策咨询与实施等。积极支持企业参与有关工程技术试点，产业化基地示范等项目。

3.7 建立并扶持以企业为主体、产学研相结合的技术创新体系，推动企业搭建以点带面，点面结合的科技创新及资源共享的平台，完善技术转移机制，促进企业的技术集成与应用。

3.8 政府部门及其投资新建或改造的各类建筑物要在节能工作中发挥表率和示范作用，不仅严格落实国家的建筑节能标准，而且要建立完善的检测监督机制，引导和推动全社会共同参与节能减排工作。

这方面可以借鉴北美的经验，比如美国联邦政府和大多数州政府目前都要求其所有的建筑物都必须通过LEED（绿色建筑评价标准）相应级别的认证。加拿大也紧随其后，联邦所属建筑物，大部分省或市属建筑物都提出了LEED认证最低级别的要求，极大地促进了节能工作及其相关产业的发展和兴旺。

综上所述，建设可持续发展的和谐社会需要把对人类、社区以及环境的尊重放在首要位置。在目前的市场经济条件下，通过政府的大力宣传，人们的节能环保意识已日益增强，加上适当的激励政策，将吸引更多的企业积极参与到蓬勃发展的建筑节能工作中来。

参考文献

[1] 程洪涛．低能耗建筑技术在南京朗诗·国际街区的应用，《建筑科学》，2006 年第 6 期．

[2] 国务院．《国家中长期科学和技术发展规划纲要（2006～2020 年）》．

[3]《绿色建筑评价标准》GB/T50378-2006.

[4] 胡志坚，冯楚健．国外促进科技进步与创新的有关政策．《科技进步与对策》，2006 年第 1 期．

郭咏海　南京朗诗置业股份有限公司　副总裁　邮编：210004

锋尚国际建筑节能实践

张在东　谢　斌　叶春兵

【摘要】　本文主要介绍锋尚国际开发的南京锋尚国际公寓项目在建筑节能方面的实践与探索，着重分析了该项目在围护结构、空调系统、新能源等方面如何结合当地气候条件、住宅产品的市场需求等因素合理应用节能技术。
【关键词】　节能　保温隔热　温湿度独立控制　毛细管　溶液除湿　地源热泵　光伏发电

锋尚国际2002年开发了中国首个执行欧洲节能标准的高舒适度低能耗住宅项目——“北京锋尚国际公寓”，引起了各界的广泛关注并取得了良好的社会效益和经济效益。近几年来国内出现了很多应用类似技术系统的节能住宅，其中较早的有当代置业开发的MOMA国际公寓项目，朗诗置业开发的南京朗诗国际街区一期项目。以上项目都已经开发完成并已交付业主使用。这种节能住宅有着鲜明的技术特征，包括：外墙干挂复合保温隔热技术、外窗保温隔热技术、活动外遮阳技术、混凝土盘管采暖制冷技术、置换新风技术等。实践证明，系统性地应用这些节能技术的住宅其节能效果明显，同时还能够提供给业主优良的室内环境品质。以北京锋尚国际公寓为例，其建筑的耗热量水平为12.5W/m^2，低于北京市2004年才开始推行的节能65%的标准（14.65 W/m^2）。经过4年的实际检验，北京锋尚的业主实际每年交纳的采暖、制冷、新风等的费用约为35元/ m^2。而北京市规定燃气集中供暖的冬季采暖收费约为30元/ m^2（16～18℃），加上夏季空调费用4～5元/m^2（普通家用空调按需间断运行，估计100 m^{2}住宅夏季空调费用每年为400～500元），普通住宅的建筑使用费用与锋尚业主的使用费用相近。但是两者室内环境的品质差异极大，锋尚业主得到的是：一年四季每天24小时的空调效果（温度20～26℃，相对湿度40%～60%），高质量的空气品质，围护结构内表面温度与室温接近，无吹风感，很小的噪声干扰，无室内挂机等。

在应用这种建筑节能技术系统时，需要根据项目所在区域的气候特点、产品的市场定位等因素进行适当配置，力求在合理的成本范围内取得最佳的节能效果。从围护结构保温隔热技术方面来看，上述三个项目的热工参数与具体做法就有区别。北京锋尚国际公寓项目外墙的综合传热系数为$K \leq 0.3$W/（m^2·K），屋面综合传热系数$K \leq 0.2$ W/（m^2·K），外窗综合传热系数$K \leq 2.0$ W/（m^2·K），保温材料主要是EPS板。MOMA国际公寓项目外墙综合传热系数为$K \leq 0.4$W/（m^2·K），屋面综合传热系数$K \leq 0.2$ W/（m^2·K），外窗综合传热系数$K \leq 1.9$ W/（m^2·K），外墙保温材料选用铝箔复合EPS板。南京朗诗国际街区一期项目的外墙综合传热系数为$K \leq 0.54$W/（m^2·K），屋面综合传热系数$K \leq 0.2$

W/（m^2·K），外窗综合传热系数 $K \leq 2.0$ W/（m^2·K），外墙保温材料选用 XPS 板，部分多层建筑还尝试了湿贴面砖的技术。从新能源的应用来看，南京朗诗国际街区采用了地源热泵系统，这区别于北方地区常用的冷水机组加锅炉系统。

南京锋尚国际公寓是锋尚国际在南京开发的项目，在开发该项目的过程中，锋尚国际力求取得突破，将建筑节能做得更加精致，更能满足业主的需求。

1　围护结构保温隔热技术

南京处于夏热冬冷地区，这一地区的建筑必须充分满足夏季防热要求，同时应兼顾冬季保温。这与北京不同，北京项目处于寒冷地区，这一地区的建筑应满足冬季保温要求，同时应兼顾夏季防热。针对不同地区的建筑，合理设定围护结构各项热工参数是做好节能的基础，在冬季与夏季的要求不一致时，应满足夏季的需求。

通过冷负荷的估算，当外墙的传热系数为 0.5 W/（m^2·K），屋顶的传热系数为 0.35 W/（m^2·K），外窗传热系数为 2.0 W/（m^2·K），$SC=0.53$，屋顶天窗传热系数为 1.0 W/（m^2·K），$SC=0.40$ 时；外墙和屋顶引起的冷负荷约占总负荷的 30%，在此基础上，通过进一步优化墙体和屋顶热工性能，降低冷负荷的效果不佳。窗户负荷接近总负荷的一半，因此，窗户的优化对负荷影响最为明显。以 15 号楼为例，计算结果如下：

夏季典型日逐时冷负荷见图 1，夏季典型日各类负荷所占百分率见图 2。夏季典型日不同 *SC* 值的窗户逐时冷负荷比较见图 3，窗户 *SC* 优化负荷比较见表 1。

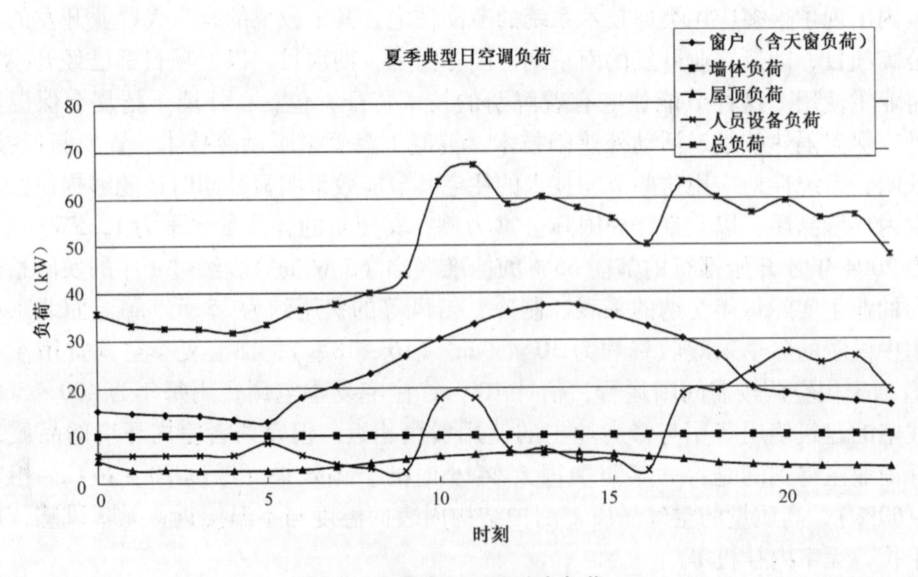

图 1　夏季典型日逐时冷负荷

窗户 *SC* 优化负荷比较　　**表 1**

	瞬时最大负荷（kW）	典型日累积负荷（GJ）
$K=2$，$SC=0.53$	37.36	2.02
$K=2$，$SC=0.45$	33.52	1.84
$K=2$，$SC=0.40$	31.12	1.72

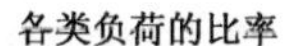

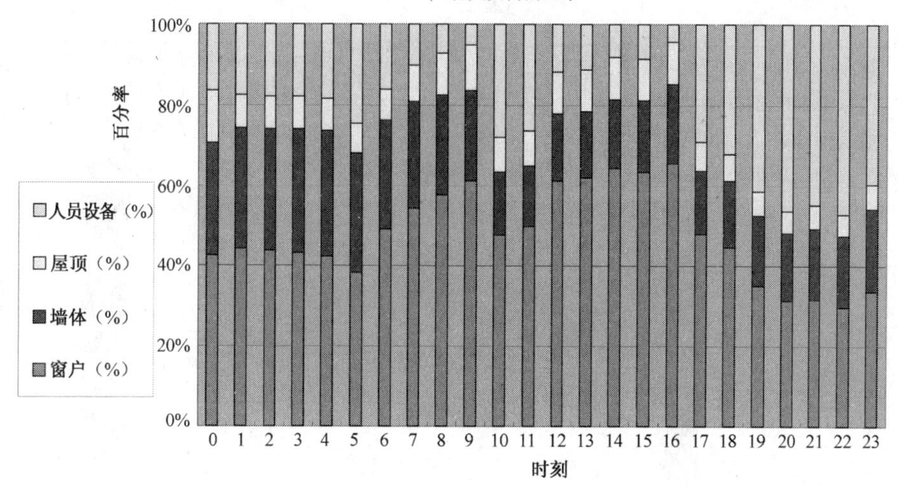

图2　夏季典型日各类负荷

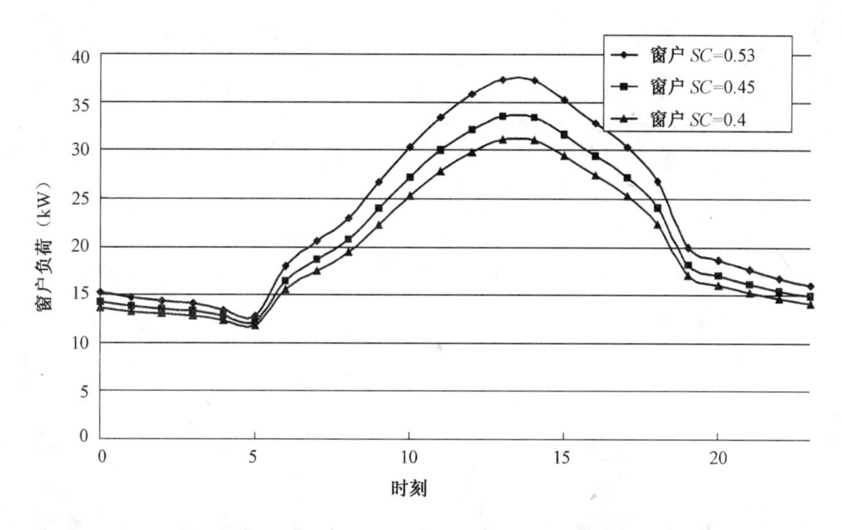

图3　夏季典型日不同 *SC* 值的窗户逐时冷负荷比较

从图3和表1可以分析出，当窗户的 *SC* 值变为0.40，其他参数不变，冷负荷累积值减小了15%，瞬时值最大负荷减小了17%。此结果说明，改善窗户 *SC* 值，冷负荷明显减小。

通过软件模拟计算，合理的围护结构热工参数为：外墙的传热系数为0.5 W/（m^2·K），屋顶的传热系数为0.35 W/（m^2·K），外窗传热系数为2.0 W/（m^2·K），*SC* = 0.4，屋顶天窗传热系数为1.0 W/（m^2·K），*SC* = 0.40。

另外，通过对各种朝向外窗及天窗的模拟计算（DeST软件），可以看到外遮阳的隔热效果最为明显，本项目在各种朝向窗户上都设置了外遮阳。图4～图8是针对典型房间不同朝向遮阳效果的模拟计算结果图。

15号楼最终负荷计算结果——显热瞬时最大值：夏季（有遮阳）为14.7W/m^2，夏季（无遮阳）为22.7W/m^2；冬季为6.9W/m^2。

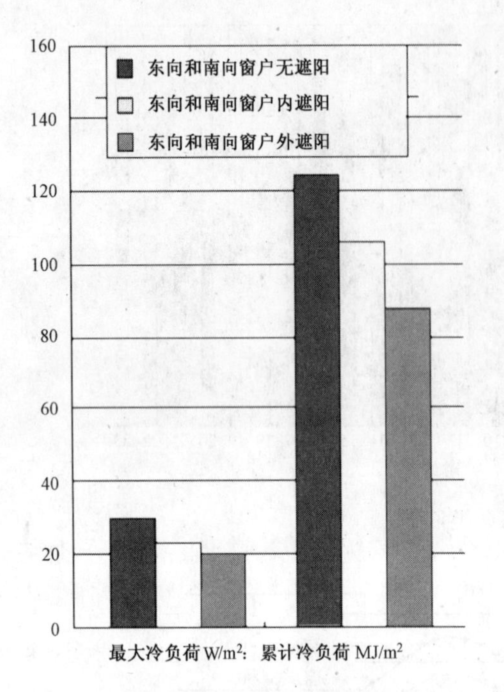

图4　F2E1-masterroom 遮阳效果

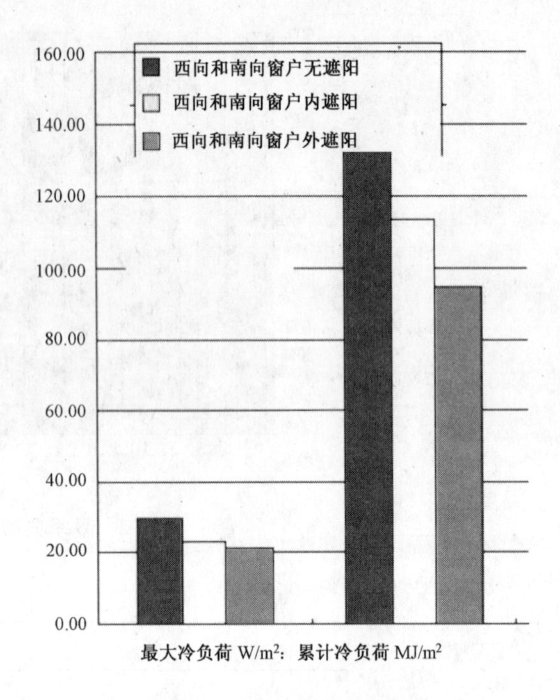

图5　F2W1-masterroom 遮阳效果

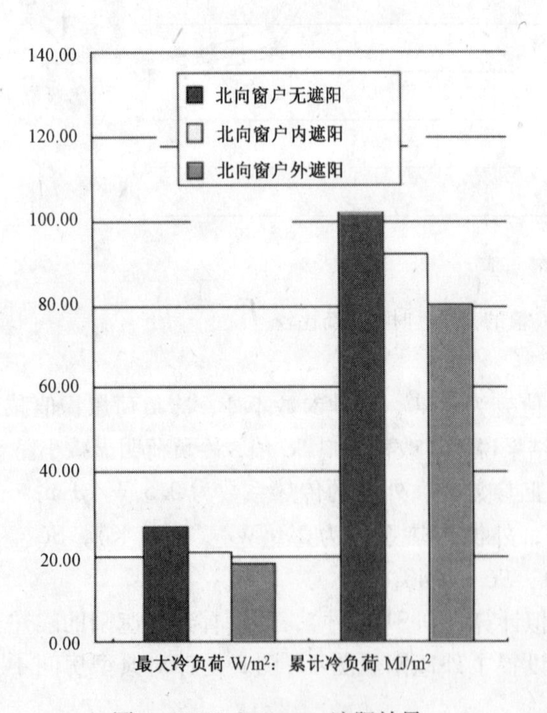

图6　F2E1-livingarea 遮阳效果

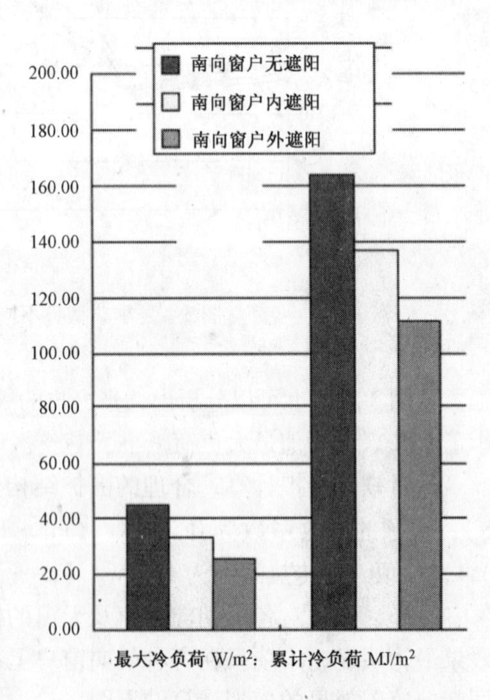

图7　F2E1-childroom 遮阳效果

2　温湿度独立控制空调系统

与北方采暖地区不同，南京市（属夏热冬冷地区）过去的居住建筑，冬夏两季室内的热环境质量很差。为了改善冬夏两季的室内热环境质量，提高人民的居住水平，居住建筑宜采取采暖和空调措施，而采暖和空调措施必然要消耗大量能源。所以，南京地区的住宅节能除了要从围护结构入手还要直接采取节能措施使得采暖、空调系统的能耗大大降低。只有这样才能做到在提高人民的居住水平同时将能耗控制在一定的范围之内。另外，就南京锋尚国际公寓项目的市场定位来分析，需要开发商尽可能提供更加个性化的服务——如室内温度可调等。同时整个系统还要做到简单可靠、成本合理。

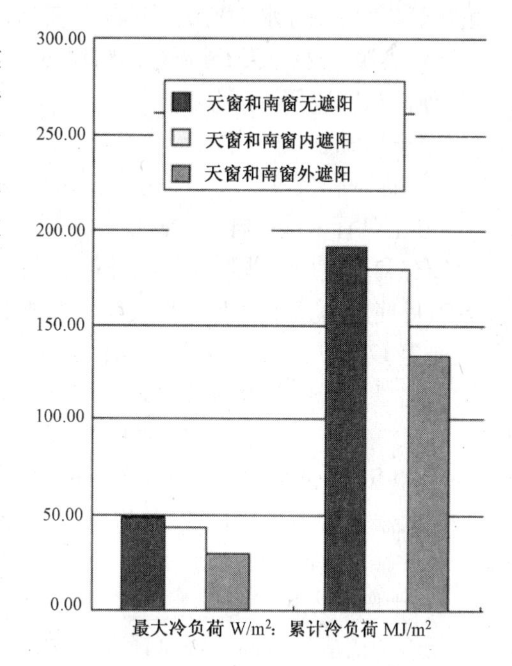

图 8　F4W2-livingarea 遮阳效果

2.1　混凝土盘管采暖制冷系统有着很多优点，但是由于该系统中冷冻水携带的能量必须先传递给蓄热能力很好的混凝土楼板，在混凝土楼板的温度产生足够的变化量以后，系统才有足够的能量传递到室内空间。当冷冻水温度有变化时，室内空间温度响应时间往往要在 1 天以上，因此，该系统不能及时地调整室内温度。室内温度的调整只能事先通过物业管理人员进行小幅微调，业主自己不能调整。

南京锋尚国际公寓项目中，在房间的混凝土楼板（顶棚）下敷设有 ϕ4mm 左右毛细管席（PPR 材质），毛细管间距一般为 10 ~ 15mm。与混凝土盘管末端相比，系统仍然可以充分利用混凝土热惰性好的优点，同时由于毛细管敷设在楼板的结构层下面，毛细管中冷冻水携带的能量有一部分将直接传递给室内空间，这将有利于系统根据房间负荷的变化进行调节，有利于满足业主个性化的温度要求。另外，毛细管辐射显热末端装置能够承担较大负荷，系统运行稳定，辐射板表面稳定均匀，室内热舒适性好，是温湿度独立控制系统应用中较好的一种显热末端装置。从系统节能的角度来分析，毛细管的特点也有利于将系统优化为无人在家时可以只需保持基础室温（户间温差宜控制在 4℃ 以内），有人时才按户将室内温度调整到业主所需的范围。在这种使用方式中，室内温度调整的速度将比混凝土盘管系统快得多。与空气系统相比，毛细管系统调整户内温度的时间仍然较长，但是这种温度控制方式可以减少室内外大温差冲击带给人的不舒适感（尤其是夏天）。夏季无人在家时可将室内温度设定在 29℃ 左右，冬季无人在家时可将室内温度设定在 16℃ 左右。与混凝土盘管系统相比，维持这种室温将有利于降低系统能耗，同时，这些温度也是普通人能接受的温度。考虑到控制调节简单，同时不过多增加成本，每户作为一个整体进行温度调节。南京锋尚国际公寓是国内首个决定大面积使用毛细管末端的住宅项目。

2.2　湿负荷由置换通风系统来承担，末端送风管安装在楼板上的垫层内，采用地板送风方式。排风由位于卫生间的排风口通过风管排至新风机组进行全热回收。新风主机使用热泵驱动的溶液除湿新风机组，在原有置换新风系统的基础上大大提高了室内空气的品质，有效降低了新风处理能耗。新风的潜热负荷由溶液系统承担（系统只需补充常温自来水），夏季不再需要7℃的冷冻水来满足新风除湿要求，空调系统中不存在冷凝水的表面，也消除了室内一个污染源。这种溶液除湿新风机组也是首次在住宅项目上进行较大数量的使用。

3 新能源的应用

3.1 土壤源热泵

南京锋尚国际公寓应用了毛细管末端，夏天只需要系统提供18～20℃的冷冻水即可(这与混凝土盘管末端一样)，加上上面提到的新风机组也不需要7℃的冷冻水，所以这种系统比较有利于使用一些低品位的热源。热泵技术在长江中下游地区是一种较好的节能技术，本项目使用垂直埋管土壤源热泵，有利于充分利用地下的低品位的热源。地下温度未受干扰前为17 ℃左右。考虑到本项目的显热冷热负荷（新风负荷除外）相差较大，所以宜采用有利于地下热平衡的技术处理。系统通过土壤源热泵（或冷水机组）直接提供18～20 ℃的冷冻水，也可由主机提供15～20℃的冷冻水，再经过板换、混水装置实现间接提供18～20 ℃的冷冻水。这种方式与系统在夏季提供7～12℃一次水循环系统，再通过板换、采用混水等措施来提供18～20℃二次循环水相比，有利于节能（主机压缩比较小，性能系数大幅度提高)。

3.2 太阳能光伏发电

在新能源的应用方面，南京锋尚国际公寓还将在屋面敷设光电板或膜装置，光伏屋顶所发的电并网后可供小区内设备、灯具使用。由于日照最强时电网负荷最大，光伏系统发电量也最大，有利于缓解电力高峰负荷需求。

4 其他节能措施

本项目将节能措施与业主需求紧密结合在一起，在进行设计的时候全面考虑了两者之间的关系。采取的其他节能措施有：每户设置电源总开关，便于业主出门时关断电源以免浪费；一楼业主拥有地下室室内空间，空调负荷很小并具有很好的舒适度，同时还设计了采光井进行自然采光，避免白天使用灯具造成浪费；使用节能灯具、节能设备等。

锋尚国际在节能住宅开发方面有着自己的体会：一个能被市场接受的节能住宅项目，一定首先是一个能够充分满足业主需求，为业主提供细致入微服务的人性化的住宅。住宅产品做好了，节能就成了产品的一个特性，是个不可缺少的因素。只有综合考虑市场需求、产品定位、当地气候等因素，系统性地采用节能技术，才能扎实地做好建筑节能工作，并同时取得较好的社会、经济效益，推动建筑节能事业的进步。

参考文献

[1]《建筑节能工程设计手册》北京土木建筑学会主编．北京经济科学出版社，2005.
[2]《建筑节能．45》涂逢祥主编．中国建筑工业出版社，2006.
[3]《温湿度独立控制空调系统》刘晓华、江亿等著．北京：中国建筑工业出版社，2005.

张在东　南京锋尚房地产开发有限公司　总经理　邮编：210000

南京聚福园住宅小区

张瀛洲　胡　渠

【摘要】　聚福园小区创新运用绿色理念和技术，包括运用被动式规划建筑设计理念营造良好的建筑室内外环境；通过地下空间和顶层阁楼空间的开发提高土地的利用率；运用外墙外保温系统、可再生能源以及雨水回收技术等绿色技术提高绿色建筑节能指标和标准；运用安全防范、信息管理等智能化系统确保小区有效的运营管理。

【关键词】　节地　节能　节水　节材　室内环境质量　运营管理

1　项目概况

南京聚福园住宅小区位于南京市河西新城区，西距长江0.5km，东临江东北路，南临湘江路，北临闽江路，区位地势平坦、风光秀丽、交通便捷（图1）。

小区于2001年3月全面开工，2002年9月竣工交付使用。

图1　小区总体鸟瞰

建筑性质：多层及中高层住宅。

结构类型：多层采用砖混结构与钢筋混凝土异形框架结构，中高层采用钢筋混凝土剪力墙结构。

抗震设防烈度：7度。

设计使用年限：50年。

建筑层数：19栋多层住宅（4~6层）；4栋中高层住宅（9~11层）；1栋幼儿园（3层，局部4层）；1栋康乐中心（3层）；地下汽车库（兼人防）；自行车库及设备用房等（地下一层）。

主要技术经济指标见表1。

聚福园小区主要技术经济指标 **表1**

项目		单位	数量	备注
住宅总套数		套	831	
居住总人口		人	2659	每户3.2人
规划用地面积		hm^2	7.09	
总建筑面积		m^2	125300	包括地下车库
住宅建筑面积		m^2	107100	
其中	多层	m^2	74783	607套
	高层	m^2	32317	224套
公共建筑面积		m^2	4500	含底层架空
容积率			1.57	
绿地率		%	41	
地下停车位		个	360	预留立体机械停车
地面泊车位		个	70	

2 绿色建筑特征

2.1 节地与室外环境

2.1.1 规划布局

小区规划充分利用现有地形和周边交通条件合理布局，在保证居住功能和舒适度的条件下，提高住宅用地的利用率。建筑以多层为主，在北部、东北部布置中高层。建筑布局满足室内采光、通风要求，满足国家和地方有关住宅建筑日照标准的要求。

2.1.2 地上和地下空间利用

小区控制合理的容积率，容积率为1.57，人均综合用地指标为26.65 m^2。通过优化建筑设计，顶层设计跃阁楼层居住空间，阁楼增加有效建筑面积7800 m^2，占地上总建筑面积的7%。

小区多层及中高层住宅全部设计有地下一层，地下人防及泊车车库利用住宅地下建筑向外延伸，扩大地下建筑面积，见表2。小区实际设计地下建筑面积为25540m^2，占总建筑面积的20%；地下及阁楼总建筑面积（计入地下仓储用房建筑面积）为33340m^2，占总建筑面积的25%，占地上总建筑面积的30%。

地下建筑的开发及利用　　表2

地下车库分类	建筑面积（m^2）
多层地下一层建筑面积	16500
中高层地下一层建筑面积	3200
另建地下车库（兼人防）建筑面积	5840
总　计	25540
地下车库建筑面积分配	
机动车库	9870（兼部分人防）
设备用房及非机动车库	3830
业主仓储用房	11840

注：业主仓储用房11840m^2按建筑高度低于2.20m设计，未计入表1中总建筑面积。

2.1.3　园林绿化

（1）绿化布局

小区中央集中设有约1万m^2的开敞园林，住宅建筑采用组团围合布置，中心园林和组团绿化相通，形成大绿化、小庭院、多层次的建筑园林空间。小区绿地率为41%，人均公共绿地面积4.02 m^2（图2~图5）。

图2　中心景观

图3　乔木种植

图4　灌木种植

图5　草坪种植

（2）绿化配置

小区绿化适应南京气候和土壤条件，以种植和配置本土植物为主，调节居住区室外微小气候，改善热环境。中央公共绿地种植和配置有常绿和落叶植物，而住宅建筑南向靠窗以落叶乔木为主，使住户窗前夏天有遮荫，冬天有日照。

小区每100 m^2 绿地种植乔木达15.6棵。常绿乔木13种220余棵，主要有香樟、女贞、桂花、夹竹桃、石楠、广玉兰、柑橘、棕榈、深山含笑、加拿利海枣等；落叶乔木16种230余棵，主要有银杏、榉树、合欢、樱花、枫树、樱桃、枇杷、紫薇、梅花、天目琼花、石榴等。

小区灌木有50余种，基本都是常绿品种，并有四季花色，密实度高，现都已形成造型板块。主要有金叶女贞、龟甲冬青、小叶黄杨、大叶黄杨、金边黄杨、海棠、杜鹃等；草坪种植品种以“高羊毛”为主，约2.5万 m^2，局部有“马尼拉”约800 m^2，保持冬季青色。

（3）绿化维护

小区绿化浇水采取插管喷洒浇灌和移动浇灌结合的方式，并在绿地中分块布置接水点。用水取自雨水回收系统，防冻、防渗漏，便于管理。

小区物业管理每年春季除虫喷药，基本没有病虫害。肥料、农药的使用尽量减少对环境的污染。农药以生物药剂、高效低毒者优先，保护、利用天敌，禁用剧毒药物。主要采用的生物药剂品种有：苏云金杆菌、多杀霉素和苦参碱等。肥料则以有机复合肥为主，化学肥料为辅，主要采用的有机肥料有超大有机复混肥和发酵油粕肥料等。现小区植物成活率90%以上。4年来，乔木已遮阳成荫，草地灌木四季常绿，四季有花。

（4）园林道路

小区内道路优先选用渗透性好、保水性好的舒布洛克砖铺设，下小雨不积水，雨后保潮润，有效调节室外湿度、温度，有利于改善居住区微小气候环境。

园林绿化在夏季有效降低了室外热辐射。据测试，当夏季高温时，马路温度约50℃，草地和水面附近温度约35℃，而且草坪的地面温度在午后下降得很快，到18:00以后低于气温。许多业主都习惯午后在中心园林散步纳凉活动，而不是呆在家里的空调房间。

2.1.4　施工中的环境保护措施

小区施工依据有关环境管理标准，建立环境管理体系，制定环境方针、环境目标和环境指标，控制由于施工引起的大气污染、水污染、噪声污染。具体包括全部采用预拌混凝土避免现场搅拌，减少空气和噪声污染；严禁受污染的车辆驶出工地；合理安排施工工期，严格控制夜间施工；加强对施工废弃物管理等措施。同时，小区施工期间加强日常环境监控与测量工作，保证环境因素处于可控制状态，确保项目环境体系有效运行。小区各单项工程施工均达到南京市“标准化合格现场”标准，并在检查时受到表扬。

2.2　节能与能源利用

2.2.1　场地布局节能

小区充分利用地势条件和自然季节风向合理设计建筑体形、朝向、楼距，使住宅获得良好的日照、采光和自然通风条件。图6和图7分别为多层住宅和中高层住宅外景。

图6　多层住宅

根据国家和江苏省有关标准和规范，南京地区住宅建筑有利朝向为南偏西5°~南偏东30°。住宅建筑布局全部为南北朝向，在围绕中心花园的院落布置中，保证最小日照间距

图7　中高层住宅

大于1∶1.2，个别在院落收口位置采用退层错节的建筑方法，使底层住户在冬季大寒日满窗日照不少于2小时。

小区规划有中心花园，多层集中分布在南部，中高层在北部。北部的中高层又将塔式布置在东，板式布置在中西段，形成北高南低、北密南疏和中心开敞的规划布局；同时，住宅建筑长轴和夏季东南风成30°~45°夹角，南部楼栋以三单元、两单元拼接结合消防间距留出8~20m间距，形成楼栋通风道，总体规划布局有利于夏季东南风畅通，并阻挡冬季东北风。

2.2.2　建筑单体节能

小区共有25栋单体建筑，其中2栋为公共建筑，23栋为住宅。住宅建筑中有4栋中高层，其余为4~6层多层。中高层建筑外墙为钢筋混凝土剪力墙，多层建筑为钢筋混凝土异形框架结构，其余为KP1多孔砖和页岩模数砖外墙。建筑外墙全部采用外墙外保温做法。多层用R·E复合保温材料（水泥基聚苯颗粒保温砂浆），中高层用欧文斯科宁挤塑聚苯板保温隔热系统。平坡屋面全部采用欧文斯科宁挤塑板保温隔热系统（平屋面为倒置式）。外饰面有水性涂料薄抹灰、贴面砖和仿石砖系统。

幼儿园和康乐中心也采用和多层住宅楼相同的节能设计。

• 体形系数

建筑单位面积对应的外表面积越小，外围护结构的热损失就越小。《江苏省民用建筑热环境与节能设计标准》在关于围护结构规定性指标的条文说明中指出，当体形系数超过0.32时，每增加10%，增加能耗7%~8%。

根据《江苏省民用建筑热环境与节能设计标准》的规定，节能建筑的体形系数宜控制在0.32以下，高于国家行标0.35、0.40的规定（0.40为点式建筑）。此外，该标准提出：当体形系数超过0.32时，外围护结构的传热阻应按建筑物总的传热阻的要求作相应提高，且体形系数不得超过0.38。

小区多层建筑进深采用12.30m，大部分为三单元组合，平面规整，对控制体形系数有利。11层板式中高层用15.0m进深，六单元组合，全长98m，体形系数只有0.29（见表3）。

体形系数及窗墙面积比 **表3**

楼栋号	体形系数	窗墙面积比		
		南	北	东、西
01、02、03	0.32	0.32	0.22	0.08
05	0.32	0.30	0.22	0.10
06	0.31	0.31	0.23	0.09
08、09、12、15、16、27	0.32	0.31	0.21	0.10
26	0.29	0.28	0.22	0.15
07、20、21、22	0.30	0.32	0.21	0.11
23、25	0.31	0.31	0.22	0.05

- 窗墙面积比

旧有建筑外围护结构中门窗的热损失约是墙体的4倍。据测试，门窗产生的热损失约占建筑总耗能的30%～40%，所以国家和地方标准都把控制窗墙面积比和提高外门窗的热工性能列为强制性标准。

小区首次在南京采用阻断型铝合金中空玻璃窗（包括阳台封闭开启系统），样窗检测 $K=2.6$ W/（m^2·K），保温性能比标准提高了两级。但为了提高节能效率，设计中仍然控制了窗墙面积比。

小区住宅建筑全部为南北朝向，东西山墙只有卫生间开局部小窗。在南向，阳台采用封闭可开启方式，虽然开窗面积大，经加权计算分析仍然控制在指标以内（见表3）。

- 外墙外保温

小区住宅外墙外保温采用地方墙改材料和保温材料及技术，并和承重墙体一体化施工，施工简便，造价不高，达到了超过50%的节能效果。

多层建筑外墙采用了页岩模数节能砖，并采用R·E复合保温材料进行外层保温处理，是江苏省建设厅和江苏省墙改办组织的墙材科研开发项目，2003年8月通过国家级鉴定，本小区是最早的用户。页岩砖砌体检测资料显示，外墙采用页岩砖砌体，南向外墙大面积已达到节能热工指标，只需处理冷热桥部位。图8为多层外墙外保温断面。

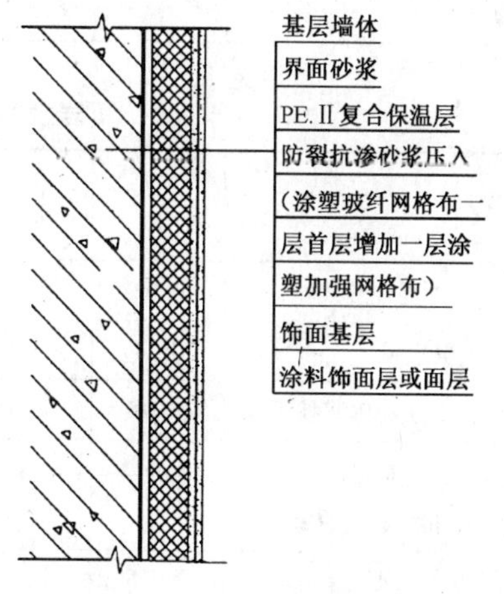

图8 多层外墙外保温断面

中高层剪力墙采用欧文斯科宁挤塑聚苯板外保温系统，外墙的传热阻值超出国家规范76%，北墙超出省标42%。图9为中高层外墙外保温断面。

外墙外保温系统有效地解决了外墙隔热的冷热桥问题，比内保温增加室内使用面积，同时对外墙的保护作用可延长建筑的使用寿命。外墙保温热工指标见表4～表6。

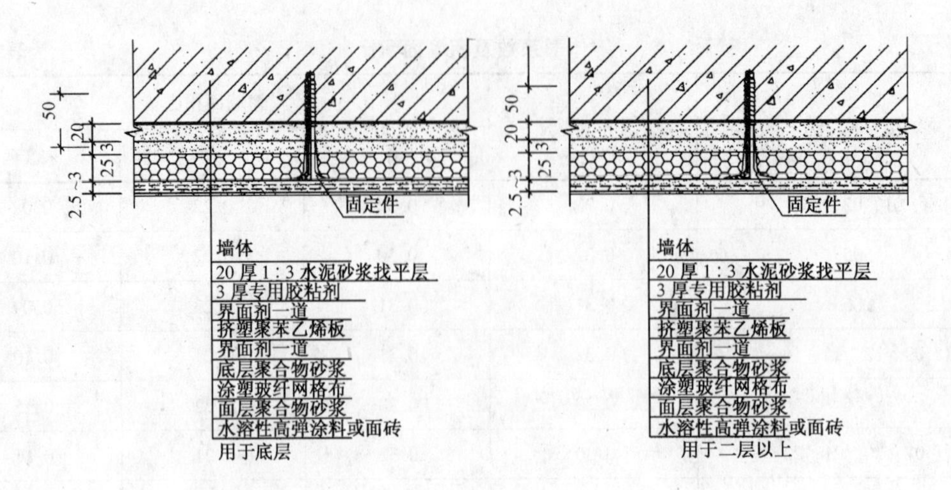

图 9　中高层外墙外保温断面

多层砖混结构 KP1 外墙 R · E 外保温热工指标　　表 4

材料及做法（内至外）	厚度（m）	干密度 ρ（kg/m^3）	导热系数 λ [W/(m · K)]	蓄热系数 S [W/(m^2 · K)]	热阻 R [(m^2 · K)/W]	热惰性指标 D
混合砂浆	0.02	1700	0.87	10.75	0.023	0.25
KP1 多孔砖	0.24	1400	0.58	7.52	0.414	3.11
1∶3 水泥砂浆找平	0.15	1800	0.93	11.37	0.016	0.18
R · E 保温层 北墙、东西墙	0.02	≤500	0.085	3.16	0.235	0.74
R · E 保温层南墙	0.015	≤500	0.085	3.16	0.176	(0.56)
R · E 抗裂砂浆	0.010	1800	0.93	11.37	0.01	0.12
贴面砖或涂料	0.010	2300	1.51	15.36	0.01	0.10
内外空气换热阻					0.15	
Σ					0.85 (0.80)	4.5 (4.32)

页岩模数砖外墙 R · E 外保温砂浆热工指标　　表 5

材料及做法（内至外）	厚度（m）	干密度 ρ（kg/m^3）	导热系数 λ [W/(m · K)]	蓄热系数 S [W/(m^2 · K)]	热阻 R [(m^2 · K)/W]	热惰性指标 D
混合砂浆	0.02	1700	0.87	10.75	0.023	0.25
页岩砖（大孔）	0.24	1200	0.44	6.67	0.533	3.60
1∶3 水泥砂浆找平	0.015	1800	0.93	11.37	0.016	0.18
R · E 保温层 北墙、东西墙	0.02	≤500	0.085	3.16	0.235	0.74
R · E 保温层南墙	0.015	≤500	0.085	3.16	0.176	(0.56)
R · E 抗裂砂浆	0.010	1800	0.93	11.37	0.01	0.12

续表

材料及做法（内至外）	厚度（m）	干密度ρ（kg/m^3）	导热系数λ［W/(m·K)］	蓄热系数S［W/(m^2·K)］	热阻R［(m^2·K)/W］	热惰性指标D
贴面砖或涂料	0.010	2300	1.51	15.36	0.01	0.10
内外空气换热阻					0.15	
Σ					0.97（0.92）	4.99（4.81）

中高层外墙隔热保温做法及热工指标 **表6**

材料及做法（内至外）	厚度（m）	干密度ρ（kg/m^3）	导热系数λ［W/(m·K)］	蓄热系数S［W/(m^2·K)］	热阻R［(m^2·K)/W］	热惰性指标D
内墙混合砂浆	0.20	1700	0.87	10.75	0.023	0.25
钢筋混凝土墙	0.19	2500	1.74	17.2	0.109	1.88
1:3水泥砂浆找平	0.02	1800	0.93	11.26	0.022	0.24
250kPa欧文斯科宁挤塑板粘贴固定	0.025	35	0.029	0.54	0.86	0.45
聚合物砂浆耐碱玻纤网格布外墙面砖（涂料）	0.018	1800	0.93	11.26	0.02	0.22
内外空气换热阻					0.15	
Σ					1.18	2.83

• 屋面隔热保温

建筑屋面采用欧文斯科宁挤塑板（XPS）保温隔热系统（图10、图11）。欧文斯科宁挤塑聚苯板是闭孔板，体积吸水率低于1%，强度高且保温性能持久，使用50年以后，其保温绝热性能仍能保持80%以上，是目前市场上倒置式屋面最为有效的一种材料。屋面保温热工指标见表7、表8。

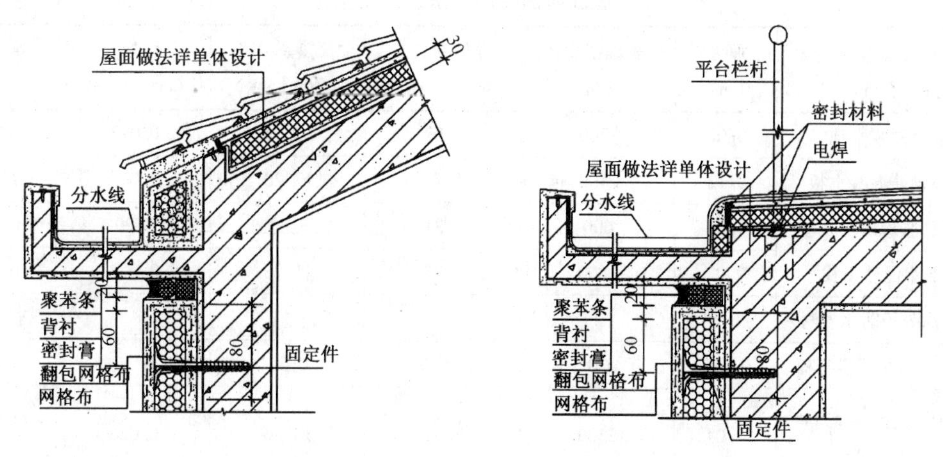

图10　斜、平屋面欧文斯科宁挤塑聚苯板保温构造详图

图 11　斜屋面和外墙欧文斯科宁挤塑聚苯板施工

斜坡屋面隔热保温做法及热工指标　　表 7

材料及做法（内至外）	厚度（m）	表观密度 ρ（kg/m^3）	导热系数 λ [W/(m·K)]	蓄热系数 S [W/(m^2·K)]	热阻 R [(m^2·K)/W]	热惰性指标 D
混合砂浆	0.02	1700	0.87	10.75	0.023	0.25
钢筋混凝土板	0.12	2500	1.74	17.20	0.069	1.19
防渗水泥砂浆（1:2.5）	0.02	1800	0.93	11.26	0.022	0.24
250kPa 欧文斯科宁板	0.03	30	0.029	0.54	1.03	0.56
细石混凝土 ϕ4@200 双向配筋	0.04	2300	1.51	15.36	0.026	0.40
水泥平瓦	0.013	1800	0.93	11.26	0.014	0.16
挂瓦间空					0.10	
内外空气换热阻					0.15	
Σ					1.434	2.8

平屋面隔热保温做法及热工指标　　表 8

材料及做法（内至外）	厚度（m）	表观密度 ρ（kg/m^3）	导热系数 λ [W/(m·K)]	蓄热系数 S [W/(m^2·K)]	热阻 R [(m^2·K)/W]	热惰性指标 D
混合砂浆平顶	0.02	1700	0.87	10.75	0.023	0.25
现浇钢筋混凝土板	0.12	2500	1.74	17.20	0.069	1.19
水泥膨胀珍珠岩找坡	0.06	600	0.21	3.44	0.29	0.98
1:2.5 水泥砂浆找平	0.02	1800	0.93	11.26	0.022	0.24
SBS 高分子防水卷材						
250kPa 欧文斯科宁板	0.025	30	0.029	0.54	0.86	0.47
细石混凝土 ϕ4@200 双向配筋	0.04	2300	1.51	15.36	0.026	0.4

续表

材料及做法（内至外）	厚度（m）	表观密度ρ（kg/m³）	导热系数λ［W/(m·K)］	蓄热系数S［W/(m²·K)］	热阻R［(m²·K)/W］	热惰性指标D
1:2.5水泥砂浆找平或贴地砖	0.02	1800	0.93	11.26	0.022	0.24
内外空气换热阻					0.15	
Σ					1.462	3.77

• 楼地面和内隔墙的保温

结合室内一次性装修，对地面和内隔墙都按标准提高了热工指标。所有住宅建筑都设计了地下室，地下空间的利用提高了土地的利用价值，也有利于底层住户的地板保温。楼地面保温热工指标见表9。

楼地面保温做法及热工指标 **表9**

材料及做法（内至外）	厚度（m）	表观密度ρ（kg/m³）	导热系数λ［W/(m·K)］	蓄热系数S［W/(m²·K)］	热阻R［(m²·K)/W］	热惰性指标D
木地板	0.018	700	0.17	4.90	0.11	0.52
木龙骨架空	0.03				0.10	
1:3水泥砂浆找平	0.03	1800	0.93	11.37	0.032	0.37
钢筋混凝土	0.125	2500	1.74	17.20	0.069	1.19
混合砂浆平顶	0.015	1700	0.87	10.75	0.017	0.19
换热阻					0.22	
Σ					0.55	2.27

2.2.3 可再生能源利用

小区住宅是平坡结合的屋面造型。设计中利用建筑斜坡面排列太阳能集热板，屋脊设挡墙并留出检修通道和管道区。各户独立安装太阳能热水器，统一设计，同步施工（图12）。在冬季每户每天可供应120L热水（一般水温高于50℃），满足三口之家洗澡用水要求。在其他季节家庭热水全部由太阳能供应，不需要辅助加热。幼儿园安装太阳能热水系统，供小朋友洗浴热水，减少幼儿园管理费用。

2.2.4 电梯成套技术的应用

中高层住宅（第26幢）选用KONE（芬兰通力）无机房电梯，载重量为1000kg，速度为1.6m/s。该电梯启动电流低，匹配功率小，节能显著。其采用的扁平碟式曳引机固定于电梯井道内的轨道上，无需电梯机房。因此，该项技术的采用对合理利用空间、节省建筑成本及长期运行的节能方面都起到一个积极的作用。KONE电梯与传统曳引电梯主要性能比较见表10。

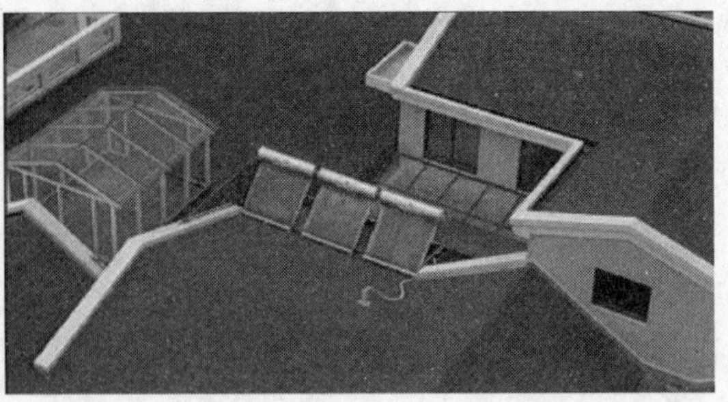

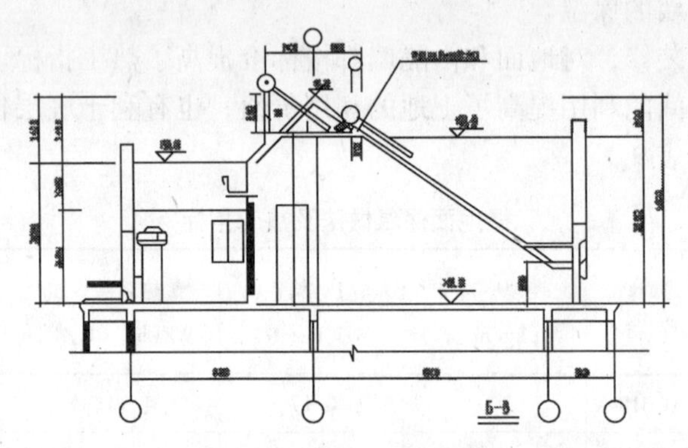

图12　太阳能热水器

KONE电梯与传统曳引电梯主要性能比较　　**表10**

载重量1000kg	传统VVVF曳引机	KONE碟式马达机
速度(m/s)	1.6	1.6
马达功率(kW)	15	10.5
启动电流(A)	60	47
年耗电量(kWh/Y)(1万次)	8100	5700
重量(kg)	650	330

中高层住宅(01幢、02幢、03幢)采用KONE(芬兰通力)小机房电梯。小机房电梯技术性能与无机房电梯相似,只是将碟式曳引机和控制柜设置在与电梯井道尺寸相同的机房内。

根据小区物业电梯用电的统计数字,一梯两户无机房电梯全年用电量为5640 kWh,与5700 kWh的理论数据基本一致。与传统电梯比较,同等条件下可节电30%。

2.2.5　供水水压水质的保障技术

整个小区取消屋顶水箱,采用IA型射流辅助节能直供水系统(图13)。该系统利用现有城市管网供水压力,保障了供水正常压力,降低了供水系统水泵扬程,减少了日常运行费用。根据对运行情况和有关数据的分析,该供水系统与常规变频调速恒压供水装置相比,可节省电能35%,减少贮水池容积30%。

图 13　IA 型射流辅助节能直供水系统

2.2.6　公共区域照明的节能

小区内住宅楼梯间的公共空间全部采用电子延时开关控制照明,减少无用电耗,节约电能。公共部分的照明灯具大部分采用节能灯具,有效节省能源。

2.3　节水与水资源利用

小区采用景观用水循环处理、雨水回用作为景观用水的补充水源。雨水处理系统采用先进的 MBR 技术,使水质达到景观水水质的要求,积蓄雨水作为景观用水的补充用水,在运行中维护方便,经济适用。图 14 为雨水回收利用系统。

图 14　雨水回收利用系统

根据该系统运行情况有关数据的统计,全年可利用雨水约 30600m^3,雨水利用率达到 39.6%,节约水资源 235550m^3,节约水费约 29.27 万元。

2.4　节材与材料资源利用

2.4.1　建筑结构体系性能高材耗低

在小区的建设过程中,采用静压混凝土薄壁预制管桩,取代常用的混凝土沉管灌注桩,节省了混凝土和钢材,在施工的过程中减少了噪声污染。小区施工全部采用当地产建筑材料。现浇结构采用预拌混凝土,减少空气和噪声污染。建筑的混凝土结构均采用高强冷轧带肋钢筋,节约钢材,降低成本。

2.4.2　建筑材料的可循环利用

充分考虑了材料选用对环境的影响，减少黏土材料的使用，以保护耕地。非承重墙体和内隔墙一律使用粉煤灰加气混凝土砌块，屋面瓦采用水泥大平瓦。

外门窗全部采用断热铝合金材料，隔热性能好并可循环使用。主要材料见表11。

主要材料一览表　　**表11**

主要材料名称	技术特性	备注
混凝土薄壁预制管桩	高强省材，无噪声，无污染	地方产
烧结页岩节能模数砖	保温隔热；高强质轻	非黏土质，地方产
蒸压粉煤灰加气混凝土砌块	保温隔热；耐火隔声；质轻	应用于内隔墙，地方产
水泥大平瓦	可循环使用，防水性能好	非黏土质，地方产
冷轧带肋钢筋	高强，节约钢材，降低成本	
R·E复合保温材料	抗裂抗渗，抗冻抗冲击	聚苯回收材料
欧文斯科宁挤塑聚苯板	保温隔热，耐久性强，高强质轻	地方产
断桥铝合金型材	隔热性能好，可循环使用	无锡加工
舒布洛克地面砖	透水性、保水性好	地方产

2.5　室内环境质量

2.5.1　室内日照采光

小区有80～210m^{2}十多种户型。在平面设计中，小户型朝南面宽不小于7.2m，中大户型面宽大于8.1m和10.0m。南北朝向和每户不小于7.2m的朝南面宽，保证了每户的室内日照、采光和自然通风的要求。

2.5.2　室内温度环境

建筑节能设计提高了室内的舒适度，结合高能效比的空调及供暖设备，使室内热环境达到了舒适度标准。在空调条件下，夏季温度控制在26～28℃，冬季控制在16～18℃，冬季被动式采暖南朝向房间自然温度可控制在大于12℃；空调除湿时，南京梅雨季节室内相对湿度可控制在60%以内。

2.5.3　室内空气环境

夏季在室内通风降温是南京居民的传统。小区在整体规划时注意导入夏季主导风。平面设计除满足功能分区外，也要有户内的“穿堂风”。流畅的户内自然通风不但可有效降温除湿，而且充足的新鲜空气有利于人们的身体健康，自然风吹入也有利于满足人和大自然交往的心理需要。

南京夏季夜晚静风率较高，白天吹风是热风。在这样的天气状况下，全天连续自然通风是不科学的。近几年普遍都安装空调机以后，间接通风换气是设计中应解决的问题。在冬季保暖时更需要换气。除了间断开窗外，还有机械送风或排风的方法来解决室内新风问题。

在设计机械排风时，利用厨房排烟机和卫生间排气扇组合排风的办法。厨房、卫生间全部设有专用排气道升出屋面，户内平面设计时组织风流从卧室、工作室、起居室进卫生间、厨房排出，连同厨卫污浊空气一次由排气道排出。

2.6　运营管理

小区建成投入使用以来，住宅建筑各项性能和小区各系统运行良好。2003 年 12 月，小区通过了建设部专家组对建筑节能示范工程的验收。专家们一致认为“聚福园小区节能系统完善，性能达到国家行业和地方节能标准要求，节能选材先进，对夏热冬冷地区的建筑节能有着良好的示范作用”。同时，聚福园小区还入选南京城市优秀物业管理小区。

2.6.1　节能测试数据符合有关节能标准的规定

为考察小区住宅建成后实际的热环境状况及耗能状况，银城地产和东南大学建筑系于 2001 年 7 月 ~2002 年 9 月间的两个夏季和一个冬季的时间对已建住宅的热环境状况进行了现场测试，具体包括自然通风、自然密闭、空调等条件下住宅热环境测试。测试结果表明，住宅的热工性能满足《江苏省民用建筑热环境与节能标准》(DB32/478-2001) 的要求。

2003 年 3 月和 7 月，银城地产委托江苏省建筑科学研究院建筑工程质量检测中心，对南京聚福园小区 75 号楼和 113 号楼的墙体、屋顶热工性能进行了现场测试。检测结果表明，所测住宅的外墙和屋面热工性能符合或超出《夏热冬冷地区居住建筑节能设计标准》(JGJ134-2001) 和《江苏省民用建筑热环境与节能标准》(DB32/478-2001) 的要求；所测建筑在冬季被动采暖条件下的室内温度与夏季自然通风条件下的外围护结构内表面温度符合上述标准的要求。

2.6.2　节能节水系统运行创造良好的综合效益

小区供水采用 IA 型射流辅助节能供水系统，保障了供水压力，降低了供水系统水泵扬程，减少日常运行费用，与常规变频调速恒压供水装置相比，可节省 35% 的电能，可减少 30% 的贮水池容积。运行时对城市管网压力不产生影响，同时避免生活用水的二次污染。

小区采用雨水回收及景观水处理系统，具有良好的环境效益和经济效益。

3　建筑节能的有关数据

3.1　节能工程增加投资分析

以围护结构为例，建筑节能增加工程投资情况见表 12。

围护结构建筑节能增加工程投资分析　　表 12

项　目	多层砖混建筑	中高层建筑	备　注
外　墙	页岩砖代替 KP1 增加 4.0 元/m^2		
外保温	R·E 保温砂浆增加 7.0 元/ m^2	挤塑板外保温增加 33.0 元/ m^2	
屋　面	倒置式隔热保温增加 8.3 元/m^2	倒置式隔热保温增加 5.0 元/m^2	
外　窗	断桥铝合金中空玻璃窗增加 32 元/m^2	断桥铝合金中空玻璃窗增加 35 元/m^2	
增加投资合计（按建筑面积计）	79.3 元/m^2	98.0 元/m^2	不计人工和税金
计入人工税金	约 100 元/m^2	约 130 元/m^2	

3.2　建筑热工性能检测

2002年7月，东南大学建筑系结合研究课题对小区的多层房屋进行了热环境测试。测试报告显示，围护墙体的热工性能指标达到或超过了设计要求。

2003年3月和7月，江苏省建筑科学研究院检测中心对75号、113号楼分别进行了冬季、夏季气候条件下的围护系统热工检测。75号楼检测数据见表13，均超过国家规范及江苏省标准的规定性指标要求。

75号楼检测热工数值（冬季）　　**表13**

位　　置	R [($m^2 \cdot K$) /W]	R_0 [($m^2 \cdot K$) /W]
屋　面	1.311	1.461
南　墙	1.117	1.267
西　墙	1.021	1.171

113号楼夏季检测在7月下旬，正好是6天持续高温。坡屋面外表温度达60℃，太阳辐射在北坡、南坡照度最大值为665～819W/m^2。检测结论如下：

（1）该建筑由于采用了在重型围护结构上增加保温处理的方法，不仅具有良好的保温性能，而且具有良好的夏季隔热性能。现场测试结果证实坡屋面的衰减倍数为52.3，墙体的衰减倍数为45.6。

（2）实测阶段恰遇南京地区数十年罕见的高温，现场的室外空气温度最大值高达40.3℃，平均值为34.7℃。按照南京地区标准的夏季设计条件计算出各围护结构内壁面的最高温度 $\theta_{i,\max}$ 如表14：

最 高 温 度　　**表14**

部　　位	南　　坡	北　　坡	南　　墙	东　　墙
$\theta_{i,\max}$ (℃)	35.7	35.6	35.1	35.2

实测外墙热阻为1.219[($m^2 \cdot K$)/W]，坡屋面热阻为1.461[($m^2 \cdot K$)/W]。

3.3　空调用电量分析

小区住户用电是双月银行卡收费，每户反映的电费真实性不容置疑，但电费中包含了家庭照明、电视、电脑及其他电器用电，有部分住户还包含了电热水器用电。这样严格区分空调用电量不容易办到，故采用全年用电量和夏季制冷、冬季取暖分别计算比较的办法。在电费换算为用电量时，考虑住户采用峰谷电价，平均电价按0.44元/kWh计算。

在67份问卷表中，统计全年用电量（电费）的有35份。按全年用量分析，平均值为40.94kWh/m^2，该值相当于国家夏热冬冷地区节能标准的67%。按国家节能50%标准，南京地区住宅全年用电量为62kWh/m^2，该值比国家标准低34%。除了证实围护结构热工性能优越外，经分析，空调用电量节省还有以下因素：

（1）家庭没有老人、小孩的住户取暖和制冷没有达到18℃和26℃标准，或者达到这一温度标准的时间短。

（2）有些住户住房面积大，人员少，卧室空调不是全开。一般工薪收入家庭还注意节电省钱。在调查中，有一对中年夫妇，儿子在南京上大学，家中南房间冬季温度一般高于12℃，夜间很少开空调；在夏季高温时，也只在前半夜开空调，凉下来后就关掉，室内热稳定性很好。这一户全年用电量只有33kWh/m^2，低于统计的平均水平。

（3）国家规范中对原有建筑的空调COP值在计算时采用夏季2.3，冬季1.9，而近几年家用空调器质量稳定，COP值一般都高于2.6。

另外，对两个有代表性的住户做了对比，如表15所示：

典型住户分析 **表15**

房号、户型	聚福园125号402室 三房二厅二卫（中高层）	聚福园41号402 三房二厅一卫（多层）
建筑面积（m^2）	125	105
常住人员结构	两位退休老人，一对青年夫妇， 一个上小学儿童	两位退休老人， 节假日孙辈儿媳常来
全年用电量（kWh）	3225	4315
每平方米用电（kWh/m^2）	25.8	41.1
夏季制冷耗电（kWh）	1367	1090
夏季每平方米用电（kWh/m^2）	10.9	10.38
冬季供暖耗电（kWh）	1049	2682
冬季每平方米用电（kWh/m^2）	8.4	25.5

对表15说明如下：

（1）多层住户热水用电热水器，中高层住户用燃气热水器；多层住户老人都在70岁以上，身体状况较差，所以冬季供暖耗电值较高；

（2）两户用电都含有照明、电视机用电；

（3）中高层住户总用电量少于多层住户，中高层围护结构和体形系数均好于多层是其中的一个因素。

张瀛洲　南京城镇建筑设计咨询有限公司　董事长　研究员　邮编：210096

成都龙锦慧苑小区的探索与思考

唐荣华

【摘要】　龙锦慧苑居住小区是成都市第一个按照《成都市居住建筑节能65%标准设计指标》（试行）建设的试点示范工程，该项目通过采用建筑节能技术、可再生能源应用技术、地板采暖、新风换气，充分考虑节能、节地、节水、节材综合效益，实现了节能65%的目标。

【关键词】　建筑节能　小区建筑　效益

1　工程概况

龙锦慧苑居住小区由成都簇锦房地产开发有限公司开发，位于成都市簇桥乡市政广场对面。小区总建筑面积为86964.84m²，其中地上建筑面积为70575.84m²，总居住户数为476户。建筑基底面积为7686m²，建筑密度为29.8%，容积率为2.72，绿地面积为9063.04m²，占小区规划用地面积的35%，有机动车位474个，非机动车位500个。项目自2004年12月29日开工，于2006年9月20日完成竣工验收，总工期为21个月。

2　建筑与建筑热工节能设计

2.1　建筑的节能设计

2.1.1　体形系数 $C_{s/v}$：

1~4号楼的体形系数分别为：0.30、0.29、0.27、0.30，体形系数均≤0.30，符合建筑节能设计指标≤0.40的要求。

2.1.2　窗墙面积比及窗的传热系数 K 见表1。

窗墙面积比及窗的传热系数　　表1

幢号	1号		2号		3号		4号	
立面	窗墙面积比	K W/(m²·K)	窗墙面积比	K W/(m²·K)	窗墙面积比	K W/(m²·K)	窗墙面积比	K W/(m²·K)
北	0.39	<2.5	0.25	<3.0	0.37	<2.5	0.40	<2.5
南	0.40	<2.5	0.17	<3.0	0.39	<2.5	0.39	<2.5
东	0.20	<3.0	0.26	<2.5	0.22	<3.0	0.20	<3.0
西	0.20	<3.0	0.41	<2.5	0.22	<3.0	0.20	<3.0

2.1.3 窗型选择

窗墙面积比≤0.30的居室外窗，采用普通塑钢5+9A+5中空玻窗，$K<3.5W/(m^2 \cdot K)$。

窗墙面积比>0.30且<0.45的居室外窗，用充惰性气体（氩气）的塑钢5+9A+5中空玻窗，$K<3.0W/(m^2 \cdot K)$。

厨房用塑钢5+9A+5中空玻璃，电梯前室及楼梯间用塑钢单玻窗，$K<4.5W/(m^2 \cdot K)$。

2.2 围护结构的建筑热工节能设计

2.2.1 屋面

屋面采用实际厚度为45mm的挤塑聚苯板（XPS）作保温隔热层的倒置式屋面，构造层次及热工性能计算值见表2。

构造层次及热工性能计算值 表2

构造层次及材料（由上至下）		厚度 m	计算导热系数 λ_c [W/(m·K)]	计算蓄热系数 S_c [W/(m²·K)]	热阻 R_j [(m²·K)/W]	热惰性指标 D_j
1	混凝土方砖	0.04	1.28	13.57	0.03	0.42
2	挤塑板（XPS）	0.045	0.042	0.36	1.07	0.39
3	两道防水层	—	—	—	—	—
4	水泥砂浆找平层	0.02	0.93	11.37	0.02	0.23
5	页岩陶粒找坡层	平均 0.08	0.50	6.70	0.16	1.07
6	现浇钢筋混凝土楼板	0.15	1.74	17.20	0.09	1.47
7	混合砂浆内抹灰	0.02	0.87	10.75	0.02	0.22

$\Sigma R_j=1.39(m^2 \cdot K)/W, \Sigma D_j=3.80$

$R_0=1.39+0.15=1.54(m^2 \cdot K)/W$

$K=0.65W/(m^2 \cdot K)<0.75W/(m^2 \cdot K)$

屋面的建筑热工节能设计优于建筑节能65%的规定性指标要求。

2.2.2 外墙

外墙的主体部位采用KF_2型页岩空心砖作填充墙，整个外墙都采用50mm厚发泡聚苯板（EPS）薄抹灰外墙外保温系统做保温隔热层，涂料饰面。

外墙主体部位（填充墙）的构造层次及热工性能计算值见表3。

外墙主体部位（填充墙）的构造层次及热工性能计算值 表3

构造层次及材料（由内至外）		厚度 m	计算导热系数 λ_c [W/(m·K)]	计算蓄热系数 S_c [W/(m²·K)]	热阻 R_j [(m²·K)/W]	热惰性指标 D_j
1	混合砂浆内抹灰	0.02	0.87	10.75	0.02	0.22
2	KF_2页岩空心砖	0.20	0.58	7.92	0.34	2.73
3	水泥砂浆找平层	0.015	0.93	11.37	0.02	0.18
4	EPS薄抹灰外墙外保温系统	0.04	0.05	0.43	0.80	0.34
5	保护层及饰面层	0.005	0.93	11.37	0.01	0.06

$\Sigma R_j = 1.19(m^2 \cdot K)/W, \Sigma D_j = D = 3.47$

$R_{o.p} = 1.19 + 0.15 = 1.34(m^2 \cdot K)/W$

$K_p = 0.75W/(m^2 \cdot K)$

剪力墙及其他结构性冷（热）桥部位的构造层次及热工性能计算值见表4。

构造层次及热工性能计算值 **表4**

	构造层次及材料（由内至外）	厚度(m)	计算导热系数 λ_c [W/(m·K)]	计算蓄热系数 S_c [W/(m²·K)]	热阻 R_j [(m²·K)/W]	热惰性指标 D_j
1	混合砂浆内抹灰	0.02	0.87	10.75	0.02	0.22
2	剪力墙等冷（热）桥部位	0.20	1.74	11.72	0.11	1.89
3	水泥砂浆找平层	0.02	0.93	11.37	0.02	0.23
4	EPS薄抹灰外墙外保温系统	0.04	0.05	0.43	0.80	0.34
5	保护层及饰面层	0.005	0.93	11.37	0.01	0.06

$\Sigma R_j = 0.96(m^2 \cdot K)/W, \Sigma D_j = D = 2.74$

$R_{o.b} = 0.96 + 0.15 = 1.11(m^2 \cdot K)/W$

$K_b = 1/1.11 = 0.90W/(m^2 \cdot K)$

外墙的平均传热系数 K_m 及平均热惰性指标 D_m 分别为：

$K_m = 0.41 \times 0.75 + 0.59 \times 0.90 = 0.84W/(m^2 \cdot K)$，

$D_m = 0.41 \times 3.47 + 0.59 \times 2.74 = 3.04$

外墙的 $K_m < 1.10W/(m^2 \cdot K)$，$D_m > 3.0$，均优于建筑节能65%的规定指标要求。

2.2.3　分户墙及楼梯间过道隔墙

分户墙及楼梯间过道隔墙采用200厚蒸压加气混凝土砌块作填充墙，计算导热系数取 $\lambda_c = 0.30W/(m \cdot K)$，砌体厚度与剪力墙及其他冷（热）桥部位相同，两侧用20厚水泥砂浆。

主体部位的传热系数 $K_p = 1/(0.22 + 0.02 + 0.67 + 0.22) = 1/0.93 = 1.08W/(m^2 \cdot K)$；

剪力墙及其他结构性冷（热）桥部位两侧用20厚微珠保温抗裂砂浆抹面，微珠保温抗裂砂浆的计算导热系数 $\lambda_c = 0.09W/(m \cdot K)$。传热系数 $K_b = 1/(0.22 + 0.22 + 0.12 + 0.22) = 1/0.78 = 1.28W/(m^2 \cdot K)$；

平均传热系数 K_m：分户墙及楼梯间过道隔墙的主体部位与剪力墙及其他结构性冷（热）桥部位所占的比例分别为0.60和0.40，即 $K_m = 0.60 \times 1.08 + 0.40 \times 1.28 = 1.16W/(m^2 \cdot K)$，优于建筑节能65%的规定性指标要求。

2.2.4　楼地板

楼地板采用厚度为20mm的挤塑板（XPS）粘铺于钢筋混凝土楼板上，其上用20mm厚水泥砂浆抹灰找平，传热系数 $K = 1/(0.22 + 0.48 + 0.02 + 0.02) = 1.35W/(m^2 \cdot K)$，符合建筑节能65%的规定性指标要求。

2.2.5 分户门

采用钢质内填25mm厚挤塑板的安全防盗、保温、隔声多功能门，传热系数$K<1.50W/(m^2 \cdot K)$，优于建筑节能65%的规定性指标要求。

2.2.6 飘窗（凸窗）

飘窗（凸窗）及空调室外机安装板等部位，采用实际厚度为30mm的EPS薄抹灰外墙外保温系统作保温隔热层，$K<1.50W/(m^2 \cdot K)$。

龙锦慧苑居住小区的建筑与建筑热工节能设计包括1～4四幢住宅建筑和一幢商场建筑两部分，商场建筑按节能50%的（GB 50189—2005）《公共建筑节能设计标准》进行设计。

3 新能源和新节能技术的应用

龙锦慧苑居住小区采用了土壤源地源热泵中央空调系统，由于地源热泵中央空调的能源70%来自土壤，因此消耗电能相对较少，并且其能效比可达5.0，而一般的风冷热泵机组能效比仅为2.8左右，同样1kWh，地源热泵系统比传统空调系统可多产出约80%的制冷和制热量。成都地区水资源丰富，地下30m左右水温基本恒定在16～19℃，具有较好的地源热泵机组运行条件。成都属夏热冬冷地区，对采暖空调有较强的需求，龙锦慧苑项目的试点，对地源热泵空调系统在成都的运用和推广具有十分重要的意义。

采用了地板水媒低温辐射采暖技术，低温热水地板辐射采暖是将热水管道埋设在房间内部地面内的供暖系统。该系统以整个地面作为散热面，地板在通过对流换热加热周围空气的同时，还与四周的围护结构和人体进行辐射换热，从而达到供暖效果。这种采暖与传统的采暖方式相比不仅具有更好的节能效果，而且可利用热源广、室内温度分布均匀、噪声低，使人们获得更高的舒适度，同时，地板辐射采暖在不占有空间面积的同时增加了房间美感和整洁度。

采用了双流向管道新风系统作为室内的新风换气设备，在不开或少开窗户的情况下确保室内高质量的空气环境。

此外，小区采用PE双壁波纹管和雨水回收池作为综合雨水利用方式，用来进行园林绿化、景观喷泉、道路清洁等。公共照明全部采用节能型声光控制和节能灯具，公建部分卫生间采用节水型卫生洁具，卫生间排水管为中空螺旋型（隔音降噪）。

4 建筑节能效益分析

4.1 增量成本分析

龙锦慧苑项目共有四栋11+1层电梯公寓，一栋5层集中商业楼，还有一个16800m^2的地下室，其中一、二、四栋和集中商业楼为框架结构住宅，三栋为短肢剪力墙结构。

龙锦慧苑工程建筑总面积为86964.84 m^2，平均土建成本为1300元/m^2建筑面积。节能措施增加的成本为：

4.1.1 采用EPS薄抹灰外墙外保温系统作为外墙外保温（扣除外墙的饰面层的费用）增加的材料及施工费用为67.32元/m^2（总价为5853846.42元）。

4.1.2 采用XPS聚苯乙烯挤塑板做屋面保温隔热层产生的材料及施工费用为7.05元/m^2（总价为609175.55元）。

4.1.3 采用XPS聚苯乙烯挤塑板做楼地面保温隔热层，同时还可以达到降低楼层间的噪声的目的，所增加的材料及施工费用为16.21元/m^2（总价为1409140.30元）。

4.1.4　采用维卡 5+9A+5 塑钢中空玻璃充氩气（扣除一般塑钢玻璃窗的费用）增加的材料及施工费用为 30.71 元/m^2（总价为 2669288.07 元）。

4.1.5　采用 PE/RT 塑料管作为居住建筑的地板低温水媒辐射采暖系统以解决业主冬季采暖设备（没有含壁挂炉费用）所产生的材料及施工费用为 27.83 元/ m^2（总价为 2420036.56 元）。

4.1.6　小区一栋和三栋采用土壤源地源热泵中央空调系统作为该两栋建筑业主夏季制冷和冬季采暖的设备，所产生的费用为 287.56 元/ m^2（总价为 10318300 元）。如果扣除一般家庭使用的分体式空调所产生的费用，按 110 元/ m^2 计算，总价为 3947047.5 元，实际增加的费用总价为 6371252.5 元，平均每平方米为 177.56 元。

4.1.7　采用双流向多孔管道新风系统作为业主室内新风换气设备所产生的工程费用为 25.48 元/ m^2（总价为 1808800 元）。

此外，采用 PE 双壁波纹管及雨水回收池进行小区雨水收集，用以小区园林绿化灌溉、景观喷泉、道路清洗等综合利用所产生的工程费用为 560000 元。

4.2　节能效益分析

根据四川建筑科学研究院建筑节能中心对小区建筑工程（四栋）的屋面、分户墙、外墙、楼地面以及外窗在冬季和夏季的实际检测结果，所有实测部位的热工性能都优于《夏热冬冷地区居住建筑节能设计标准》的规定，达到建筑节能 65% 的标准要求。

采用典型幢号为"基准建筑"计算，全年采暖、空调用电量（即"基准能耗"）为 89.51kWh/m^2 · a，在设备能效比为节能 50% 时计算的全年采暖、空调用电量为 32.13kWh/m^2 · a（即未考虑节能 50% 至 65% 范围内的能效比提高的节能），节能率大于 65%。

龙锦慧苑小区居住建筑面积为 86964.84m^2，节电量按以上计算值的 70% 计，全年的节电量为 86964.84×57.38×0.7=349.3 万 kWh。以 0.5 元/kWh 电计，全年节省的电费约为 174.65 万元。以标煤发电计（1kWh 电用煤 0.4kg），一年可节省 1397.2t 标煤，节能效益十分明显。同时，还可以带来显著的环境效益，每年减少污染物的排放量为：CO_2—2.635t，SO_2—5.9t，NO_x—8.8t，烟尘—2.9t，煤渣—312t；使用竖直地埋管地源热泵空调机组在系统中省去了传统冷却塔和热水锅炉系统，减少了这两种设备对小区的噪声污染，增加了室外美观度。

4.3　节能投资的回收期

4.3.1　提高居住建筑围护结构保温隔热性能增加的投资为 121.29 元/ m^2 建筑面积（增量成本分析中的（1）~（3），不含地板水媒低温辐射采暖系统、双流向管道式新风换气系统以及地源热泵中央空调系统），即增加的总投资为 86964.84×121.29=1054.79 万元，每年节省电费为 174.65 万元，因此投资回收期为：1054.79 万元÷174.65 万元=6.1 年。

4.3.2　可再生能源地源热泵中央空调系统总投资为 1031.83 万元，除去分体空调投资 394.7 万元，实际增量投资为 637.13 万元。地源热泵冷暖空调系统与普通分体空调的运行费用见表 5（以一户 100m^2，三室两厅户型为例。开启时间相同，一年为 120 天，每天 12 小时计，电费为 0.5 元/kWh）：

地源热泵冷暖空调系统与普通分体空调的运行费用对比　　表5

空调系统类别	普通分体空调	地源热泵中央空调
配置	一台柜机/三台分体机	一台主机/四个末端
制冷/热机组开启时间	1440h	1440 h
耗电功率	8kW	1.7kW（+0.15kW）
自动调节	无	10%~100%
外观影响	室外悬挂	室内
1年使用电量	11520kWh	2448kWh
年均使用费用	5760元	1224元
5年使用费用	28800元	6120元
5年节约费用		22680元

由此表可见，一户普通居民一年可以节省电力9072kWh，小区使用地源热泵空调的居住建筑面积为35882.25m²，一年节约的总电力约为330万kWh，按0.5元/kWh计，每年节约电费大约为165万元。因此，地源热泵空调系统的增量投资回收期为：637.13万元/165万元每年/0.65=6年。（注：0.65为全年同时使用系数）

5　探索中的思考

龙锦慧苑居住小区节能65%试点示范工程取得了预期的效果，该项目的实践说明，成都市的住宅建筑如果严格按照《成都市居住建筑节能65%标准设计指标》（试行）设计和建设，是可以顺利达到指标的。龙锦慧苑居住小区为成都市实施建筑节能65%的标准积累了可贵的经验，具有较好的示范和推广意义。但在项目实施过程中，也遇到了一些问题，在此提出，以后我们在设计和施工过程中应加以重视：

5.1　在做外保温的施工中，应该结合建筑围护结构的结构体系，认真处理好保温层与结构层所承受温度应力变形、风荷载以及防渗抗裂等系统的技术处理措施。在设计和施工工程中保温层要有良好的热工性能，并且与基墙要有可靠的粘合力，有承受弹性应变和良好的耐久性能，同时，施工工艺要有一个系统的、成套的处理措施。

5.2　外窗是建筑节能的薄弱环节，要控制窗墙面积的适度比例，为了达到较好的气密性效果，最好采用塑钢中空玻璃窗。

5.3　要解决高效的保温节能效果与较好的室内空气质量水平之间的矛盾，在建设过程中一定要考虑安装机械通风换气设备。

5.4　地源热泵等可再生能源中央空调系统施工的技术和时间确定应该在项目报建和小区建设开工以前或者同时进行，这样不至于给其他建设带来较多的破坏，从而造成经济损失。

5.5　在新技术和新产品的应用过程中，设计单位、施工单位、监理单位及提供技术和产品的公司一定要做好协调沟通，可成立现场项目管理部，统一协调工程的进度和质量，以保证施工质量，使建筑物建成后既有良好的节能效果，又符合结构安全、可靠、外观良好的要求。

5.6　在物业公司进驻前，要对物管人员进行了专门的培训，让他们了解小区建筑节能的施工工艺，掌握工程中采用的建筑节能措施。同时加强装修工程中的施工管理，保证建筑节能措施的完整性不受破坏。同时，也要注意向业主宣传建筑节能知识，提高业主的节能意识和节能的自觉性。

5.7 政府和建设行政主管部门应加大对节能住宅的公众倡导力度，考虑适当的政府财政的补贴标准，制定节能建筑销售和购买的税收优惠，以提高开发企业参与建筑节能的积极性。建立住宅建筑能效标识制度，让购买者清楚住房的节能等级，而不只是把节能作为一个概念。从而达到全社会都积极参与建设节约型社会的目的。

建筑节能在我国是一项年轻的事业，但其利国利民的本质决定了它将具有永久的生命力。在节能事业前行的路途中，可能需要付出很多代价，但作为有社会责任感的房地产开发商，利润并不是唯一的目标，我们将积极追随国家产业发展方向，提高对建筑节能的认识，为建设更高品质更节能的和谐人居环境而不断努力。

唐荣华　成都簇锦房地产开发有限公司工程部　经理　邮编：610043

基于生态经济优化思想的绿色建筑设计实践

——以联合国工业发展组织国际太阳能技术促进转让中心项目为例

黄献明　栗　铁　王富平　栗德祥

【摘要】　绿色建筑的生态经济价值需要从整体的角度去把握和认识，建筑师作为建筑实践的全程参与者和某种程度的组织者，要想实现绿色建筑的技术理想，就必须突破单纯的技术考量，有意识地将生态经济共赢的思想纳入到设计框架中，以提升绿色建筑的现实可操作性。本文以实践案例为基础，对基于生态经济优化思想的绿色建筑设计方法，进行了初步的探讨。

【关键词】　**生态经济　共赢　绿色建筑　评价**

1　绿色建筑设计中的生态经济共赢思想

长期以来绿色建筑相关研究更多停留在技术的层面，关注于如何通过技术的应用提高建筑的可持续性水平，但对“如何在建筑实践的过程中实现理论上的技术效益”等更为现实问题的探讨，则显得有些不足。

1.1　从生态经济共赢的角度看，绿色建筑具有如下特征：

(1) 从全生命周期的视角，绿色建筑与非绿色建筑相比，具有先天的生态经济优势；

(2) 绿色建筑的生态经济价值特征与普通建筑相比有着如下显著的独特性：

• 长期性　绿色建筑追求的是建筑生命全程的成本—效益（生态经济综合效率）最优，而不是传统的短期效益；

• 间接性　绿色建筑的生态经济价值中，很大一部分来自被“隐形化”与“间接化”了的环境效益；

• 多群体分享　不同群体分别在建筑的全生命周期不同阶段扮演着主导的角色，这使得绿色建筑的生态经济价值在社会分配上，具有分享性特征。

以上特征决定了：绿色建筑的生态经济价值需要从整体的角度去把握和认识，这种整体性不仅体现为时间的整体、生态目标与经济考量的统一，同时也包括各相关利益群体的整合。

1.2　绿色建筑的生态经济优化需从技术与制度两个主要方面着手

1.2.1　技术层面

作为基础的技术层面优化，首先需要进行观念上的调整，包括纠正一些错误的传统技术观念，同时建立起积极的技术优化理念与组织原则；其次技术层面的优化强调对计算机模拟技术的应用，通过模拟可以低成本地实现传统的“实验”的效果，在大规模的真实投入之前，寻找到最优的策略系统组织方案。

1.2.2　制度层面

制度层面的优化包括政策协调、整合设计团队构建与建筑价值的群体划分三方面工作。从更宏观的角度看，制度协调与技术设计是一个相互影响的过程，在对微观的设计策略进行生态经济优化研究时，应有目的地提出一些政策建议，以争取从更高的层面展现和提升绿色建筑的现实经济价值。

制度层面优化的另一方面内容是建立并完善有利于多学科、多行业协同的设计会商机制，这不仅包括团队组织，还包括对会商技术支持平台的建设。

建筑师作为建筑实践的全程参与者和某种程度的组织者，要想实现绿色建筑的技术理想，就必须突破单纯的技术考量，用更宽广的视角审视技术以外的经济、社会问题。

因此我们有意识将生态经济共赢的思想纳入到设计框架中，以提升绿色建筑的现实可操作性。本论文希望以一个实践项目作为剖析对象，从中探讨如何从生态经济协同优化的角度，对绿色建筑的设计策略进行重新组织。

2　项目实践

兰州联合国工业发展组织国际太阳能技术促进转让中心（以下简称太阳能中心）项目建筑面积13976m²，主要由研发与实验中心、接待与培训中心以及国际会议中心三部分功能组成。

2.1　研究目标与工作思路（图1）

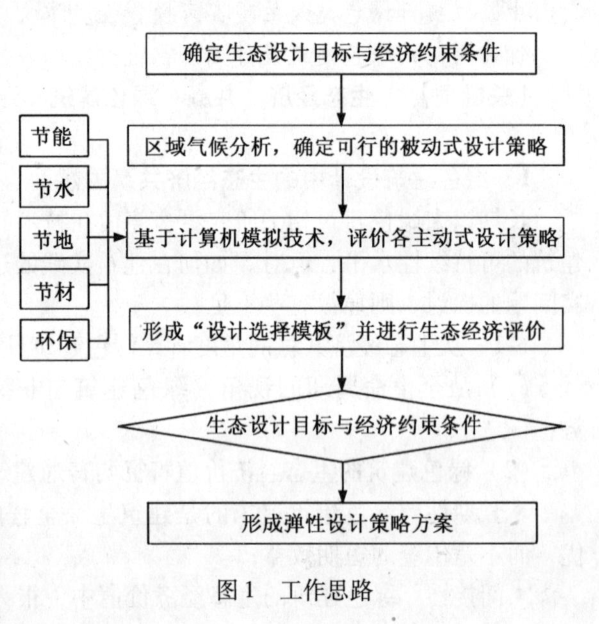

图1　工作思路

2.2　区域生态承载力与生态消费现状分析

2.2.1　城市总体生态承载力与生态消费现状

基于不同生态承载力以及兰州实际生态消费量分析（图2），综合考虑我国的国情①，在本研究中选择的生态消费削减率目标为：在兰州区域范围内实现生态需求与供给的平衡——生态足迹削减率达到86%。

2.2.2　基准建筑的生态消费状况

以20世纪80年代作为寒冷地区代表的北京城市建筑的传统做法为基准建筑的基本工况设定，我们将基准建筑的生态占用划分为能源消耗、水资源消耗、建材消耗、土地占用四部分组成，其中

- 建筑使用能耗　换算为生态足迹值等于604.21ghm²/a，人均0.504ghm²/cap·a；

---

① 选取最高标准的原因在于：首先由于我国的人均资源占有量在许多方面都远低于世界的平均水平，而在我国现有的与在建的项目中，高耗能建筑仍占了相当大的比重，提高建筑的资源利用效率具有现实的紧迫性；与通过改变饮食习惯降低生物资源消费相比，提高能源利用效率具有更强的可操作性。

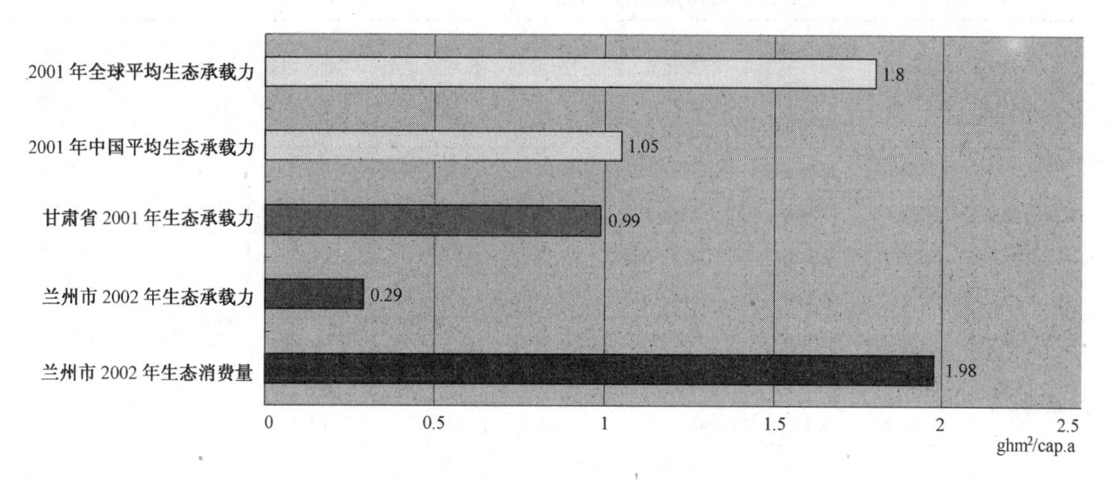

图 2　兰州生态承载力水平与实际消费的关系

- 建筑水耗　换算为生态足迹值为人均 0.019ghm²/cap·a；
- 土地消耗　建筑所占土地的生态占用为 0.006ghm²/cap·a。
- 建材消耗　建材部分的人年均生态足迹值为 0.017ghm²/cap·a。

将以上四部分相加，得出基准建筑（寿命以 50 年计）的年均生态占用估算值为：0.546ghm²/cap·a，以削减率 86% 计，生态占用削减目标为 0.467ghm²/cap·a，这也成为我们进行绿色建筑设计的生态目标。

2.2.3　被动式设计策略选择与建筑基本朝向确定

（1）被动式设计策略选择

基于 Ecotect 的气候分析结果显示（图 3），在被动式设计策略中，被动式太阳房和提高围护结构的保温隔热性能，对于提高该地区建筑室内舒适度最为有效。

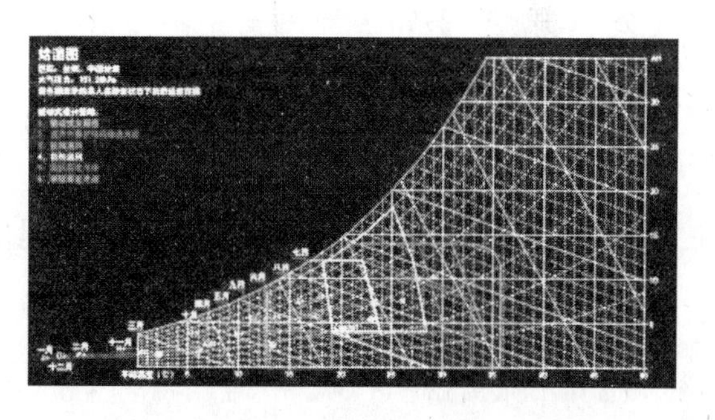

图 3　基于 Ecotect 焓湿图的被动式设计策略与室内舒适度相互关系分析图

（2）建筑的朝向选择

Ecotect 模拟显示，在兰州地区太阳能利用最为充分的朝向为南偏东 5°，但综合考虑整体城市空间的需要，我们最终采用了并非最佳的南偏东 40°朝向，基于能耗差异分析，在具体设计中，我们通过设置南向遮阳体系、提高南向玻璃遮阳系数等方法，降低建筑在夏季的不利得热，尽量削减由于朝向差异所带来的能源消耗。

2.2.4　加强外围护结构热工性能的生态经济评价

我们分别依据 20 世纪 80 年代建筑外围护结构的基本保温隔热水平、《公共建筑节能设计标准》节能 50% 的要求和理想的外围护结构状态，设置了三种外围护结构组合，它们的生态经济综合模拟评价结果见表 1，基于这一结果进一步形成外围护结构的生态经济优化方案。

不同外围护结构做法的生态经济评价（材料寿命以25年计） **表1**

		年生态效益 [ghm²/(cap·a)]	年节能费（万元）	初投资增额（万元）	25年净现值（万元）	简单回收期（a）	动态回收期（a）	环效—成本率
节能50%方案	外墙	0.014	5.10	17.61	55.51	3.45	3.84	0.954
	屋顶	0.008	2.52	10.94	-25.29	4.34	4.94	0.877
	外窗	0.066	23.96	149.30	197.11	6.23	7.48	0.530
	综合	0.084	29.63	177.86	250.24	6.00	7.15	0.567
理想方案	外墙	0.016	5.26	72.37	5.38	13.76	21.93	0.265
	屋顶	0.010	2.88	47.41	-4.50	16.46	30.67	0.253
	外窗	0.110	43.36	191.96	431.57	4.43	5.05	0.688
	综合	0.153	58.35	311.75	529.64	5.34	6.25	0.589
优化方案		0.132	50.87	220.52	510.81	4.33	4.93	0.718

2.2.5 主动式设计策略的生态经济评价

（1）主动式能源策略

主动式能源策略包括节流与开源两种类型，在太阳能中心项目中，我们主要采用的主动式能源策略包括

1）“节流”策略

• 照明功率密度（LPD）优化

• 提高自然采光率

• 对常规采暖空调系统进行优化

2）“开源”策略

• 太阳能光伏发电系统

新建筑将引入50kWp太阳能光伏发电设备。

• 太阳能热水系统

完全采用真空管太阳能热水器为新建筑提供生活热水。

• 风力发电系统

新建筑拟引入30kW风力发电设备。

（2）节水策略

节水策略主要包括生态化污水处理与雨水收集再利用两部分，它们的生态经济分析如下：

1）生态化污水处理采用毛管渗滤“生物床”+人工湿地污水处理技术实现建筑污水的净化与再利用。

2）雨水回收策略

（3）环境策略

新建筑采用佛甲草屋顶绿化。

2.2.6 “设计选择模板”及其生态经济评价

以基准方案作为比较的基础，根据不同的生态经济考量，形成如下策略组合——“设计选择模板”：

（1）经济最优（投资效率最高）策略组合（表2）

经济最优策略组合的生态经济评价 **表2**

设计策略	年生态效益 [ghm²/(cap·a)]	年节约费用（万元）	初投资增额（万元）	25年净现值（万元）	单位面积造价增额（元/m²）	动态回收期（a）	环效—成本率
围护结构综合优化	0.132	50.87	220.52	510.81	126.01	4.93	0.718
照明功率密度优化	0.034	15.33	0	217.51	0	0	∞
提高自然采光率	0.038	17.24	35.00	211.10	20.00	2.18	1.318
HVAC系统优化	0.061	23.95	10.10	330.19	5.77	0.44	7.288
太阳能热水系统	0.039	14.47	143.68	11.21	82.10	13.45	0.325
组合生物污水处理	0.014	3.86	36.72	19.63	20.98	12.69	0.444
总计	0.318	125.72	446.02	1357.1	254.87	3.95	0.856

（2）生态最优策略组合（表3）

生态最优策略组合的生态经济评价 **表3**

设计策略	年生态效益 [ghm²/(cap·a)]	年节约费用（万元）	初投资增额（万元）	25年净现值（万元）	单位面积造价增额（元/m²）	动态回收期（a）	环效—成本率
围护结构理想方案	0.153	58.35	311.75	529.64	178.14	6.25	0.589
照明功率密度优化	0.031	13.73	0	194.79	0	0	∞
提高自然采光率	0.039	17.73	35.00	218.02	20.00	2.11	1.353
HVAC系统优化	0.055	21.93	10.10	301.49	5.77	0.48	6.584
光伏发电系统	0.133	56.50	1792.5	-913.58	1024.28	—	0.089
太阳能热水系统	0.039	14.47	143.68	11.21	82.10	13.45	0.325
风力发电系统	0.003	1.59	150	-121.04	85.71	—	0.028
组合生物污水处理	0.014	3.86	36.72	19.63	20.98	12.69	0.444
雨水回收	0.001	0.243	9.04	-5.21	5.17	—	0.133
屋顶绿化	2.5×10^{-5}	0	28.00	-26.79	16.00	—	0.001
总计	0.468	188.39	2516.8	264.74	1438.17	20.88	0.223

（3）弹性优化策略组合

基于对以上两种极端状态的分析和投资方对建设初投资控制的基本要求①，根据生态经济优化的基本原则，我们制定了弹性设计策略组合方式：

起步阶段：在现有初投资框架内，完成外围护结构保温隔热性能最优化、HVAC系统优化、照明配电密度优化、提高自然采光率、太阳能热水、组合生物污水处理、雨水回

① 太阳能中心计划建筑安装费约5154万元，太阳能利用设备等可再生能源系统投资不在其中，但要求不超过800万元，因此新建筑建安费总额应不超过5954万元，合3400元/m²，以甘肃省同类建筑基准造价2900元/m²计，新建筑单位造价增额应在400~500元/m²的范围内。

收、屋顶绿化等基础性策略的建设，建设50kWp太阳能光伏发电系统，同时预留光伏发电、风力发电增容空间；

升级阶段：提高太阳能光伏发电比例（容量从50kWp提高到425kWp），增建30kW风力发电系统。

图4为不同组合方案逐年成本比较分析。

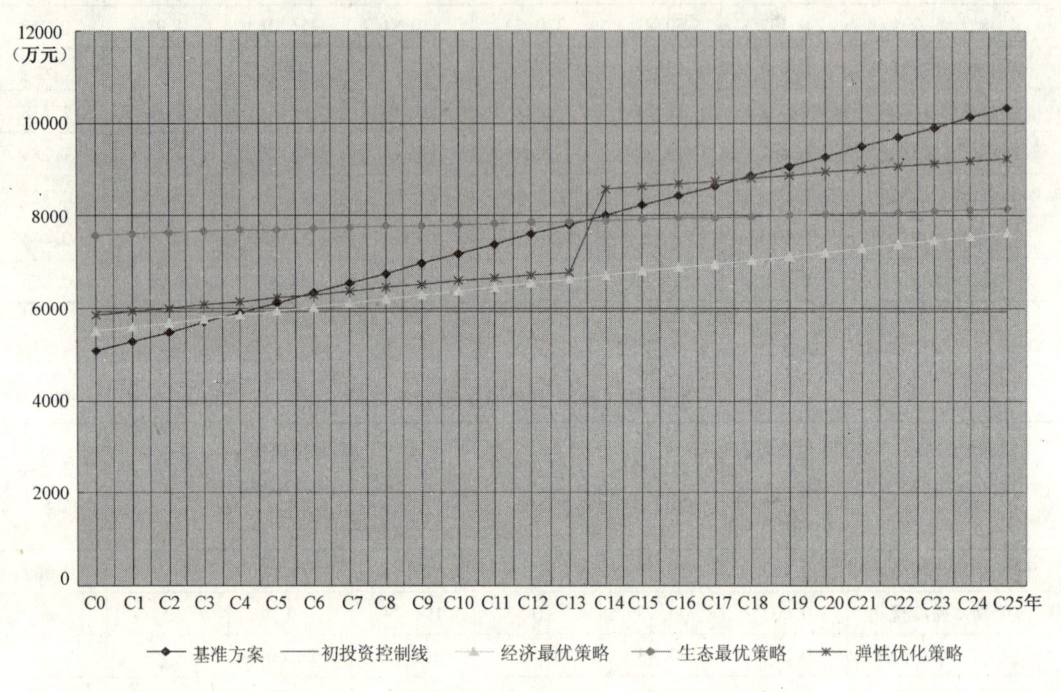

图4　不同组合方案逐年成本比较分析

3　结论

本案例研究从一个侧面反映了对于办公型建筑而言，要实现较高的生态目标，被动式设计策略的贡献率约在40%左右，各种主动式设计策略是帮助实现生态目标的主要力量，其中可再生能源的利用在其中扮演重要角色。

在我们的研究中并没有将技术策略的间接经济价值（如降低环境污染、提高空间舒适性、健康性等带来的经济效益）纳入评价的范围，这是从实际的可操作性角度所作的无奈选择，因为：首先我们仍缺乏相应的基础研究支持，无法得出具有说服力的结论；其次我们始终认为要实现间接价值的显化，主要应依靠政策的倾斜（从某种程度看，激励性政策的作用是在一个较长的时空范围内进行绿色建筑整体经济效益的再分配）或银行的评估，而非建筑师的计算。当然，舍弃掉间接价值，对绿色建筑的生态经济优化而言无疑是一项重大的损失，它不仅加大了优化的难度，也降低了优化的效果，如何突破间接价值的显化困境，应成为未来绿色建筑生态经济优化研究的重点。

参考文献

[1] 孟丽，吴少朋．一次泵变流量系统在空调系统中的应用．洁净与空调技术．2005，4：57~60.

[2] 曹毅然，樊宏武，刘明明，李德荣，张被红．住宅建筑节能设计的经济性方案分析．《智能与绿色建筑文集2》．北京：中国建筑工业出版社，2006：594～598.
[3] 赵贤兵，李芳芹．变频技术在泵与风机系统中应用的节能分析．能源工程．2004，5：52～54.
[4] Greater London Authority. London Renewables：Toolkit for planners and developers（First Draft）. 2004
[5] 陈南祥，贺新春，邱林等．城市雨水资源化径流模型研究．华北水利水电学院学报，2004，25（4）：5～8.
[6] 杨明庆，周振民．城市雨水利用若干问题研究．华北水利水电学院学报，2005，26（2）：12～14.

黄献明　清华大学建筑设计研究院　工程师　邮编：100086

办公楼的发展及其生态节能设计分析

徐　斌

【摘要】　本文从办公楼的发展以及现代办公楼的特点方面，分析了几种生态节能的设计措施，并提出了未来国际上对办公写字楼生态设计的目标。

【关键词】　办公建筑　生态节能　保温　隔热

1　办公楼建筑的历史演变

作为现代工业文明产物的办公楼建筑，就其发展变化过程来看，可分如下阶段：

1.1　传统办公楼立足于自然通风和采光，以小空间为单位，排列组合而成。具有较小的开间和进深尺寸。传统办公室的优点是私密性强，工作者可自行控制工作环境（灯、百叶窗、家具布置等）。传统办公室的不足之处是空间利用率低，缺乏灵活性。

1.2　早期的现代办公楼其特点为大空间，这种模式的积极意义是追求实效性。其消极之处便是机器化的办公环境，非人性化的工作方式。

1.3　后期的现代办公楼有富有人情味的办公环境及优雅的周围环境，带有绿化的内庭院或中庭。其中的景观办公室可以在大空间中灵活布局，有适当的休息空间，用灵活隔断和绿化来保证私密性。

1.4　随着信息时代的到来，出现了智能化的生态节能办公楼。此类型办公楼极大地改善了办公的舒适度与灵活性，提高了办公效率，有效地使用能源，是“以人为本”思想的完美体现。

2　现代办公楼设计理念

2.1　“垂直花园式”办公楼——让工作成为一种享受

以人为本、高效率、人性化的办公空间，运用先进的现代建筑设计理念，以人为中心，合理布局，充分考虑办公人员的使用功能需要和心理需求。平面设计高效、简洁，同时设计了“空中共享”的小中庭，内置大量绿色植物与大自然融为一体，成为生态的办公环境。见图1、图2。

2.2　智能化数字科技办公楼

现代办公楼的重要发展趋势是智能化、数字化。随着网络技术与数字化的飞速发展，传统功能的办公楼受到很大冲击，人们在网络上可以延展自己的工作空间，享受无限，感受与时俱进的时代脉搏。因此，建筑本身也应表现出卓而不凡的数字化品质。图3、图4为门窗的节能措施。

图1　空中花园

图2　会议空间

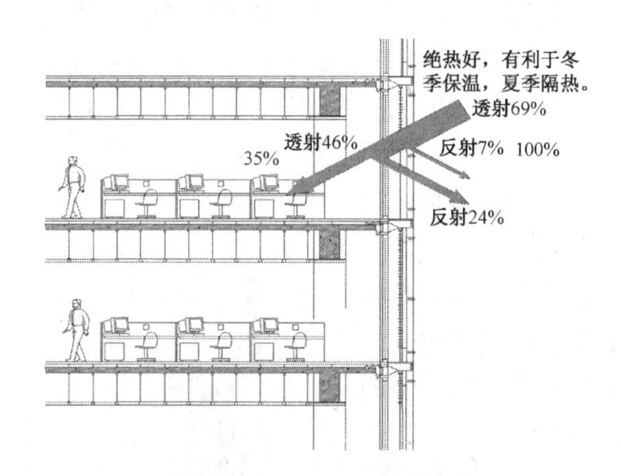

图3　窗户的光热性能

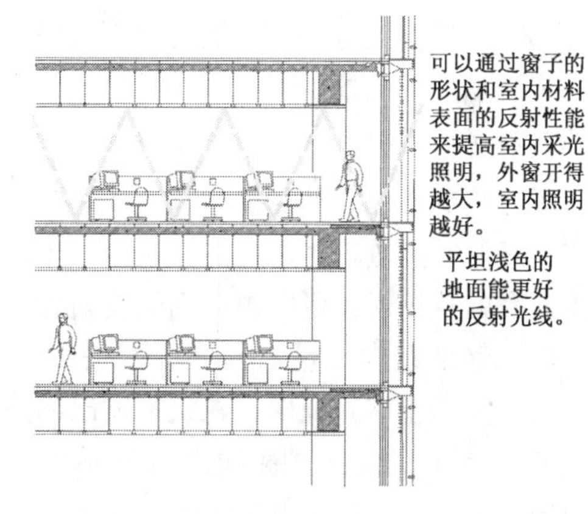

图4　窗与地面的节能

2.3　可持续发展的办公楼

绿化节能，符合生态要求的高科技元素在建筑中给予充分的考虑。自然采光，有效组织的自然气流，高效节能的双层幕墙体系以及节能设备的广泛应用，将极大提高办公楼的使用品质及舒适度，节约能源，体现可持续发展的思想。

3　现代办公楼的生态设计策略

3.1　提高外围护结构的保温隔热性能

建筑外围护结构的能耗有三个方面，一是外墙，二是门窗，三是屋顶。在大面积的墙体做围护结构的办公建筑中，外墙是主要的能耗方面，现在多采用复合墙体。主要分为外墙内保温和外墙外保温。其中外墙外保温的做法比较好，可防止冷热桥。另外屋顶的保温和隔热也是不容忽视的。

3.2　门窗节能措施

在现代的办公楼中很多采用大面积的玻璃幕墙，这种透明围护结构容易产生冷热桥作用，所以提高玻璃幕墙的保温隔热性能是降低建筑能耗的重点。具体的设计中可设计采用双层玻璃幕墙作为主要节能手段，与单层玻璃幕墙相比，双层玻璃幕墙具有更好的降低噪声干扰、隔热保温的优点。空气间层在水平和垂直两个方向上被划分，使得其内部的气流循环互不干扰，有利于防火和隔声。

双层玻璃幕墙的优点在于：

- 绝热好，利于冬季保温，夏季隔热。
- 能更好地隔绝噪声和防火。
- 能选择性地利用自然采光。
- 根据天气状况可调节遮阳系统。
- 办公区可以自然通风，因为空气间层内的对角气流使得室内办公空间的空气静压小于双层幕墙空气间层的空气静压，从而形成一个空气压力差值，迫使室内不新鲜的空气被抽出。
- 办公空间的自然通风换气提高了工作空间的质量，减少室内综合症的发生。

另外在现代使用节能的玻璃也是种很好的节能措施。Low-E 玻璃也叫做低辐射镀膜玻璃，是一种表面镀上拥有极低表面辐射率的金属或其他化合物组成的多层膜层的特种玻璃。Low-E 玻璃是绿色、节能、环保的玻璃产品。普通玻璃的表面辐射率在 0.84 左右，Low-E 玻璃的表面辐射率在 0.25 以下。这种不到头发丝百分之一厚度的低辐射膜层对远红外热辐射的反射率很高，能将 80% 以上的远红外热辐射反射回去，而普通透明浮法玻璃、吸热玻璃的远红外反射率仅在 12% 左右，所以 Low-E 玻璃具有良好的阻隔热辐射透过的作用。冬季，它对室内暖气及室内物体散发的热辐射，可以像一面热反射镜一样，将绝大部分反射回室内，保证室内热量不向室外散失，从而节约取暖费用。夏季，它可以阻止室外地面、建筑物发出的热辐射进入室内，节约空调制冷费用。Low-E 玻璃的可见光反射率一般在 11% 以下，与普通白玻相近，低于普通阳光控制镀膜玻璃的可见光反射率，可避免造成反射光污染。

图 5　法兰克福商业银行总部大厦剖面图

3.3　带室内花园的中庭空间加强通风和采光

诺曼·福斯特的法兰克福商业银行总部大厦，这个世界上首座生态型高层塔楼平面呈三角形，犹如三片“花瓣”包围着一根中心“花茎”——“花瓣”是一些办公空间，“花茎”是一个巨大的中庭，提供了自然的通风道。四层高的空中花园沿着建筑的三边交错排列，使每一间办公室都有能开启的窗子，可以获得自然的通风。电梯、楼梯和设备被成组地安排在建筑的三个角上，强化了如同村落般的办公组群和花园。建筑的中庭空间不仅加强了建筑的造型又提高了建筑的自然通风和采光效果。见图 5 ~ 图 8。

总的说来，中庭空间具有如下的特点：

- 室内中庭使得其周围的办公空间得以自然通风换气，并能将日光引进建筑内部深处。

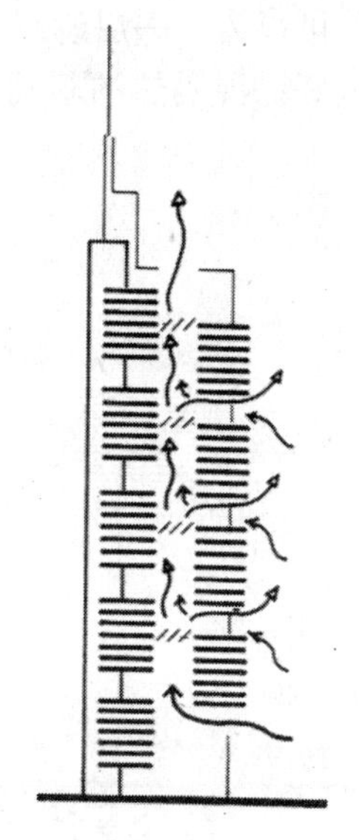

图 6　法兰克福商业银行总部大厦自然通风系统示意

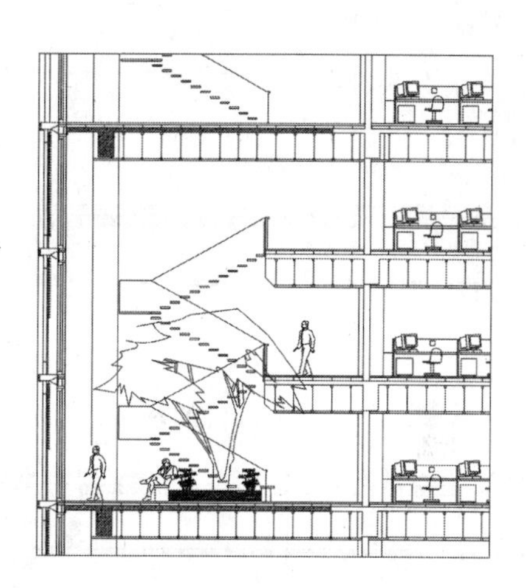

图 7　公共办公层

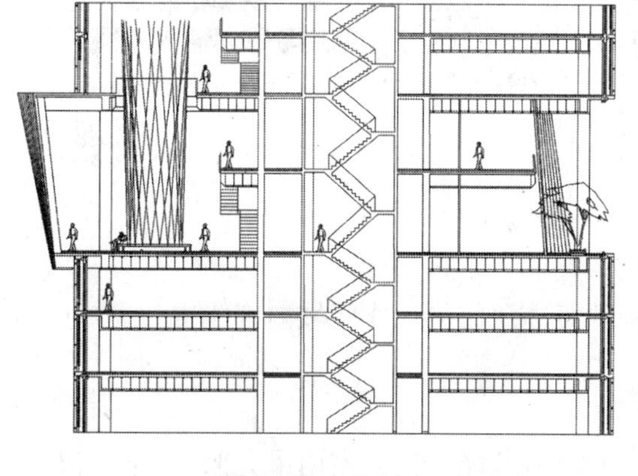

图 8　空中大厅

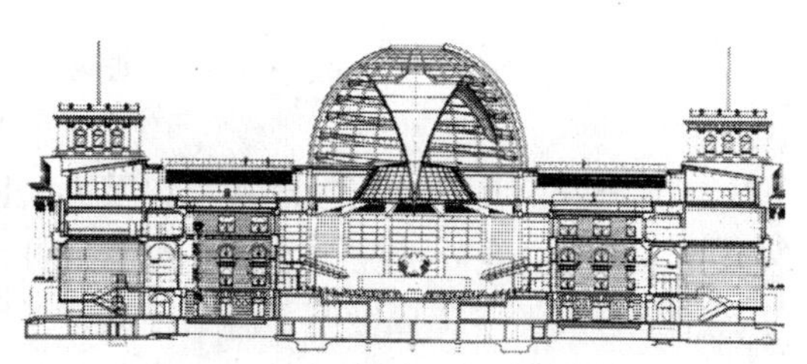

图 9　柏林议会大厦剖面图

- 在中庭处，每层均可设置带通透栏杆的室内阳台，增强了视觉效果。
- 中庭开口处，每层均可设置加密喷淋保护，防止火灾发生时大火向中庭内部蔓延扩散。

3.4　办公室房间充分利用自然通风和自然采光照明

柏林议会大厦在改建的过程中，将过去岁月的痕迹，如炮弹的炸痕，烧焦的木头和苏联占领时在墙上涂写的字迹，重新显露出来。改建后其上部通透的玻璃体穹顶结构同时采用了发热发电及热能回收的尖端技术，其为中央议会大厅的“呼吸”通道，它具备良好的自然通风和采光的作用，另外其内部的旋转观景平台为市民旁听议会提供了便利，这也体现了政府的新形象——民主、开放和公开性。见图9。

诺曼·福斯特设计的斜置的卵型伦敦市政厅竖立于泰晤士河滨。主体结构为钢网架，外覆玻璃，既轻盈又通体透明，将室内光线与阴影精心优化，将适宜的自然光和外部河景引入室内。在南边顺势形成有节奏的错层，上层的挑出部分可以为下一层遮阳。

另外，玻璃幕墙有它保温隔热性能差的一面，但是在做好保温隔热的基础上可以发挥其正面效应（图10）：

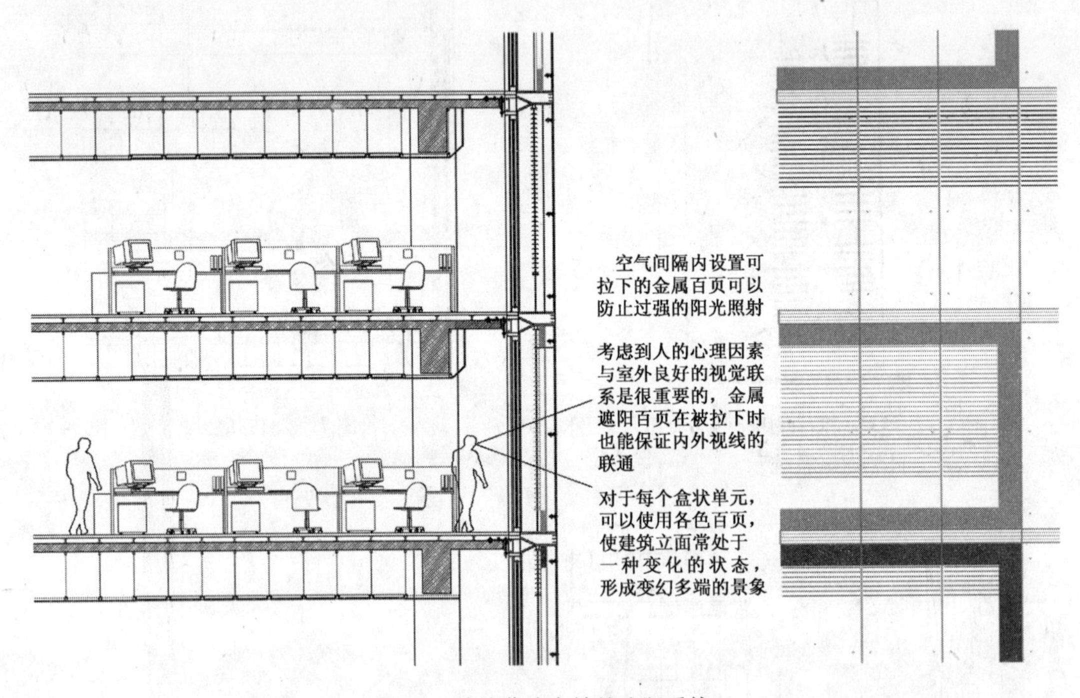

图10　玻璃幕墙有效的遮阳系统

（1）整层高度的双层玻璃幕墙以及办公区的短进深使得工作区域内都能得到良好的自然采光，只有在意外情况下才辅以人工照明。

（2）提高照度，照度不足容易使人疲惫。

（3）可以通过窗子的形状和室内材料表面的反射性能来提高室内采光照明，外窗开得越大，室内照明越好。

（4）柱子和顶棚应采用浅色明亮的材料作为装饰完成面。反射系数应该在0.5左右，即保证其表面能将50%的光线反射回房间内部。

（5）平坦浅色的地面能更好地反射光线。

（6）窗框采用浅色表面能降低室内外光线明暗对比，有利于舒缓人的眼睛。

图11～图13为玻璃幕墙遮阳系统细部。

3.5　有效的遮阳系统

在大面积的玻璃幕墙的办公建筑中有效地降低夏天能耗。具体有：

图 11 ~ 图 13　玻璃幕墙遮阳系统细部

- 使用双层幕墙，在双层幕墙空气间层内集成地设置一个遮阳系统，可以全面保护整个建筑，防止室内办公空间失控性的被晒热。
- 空气间层内设置可拉下的金属百叶窗以防止过强的阳光照射。
- 遮阳系统是灵活的，可以单独调节。
- 考虑到人的心理因素，与室外良好的视觉联系是很重要的，金属遮阳百叶窗在被拉下的情况下也能保证内外视线的通透。

3.6　楼板水冷空调吊顶系统

在吊顶内采用水冷空调系统（图 14）。带冷水管的冷却板可以对室内（办公设备和人体发散的热量）热空气进行降温。

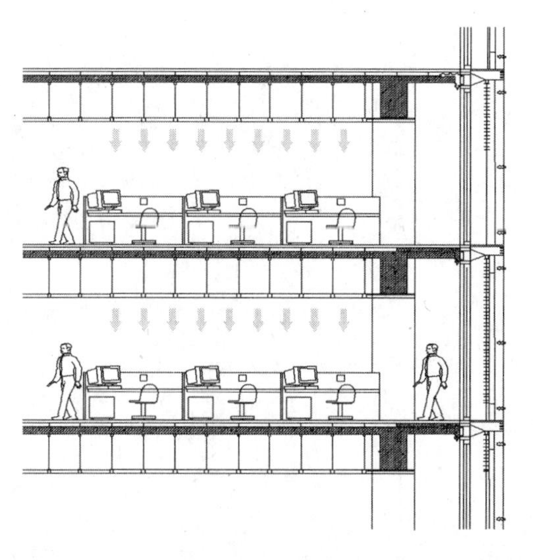

在吊顶内采用水冷空调系统。带冷水管的冷却板可以对室内（办公设备和人体发散的热量）热空气进行降温

图 14　楼板水冷空调吊顶系统

新鲜空气从第二层吊顶上的空间进入，并从吊顶灯具处的回风口（组合灯具）被抽出。

3.7 热量再利用

在采暖期，使用中央空调系统采暖，室内热空气可被循环利用对新风预热。

4 结论

未来国际上对办公写字楼的普遍要求是：建筑物的物理状况和品质一流，建筑质量达到或超过有关建筑条例或规范的要求；建筑物具有灵活的平面布局和高使用率，具有高性能的节能设施与生态化、人性化的智能办公环境，设施先进、功能配置完善。

徐 斌 东南大学建筑学院 研究生 邮编：210096

建筑节能设计中建筑材料隔热性能及其相关性研究

胡达明　赵士怀　黄夏东　王云新

【摘要】　在对常用隔热性能评价体系的讨论后，提出热惰性系数 ε 的概念，继而对常见建筑材料隔热性能进行计算，得出各材料的热惰性系数，使得隔热设计计算过程进一步简化。同时，通过分析热惰性系数的影响因素，得出了热惰性系数与相关物理性能之间的一般规律。

【关键词】　**建筑节能　建筑材料　热惰性指标　热惰性系数　隔热性能**

引言

创造健康、舒适、方便的生活环境是建筑节能的基础和目标，为此，节能建筑应该冬暖夏凉，由于围护结构的保温隔热和采暖空调设备性能愈益优越，建筑热环境将更加舒适[1]。恰当地选择围护结构构造措施，来满足外围护结构节能所要求的热工指标及合理、经济的隔热效果，一直是人们所关注的问题[2]。

我国一些已经颁布的节能标准中，对建筑围护结构的隔热性能作了明确的规定，如《夏热冬暖地区居住建筑节能设计标准》针对不同的围护结构提出了相应的热惰性指标 D 的限值（$D \geqslant 3.0$ 或 $D \geqslant 2.5$）[3]，从而保证建筑内部热环境的质量。围护结构的保温、隔热性能主要分别由传热系数 K、热惰性指标 D 来体现。然而在建筑节能设计中，热惰性指标 D 的计算与传热系数 K 相比，牵涉的物理量比较多，计算相对复杂，不便于建筑师使用。另外，由于轻质墙材和复合墙体越来越多地应用到建筑中，使得有些围护结构构造保温性能有显著提高，而隔热性能达不到节能标准的要求[4]，所以有必要对建筑材料的隔热性能进行研究。

1　隔热评价体系

建筑外围护结构隔热质量的控制指标主要有 3 种，即围护结构内表面最高温度（$\theta_{i\cdot\max}$）、结构的热惰性指标（D）和隔热指数（G）[5~7]。

用围护结构内表面最高温度 $\theta_{i\cdot\max}$ 作为隔热指标能直观反映围护结构的隔热质量。隔热的目的就是要求结构有较低的内表面温度，从而减少对人体的热辐射以及向室内的散热量。此外，$\theta_{i\cdot\max}$ 还能够综合反映围护结构的隔热效果。$\theta_{i\cdot\max}$ 可反映包括结构本身隔热性能和其他一些隔热措施在内的综合隔热效果。但是，对于不常作此计算的建筑师而言，计算比较繁杂，可操作性差。

隔热指数 G 包括热阻抗隔热指数 G_1 和热稳定隔热指数 G_2。隔热指数 G 作为隔热指标，除了围护结构构造层的位置变化引起的差异没有得到体现外，其包含了影响外围护结构隔热质量的与结构有关的主要因素。与 $\theta_{i\cdot\max}$ 相比，隔热计算在一定程度上得到了简化。

热惰性指标 D 是评价隔热性能的重要指标。用热惰性指标作为隔热指标，与 $\theta_{i.max}$ 相比，可以大大简化隔热计算，从而对于设计人员来说，很大程度上增强了可操作性。但是，计算过程的简化使得其作为隔热指标还显得不太完善，如热惰性指标排除了外表面吸收系数 ρ、结构不同材料的构造层次顺序、建筑朝向等因素的影响。

虽然仅用热惰性指标来进行隔热性能评价不是很全面，但是其完全可用于一般建筑的隔热性能评价。同时，由于其具有较强的可操作性，热惰性指标作为隔热评价指标在工程实践中已被广泛采用。

2　热惰性系数

热惰性指标表征围护结构的热稳定性，热惰性指标值越大，对温度波动的衰减和延迟能力越强，室内的温度波动就小，热稳定性就越好。

建筑材料的热惰性指标 D 可按下式计算：

$$D = RS \tag{1}$$

式中　R——材料层的热阻[$(m^2 \cdot K)/W$]；

S——材料的蓄热系数[$W/(m^2 \cdot K)$]。

从式（1）可以看出，材料层的热惰性指标是由材料层的热阻和蓄热系数共同决定的。虽然采用热惰性指标评价隔热性能是一种简化了的评价方法，但是与建筑围护结构的热阻（或传热系数）计算过程相比较，热惰性指标的计算还是比较繁琐。工程实践中，在材料层厚度相同的前提下，若要提高热惰性指标，仅提高热阻或仅选用蓄热系数较高的材料，都不一定能够达到要求。

对于建筑围护结构，材料层的热阻 R 可按下式计算：

$$R = \delta/\lambda \tag{2}$$

式中　δ——材料层的厚度（m）；

λ——材料的导热系数［$W/(m \cdot K)$］。

从式（2）可以看出，对于同种材料，热阻是厚度的单值函数，热阻计算十分简单。若定义热惰性系数 $\varepsilon = S/\lambda$，那么由式（1）、式（2），热惰性指标 D 的计算式可变为：

$$D = \varepsilon\delta \tag{3}$$

从式（3）可以看出，在建筑材料一定的情况下，热惰性指标是厚度的单值函数，厚度大，热惰性指标就相应增加。但是，式（3）可以看出，在围护结构厚度一定的情况下，材料的热惰性系数越大，热惰性指标也越大，所以热惰性系数 ε 能够直接反映建筑材料的热惰性能。热惰性系数 ε 的引入简化了热惰性指标的计算过程，更加便于工程上对围护结构热惰性指标的设计和材料的选用。

按照以上对热惰性系数 ε 的定义，对文献［8］（附表4.1）中各材料的热惰性系数进行计算，得出常见建筑材料的热惰性系数，见表1。

常见建筑材料热物理性能计算参数　　**表1**

序号	材料名称	ρ	λ	S	C	ε
1	混凝土					
1.1	普通混凝土					

续表

序号	材料名称	ρ	λ	S	C	ε
1.1	钢筋混凝土	2500	1.74	17.20	0.92	9.89
	碎石、卵石混凝土	2300	1.51	15.36	0.92	10.17
	碎石、卵石混凝土	2100	1.28	13.57	0.92	10.60
1.2	轻骨料混凝土					
	膨胀矿渣珠混凝土	2000	0.77	10.49	0.96	13.62
	膨胀矿渣珠混凝土	1800	0.63	9.05	0.96	14.37
	膨胀矿渣珠混凝土	1600	0.53	7.87	0.96	14.85
	自然煤矸石、炉渣混凝土	1700	1.00	11.68	1.05	11.68
	自然煤矸石、炉渣混凝土	1500	0.76	9.54	1.05	12.55
	自然煤矸石、炉渣混凝土	1300	0.56	7.63	1.05	13.63
	粉煤灰陶粒混凝土	1700	0.95	11.40	1.05	12.00
	粉煤灰陶粒混凝土	1500	0.70	9.16	1.05	13.09
	粉煤灰陶粒混凝土	1300	0.57	7.78	1.05	13.65
	粉煤灰陶粒混凝土	1100	0.44	6.30	1.05	14.32
	粘土陶粒混凝土	1600	0.84	10.36	1.05	12.33
	粘土陶粒混凝土	1400	0.70	8.93	1.05	12.76
	粘土陶粒混凝土	1200	0.53	7.25	1.05	13.68
	页岩渣、石灰、水泥混凝土	1300	0.52	7.39	0.98	14.21
	页岩陶粒混凝土	1500	0.77	9.65	1.05	12.53
	页岩陶粒混凝土	1300	0.63	8.16	1.05	12.95
	页岩陶粒混凝土	1100	0.50	6.70	1.05	13.40
	火山灰渣、沙、水泥混凝土	1700	0.57	6.30	0.57	11.05
	浮石混凝土	1500	0.67	9.09	1.05	13.57
	浮石混凝土	1300	0.53	7.54	1.05	14.23
	浮石混凝土	1100	0.42	6.13	1.05	14.60
1.3	轻混凝土					
	加气混凝土、泡沫混凝土	700	0.22	3.59	1.05	16.32
	加气混凝土、泡沫混凝土	500	0.19	2.81	1.05	14.79
2	砂浆和砌体					
2.1	砂浆					
	水泥砂浆	1800	0.93	11.37	1.05	12.23
	石灰水泥砂浆	1700	0.87	10.75	1.05	12.36
	石灰砂浆	1600	0.81	10.07	1.05	12.43
	石灰石膏砂浆	1500	0.76	9.44	1.05	12.42
	保温砂浆	800	0.29	4.44	1.05	15.31

续表

序号	材料名称	ρ	λ	S	C	ε
2.2	砌体					
	重砂浆砌筑粘土砖砌体	1800	0.81	10.63	1.05	13.12
	轻砂浆砌筑粘土砖砌体	1700	0.76	9.96	1.05	13.11
	灰沙砖砌体	1900	1.10	12.72	1.05	11.56
	硅酸盐砖砌体	1800	0.87	11.11	1.05	12.77
	炉渣砖砌体	1700	0.81	10.43	1.05	12.88
	重砂浆砌筑粘土空心砖砌体	1400	0.58	7.92	1.05	13.66
3	热绝缘材料					
3.1	纤维材料					
	矿棉、岩棉、玻璃棉板	80 以下	0.050	0.59	1.22	11.80
	矿棉、岩棉、玻璃棉板	80～200	0.045	0.75	1.22	16.67
	矿棉、岩棉、玻璃棉毡	70 以下	0.050	0.58	1.34	11.60
	矿棉、岩棉、玻璃棉毡	70～200	0.045	0.77	1.34	17.11
	矿棉、岩棉、玻璃棉松散料	70 以下	0.050	0.46	0.84	9.20
	矿棉、岩棉、玻璃棉松散料	70～120	0.045	0.51	0.84	11.33
	麻刀	150	0.070	1.34	2.10	19.14
3.2	膨胀珍珠岩、蛭石制品					
	水泥膨胀珍珠岩	800	0.26	4.37	1.17	16.81
	水泥膨胀珍珠岩	600	0.21	3.44	1.17	16.38
	水泥膨胀珍珠岩	400	0.16	2.49	1.17	15.56
	沥青、乳化沥青膨胀珍珠岩	400	0.12	2.28	1.55	19.00
	沥青、乳化沥青膨胀珍珠岩	300	0.093	1.77	1.55	19.03
	水泥膨胀蛭石	350	0.14	1.99	1.05	14.21
3.3	泡沫材料及多孔聚合物					
	聚乙烯泡沫塑料	100	0.047	0.70	1.38	14.89
	聚苯乙烯泡沫塑料	30	0.042	0.36	1.38	8.57
	聚氨酯硬泡沫塑料	30	0.033	0.36	1.38	10.91
	聚氯乙稀硬泡沫塑料	130	0.048	0.79	1.38	16.46
	钙塑	120	0.049	0.83	1.59	16.94
	泡沫玻璃	140	0.058	0.70	0.84	12.07
	泡沫石灰	300	0.116	1.70	1.05	14.66
	炭化泡沫石灰	400	0.14	2.33	1.05	16.64
	泡沫石膏	500	0.19	2.78	1.05	14.63
4	木材、建筑板材					
4.1	木材					

续表

序号	材 料 名 称	ρ	λ	S	C	ε
4.1	橡木、枫木（热流垂直木纹）	700	0.17	4.90	2.51	28.82
	橡木、枫木（热流顺木纹）	700	0.35	6.93	2.51	19.80
	松、木、云杉（热流垂直木纹）	500	0.14	3.85	2.51	27.50
	松、木、云杉（热流顺木纹）	500	0.29	5.55	2.51	19.14
4.2	建筑板材					
	胶合板	600	0.17	4.57	2.51	26.88
	软木板	300	0.093	1.95	1.89	20.97
	软木板	150	0.058	1.09	1.89	18.79
	纤维板	1000	0.34	8.13	2.51	23.91
	纤维板	600	0.23	5.28	2.51	22.96
	石棉水泥板	1800	0.52	8.52	1.05	16.38
	石棉水泥隔热板	500	0.16	2.58	1.05	16.13
	石膏板	1050	0.33	5.28	1.05	16.00
	水泥刨花板	1000	0.34	7.27	2.01	21.38
	水泥刨花板	700	0.19	4.56	2.01	24.00
	稻草板	300	0.13	2.33	1.68	17.92
	木屑板	200	0.065	1.54	2.10	23.69
5	松散材料					
5.1	无机材料					
	锅炉渣	1000	0.29	4.40	0.92	15.17
	粉煤灰	1000	0.23	3.93	0.92	17.09
	高炉炉渣	900	0.26	3.92	0.92	15.08
	浮石、凝灰岩	600	0.23	3.05	0.92	13.26
	膨胀蛭石	300	0.14	1.79	1.05	12.79
	膨胀蛭石	200	0.10	1.24	1.05	12.40
	硅藻土	200	0.076	1.00	0.92	13.16
	膨胀珍珠岩	120	0.07	0.84	1.17	12.00
	膨胀珍珠岩	80	0.58	0.63	1.17	1.09
5.2	有机材料					
	木屑	250	0.093	1.84	2.01	19.78
	稻壳	120	0.06	1.02	2.01	17.00
	干草	100	0.047	0.83	2.01	17.66
6	其他材料					
6.1	土壤					
	夯实黏土	2000	1.16	12.99	1.01	11.20

续表

序号	材 料 名 称	ρ	λ	S	C	ε
6.1	夯实黏土	1800	0.93	11.03	1.01	11.86
	加草粘土	1600	0.76	9.37	1.01	12.33
	加草粘土	1400	0.58	7.69	1.01	13.26
	轻质粘土	1200	0.47	6.36	1.01	13.53
	建筑用砂	1600	0.58	8.26	1.01	14.24
6.2	石材					
	花岗岩、玄武岩	2800	3.49	25.49	0.92	7.30
	大理石	2800	2.91	23.27	0.92	8.00
	砾石、石灰岩	2400	2.04	18.03	0.92	8.84
	石灰石	2000	1.16	12.56	0.92	10.83
6.3	卷材、沥青材料					
	沥青油毡、油毡纸	600	0.17	3.33	1.47	19.59
	沥青混凝土	2100	1.05	16.39	1.68	15.61
	石油沥青	1400	0.27	6.73	1.68	24.93
	石油沥青	1050	0.17	4.71	1.68	27.71
6.4	玻璃					
	平板玻璃	2500	0.76	10.69	0.84	14.07
	玻璃钢	1800	0.52	9.25	1.26	17.79
6.5	金属					
	紫铜	8500	407	324	0.42	0.80
	青铜	8000	64.0	118	0.38	1.84
	建筑钢材	7850	58.2	126	0.48	2.16
	铝	2700	203	191	0.92	0.94
	铸铁	7250	49.9	112	0.48	2.24
备注	本表中各参数符号释义： ρ——材料的干密度（kg/m^3）； λ——材料的导热系数［W/（m·K）］； S——材料的24小时蓄热系数［W/（m^2·K）］； ε——材料的热惰性系数（m^{-1}）。					

3 热惰性系数的影响因素分析

3.1 相关因素的确定

通过以上推导，热惰性系数 ε 与蓄热系数 S 和导热系数 λ 有关，又蓄热系数 $S=\sqrt{2\pi/T}\cdot\sqrt{\lambda\cdot\rho\cdot C}$，其中π为圆周率，$T$ 为蓄热周期（一般为24h），其他符号意义同前。那么，热惰性系数 ε 可表示为：

$$\varepsilon = \frac{S}{\lambda} = \frac{\sqrt{2\pi/T} \cdot \sqrt{\lambda \cdot \rho \cdot C}}{\lambda} = \sqrt{2\pi/T} \cdot \sqrt{\frac{\rho \cdot C}{\lambda}} \tag{4}$$

从式（4）可以看出，热惰性系数 ε 的最终决定因素为材料的干密度 ρ、材料的导热系数 λ、材料的比热容 C。

3.2　各相关因素对热惰性系数的影响

为了研究密度、导热系数、比热容这三个因素与热惰性能的相关性，分别将表1中各种材料的密度和热惰性系数、导热系数和热惰性系数、比热容和热惰性系数的关系在图中表示出来，见图1、图2、图3。

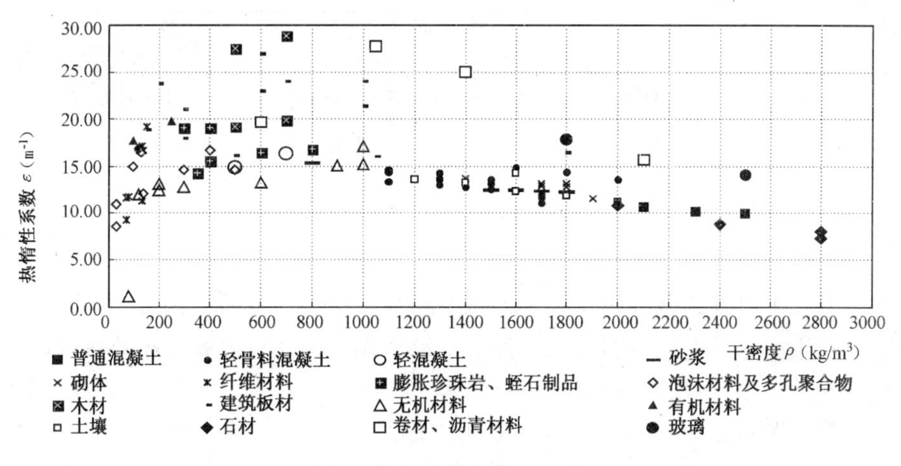

图1　常见建筑材料 ρ-ε 图

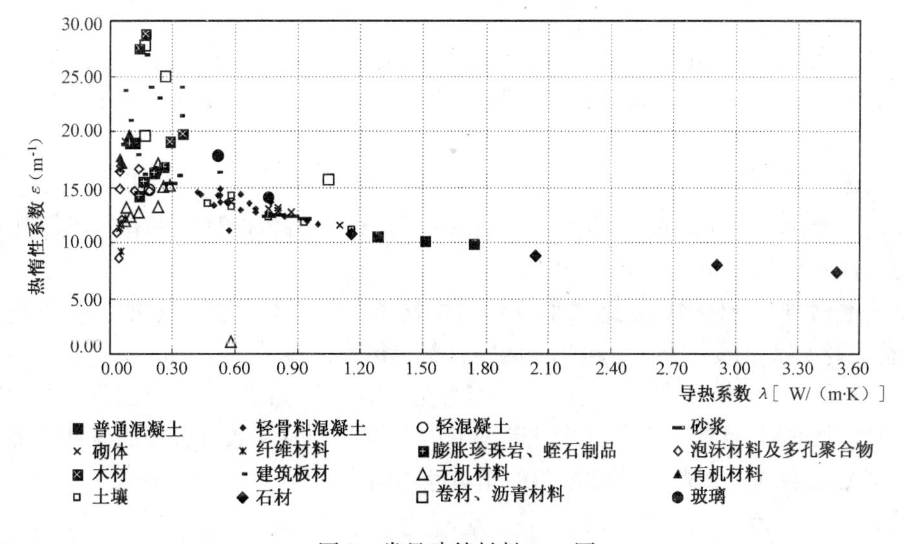

图2　常见建筑材料 λ-ε 图

在常用的建筑材料中，金属类材料与其他建筑材料在各方面物理性能均存在较大差异，故在此暂不对金属类材料进行讨论。从图1~图3可以看出：

3.2.1　木材类、卷材类以及绝大部分建筑板材类具有很好的热惰性能，金属类、石

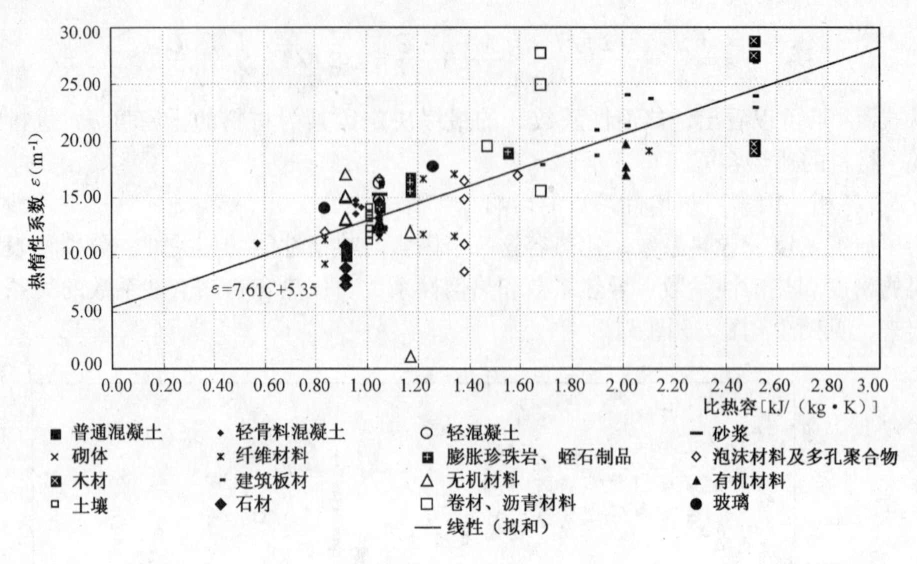

图3 常见建筑材料 C-ε 图

材类、普通混凝土以及部分纤维材料和泡沫类材料热惰性能较差。因此，有些地区传统的木结构房子与用泡沫类保温材料制成的简易活动房相比，往往要有较高的热舒适性。

3.2.2 密度、导热系数与热惰性系数没有明显的相关性。比如，图1中石材的密度大，但是其热惰性系数却很小，而泡沫类材料密度小，热惰性系数也不大，说明密度与热惰性系数没有明显的相关性。同样，图2中石材的导热系数大，但是其热惰性系数小，而泡沫类材料和无机材料导热系数小，热惰性系数也小，表明导热系数与热惰性系数也没有明显的相关性。

3.2.3 比热容与热惰性系数存在一定的线性相关性，在数值上，通过线性拟和表明，其关系大致可表示为 $\varepsilon=7.61C+5.35$。从图3中可以看出，一般情况下，比热容大的建材，相应的热惰性能较好；比热容小的建材，相应的热惰性能较差。

4 结语

4.1 热惰性系数的引入，可以进一步简化围护结构隔热计算，更有利于隔热设计以及隔热材料的选用。

4.2 木材类、卷材类以及绝大部分建筑板材类具有很好的热惰性能，金属类、石材类、普通混凝土以及部分纤维材料和泡沫类材料热惰性能较差。

4.3 密度 ρ、导热系数 λ、比热容 C 作为在热惰性系数的三个决定因素，共同决定了围护结构材料的热惰性能，但是其中比热容 C 与材料热惰性系数有较强的线性相关性，而密度 ρ、导热系数 λ 与材料热惰性系数的相关性不明显。

参考文献

[1] 涂逢祥. 21世纪初建筑节能展望. 新型建筑材料，2001，1：32~35.

[2] 冯雅，杨红，陈启高. 南方节能建筑的隔热研究. 新型建筑材料，1999，4：20~22.

[3] 夏热冬暖地区居住建筑节能设计标准. 北京：中国建筑工业出版社，2003.

[4] 胡达明. 复合墙体在夏热冬暖地区的热工可行性研究. 能源与环境，2006，5：86~88.

[5] 俞力航，杨星虎．对居住建筑围护结构隔热指标的探讨．新型建筑材料，2001，11：29～31.
[6] 韦延年．混凝土小砌块建筑的建筑热工节能设计．四川建筑科学研究，2003，29（4）：112～115.
[7] 韦延年．夏热冬冷地区节能住宅外围护结构隔热指标的确定方法．四川建筑科学研究，2002，28（4）：69～73.
[8] 民用建筑热工设计规范．北京：中国计划出版社，1993

胡达明　福建省建筑科学研究院　工程师　邮编：350025

复合真空保温墙板

唐健正　许海凤　弓琴双

【摘要】　本文提出了一种新型的建筑围护结构，此结构将真空玻璃应用于保温墙体，使墙体的保温性能大大提高，墙体厚度明显减小。本文重点介绍了复合真空保温墙板的三种应用形式。

【关键词】　建筑围护结构　真空玻璃　复合真空保温墙板

1　现有保温墙体技术

当前的建筑外围护结构保温形式中，主要有复合外墙外保温节能体系和单一保温墙体节能体系。图1所示为节能墙体的几种常见类型。

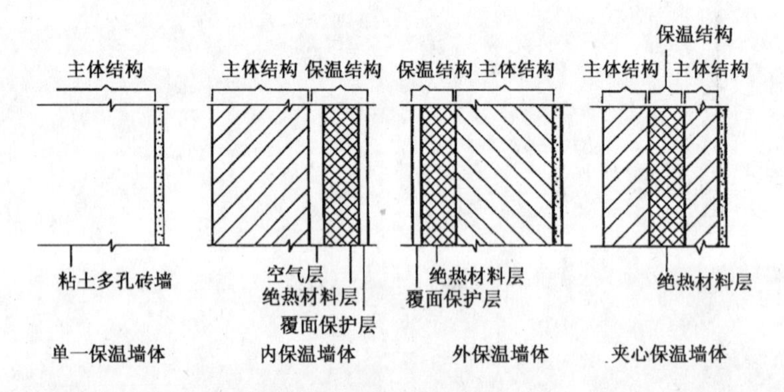

图1　节能墙体的几种类型

复合外保温体系即在外墙外侧设置保温层（大多数采用的保温材料是聚苯泡沫板制品，也有采用挤塑聚苯板，还有发泡聚氨酯等），在保温层外面做装饰层，装饰层最简单的是涂料，如果采取可靠构造措施还可粘贴面砖或其他重型装饰材料。此类保温形式突出的优点是保温性能好，应用范围广，几乎适用于各种结构形式和墙体。缺点是受施工条件如气温、风力等因素的影响较大，不易保证工程质量。且这些产品的共同缺点是多少与石油有关，其价格始终随石油价格的波动而波动。

近十几年来，一些保温性能好的新型单一保温墙体材料崭露头角。例如：源于瑞典的蒸压轻质加气混凝土板（Autoclaved Lightweight Concrete）简称ALC板以硅砂、水泥、石灰等为主要原料，由经过防锈处理的钢筋增强，经过高温、高压、蒸气养护而形成多气多孔混凝土板材。其保温性能好，重量为普通混凝土的1/4，黏土砖的1/3，耐火阻燃性和防潮性、隔声性优良。此种墙板可制成砌块，按尺寸生产，在现场安装。也可在现场进行锯、钻、磨、钉等加工，用紧固螺钉安装到建筑结构上，可缩短工期30%以上。缺点是此类墙体在严寒地区必须很厚才能达到要求。

综上所述，无论是复合保温墙体还是单一保温墙体，都是采用低导热系数的介质作保温层，如聚苯板的导热系数仅为0.042－0.047W/(m·K)(30－100 kg/m³)，空气的导热系数为0.023W/(m·K)，但现有的保温材料需要有一定的厚度才能达到理想的保温效果。如果保温层中没有任何介质的存在，即用真空层来代替保温材料，无疑会使墙体的保温性能上一个新的台阶，目前市场上现有的真空保温板只有真空玻璃。真空玻璃具有极为优异的保温性能，很薄的厚度就可以达到很高的热阻。用真空玻璃能够大大降低墙体的厚度，在建筑面积不变的情况下，增加了室内空间，这也是建筑开发商企求的销售热点，也为使用者带来实惠。从能源的角度来看，玻璃属于可回收材料，不会对环境造成污染，而其他保温材料如聚苯板等都与石油有关，属于难降解材料。

2 真空玻璃技术简介

真空玻璃如图2所示。

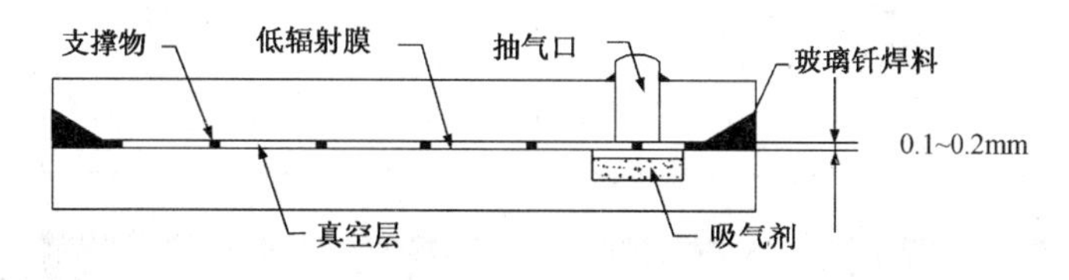

图2 真空玻璃结构图

目前根据中国专利ZL95108228.0产业化的真空玻璃尺寸最大已达到2.4×1.6m，其总厚度仅为6~12mm。当Low-E膜的辐射率降至0.05时，其各项参数列于表1。

三种真空玻璃的保温性能计算值　　表1

类　型	标准厚度 (mm)	热阻 R [(m²·K)/W]	K 值 [W/(m²·K)]	表观导热系数 λ [W/(m·K)]
L4+V+N4	8	1.370	0.65	0.0058
L4+V+L4	8	1.613	0.56	0.0045

注：N4：4 mm 白玻

L4：4mmLow-E 玻璃，辐射率 $\varepsilon=0.05$

V：0.12mm 真空层

根据中国专利ZL02243513.1和ZL200420066100.6可生产的双真空层真空玻璃的保温性能典型值列于表2。

三种双真空层真空玻璃的保温性能计算值　　表2

类　别	标准厚度 (mm)	热阻 R [(m²·K)/W]	K 值 [W/(m²·K)]	表观导热系数 λ [W/(mK)]
L4+V+N4+V+L4 (双膜)	12	2.74	0.344	0.0044

续表

类　别	标准厚度（mm）	热阻 R［(m²·K)/W］	K 值［W/(m²·K)］	表观导热系数 λ［W/(mK)］
L4 + V + L4 + V + L4（三膜）	12	3.23	0.295	0.0037

注：N4：4 mm 白玻

L4：4mmLow-E 玻璃，辐射率 $\varepsilon = 0.05$

V：0.12mm 真空层

表 3 所示为常用建材和绝热材料的导热系数。

常用建材和绝热材料的导热系数 λ 值　　**表 3**

材　料	玻璃	瓷砖	表观密度 2500kg/m³ 加卵石混凝土	重砂浆砌红砖墙	大理石	石膏板 1050kg/m³	ALC 板 500～700kg/m³	密度 500kg/m³ 粉煤灰泡沫砖
λ［W/(mK)］	0.76	1.1	1.51	0.81	2.91	0.33	0.11～0.18	0.19

材　料	聚苯乙烯板（30～100 kg/m³）	玻璃棉毡（≤150kg/m³）	矿渣棉板 150～300kg/m³	水泥膨胀珍珠岩板 400～800 kg/m³	聚氨酯硬泡沫塑料（40～50 kg/m³）
λ［W/(mK)］	0.042～0.047	0.058	0.058～0.093	0.16～0.26	0.033～0.037

比较表 1～表 3 数据可知，低辐射膜真空玻璃的参数比一般绝热材料低 1～2 个数量级。

3　真空玻璃在保温墙体中的应用

真空玻璃在保温墙体中的应用可分为三种形式，下面分别介绍。

应用一：复合真空保温墙板

3.1　基本结构

图 3 所示，1 是外覆面保护层，可以是腻子加外墙涂料也可以是粘合剂加瓷砖等外墙饰料；2 是外墙主体结构，可以是内有钢筋的 ALC 板，也可以是微晶玻璃陶瓷复合板等新型外墙材料，当然如果用此类材料，1 就可以不用了；3 是外辅助结构；4 是内外墙体和真空玻璃的连接部，可以用高强度结构胶、水泥、沥青等材料填充；5 是内辅助结构，其中填充绝热材料或只是空气层；6 是内墙主体结构，可以是内有钢筋的 ALC 板，也可以是适宜作内墙的各种新型人造板材，如纤维石膏板、纤维水泥板等；7 是内覆面保护层，可以是腻子加内墙涂料，也可以是其他内墙饰料；8 是内外墙主体结构中可能有的钢筋结构，为了增强内外连接强度，

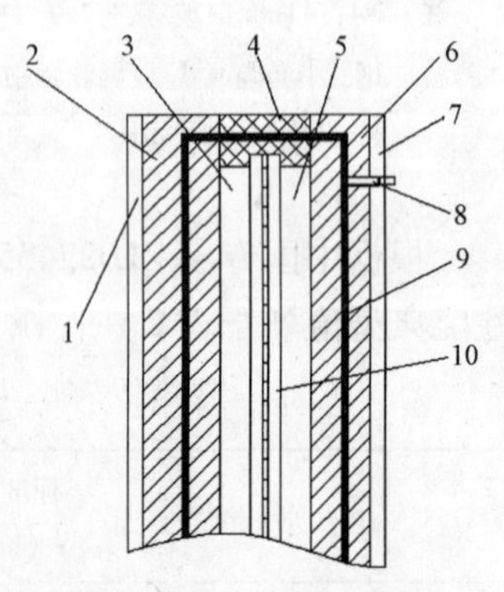

图 3　复合真空保温墙板结构示意图

可以如图在边缘某些部位焊接在一起；9 是紧固件示意图，可以把整个砌块和建筑物的钢结构或水泥结构框架紧固连接；10 是真空玻璃或双真空玻璃。

3.2 实施例

例 1：图 3 中，1 选用 5mm 磁砖外贴面，热阻 $R_1=0.01(m^2 \cdot K)/W$；2 与 6 均选用钢筋加固的 50mm 厚 ALC 板，热阻 $R_2=R_6=0.45(m^2 \cdot K)/W$；10 真空玻璃选用表 2 中 L4 + V + N4 单膜真空玻璃，由于不要求透明，Low-E 玻璃可用镀 Al 膜镜面玻璃代替，以降低成本。Al 膜辐射率 $\varepsilon=0.05$，$R_{10}=1.38(m^2 \cdot K)/W$；3、5 均为 9mm 空气层，引用 9mm 中空玻璃的热阻数据，可得 $R_3=R_5=0.17(m^2 \cdot K)/W$；7 选用 3mm 腻子加涂料，$R_7=0.01(m^2 \cdot K)/W$。由此可算出此结构中心部位总热阻 $R_{总}=R_1+R_2+R_3+R_{10}+R_5+R_6+R_7=2.63(m^2 \cdot K)/W$。由此可算出传热系数 $K=0.36W/(m^2 \cdot K)$，已达到我国严寒地区设计标准的要求，此结构的总厚度为 134mm。

例 2：如果仅把例 1 中的单膜真空玻璃改为表 3 中 L4 + V + N4 + V + L4 双膜双真空玻璃，其他材料不变，则 $R_{总}=4.0(m^2 \cdot K)/W$，可算出传热系数 $K=0.24W/(m^2 \cdot K)$，总厚度为 142mm。

例 3：以上两例中辅助空间 3、5 均为空气层，当然也可以使用表 4 中所列其他绝热材料，如玻璃棉、矿棉、岩棉及聚苯乙烯、聚氨酯发泡塑料等。作为实施例子，假设 3、5 中均填充聚氨酯发泡料，厚度仍为 9mm，则可算出 $R_3=R_5=0.27(m^2 \cdot K)/W$，此时例 1 结构的传热系数降为 $K=0.34W/(m^2 \cdot K)$，如果增加 3、5 空间的厚度，K 值还会降低。

三个实施例的性能参数比较见表 4。

三种复合真空保温墙板的性能 **表 4**

外挂墙板种类	厚　度	总热阻 $R_{总}$ [$(m^2 \cdot K)/W$]	传热系数 K [$W/(m^2 \cdot K)$]
例 1	134	2.63	0.36
例 2	142	4.0	0.24
例 3	134	2.83	0.34

应用二：复合真空保温外挂装饰板

3.3 基本结构

图 4 所示，1 是外覆面装饰板，可以是经过表面处理的不锈钢板、铝塑板、钢化玻璃板、微晶玻璃板等具有一定强度及外观的板材；2 是外辅助结构；3 是真空玻璃或双真空玻璃；4 是内外板和真空玻璃的连接部，可以用高强度结构胶等材料；5 是内辅助结构，其中涂胶或只是空气层；6 是内板，可以是镀锌铁板、不锈钢板、塑料板等板材；7 是紧固件示意图。

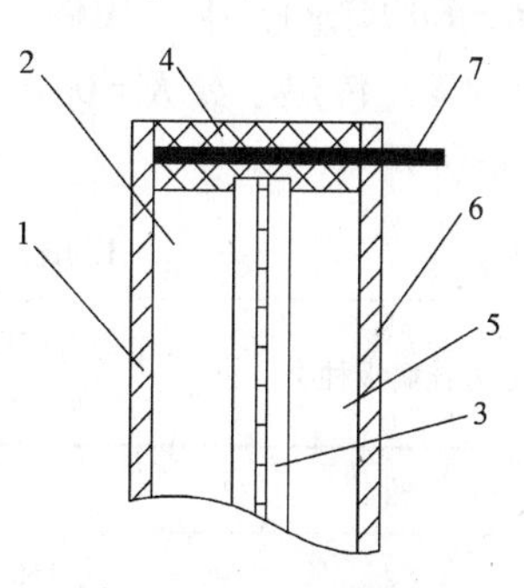

图 4　复合真空外挂保温装饰板结构示意图

3.4 实施例

例1：外装饰板1选用5mm有色钢化玻璃，热阻 $R_1=0.007(m^2 \cdot K)/W$；2采用中空结构，热阻 $R_2=0.17(m^2 \cdot K)/W$；3选用L4+V+N4单膜镀铝真空玻璃，Al膜辐射率 $\varepsilon=0.05$，真空玻璃热阻 $R_3=1.38(m^2 \cdot K)/W$；5选用中空结构，$R_5=0.17(m^2 \cdot K)/W$；后板6选用3mmPVC板，PVC板的导热系数 $\lambda=0.14$ W/（m·K），3mm的PVC板的热阻 $R_6=0.021(m^2 \cdot K)/W$，总热阻 $R_总=R_1+R_2+R_3+R_5+R_6=1.75(m^2 \cdot K)/W$，可算出传热系数 $K=0.52$W/（m·K），此结构总厚度为33mm。

例2：在方案1的基础上，其他材料和连接方式不变，3选用L4+V+L4双膜单真空玻璃，此时真空玻璃热阻 $R_3=1.62(m^2 \cdot K)/W$；总热阻 $R_总=1.98(m^2 \cdot K)/W$，传热系数 $K=0.47W/(m^2 \cdot K)$，此结构总厚度为33mm。

例3：1选用1mm不锈钢板，λ 约为15W/(m·K)，热阻 $R_1=0.00006(m^2 \cdot K)/W$，可忽略不计；3选用表2中L4+V+N4单膜镀铝真空玻璃，$R_3=1.38(m^2 \cdot K)/W$；2、5均为9mm空气层，$R_2=R_5=0.17(m^2 \cdot K)/W$；6选用1mm镀锌铁板，$\lambda$ 约为45W/(m·K)，$R_6=0.00002(m^2 \cdot K)/W$，可忽略不计。由此可算出此结构中心部位总热阻 $R_总=R_2+R_3+R_5=1.71(m^2 \cdot K)/W$。由此可算出传热系数 $K=0.54W/(m^2 \cdot K)$，此结构的总厚度为28mm。

三个实施例的性能参数比较见表5。

三种复合真空外挂保温装饰墙板　　表5

外挂墙板种类	规　格	厚度	总热阻 $R_总$ [$(m^2 \cdot K)/W$]	传热系数 K [$W/(m^2 \cdot K)$]
例1	5TG+9A+L4+V+N4+9A +3PVC	33	1.75	0.52
例2	5TG+9A+L4+V+ L4+9A +3PVC	33	1.98	0.47
例3	1ST+9A+L4+V+N4+9A+1PZF	28	1.71	0.54

注：5TG：5mm钢化玻璃；
3PVC：3mm聚氯乙烯板；
1ST：1mm不锈钢板；
1PZF：1mm镀锌铁板。

3.5　应用例

例1：某新建建筑主体墙使用150mmALC砖（ALC的导热系数 λ 介于0.11~0.18[W/(m·K)]之间，本应用例选 λ 值为0.13W/(m·K)计算），墙体热阻 $R_总=1.15$（$m^2 \cdot K$）/W，传热系数 $K=0.76W/(m^2 \cdot K)$，如在此墙上外挂表5所列三种墙板，结果将如表6所列。

150mmALC墙外挂表5所列三种墙板后保温性能变化　　表6

外挂墙板种类	原墙体厚度 (mm)	外挂后厚度 (mm)	原传热系数 [$W/(m^2 \cdot K)$]	外挂后传热系数 [$W/(m^2 \cdot K)$]
例1	150	183	0.76	0.33
例2	150	183	0.76	0.30
例3	150	178	0.76	0.33

由表6可见，外挂复合真空保温装饰板使墙体保温性能提高2倍以上。

例2：某旧建筑物原有墙体为37普通砖墙+20mm砂浆，标准厚度385mm，传热系数1.66W/(m^2·K)。如在此墙体上外挂表5所列三种墙板，结果将如表7所示。

37砖墙外挂表5所列三种墙板后保温性能变化 **表7**

外挂墙板种类	原墙体厚度（mm）	外挂后厚度（mm）	原传热系数[W/(m^2·K)]	外挂后传热系数[W/(m^2·K)]
例1	385	418	1.66	0.43
例2	385	418	1.66	0.39
例3	385	413	1.66	0.43

由表7可见，外挂复合真空保温装饰板使墙体保温性能提高4倍左右。

应用三：复合真空保温内隔断墙板

将应用二的板材稍作改动，即内外板1和6选用装饰效果较好的半透明板材，真空玻璃选用半透明玻璃或者Low-E玻璃，就可以将复合真空保温墙板作为内隔断墙，此应用有以下几大优点：

（1）采用复合真空保温墙板作内隔断墙，可以部分透光，节约了照明的费用，解决了大进深设计结构的黑厅、黑房等问题。

（2）采用该墙板作内隔断墙，除了提高房屋的保温性能，还具有很好的隔声效果。

（3）复合真空保温内隔断墙板可以作得很薄，减少了墙体所占的面积，增加了使用面积。

（4）该墙板装饰效果好，易清洁，使用年限长。

以上构想已制作成部分样品，且做了一系列检测。检测结果表明，其保温性能、抗风压性能均已达到了设计要求，其他各种性能尚在测试中。该项目在国际国内都属于创新性研究，有着很好的发展前景，对建筑节能有着非常重要的意义。有关创新内容已经申请了专利。

参考文献

[1] 涂逢祥．建筑节能怎样为单位GDP能耗降低20%作贡献．《建筑节能46》．北京：中国建筑工业出版社，2006.

[2] 李德英．建筑节能技术．北京：机械工业出版社．

[3] 唐健正．真空玻璃传热系数的简易计算．建筑门窗幕墙与设备，2006.3

唐健正　北京新立基真空玻璃技术有限公司　教授　邮编：100086

谈农村低能耗住房设计与能源再利用

杨维菊　高　燕

【摘要】　本文着重阐述有关农村住房的设计理念和技术应用的问题，从中进一步探讨农村低能耗生态住宅的适宜技术与利用。

【关键词】　农村住宅　低能耗　太阳能

近年来，随着农村经济和社会的不断发展，我国农村发生了历史性的深刻变化，农村经济社会发展取得了举世公认的成就。农民生活水平的提高，住房是关键，我们看到基础硬件的建设是农村生产力发展水平的一个重要标志，是农村新的工程建设和两个文明建设成果的综合反映，更是农民脱贫致富奔小康后的必然要求。中共中央国务院日前下发的《关于推进社会主义新农村建设的若干意见》指出，新农村建设要大力加强农村基础设施建设，改善社会主义新农村建设的物质条件。加强宅基地规划和管理，大力节约村庄建设用地，向农民免费提供经济、安全、适用、节能节地节材的农宅设计图纸。要本着节约原则，充分立足现有基础进行房屋和设施改造，防止大拆大建，防止加重农民负担，扎实稳步地推进村庄治理。由此可见，新农村建设的形势是非常之好，农民的住房也要是节能型的，提高农民住房的热舒适性是我们应关注的课题。

目前农村新增建筑集中在农宅方面，存在村庄规划滞后、建造方式传统、建筑材料陈旧、结构设计不合理、能源利用率低等问题。多年来农村建房基本上以户为单位进行，居住分散，随着生活水平的提高，农民第一个愿望就是盖房子或者翻新农宅，在改革开放的20多年间很多农民自建的房屋已经重复建了4～5次，甚至更多，这样新建和重建的频率会越来越高，在人力、物力和财力上有极大的投入，浪费严重，由于技术的缺乏使农村建设有了“新房”但没有“新貌”，农民对提高生活居住水平的愿望与实际建设能力存在差距，这种状况应尽快得到扭转，但现在有的农村建筑在政府的关怀和重视下，住房问题已不断得到改善，具有科技含量的房屋也在不断的新建。

1　农村发展低能耗建筑趋势

农村与城市相比在生态环境和节约能源方面具有更大的潜力。

1.1　农村的生态环境比城市好。绿色和水资源等较为充足，可通过生态环境的综合治理改善农村的能源环境；农村可利用的土地比较宽裕，可以将目前分散的居住地进行集中布置，提高土地集约利用水平，节约土地资源，同时也有利于资源共享和合理配置，改变农村基础设施不配套、科技水平低、资源浪费的现状。

1.2　新农村的建设模式和能源利用是目前需研究和规划的重大问题。如果我们简单地照搬目前的城镇建设模式，完全依靠常规商品能源解决农村建筑的能源供应，将使我国建筑能耗增加近一倍，给我国能源供应和经济发展带来巨大问题。现时我国农村的特点是：土地资源相对充足，建筑容积率低，秸秆、薪柴、粪便等生物质能源丰富，农业需要大量的有机肥，生物质能源的生成物可被充分利用。在这种情况下，新农村的能源供应方式应以可再生能源为主．按照循环经济方式，发展太阳能应用以及风力发电、沼气、生物质的高温热解制气等。我国当前已把发展太阳能、风能等其他可再生能源作为今后解决能源问题的重点之一。相比于建筑密集的城市，农村空间开阔，煤炭、电力等商品能源输送成本又高于城市，因此利用太阳能的经济效益远高于城市，发展可再生能源替代常规商品能源的经济效益和可操作性也远高于城市。

2　农村总体规划设计中的节能设计

建设农村节能住宅首先应选择适宜的地理位置和自然条件，应充分考虑住区的总体布局，做到不同体量、不同角度、不同间距、不同道路走向，建筑物的合理组合与安排，充分利用自然通风和天然采光，如农宅用地位于丘陵和山区时，应优先选用向阳坡、通风良好的地段，并避开风口和窝风地段。住区道路走向对风向和风速有明显的影响，农宅群和道路之间多为速度较小、方向竖直的管状气流，很难穿越建筑物，所以必须考虑农宅群体的布局，使农宅高低层错落排列，并利用道路和植被形成空气流动，使建筑物冬天可保持室内热量，避免冷风渗透。而夏季则形成穿堂风，达到自然通风和降温（图1）。

图1　农村农宅规划

其次，农村住房还应有利于生产，方便生活，具有适宜的卫生条件和建设条件，符合当地农民居住习惯，能够节约土地、建设适合不同居住人口数量的、多种户型的农宅。

我们在设计中除考虑总体技术要求外，在空间布局上还应注重不同性质空间的融合，如入口停留空间、组团内供村民交流的公共空间等，并注意将汽车或农用机车的道路与人行道路分开，使排放量大的机车停靠在路口，远离居住空间，提高居住空间的环境质量。为保持当地传统建筑的地域特征，农宅在建筑风格上应保持当地民居的地方特色，如北方农村不少都设计成四合院式样的典型布局（图2、图3）。

图2　农村农宅单体设计方案一

图3　农村农宅单体设计方案二

2.1　围护结构与通风、采光

2.1.1　围护结构

节能建筑强调传热系数，热惰性指标和体形系数，其中体形系数的大小直接影响建筑能耗。体形系数越大，单位建筑面积对应的外表面积越大，外围护结构的传热损失也越大。相关研究表明，体形系数每增大0.01，耗热量指标约增加2.5%。所以建筑物的单体设计应控制其体形系数，要将体形系数控制在一个较低的水平上，以减少其外围护结构的传热损失，降低建筑能耗。因此，从降低建筑能耗的角度出发，农村住房应综合考虑建筑的传热系数、建筑造型、平面布局、采光通风等因素下的建筑体形系数。

墙体是农宅建筑的外围护结构，也是主体支撑结构。因此，对墙体的要求既要保证结构上的承重作用，又要强化其节能效应。经济型农宅常常采用外墙保温墙体的做法，即在普通外墙面上直接加上外保温材料，如聚苯乙烯泡沫塑料板、胶粉颗粒保温砂浆以及墙面铺有其他不同的地方性材料所形成的复合墙体，以降低外墙传热系数。一般在保温材料外层再涂上具有弹性、较强伸缩性的特殊涂料，以取得保持室内温度基本稳定、冬暖夏凉的效果（图4）。

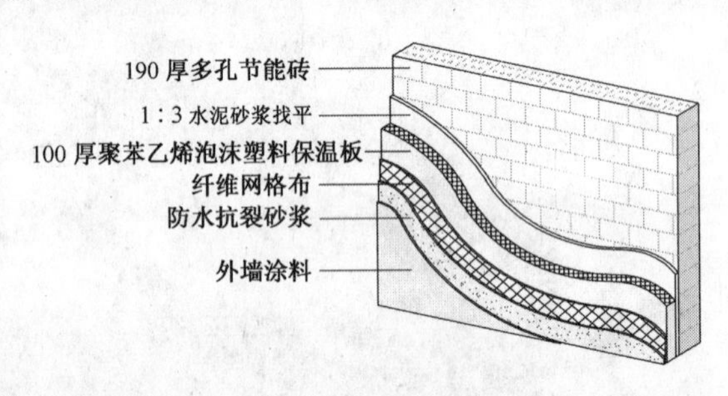

图4　保温墙体构造

外墙设计还应充分利用建筑外遮阳技术，因为外遮阳可以起到遮挡直接日照的作用。经济型农宅利用低成本的活动外遮阳设施，对减少太阳辐射热进入室内、降低空调能耗效果较为显著。遮阳是一种传统的技术手段，遮阳设置也是建筑设计中不可缺少的部分。农村住房的遮阳材料可用木质或竹材的活动遮阳，使用方便、灵活。一般农宅中都考虑设置遮阳板、遮阳罩与绿化遮阳。在设计中，东西向墙面常布置绿化及树木进行遮阳，南向采用水平可调百叶窗和活动式外遮阳竹帘以及与落叶乔木相结合起到遮阳作用，经济有效，同时可以改善微气候、美化环境，另外建筑师还考虑结合地方材料和施工制作方法，设计和创造具有地方特色的活动外遮阳板、遮阳帘等。

农村住房的屋顶，有草顶、瓦顶等做法，草顶冬暖夏凉，夏天的太阳不容易晒透；瓦顶的做法可在屋面结构层上铺设聚苯乙烯泡沫塑料保温板，其上再铺卷材防水层，加挂瓦条，面层饰以彩色机平瓦，做法简单、经济，节能效果好（图5）。也有的在斜屋顶结构层上铺设水泥聚苯板挤塑形泡沫塑料板等，还有的是在现浇屋面上铺设铝箔等热反射材料，效果会更好。

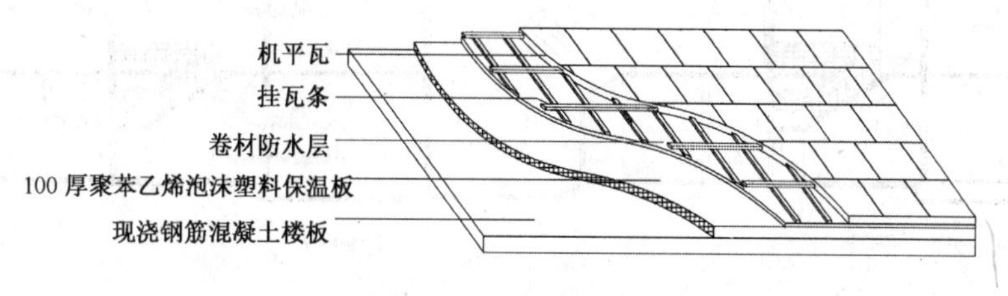

图5　屋面保温设计

2.1.2　建筑通风

建筑通风设计得好，夏季室内就凉爽得多，较少使用空调而达到节能的目的。另外，主导风向直接影响冬季农宅室内的热损耗。由于冬夏季太阳入射角的差别和朝夕日照阴影的变化，应利用合理的朝向，使建筑在夏季尽量避开南向烈日的炙烤。而冬季争取尽可能多的温暖阳光，使建筑获得冬暖夏凉的宜人室内环境。为达到一定的通风效果，设计时应根据当地的风向、风速对建筑的平面与剖面进行气流分析与通风设计，同时在剖面上尽量使其形成上下贯通空间的通风设计，充分考虑通风、换气。又由于自然通风能加快夏季建筑的散热与降温，从而实现舒适的室内风环境，并减少夏季空调运行时间，所以设计农民住宅时应尽最大可能地组织自然风、穿堂风，做到既节约能源又经济实用（图6、图7、图8）。

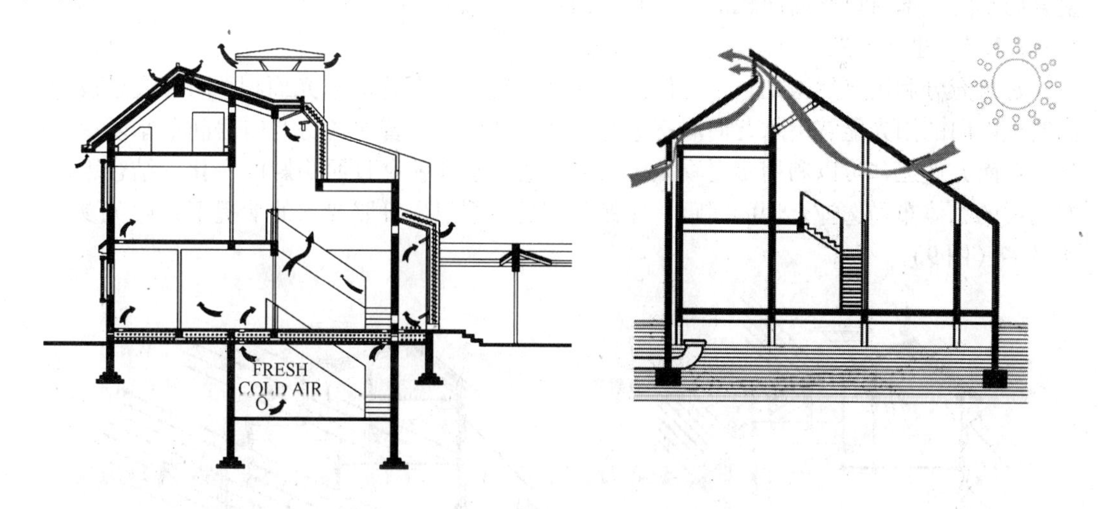

图6　建筑通风设计一

在建筑中布置角度偏向夏季主导风的片墙以引导自然风，是减少对空调依赖性行之有效的措施。在适当部位设置立转窗也能起到这种效果，避免了推拉窗无法导风的遗憾。竖向拔风空间的设置，对室内通风的改善效果可达60% 以上。在夏季可将地下室的凉风抽到地上楼层用于降温，为加强热压对通风的促进作用，可在竖向空间顶端设一蓄热墙吸收热能，利用热空气上升产生对流来解决通风和排除室内浊气，又可兼作冬季采暖；通过调

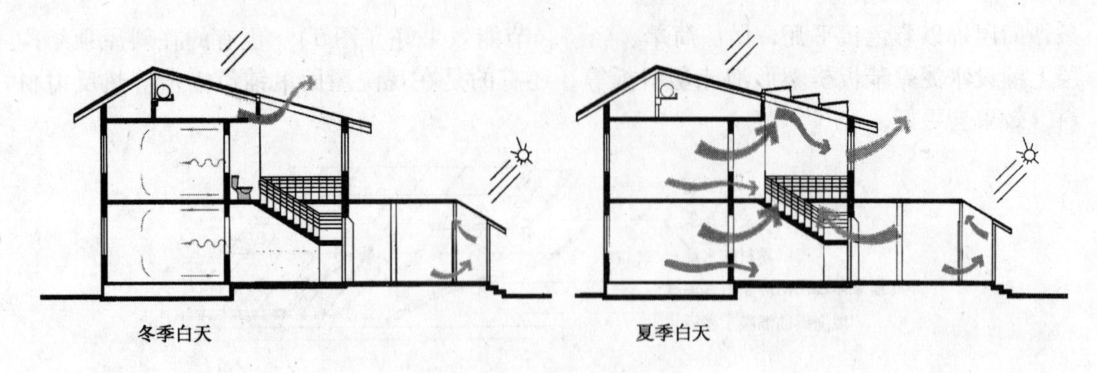

图7　建筑通风设计二

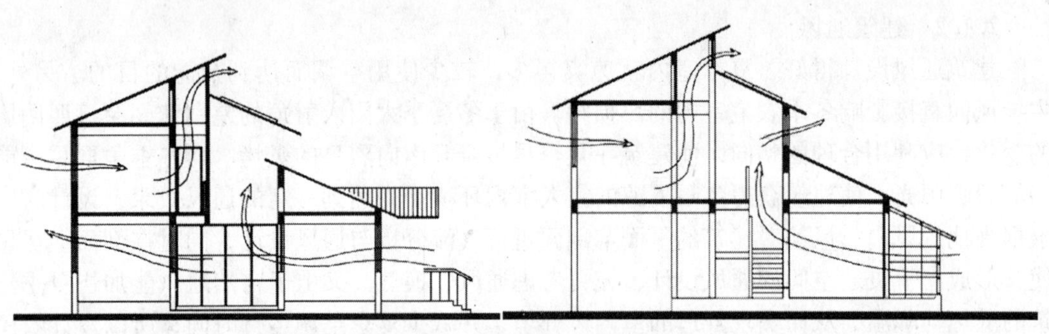

图8　建筑通风设计三

整竖向空间上部窗口开启面积的大小来控制自然通风量。

2.1.3　建筑采光

建筑充分利用自然采光，不但保证了农宅各房间都有好的采光面积，同时通过设计高侧窗把南向的阳光能够引入北向居室进行蓄热，从而改善普通住房北向房间冬季阴冷的缺陷。在南方地区，可以利用冬夏季太阳入射角的差别和朝夕日照阴影的变化，结合朝向和农宅群的总体布局选择合理的间距，在保证满足冬季卫生日照要求的前提下，避免夏季日照过多（图9）。

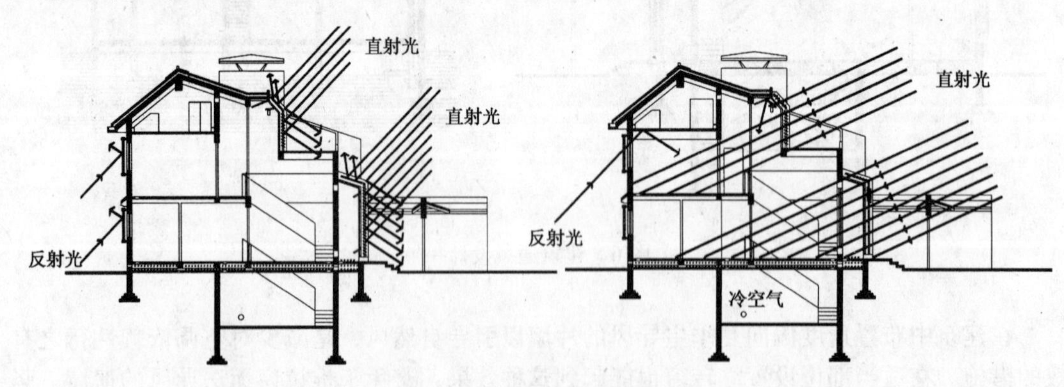

图9　建筑采光设计

另外，建筑的间距与屋顶坡度都对风向和漩涡风的产生及正负风压值的大小有着直接的影响。建筑物越长、越高、进深越小，其背风面产生的涡流区越大，流场越紊乱，对减少风速、风压有利。建筑的迎风面产生正压，侧面产生负压，背面产生涡流，有气压差存在就会产生空气流动，根据地区的主导风向设计合理的间距，为农民住房建筑组织良好的自然通风提供可行性。

2.1.4　太阳能利用

在农村建筑屋面上放置太阳能热水器已很常见，给农民在生活上提供了很大的方便。但以往在设置上仍有不足的地方，屋面上随意架设、高高低低，水管乱设，影响美观。我们应注意在开始设计建筑的时候，就考虑如何将太阳能吸收装置与屋顶结构造型有机地结合，做到太阳能集热器与建筑屋面一体化、太阳能供热水系统与给水系统一体化、供暖设备与建筑地面一体化才是经济有效的太阳能利用方式（图10、图11）。一般一户农民住宅的屋顶安装 5~6 m^2 太阳能热水装置，就可以满足日常的生活用热水，在北京平谷的农村新建住房中，还将太阳能热水器的热水用来进行地板低温辐射采暖。低温辐射地板采暖是国内近年来发展的一种新型采暖方式，它提高了室内采暖的舒适度和改善生活质量。目前在村镇住房中用低温辐射地板的做法还不是太多，这就要根据不同地方农民的经济情况确定（图14）。

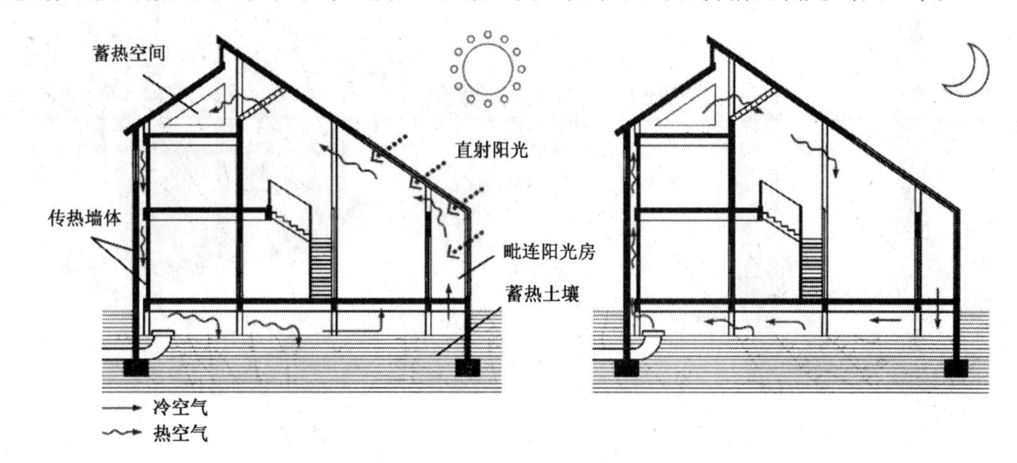

图10　太阳能利用设计

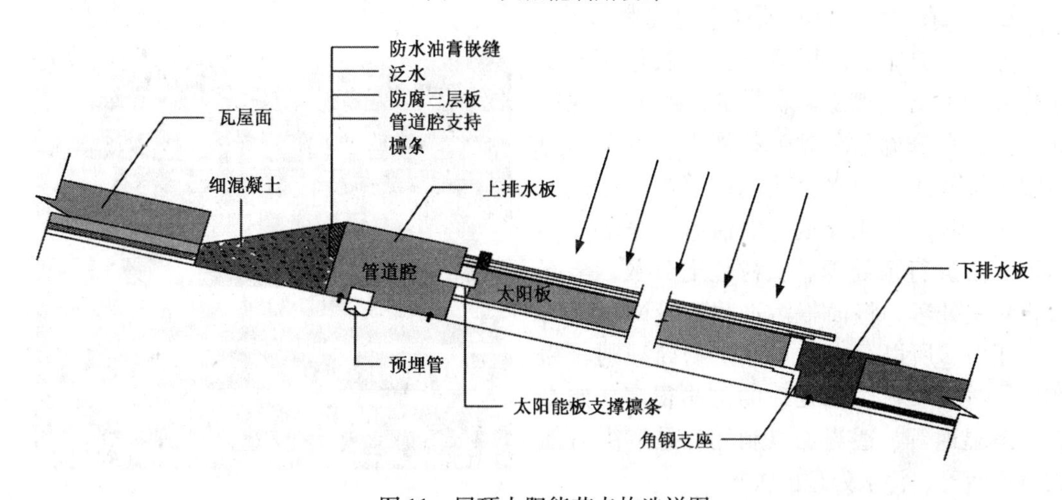

图11　屋顶太阳能节点构造详图

阳光间（图 12）是农宅设计中降低能耗的一个有益补充，与之相连的房间不仅可以减少大量的热量损失，同时可以减少制冷能耗。阳光间也是北方日照充足地区利用太阳能的主要手段之一。根据需要亦可将开敞式空间设计成室内花园，进一步改善室内小气候。施工中平面突出部位和实体片墙的合理设置对引导自然通风和遮阳有十分明显的效果。实际设计中可以在农宅的南向客厅前部设计成一个被动式太阳房（图 13），冬季白天打开百叶窗，大片的玻璃落地门窗能充分接收太阳辐射，给室内补充热量，同时使室内光线充足，并利用室内竖向的蓄热墙体和一、二层楼的蓄热地板进行蓄热，夜间再由蓄热体向室内释放热量，让室温保持相对稳定，可避免农宅夜间室内温度过低。

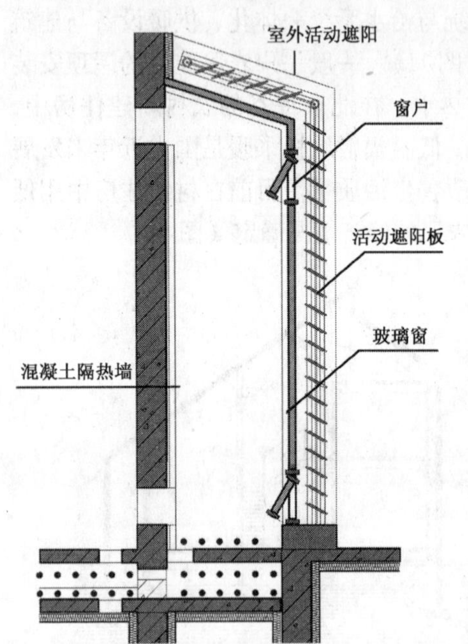

图 12　毗连阳光间

图 13　毗连阳光间外观

2.2　农村雨、污水处理净化技术

为了保护环境，我国早已对农村污、废水排放有了明文规定。农村的排水体制宜选择雨、污水分流制。对于条件不具备的小型村镇可选择雨、污水合流制，但在污水排入系统前，应采用化粪池、生活污水净化沼气池等方法进行预处理。农村住宅分散，全部进行集中处理，将面临污水收集管网投资的巨大压力。所以污水的自然生物处理则较为实用，适合农村污水处理的方法很多，如人工生态湿地等，适当加以利用，是解决目前农村生活雨、污水处理的关键。

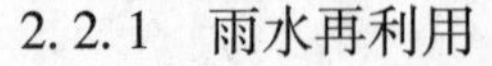

图 14　低温地板辐射采暖

2.2.1　雨水再利用

通常雨水收集利用系统。主要包括两大类型：① 收集屋顶雨水和绿地、道路的径流水，仿造自然水道，汇集于低处长有沼泽或水生植物的水塘，通过土壤渗滤和湿地净化后用于绿化、冲洗等；② 屋顶雨水、导滤的溢流水经过改善绿地透水性能，接纳后使收集水经过土壤——植物净化后储存于绿地地面下的积水坑中，通过土壤毛细作用补充绿地和植物蒸发水量，过量的水抽出再用。前一种方式更适合降水量较多的湿润地区，后一种方式较适合半干旱地区。

对于一般的生活污水，大都采用化粪池处理。化粪池是一种利用沉淀和厌氧菌发酵原理去除生活污水中悬浮性有机物的最初级处理构筑物。生活污水中含有大量粪便、纸屑、病原虫等杂质，沉淀下来的污泥经过3个月以上的厌氧消化，使污泥中的有机物分解成稳定的无机物，以腐败的生污泥转化为稳定的熟污泥，改变了污泥的结构，降低了污泥的含水率，定期清淘外运，填埋或用作农肥。

2.2.2　人工湿地污水处理技术

人工湿地污水处理技术是一种基于自然生态原理，以节能、污水资源化为指导思想，使污水处理达到工程化、实用化的一项新技术。目前人工湿地系统作为一种独具特色的污水处理技术方式进入环境科学技术领域。

人工湿地不仅在提供水资源、调节气候、涵养水源、均化洪水、促淤造陆、降解污染物、保护生物多样性和为人类提供生产、生活资源方面发挥了重要作用，它还能吸收二氧化硫、氮氧化物、二氧化碳等，增加氧气、净化空气、消除城市热岛效应、光污染和吸收噪声等。因此，又具有强大环境调节功能和生态效益。人工湿地系统处理污水具有一系列的显著优点，适合不同的处理规模，基建费用低廉，处理构筑物由各种天然生态系统或经简单修建而成，没有复杂的机械设备，易于运行维护与管理。人工湿地的主要材料如碎石、砂砾、煤渣、土壤等均可就近获得，处理系统依地势而建，污水可自流进入，无需额外动力，运行费用只有常规工艺的10%～50%。对于我国广大农村地区来说，占地面积较大的人工湿地污水处理工艺具有很好的应用前景。

2.3　垃圾回收

近年来，随着农村大多数居民生活水平的提高，平时生活中所废弃的垃圾在成分构成上已与城镇无多大差别，而与过去比则有了质的变化，垃圾中增加了许多可以回收利用的资源，而这些资源却往往被当成一般垃圾处理掉，在不少村屯甚至被随意丢弃到路边、水塘、村头，这不仅造成了资源的浪费，更是对环境造成极大的污染，与我们建设社会主义新农村“村容整洁”的要求也是背道而驰的。

实施农村垃圾回收资源化管理，首先是可以解决不少农业劳动力从第一产业向第三产业转移就业的问题。这类属于环境保护的“绿色就业”，包括垃圾回收、处理、加工以及相关服务活动，随着经济发展和农村居民生活水平的提高，有着巨大的发展潜力。其次是农民家庭的生活垃圾通过回收利用，既节约了资源，也净化和改善了环境，有利于促进农村经济的可持续发展，形成农村垃圾处理的产业化链条。更重要的是，通过把一般垃圾和可回收垃圾分类排选处理，既培养和提升了广大农民群众保护环境、爱护资源的文明意识，也有利于促进建立保持新农村“村容整洁”的长效机制。

3　结语

今天，重视中国9亿农民的生存环境、解决农民的生活居住、建好农民的节能房问题已成为国家和政府关心的大事情，作为建筑师应因地制宜，就地取材发展村镇节能技术，推广建筑节能，总的来看，充分利用农村各种新能源资源已是一个非常重要的课题。农村理想的能源供应方式应该是在推广多种节能模式的基础上，按照循环经济方式，扩大可再生能源的利用规模，为农村能源供应开创出一条新路。我国当前已把发展太阳能、风能、生物能等可再生能源作为今后解决能源问题的重点之一。因此，充分利用新农村建设的大好形势，使村镇新能源开发应用成为村镇产业经济的新增长点，走出一条低能耗、基于可再生能源的农村建筑能源供应的新路，同时解决国家能源紧缺的问题。

参考文献

[1] 杨维菊，伍昭翰．农村低能耗生态农宅设计理念与技术．《建筑学报》，2006（3）：36～37.

[2] 江苏建设厅，东南大学．《新农村住宅建设技术问答》．北京：中国建筑工业出版社，2006.

[3]《可持续建筑技术信息》．《建筑新技术》．2007（2）.

[4] 张霄峰．人工湿地污水处理技术．《山西建筑》，2006（7）：164～165.

杨维菊　东南大学建筑学院　教授　邮编：210096

夏热冬暖地区空调建筑屋顶节能技术

江　建　冀兆良

【摘要】　夏热冬暖地区的空调建筑，屋顶隔热是屋顶节能的关键。本文从屋顶隔热材料的选择、设置方式，屋顶的形式，隔热性能评价，学习和借鉴国外屋顶节能的先进技术等方面提出了适合该地区空调建筑屋顶节能的一些技术措施。

【关键词】　屋顶　隔热　节能

夏热冬暖地区的空调建筑，隔热是实现建筑节能的一个主要内容。屋顶因温差传热形成的空调负荷，大于任何一个单位面积外墙传热形成的空调负荷。提高屋顶的隔热性能，对提高抵抗夏季室外热作用的能力尤其重要，这也是减少空调耗能，改善室内热环境的一个有效措施。

1　屋顶隔热材料选择及设置方式

1.1　隔热材料选择

屋顶隔热材料在满足建筑要求的前提下应尽量选择表观密度小、导热系数低、吸水率低的材料，这些材料本身的热阻较大，可有效阻隔和延迟热量的传入，对建筑设备的能量调峰起着十分重要的作用，有助于能源的有效利用。除了考虑材料的热工性能外，还要考虑到其环保性和经济性。环保性方面，要求生产这些材料减少对二氧化碳气体及有害气体的排放，目前一些环保性的隔热材料是节能利废型的，可利用工业固体废弃物。经济性方面，选择这些热工性能好的隔热材料所增加的初投资与采用这些隔热材料所节省的能耗（换算成年节约费用）做比较，得出投资回收期的大小，由于屋顶面积小，加强空调建筑屋顶隔热对建筑造价的影响较小。总之，屋顶隔热材料的选择要具有节能效益、环保效益和经济效益。

1.2　隔热材料设置方式

隔热层设置的不同会影响衰减度大小和室内散热的快慢。有研究显示，对于连续运行的空调房间，加隔热层有利于提高房间的热稳定性和降低因围护结构传热引起的空调冷负荷，外隔热较内隔热更有利于提高室内的热稳定性，同时降低了因围护结构传热引起的空调冷负荷；对于间歇运行的空调房间，内隔热更有利于室内的热稳定性，空调的冷负荷也会得到降低，有利于节能[1]。因而屋顶隔热材料在设置时，要考虑到空调建筑的使用特点。

2　屋顶形式的选择

空调建筑不同的屋顶形式有不同的隔热节能效果。下面列举一些针对夏热冬暖地区空调建筑的节能屋顶形式。

2.1 被动蒸发隔热屋顶

被动蒸发隔热屋顶充分利用了水分蒸发吸收大量气化潜热的特性（水的比热大，为4.186kJ/（kg·K），蒸发1kg水能带走2428 kJ的热量），隔热效果比较显著，能有效地转化和控制作用于屋顶上的太阳辐射热，减弱室外综合温度对室内热环境的影响，节约能源。被动蒸发隔热屋顶，可分为自由水表面被动蒸发屋顶、多孔材料蓄水屋顶以及吸湿屋顶三种形式，对于蓄水屋顶，它存在很多的不足，如在夜间，屋顶蓄水后的外表面温度始终高于无水屋顶，不但不能利用屋顶散热，相反它仍继续向室内传热，屋顶蓄水也增加了屋顶静荷载。而吸湿被动蒸发屋顶的特性决定了其主要适用于夏季昼夜空气相对湿度变化比较大的地区，在此简要介绍多孔材料蓄水屋顶。

多孔材料蓄水屋顶是在建筑屋顶上铺设一层多孔材料，如固体的加气混凝土层等，如图1所示。此层材料在人工淋水或天然降雨以后蓄水。当受太阳辐射和室外空气换热后，多孔材料层的上表面蒸发带走大量的汽化潜热，这一过程有效地遏制了太阳辐射对屋顶的不利作用，达到蒸发冷却屋顶的目的，同时多孔材料自身热阻也有较好的隔热作用。在连晴高温天气，当多孔材料内部水分蒸发完毕，多孔材料处于干燥状态，导热系数较小，热阻值较大，隔热性能也较好。由于多孔材料的导热系数均较小，因此在干燥状态下也能起到较好的隔热作用。针对夏热冬暖地区夏季时间长、多雨水、高温的特点，多孔材料蓄水屋顶是一个较好的选择。

2.2 种植屋顶

种植屋顶是利用植物的光合作用、叶面的蒸发作用及对太阳辐射热的遮挡作用，来减少太阳辐射热对屋顶的影响。隔热效果与普通屋顶相比非常好。图2为种植屋顶构造图，种植屋顶的热工效果如表1所示。

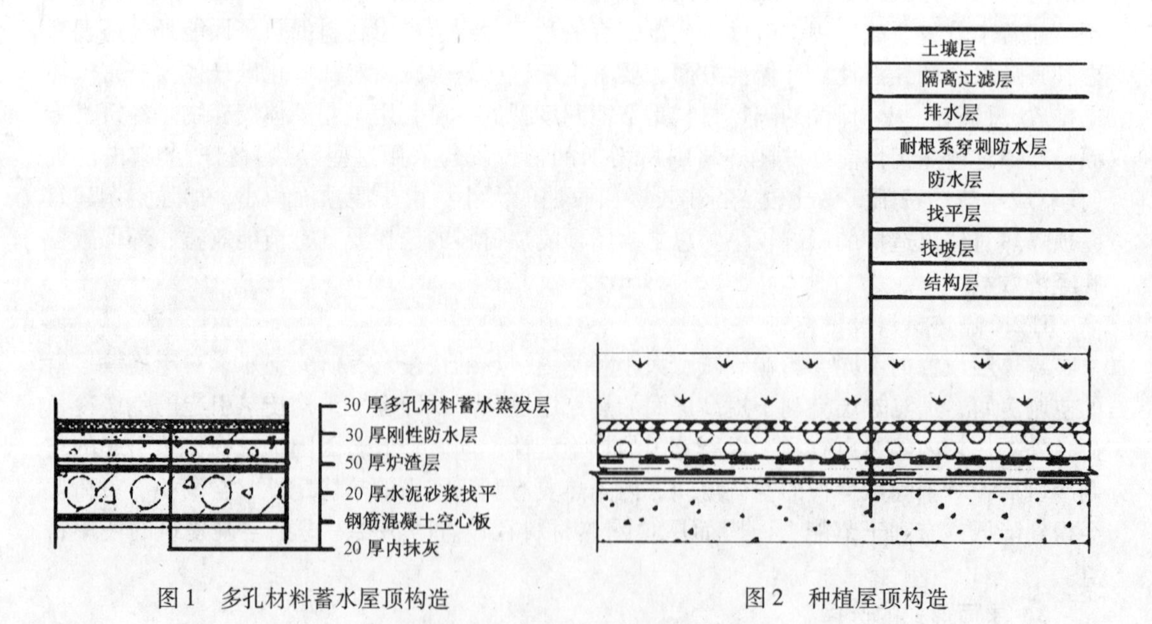

图1 多孔材料蓄水屋顶构造

图2 种植屋顶构造

种植屋顶的热工效果[2] **表1**

参　数	种植屋面	无种植屋面	差　值
外表面最高温度（℃）	29	61.6	32.6
外表面温度波动（℃）	1.6	24	22.4
内表面最高温度（℃）	30.2	32.2	2
内表面温度波动（℃）	1.2	1.3	0.1
内表面最大热流（W/m^2）	2.2	15.3	13.1
内表面平均热流（W/m^2）	-5.27	9.1	14.34
室外最高温度（℃）	36.4	36.4	
室外平均温度（℃）	29.1	29.1	
最大太阳辐射照度（W/m^2）	862	862	
平均太阳辐射照度（W/m^2）	215.2	215.2	

在种植屋顶中设置隔热材料，夏季隔热的效果更显著，这样可以节省大量空调费用。此外，种植屋顶可以减少城市热岛效应，改善城市气候环境。

2.3　坡屋顶

对于平屋顶，在太阳辐射最强的正午时间，太阳光线对于平屋顶是正射的，而对于坡屋顶是斜射的，深暗色的平屋顶仅反射不到30%的日照，而非金属浅暗色的坡屋顶至少反射65%的日照，反射率高的屋顶大约节省20%～30%的空调能耗[3]。平屋顶的隔热效果不如坡屋顶，而且平屋顶的防水处理较为困难，且空调能耗较多。若将平屋顶改为坡屋顶，并在屋顶上设置隔热材料，不仅可提高屋顶的热工性能，还有可能提供新的使用空间（顶层面积可增加约60%），也有利于防水（因为坡屋面自身有较大坡度），并有检修维护费用低、耐久等优点。同时屋顶可作装饰处理，以形成不同的城市屋顶景观，改善呆板、单调的城市建筑风貌。

3　隔热性能评价

夏热冬暖地区目前实施的建筑节能设计标准，分别为《夏热冬暖地区居住建筑节能设计标准》和《公共建筑节能设计标准》。《夏热冬暖地区居住建筑节能设计标准》规定：①重质屋顶：$K\leqslant1.0$，$D\geqslant2.5$；②轻质屋顶：$K\leqslant0.5$；《公共建筑节能设计标准》规定：屋顶$K\leqslant0.9$。对于屋顶采用轻质材料，所需K值比较容易实现，要达到较大的D值就很困难。完全以D值和相关热容量的大小来评定屋顶的热稳定性是不全面的。

夏热冬暖地区空调建筑屋顶的隔热节能设计通常由其传热热阻和热惰性指标来反映屋顶在某个周期内的平均隔热能力及对室内热稳定性的影响，但没有考虑影响围护结构热工性能的两个可变因子：围护结构外表面的太阳辐射吸收系数ρ，围护结构外表面换热系数α_e。在设计过程中，屋顶大多采用多层组合结构，并带有隔热层，而且隔热层的设置也常有不同（如内隔热、外隔热），这样的设置，热阻相同，总的热惰性指标相同，但其对室内空气的热作用效果不同。围护结构热稳定性度时数（*DH*）和反应系数（*BER*）能很好的反映不同隔热材料、隔热设置及不同形式的屋顶对室内空调冷负荷及室内空气热稳定性的影响[4]。

3.1　围护结构的热稳定性度时数

$$DH = \sum[|(t_{tc} - t_{in}^{n})| \cdot \Delta t] \tag{1}$$

式中　DH 为围护结构在一个周期（24h）内的热稳定性度时数；t_{tc}为围护结构内壁面在一个周期内（24h）的平均温度（℃）；t_{in}^{n}为围护结构内壁面在一个周期内（24h）各时刻的温度（℃）；Δt 为计算时刻时间间隔，计算中取 1h。

热稳定性度时数（DH）反映了围护结构对室内热稳定性的影响，热稳定性度时数 DH 越小，说明围护结构对室内热稳定性越有利，反之则相反。

3.2　围护结构反应系数

$$BER = DH\sum(Q_{hc}^{n}\nabla t) \tag{2}$$

式中　DH 为热稳定度时数，$\sum(Q_{hc}^{n}\nabla t)$ 为一个计算周期（24h）内围护结构引起的空调负荷累加值，本文为屋顶传热引起的空调负荷累加值。其中，$Q_{hc}^{n} = \frac{t_{Z}^{n} - t_{n}}{R_0}$，$t_{Z}^{n}$ 为室外综合温度逐时值（℃）；t_{n} 为空调室内设计温度；R_0 为围护结构的总传热热阻（$m^2 \cdot ℃ \cdot w^{-1}$），在此位屋顶的总传热热阻；Δt 为计算时间间隔，计算中取 1h。

围护结构的反应系数综合反映了围护结构对室内热稳定性和空调能耗的影响。反应系数越低，表示房间的热稳定性越好，空调因围护结构传热得热引起的冷负荷越小，反之则相反。

利用屋顶材料的热工性能参数，通过上述公式进行热稳定性度时数和反应系数的计算，比较分析不同隔热材料、隔热设置及选择不同形式的屋顶所引起的不同结果，再通过测试或计算屋顶的传热系数，结合相应标准来全面地评价空调建筑屋顶的隔热性和节能性，从而推动该地区屋顶节能的发展。

4　学习、借鉴国外屋顶节能方面的先进技术

国外在屋顶节能方面的种种努力充分体现了可持续发展的原则，实现了屋面节能技术的多元化。

4.1　冷屋顶

照射在屋顶上的太阳能一部分被屋顶系统吸收，一部分被屋顶表面反射。被屋顶系统吸收的太阳能一部分又会以热辐射的形式释放出来。如果屋顶系统反射太阳的能力强，热辐射的能力也大，那么屋顶的温度就低，通过屋顶进入建筑物内部的热量就少，从而减轻了空调的负荷达到节能的目的。

使屋顶变“冷”主要有两种途径，一是涂刷反射性的白色涂料如丙烯酸涂料或用反射的矿物粒料罩面；另一种方法是采用白色或浅色单层屋顶系统。

“冷”屋顶的颜色一般为白色，但反射性好、颜色较深或与传统的屋顶产品颜色相似的“冷”屋顶产品正在开发之中，并且已经取得了进展。

4.2　太阳能屋顶

太阳能屋顶通常是指安装有太阳能热水或太阳能发电系统的屋顶。在此简要介绍太阳能发电系统的屋顶。

屋顶太阳能发电系统大体有两种类型：① 两层玻璃之间夹硅片组成的太阳能板；② 薄膜无定形硅光电板。由于薄膜太阳能系统外加荷载很小，受到建筑师的普遍欢迎。

光电设备与屋顶结合，可以将光电设备作为屋面板，这样既是屋顶材料的一部分，也可用以发电。如图3所示为光电板与屋顶结合的结构图。

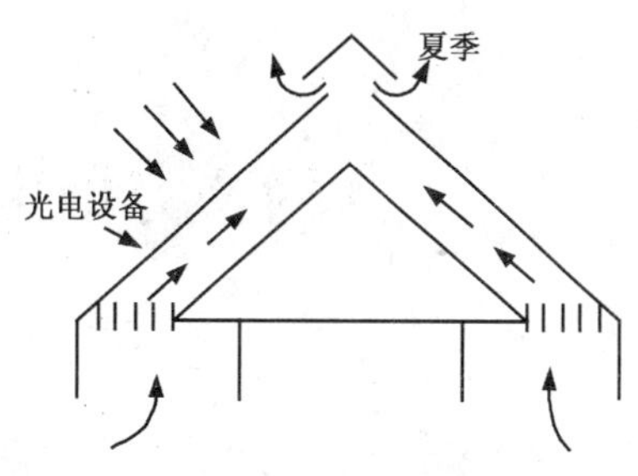

图3　光电板与屋顶的结合

光电设备与屋顶结合利用太阳能来发电，需要加强屋顶的隔热以维持室内的热舒适环境，又由于受到光电转换效率的限制，屋顶面积必须足够大才能产生足够的电能，因而一次性费用投资很大。目前各国政府均从政策和经费上予以支持，从长远的观点看，随着不可再生能源的逐步枯竭，石油、煤炭将消耗殆尽，这种能源利用的优势必将凸现出来。

4.3　金属屋顶

金属屋顶有两种基本类型：结构金属屋顶和建筑金属屋顶。金属屋顶表面往往有涂层或罩面，使其在性能上跻身于冷屋顶和可持续屋顶的行列。金属屋顶的节能效应除了涂成白色使其具有很好的反射性能外，还主要表现在：使用寿命长。大多数金属屋顶有很好的耐候性，使用寿命长达20~50年；每年平均维修费用很低，是任何一种屋顶都无法相比的；金属屋顶的材料几乎100%可以再利用，不像其他屋顶达到使用寿命需要更新时会产生大量的废料；再生材料的含量高，通常至少在25%以上；重量轻，只有一般油毡瓦屋面的1/3~1/8，因而，可直接用于旧屋顶上而无需拆除[5]。

5　结论

夏热冬暖地区空调建筑的屋顶隔热节能应从以下几个方面来考虑：隔热材料的选择，要具有节能、环保和经济效益；隔热材料的设置，对于连续运行的空调房间，外隔热较内隔热好，而间歇运行的空调房间，内隔热较外隔热有利；屋顶形式的选择上，符合该地区的节能型屋顶形式有：被动蒸发隔热屋顶、种植屋顶、坡屋顶；对隔热性能的评价上，热稳定性度时数（*DH*）和反应系数（*BER*）能较好的全面评价屋顶的隔热节能性；国外一些屋顶节能的新技术值得我们学习和借鉴，如：冷屋顶、太阳能屋顶、金属屋顶等。

参考文献

[1] 白贵平，冀兆良．围护结构隔热形式对室内热稳定性及空调负荷的影响［A］．全国暖通空调制冷2004年学术年会资料摘要集（2）［C］，2004.

[2] 沈致和．住宅节能原理与设计［M］．合肥：安徽科学技术出版社，2006.

[3] 孟祥柱．推广坡屋面改造平屋面势在必行［J］．工程质量，2003，（1）：42.

[4] 白贵平，冀兆良．用度时数与反应系数评价围护结构隔热性能［J］．广州大学学报（自然科学报），2005，（01）．

[5] 赵国庆．“节约型社会与防水”系列报道之四 国外屋面节能与环保技术综述［J］．中国建筑防水，2005，（12）．

江　建　广州大学土木工程学院　研究生　邮编：510405

对南方地区围护结构隔热技术的讨论

陈振基

本文所说的南方地区，是指夏热冬冷地区和夏热冬暖地区，按照GB50176-93《民用建筑热工设计规范》的规定，前者的设计要求是："必须满足夏季防热要求，适当兼顾冬季保温"，后者的设计要求是："必须充分满足夏季防热要求，一般可不考虑冬季保温。"可见这两个地区围护结构的热工设计，主要考虑夏季防热，与严寒地区及寒冷地区主要考虑冬季保温有很大的差别。

保温与防热原理上是一回事，英文都是insulation，并没有隔冷还是隔热之分，就是利用绝热材料阻止热量从高温区向低温区的自发流动。在中文里明确了，保温是指围护结构在冬季阻止室外冷空气向室内侵入，以使室内保持适当的温度。隔热是指围护结构在夏季隔离太阳辐射热和室外高温向室内侵入，以使围护结构内表面温度低于最高温度。简而言之，北方的围护结构是不让室外冷空气进来，不让室内热气出去；南方的围护结构是不让室外热气进来，也不让室内人造的冷空气出去。

过去建筑节能在北方采暖地区非常重要，因为那里冬季不采暖居民根本无法生活，而且采暖地区的能耗高，占生活能耗的比重很大；由于经济条件的限制，过去南方的建筑热环境长期不受重视，居民一直忍受着寒冬酷夏的煎熬。现在生活条件发生了很大变化，南方居民强烈要求改善建筑热环境，家家户户使用空调来人工制冷，目前广州、深圳一带，市区每百户平均拥有空调机已超过180台，空调耗电量极高，且有日益增长的趋势，这些城市夏季用电量空调占了三成以上，用空调时间长达半年。这是北方地区冬季采暖不可能遇到的。可是，人们对建筑节能的认识还是停留在北方的习惯上，比如把围护结构的防热看作是等同于保温，把适用于北方的许多观念移植到南方来。

首先，我们要知道，南方地区恶劣建筑热环境的时间要比北方地区长。《民用建筑热工设计规范》的分区指标表明，寒冷地区日平均温度≤5℃的天数最高为90~145d，而夏热冬冷地区日平均温度≤5℃的天数0~90d，日平均温度≥25℃的天数最高为110d，夏热冬暖地区日平均温度≤5℃的天数更少，而≥25℃的天数最高为200d，所以说，南方地区恶劣气候时间要比北方地区长多了。其次，南方地区建筑物的围护结构一向比较简单，广东地区过去常用的就是180mm红砖墙加抹灰，最近几年改用190mm普通混凝土空心砌块加抹灰。这类墙防热性能很差，加上受低造价和容积率的限制，建筑师很少注意自然通风，简单的立面设计，省去了以往窗户遮阳等手法，相反，无谓地增大窗户面积，以致墙和窗成了带来恶劣建筑热环境的源头。空调耗电量剧增暴露出南方地区建筑节能设计之缺陷。

建筑节能起源于北方，北方保温的做法曾经动摇于内保温和外保温之间。

把高效保温材料做在主体墙内侧，施工可不受外界气候影响，无需搭脚手架，难度低，增加造价不多，节能初期很容易推广。但是这种做法对抗震柱、楼板、隔墙等周边部位不能保温，容易产生“冷桥”，即较多低温从未保温的“冷桥”部位侵入，遇到湿度较高的空气就冷凝结露；另外较厚的内保温层也占用建筑面积，居民二次装修时可能损坏保温层。而外保温最大的优点就是从外面把整个建筑物包起来，对主体结构有保护作用，室外气候条件变化不会令内部的主体结构产生大的温度变化，使热应力减小，建筑物寿命延长，同时也避免了冷桥的产生。所以经过一段时间的比较，专家得出结构，认为北方地区以使用外保温为宜。

但是，外保温存在许多难以解决的问题，不说施工质量问题，就从材料角度讲，目前使用的高效保温材料常常是有机材料，如聚苯乙烯硬质板、聚氨酯板、聚苯颗粒砂浆等，它们的热稳定性、防火性、强度，和墙体主体相比总还是略逊一筹，再加上目前许多厂家是用回收的废料再生制造的轻质材料，使用寿命令人怀疑。

既然夏热冬暖地区和夏热冬冷地区（尤其是前者）围护结构热工设计的主要目的在于夏季防热，那么综合采用一套防热措施就显得极其重要。GB50176-93《民用建筑热工设计规范》第三章“建筑热工设计要求”中夏季防热设计要求和空调建筑热工设计要求这两节，里面已经写明了采用自然通风、围护结构隔热和环境绿化等综合措施。其实不少老建筑物，在没有空调的年代，就采取了这类措施，可以达到一定防热的目的，比如通风、遮阳、浅色墙面。那些木质的百叶窗和爬满外墙的绿色植物“爬山虎”也有效地遮挡了直射的阳光，其次，南方地区室内外的温差比北方小得多，把防热层做在墙的内侧，北方使用内保温可能出现的冷桥和水蒸气冷凝现象不存在或不严重，令北方最反感的问题不会在南方发生。南方要求墙体传热系数 $K \leqslant 1.5$，对围护结构的热工要求没有北方那么高，所以根本没有必要使用技术尚不稳定的外保温。何况现代生活中一般家庭还不会夏季全日开冷气，隔热层设在里面，白天人不在房间，晚上回来打开冷气，不必将承重材料都“冷却”了，室内温度就可以很快降下来。这两个地区过去房屋节能措施很差，现在新建筑物设计要符合节能标准，也有老建筑物节能改造的问题。采用技术问题较多的外保温，后果堪忧。由于南方地区要求的外墙传热系数远高于北方，所以如果做外保温的话，外贴薄薄的一层已够，而施工的所有工序则和北方相同。让北方使用外保温的诸多问题移到南方，可能不是明智的选择。

其实，南方地区的建筑物中，窗户的耗热量最大，其传热耗热量与空气渗透耗热量相加，约占建筑物全部耗热量的50%以上，是节能的重点部位之一。研究证明，用单框双玻塑料窗的热阻值比单层塑料窗提高80%，单位热阻值价格却降低30%左右。采用了单框双玻塑料窗之后，墙体只需抹少量隔热砂浆就可以满足传热系数的要求。所以，与其花太多精力在墙体外保温上面，不如注意窗户的节能改造，把耗热量最大的部位控制住，然后适当做好墙体隔热。基于前面提到的理由，笔者认为，浆体保温材料用于南方的隔热，是再好不过的了。

笔者在《新型建筑材料》2006年第5期上详细地叙述了夏热冬暖地区内隔热的做法。随后，深圳市建筑科学研究院对南方地区常用的11种墙体材料（包括3种体积密度的加气混凝土砌块）砌成不同厚度，分别测试了14种墙体的传热系数，结论是：①当使用密度小于1000kg/m³ 的材料，墙体厚度超过190mm时，墙体的热工性能在夏热冬暖地区可以满足居住建筑节能设计标准要求的$K \leqslant 1.5$W/（m²·K）。②其他墙体材料在未采取保温处理时，墙体传热系数均不能达到要求。③但是它们采用任何导热系数小于0.1W/（m·K）的保温砂浆复面后，就可以达到要求。

我们极力推荐这种内隔热方法，因为它满足了传热系数的要求，只要墙体的热惰性指标同时达到$D \geqslant 3.0$，这个地区完全可以使用。这种隔热砂浆层可以取代原需的内抹灰层，根本不占室内空间，是建筑节能的好办法。

当然，内隔热材料对防火性能的要求更高，燃烧性能要达到A级，这时，有机材料就难以过关了。而玻化微珠是一种经过高温工艺生产出的球状玻璃质矿物质，是一种耐高温轻质绝热的无机材料，它表观密度轻、导热系数小，同时具有防火、保温、吸声等优良性能。由玻化微珠为骨料和改性干粉胶粘剂混和的单组份干混砂浆，涂在墙体基层上，可以防水、不空鼓、不开裂、强度高、粘结性能好，大大提高了干粉保温砂浆的综合性能和施工效率。

在玻化微珠保温层外刮一层2mm厚的抗裂性干混砂浆，可达到防渗、抗裂和耐水耐候性能。它和玻化微珠隔热层共同形成了保温、抗裂、防火、耐水的体系，具有明显的节能、环保的综合效益。

我们建议玻化微珠保温砂浆的导热系数虽然不能做到像聚苯板那样低，至少K值也不要大于0.07W/(m·K)，这样，即使用在寒冷地区，墙体两面抹灰各面厚度也不超过20mm。另外，对于南方地区的隔热，不必追求低的导热系数。隔热砂浆的导热系数在0.10W/(m·K)以下就可以，那样我们的砂浆强度会提高，容易保证层面质量，在隔热砂浆层上做简单的罩面就可以涂刷涂料或乳胶漆，节能处理简易可行，节能成本较低，容易为设计师和用户接受。

陈振基　土木工程学博士　邮编：510440

南京市节能型铺地应用浅谈

戴　昀

【摘要】　节能型铺地具有节约原料、能耗低、绿色健康等优点。本文以停车场和休闲健身活动区为重点，指出了南京市节能型铺地的使用状况特征：1. 停车场节能铺地应用相对减少。2. 休闲健身区大量运用节能铺地；并提出了一些更新办法：1. 发展新技术、新材料。2. 向传统学习；旨在倡导使用绿色节能型铺地，创造健康舒适的室外环境。

【关键词】　**节能　铺地**

1　引言

我国城市化发展每年增长1%左右，但是我国的能源储备量并不丰富，而能源利用效率不高，因此在建设时采取各种节能措施十分必要。铺地的大量建设是城市发展中的重要内容，随着对建设节约型社会的广泛重视，全社会对采用健康舒适的节能型铺地的要求也会不断提高。节能型铺地的主要特征有：

• 节约原材料，即利用各种废料作为铺地制作的原料。如：碎石、粉碎橡胶、粉碎树木、碎玻璃、混凝土碎块、炉渣等。

• 降低铺地制造过程中的能源损耗。如用绿色胶粘剂代替混凝土粘结，用节能型砌体代替混凝土铺地或烧制黏土砖铺地，以及直接在处理过的土层上面铺设砌体而不使用混凝土找平。

• 铺地与植物共存，透水透气。如使用各类带有孔洞的花格砖，砌块相互之间留有一定缝隙的铺设方法，铺地材料本身可以生长植物和透水透气等。

2　节能型铺地使用现状及分析

2.1　使用节能型铺地的停车场相对减少

统计资料显示，南京到2005年就有各类车辆58万台。一般情况下机动车有10%～20%的时间在运行，剩下的80%～90%的时间停放。因此停车场成为节能型铺地推广的重要市场。

节能停车场铺地应具有绿色、防辐射、保护车辆等特征，因此铺地与植被共生在停车场中显得尤其重要。由于汽车的轮压约100t/m^2，在一般的草地上停车会使地坪下沉，同时汽车的进出会辗烂草根，为解决这个问题可以用下列两种方法：

图1　几种常用的停车场植草砖

铺砌植草砖（图1）。原土夯实，根据

停车的载重情况用碎石在原土面做20～30cm的支撑层，用2～3cm的沙铺砌植草砖，根据砖的大小留2～4cm的砖缝，最后在砖缝或砖洞内放种植土，撒上草籽或直接种草。这种方法成本低，但是有比较多的缺点，如：绿化效果不太理想，草坪覆盖率只达30%；只适用于雨水比较多的地区，在一些干热地区，由于夏天太阳将砖晒得比较热，把土壤的水份蒸发掉，当水份补充不足时，很容易使草干枯。

铺植草格。植草格是采用德国的先进技术，由100%高密度聚乙烯再生塑料制成，它是一种可循环使用的环保材料，可抗紫外线、抗剧烈冲压。其使用后草坪的覆盖率达95%，承重能力为200t/ m^2，同时它解决了植草砖的缺点，可用于干热地区。植草格的规格是387mm×387mm×380mm，其施工方法与植草砖相似，即用原土夯实，根据停车的载重情况用碎石在原土面做20～30cm的支撑层，2～3cm的沙/砂混合物，铺设植草格，最后铺草皮（图2）。

20世纪90年代起我国各个城市都开始引进这两种绿色节能型停车场铺地方式，多年的实践取得了一些成绩，人们也逐渐认识到绿色节能停车场铺地的优点和重要性。但是最近的调查发现这种铺地的推广并不顺利，它在停车场中的应用反而相对减少了。如：南京太阳宫洗浴中心有新旧两个停车场，旧停车场（2001年修建）使用了“8”字形停车场砖（图3，太阳宫旧停车场），但新停车场（2006年修建）则为道路水泥铺设。目前停车场使用节能型铺地相对减少的主要原因有三类：

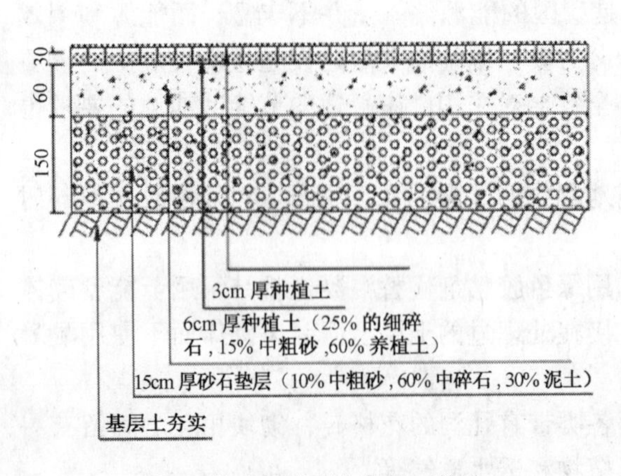

图2 停车场植草格的施工构造

图3 南京太阳宫旧停车场

第一，城市建设速度过快，地面停车场数量相对减少。在快速的城市化进程中，必然需要建设大量的停车场，2006年南京的停车泊位新建数量达到2.6万个。混凝土铺地施工速度快，构造简单，机械化程度高。而传统的平面停车场需要占用大量的土地面积，在寸土寸金的主城区建设立体车库成为开发商的首选。这两方面共同作用导致了使用节能型铺地的地面停车面积相对减少。

第二，对节能型铺地成本认识上的误差。旧有的观念认为节能环保的施工工艺和材料一定成本高、制造复杂、回收期长。但采用先进技术的节能型铺地的价格并不高，并且通过改进生产工艺还有进一步降价的余地（表1）。

几种停车场砖的网络市场报价　　**表1**

名　　称	型号规格	单　位	市场报价	报价时间
普通彩色日字绿化停车场砖	400×400×100 C25	m^2	¥35.00	2005-09-08
原色日字绿化停车场砖	400×400×100 C25	m^2	¥31.00	2005-09-08
"8"字形环保停车场植草混凝土砖	面色彩色380×190×80 C25	m^2	¥43.00	2005-09-08
"8"字形环保停车场植草混凝土砖	细面素色380×190×80 C25	m^2	¥36.00	2005-09-08
"88"字形环保停车场植草混凝土砖	面色彩色400×400×100 C25	m^2	¥43.00	2005-09-08
"88"字形环保停车场植草混凝土砖	细面素色400×400×100 C25	m^2	¥36.00	2005-09-08
13孔形停车场植草混凝土砖	面色彩色400×400×100 C25	m^2	¥43.00	2005-09-08
13孔形停车场植草混凝土砖	细面素色400×400×100 C30	m^2	¥36.00	2005-09-08
井字形环保停车场植草混凝土砖	面色彩色250×190×60 C30	m^2	¥43.00	2005-09-08
井字形环保停车场植草混凝土砖	细面素色250×190×60 C30	m^2	¥36.00	2005-09-08
井字形环保停车场植草混凝土砖	全彩色250×190×60 C30	m^2	¥48.00	2005-09-08

第三，对节能型铺地使用方面存在错误认识。访谈中很多小区居民反映说开发商以植草砖停车场顶替小区的绿化面积，也有人反对使用这种节能型铺地，认为它们不平整、易损坏、下雨天容易溅水。实际操作过程中的确出现铺设质量不佳造成了行走不方便，甚至还出现过先在底层铺设混凝土再放置植草砖的现象，如：东南大学成园研究生公寓（图4）。必须指出：(1) 节能型停车场铺地的一个作用就是增加绿化面积，如果和其他类型的植物搭配使用或设置在小区绿地中也能达到很好的效果；(2) 节能型停车场铺地，尤其是植草砖的确存在易起翘、断裂等现象，原因主要是目前的植草砖上表面和厚度的比例有缺陷。从表1所列举的植草砖尺寸可以看到，铺设时砖块之间的接触面小，联系少，地面一旦变形，砖块之间容易错动，单个砖块也因为面积较大容易受到剪力破坏而断裂。此外，由于本身所具有的脆性，单纯的混凝土砖块在室外环境的变化之下也容易从内部损坏。

2.2　节能型铺地在休闲健身活动区被大量采用

调查发现，经常采用节能型铺地的另外一类地方是居住小区和公园的休闲健身活动场地（图5），而且这些年来还有不断扩大的趋势。其原因分析有三：

2.2.1　可以增加绿地面积。无论采用类似停车场的植草砖、植草格，还是间距较大的步行石、卵石侧立的铺地等，它们或者留出孔洞，或者利用其间隙，或者本身就是可供植物生长的材料。这种铺地可以有效地增加城市绿地面积、增加湿度、降低城市排水的压力、改善生态环境。

2.2.2　采用节能型铺地不但增加了绿地面积，也改善了人体的舒适度。因为有更多的土壤、植物露出，软化了人与铺地之间的界面。此外，节能型铺地粗糙的界面也能有效调节地面温度变化，太阳曝晒时不至于温度升高过快，冬季时也不易冻结，这些都很好地适应了人体舒适度的需求。

2.2.3　节能型铺地砖适合人们的活动方式。这一类健身活动场地人们都是步行，没有机动车、自行车等交通工具通行。此外，人们在健身区鞋子的穿着也比较随意，能适应铺地上可能出现的空洞、不平整。可以说，休闲健身区是节能型铺地砖最适合采用的地方。调查显示，当代女性出行穿着高跟鞋的比例已经达到27%，女性对鞋子样式的选择已经可以影响到我们设计人员如何选择铺地形式，考虑到她们的行走安全，我们一定要选择在合适的地方设置节能型铺地砖。

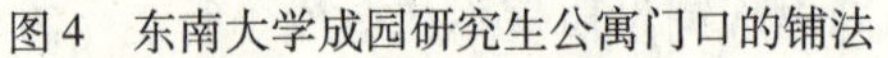

图4　东南大学成园研究生公寓门口的铺法

图5　解放门附近小区健身场地

3　一些更新办法

针对目前节能型铺地砖面临的问题，我们必须提出有效的解决办法，促进其更好的推广和发展。

3.1　发展新材料、新工艺

推广节能型铺地最直接和最有效的办法是发展新工艺、开发新材料，使它更好地适应整个社会的发展。已经有很多优秀的开发人员或公司在这一方面取得了进展，包括利用回收材料作为原料、采用新型胶粘剂改变铺设方式、改进植被的生长等。如：南京祥龙公司生产的祥龙牌草坪砖，它具有一定厚度、一定强度，草的种子在混凝土内萌芽成幼苗，继而生长成草坪；草的根往下生长，扎根于混凝土底下的土壤中。鉴于在混凝土草坪上活动的人或车辆，只是踩压在混凝土上的青草叶子上，而伤不了混凝土内的根茎，对草的根茎起到了保护，从而使绿草更耐践踏。这种草地砖具有耐踩、耐压、绿化覆盖率高（99%～100%）、绿期长、柔滑坚实平整等特点；还具有截留地面雨水、抗盐碱、利于混凝土的养生和镇压杂草与害虫的生态功能。

南通新广生化工有限公司生产的透水性路面胶粘剂产品是由一种改性树脂、玻璃纤维、特殊触媒以及改性聚胺组成的高分子胶粘材料。它具有优良的透水性能、强度性能和耐久性能。配合各种骨材（自然石子、碎石、粉碎橡胶、粉碎树木、碎玻璃、混凝土再生碎块、炉渣等）可组成造型各异、丰富多彩的透水景观材料。其性能优于水泥、沥青、石材等传统地面材料，又显示出独特的装饰效果。施工周期短，工艺简单，适用于人行道、公园道、停车场、广场等公共场所以及建筑物周围的景观铺装和产业废弃物的再利用领域（图6）。

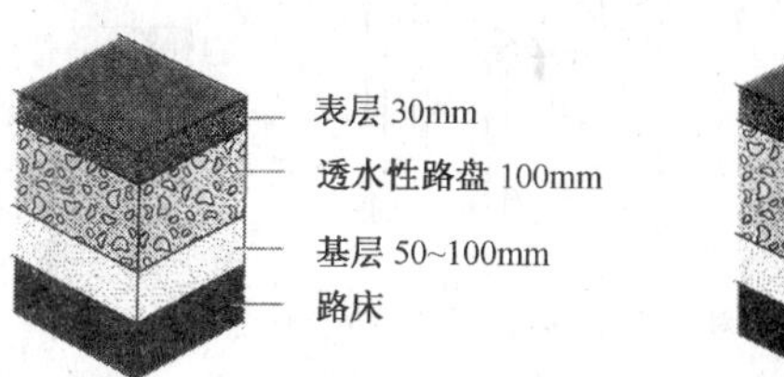

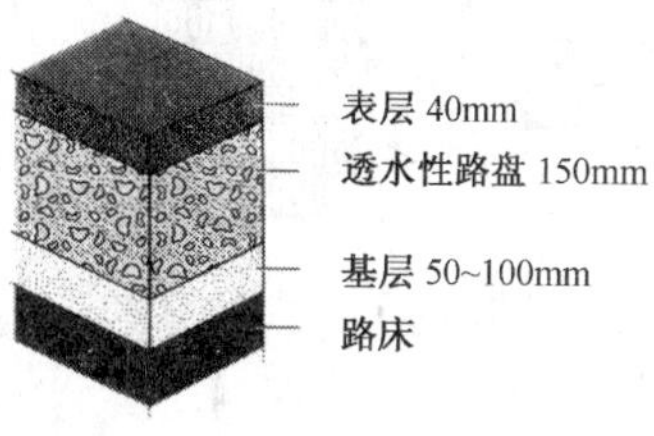

图6　透水性路面标准断面构造图及应用（中国南通珠算博物馆）

3.2　向传统学习

合理吸收传统做法的优点加以改进，使其适合现代的发展，是节能型铺地应用的另一个突破口。前面提到目前采用的植草砖、步行砖、花格砖等容易断裂、起翘，除了与施工质量有关，最根本的是砖体本身比例和铺设方式上面的缺陷。在中国传统园林的铺地中，大量采用了小型砌体立砌的铺设方式（图7）。其好处有：

不易起翘变形。图中的砌块尺寸约为150mm×90mm×20mm，砌体之间保持了最大的接触面。即便土层没有处理好发生了变形，砌体之间也会越压越紧而不会起翘变形。单个砌块与土层接触面积小，不会受剪力破坏。采用小型砌块和立砌方式容易产生更多的变化，增加美观度。如图8，无锡东林书院中的各种铺地形式。传统采用的青砖比混凝土砖有更好的透水透气性，更适合植物生长，人体舒适度也更高。此外，这种密实的小砌块之间以及砌块和土层之间储存的液态水少，不易发生起溅。

图7　南京朝天宫传统铺地

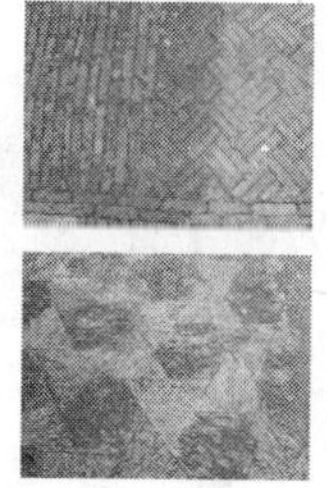

图8　无锡东林书院中的传统铺地形式

当然我们也要看到黏土砖烧制过程中的破坏性，以及砌块过小时对工程量增加的影响。对现代的节能型铺地砖，我们可以适当地减小尺寸，改变铺设方式，如图9，将常见的400mm×400mm×100mm尺寸改为400mm×200mm×200mm，就可以产生很多变化，同时铺地的性能也得到了改善。

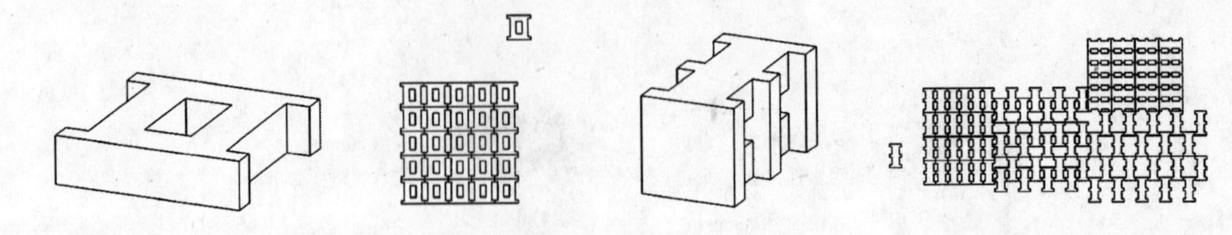

图9　改变砖的尺寸和砌法时可以产生的变化

4　结语

目前，节能型铺地由于其省材、低耗能、绿色环保等特征已经成为建筑活动中向节能方向发展的重要组成部分。如何能充分发展它的优点，改善现在的城市铺装环境必将引起更多人的关注。

参考文献

[1] 王莉萍，戴逢．城市规划力求“度”［EB/OL］．http：//www.cas.ac.cn/html/Dir/2006/08/23/3007.htm，2006-8-23.

[2] 佚名．绿色停车场［EB/OL］．http：//www.co.163.com/forum/content/1794_453581_1.htm，2005-04-14.

戴　昀　东南大学建筑学院　研究生　邮编：210096

循环流化床锅炉灰渣砌块的研制及应用

赵运铎　夏　智

【摘要】　灰渣混凝土小型空心砌块已逐渐成为替代实心黏土砖的一种墙体材料。研究利用循环流化床锅炉灰渣替代水泥和骨料制作混凝土小型空心砌块，并应用到低能耗建筑中，形成了煤→电→灰→砖→生态建筑的循环模式，推进了墙体材料的革新、低能耗建筑、循环流化床锅炉技术的发展，提高循环流化床锅炉灰渣利用率，对促进严寒和寒冷地区建筑节能具有积极意义。

【关键词】　循环流化床锅炉　混凝土　小型空心砌块　节能

1　问题的提出

1.1　循环流化床锅炉应用的现状及前景

目前，我国经济迅猛发展，煤炭和电力对经济发展的瓶颈制约作用突出，不少中小热电厂和区域锅炉房不得不燃用当地的劣质煤，使得循环流化床燃料适应广的特性得到了发挥，并随着对大气环境污染物排放更加严格管理，使循环流化床锅炉清洁燃烧的特性更具有市场竞争力。从供热上看，在严寒和寒冷地区热电联产应用循环流化床锅炉的潜力巨大。目前，哈尔滨有采暖建筑面积达2亿m^2，高峰期共有分散供热锅炉4000余台，每年消耗燃煤约500万t。哈尔滨市华能供热集团通过建设循环流化床锅炉集中供热的热电联产厂，共拆掉小锅炉1236台，解决了2000万m^2的建筑供热。按全市总供热面积计算，哈尔滨需要建设类似华能规模的热电厂至少6座。然而，随着循环流化床锅炉的应用范围扩大，其灰渣的综合利用问题，特别是利用其制作墙体材料已经成为亟待解决的问题。

1.2　应用的特点及评价

从1988年国产首台10t/h蒸发量循环流化床锅炉投入运行后的十几年来，在国内集中供热领域的应用发展十分迅速。这主要是由于与传统锅炉相比，循环流化床锅炉有如下特点：

锅炉热效率高：循环流化床锅炉内气—固间有强烈的炉内循环扰动，使刚进入床内的新鲜燃料颗粒在瞬间即被加热到炉膛温度（≈850℃）。燃料通过分离器多次循环回到炉内，更延长了颗粒的停留和反应时间，从而使循环床锅炉可以达到98%～99%的燃烧效率。

燃料适应性广：煤炭发热量在12560～25120kJ/kg之间大幅波动，循环流化床锅炉具有很高的燃烧热强度，可以燃烧在普通锅炉中难以点燃和燃尽的贫煤、煤矸石等燃料，这对于燃用当地劣质燃料、应对煤炭供应紧张形势有重要意义。

污染物排放量低：循环流化床采用分级燃烧方式，燃烧温度在850～950℃的范围内，

NOx 的排放量可以控制在 200 ~ 300mg/（N · m^3），同时脱去在燃烧过程中生成的 SO_2，脱硫效率可达到 90%。

2 循环流化床锅炉灰渣砌块的研制

2.1 灰渣特性分析

2.1.1 炉渣特性分析

本试验使用黑龙江省岁宝热电有限公司循环流化床锅炉直接冷却炉渣和哈尔滨华能集中供热有限公司循环流化床锅炉间接冷却炉渣。参照 GB/T 14684 - 2001《建筑用砂》和 GB/T14685 - 2001《建筑用卵石、碎石》对循环流化床锅炉炉渣进行分析，其主要技术指标见表 1 ~ 表 3。

炉渣主要技术指标 **表 1**

	堆积密度（kg/m^3）	视密度（g/cm^3）	含水率（%）	筒压强度（MPa）
直接冷却	1378	2.27	1.2	4.4
间接冷却	1482	2.29	1.1	3.0

间接冷却炉渣的化学成分（%） **表 2**

烧失量	SiO_2	Al_2O_3	CaO	MgO	Fe_2O_3	K_2O	Na_2O	SO_3
—	61.000	22.400	0.718	0.492	3.204	3.348	0.625	0.095

直接冷却炉渣的化学成分（%） **表 3**

SiO_2	Al_2O_3	CaO	MgO	SO_3	Fe_2O_3	其 他
64.00	21.04	1.45	1.95	0.1	3.66	7.8%

2.1.2 粉煤灰特性分析

试验所用的粉煤灰为黑龙江省岁宝热电有限公司的循环流化床锅炉粉煤灰，试验的过程中对粉煤灰进行了磨细处理，磨过的粉煤灰比表面积为 540m^2/kg，表 4 是循环流化床锅炉粉煤灰的化学成分。

粉煤灰的化学成分（%） **表 4**

烧失量	SiO_2	Al_2O_3	CaO	MgO	Fe_2O_3	K_2O	Na_2O	SO_3
—	61.010	21.008	1.110	0.500	2.67	2.956	0.404	0.330

2.2 灰渣小型空心砌块的选型依据

2.2.1 国家标准和实际的应用情况

目前，建筑市场常见的小型空心砌块为90mm、190mm、240mm、290mm四种尺寸系列，每种尺寸系列的砌块又有多种开孔形式。考虑到循环流化床锅炉灰渣的掺灰量对其强度等级的影响，以及目前小型空心砌块市场上的销售和在实际工程中的应用情况，最后规格选定390mm×190mm×190mm作为主砌块，强度等级选定MU3.5、MU5.0、MU7.5、MU10.0这四种强度等级的砌块，以满足低能耗建筑的使用要求。见图1。

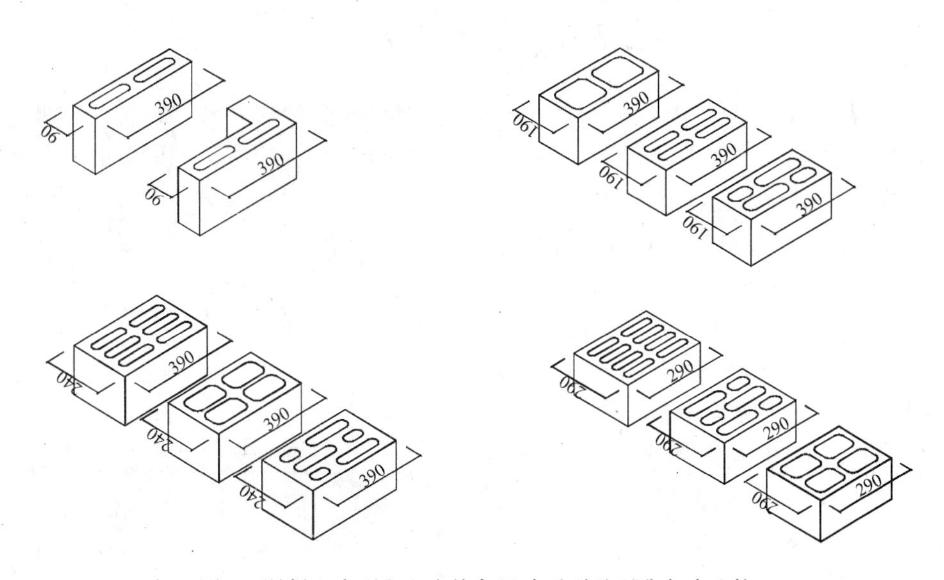

图1　混凝土小型空心砌块各尺寸系列及开孔方式比较

2.2.2　砌块的孔型构造

小型空心砌块的开孔方式，对砌块的平均热阻会产生影响。相同厚度的砌块，厚度方向上开孔形成的空气间层多，砌块的平均热阻大。本项目的研究的砌块主要应用于寒冷地区建筑外围护结构，故采用了双排四孔、厚度方向上孔肋错开的双空气间层、热阻最大的砌块形式，从材料固有的热工特性上实现建筑的低能耗。

2.2.3　砌块的研制及生产条件

目前，我国普通混凝土小型空心砌块生产的工艺技术已经相当成熟，生产设备和相关的配套设施也已经达到了一定的规模。本项目选定循环流化床锅炉灰渣混凝土小型空心砌块，完全利用既有的生产设备和工艺条件，通过调整原料配比、优化工艺过程来满足试制。

2.3　灰渣混凝土空心砌块试制

2.3.1　混凝土空心砌块配合比的确定

经试验证实，随循环流化床锅炉炉渣的掺量的增加，混凝土的强度会下降。因此，从既要利废、节能、降低成本，又要满足工程结构要求的两方面出发，以掺35%、45%循环流化床锅炉炉渣的混凝土配合比为基础，进行大量掺入循环流化床粉煤灰取代水泥的混凝土研究，解决高利废且保证设计强度要求的问题。在试验基础上，确定MU3.5、MU5.0、MU7.5、MU10.0掺循环流化床锅炉灰渣混凝土空心砌块的配合比见表5。

掺灰渣混凝土空心砌块配合比（kg/m^3） **表5**

强度等级	水泥	碎石	砂子	粉煤灰	炉渣	石灰	石膏	水
MU3.5	160	821	200	86	836	22	2.6	184
MU5.0	194	863	209	65	879	16	3.3	192
MU7.5	198	950	344	65	697	10	2.0	196
MU10.0	305	977	252	101	663	15	3.0	187

2.3.2　双掺循环流化床锅炉灰渣混凝土空心砌块性能分析

砌块制备采用振动加压成型实际成型方法，并根据流动性进行现场拌和物的用料调整。成型后的砌块如图2所示。

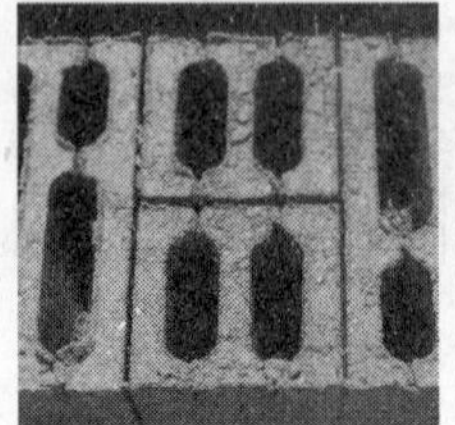
MU 10.0

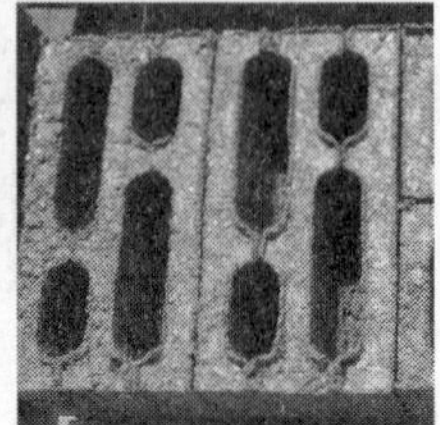
MU 7.5

MU 5.0

MU3.5

图2　循环流化床锅炉灰渣混凝土空心砌块外观

利用循环流化床锅炉间接冷却灰渣制作的小型空心砌块，强度等级均满足设计强度要求；孔隙率40%；砌块体积密度≤$1600kg/m^3$；抗压强度为5.8~11.6Pa；软化系数均在0.85以上；抗冻性试验满足F25；掺渣量30%~40%；掺灰量25%~35%，主砌块技术参数见表6。

主砌块技术参数 **表6**

编　号	体积密度	实测强度	软化系数	导热系数	掺炉渣量	掺炉灰量	空心率
MU3.5	$1280kg/m^3$	3.9MPa	0.89	0.77	45%	35%	40%
MU5.0	$1472kg/m^3$	5.8MPa	0.90	0.86	45%	25%	40%
MU7.5	$1546kg/m^3$	8.1MPa	0.91	0.95	35%	25%	40%
MU10.0	$1595kg/m^3$	11.6MPa	0.91	1.04	35%	25%	40%

3　砌块复合墙体的设计及节能热工计算

循环流化床锅炉灰渣混凝土小型空心砌块可以应用在框架结构填充墙和砌块承重的墙体中。但由于灰渣混凝土的体积密度较大，导致其砌块的导热系数比轻集料混凝土砌块高，传热系数达不到节能建筑的标准要求，无论做框架结构填充墙还是砌块承重外墙，均需要与高效保温材料组成复合墙体。

3.1　砌块复合墙体的设计依据

3.1.1　依照国家节能设计标准规范

依照《公共建筑节能设计标准》、《民用建筑节能设计标准》中对外围护结构的传热系数限值的要求，经过对严寒地区的节能热工计算，特别设计了以循环流化床锅炉灰渣空心砌块为主体的复合墙应用在严寒地区的外围护结构上的两种节能构造方案。

3.1.2　依照哈尔滨市所属地区的节能要求

从民用建筑热工设计规范中可以看出，哈尔滨属于严寒地区A区。因此，本复合墙体构造方案依照该地区的节能要求，参照东北地区设计标准97DYGJ－15《混凝土小型空心砌块建筑构造》中提供的多种节能构造设计方案中进行优选，设计了两种可以充分发挥循环流化床锅炉灰渣混凝土小型混凝土空心砌块优势，并适宜哈尔滨地区使用的节能构造设计方案。

3.2　砌块复合墙体的构造设计

复合墙体的一种方案是190mm厚空心砌块，外加苯板保温，抹灰后可直接作涂料层或贴外墙砖；另一种方案是在外墙内侧190mm厚空心砌块，外侧90mm厚装饰空心或实心砌块，中间加苯板，见图3。

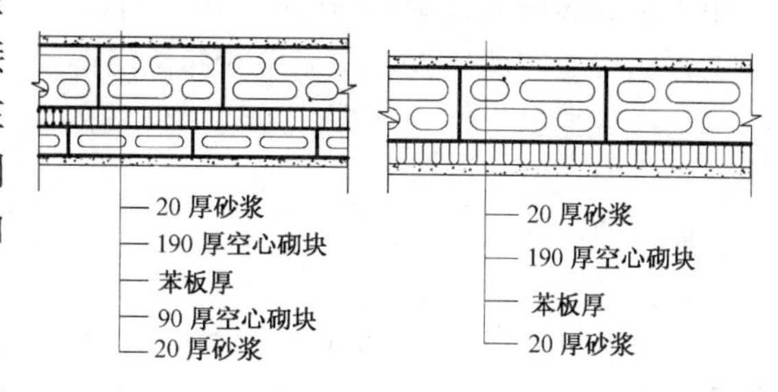

图3　砌块复合墙体构造方案

3.3　砌块复合墙体的节能热工计算

这两种形式的复合墙体的节能构造设计方案，计算值均达到并超过了国家节能技术标准要求，符合哈尔滨市地区的节能要求的外围护结构的传热系数限值，满足公共建筑和居住建筑的节能要求，见表7。

传热系数限值时不同设计方案的节能复合墙体的苯板厚度（单位：m）　　**表7**

构造简图	砌块强度等级	墙体的传热系数限值 K								
		0.52			0.45			0.40		
		计算厚度	苯板厚度	传热系数	计算厚度	苯板厚度	传热系数	计算厚度	苯板厚度	传热系数
20 厚砂浆 190 厚空心砌块 苯板厚 20 厚砂浆	MU3.5	0.057	0.060	0.503	0.070	0.075	0.426	0.081	0.085	0.387
	MU5.0	0.058		0.510	0.071		0.432	0.083		0.391
	MU7.5	0.059		0.514	0.072		0.434	0.083		0.394
	MU10.0	0.060		0.517	0.072		0.437	0.084		0.396
20 厚砂浆 190 厚空心砌块 苯板厚 90 厚空心砌块 20 厚砂浆	MU3.5	0.050	0.055	0.487	0.062	0.070	0.415	0.074	0.080	0.378
	MU5.0	0.051		0.496	0.064		0.421	0.075		0.383
	MU7.5	0.052		0.501	0.064		0.425	0.076		0.386
	MU10.0	0.053		0.506	0.065		0.428	0.077		0.389

4　灰渣砌块制品经济效益分析

4.1　经济性评价

4.1.1　直接经济效益

循环流化床锅炉灰渣小型空心砌块添加的循环流化床锅炉灰和渣分别代替了水泥和骨料，这不仅节省了水泥、砂石的资源。而且，循环流化床锅炉灰渣属于工业废料，价格极低，大量的替代必将产生较大的价格差。

4.1.2　增加使用面积

小型空心砌块复合墙体的厚度一般小于300mm，无论是做外维护结构还是内部隔墙在厚度上都比普通砖墙薄很多，减少的部位使得砌块建筑的使用面积至少比砖混建筑多3%。以哈尔滨市区楼盘价格为基准，房地产开发的使用面积售价按每平方米3300元计算，每百平方米将有近万元的效益。

4.1.3　减轻建筑自重

每块小型空心砌块相当于9.6块实心砖，而每块实心砖的重量在2.5~2.6kg，循环流化床锅炉灰渣小型空心砌块重量仅相当于同体积实心砖的1/2，即使同砖墙同样厚度的砌块建筑比砖混建筑轻约50%。这会大大减少建筑结构中基础、柱、梁中的水泥和钢材的用量。

4.2　社会效益评价

循环流化床锅炉灰渣建筑制品体现出的社会效益也是综合的。首先,循环流化床锅炉灰渣建筑制品和其他粉煤灰制品一样会减少对水泥、砂石等自然资源的消耗;第二,循环流化床锅炉灰渣是已经被使用一次的资源,制作建筑制品是再次利用;第三,减少了其对环境的污染;第四,循环流化床锅炉灰渣的再次利用,将低附加值的废料转变和提升为高附加值的产品。

5　结语

在我国，以先进的循环流化床锅炉技术为依托，用热电联产、集中供热方式取代采暖小锅炉的城市供热改造工程正在全面展开，循环流化床锅炉灰渣的综合利用问题越来越受到社会的广泛关注。利用循环流化床锅炉灰渣制作混凝土小型空心砌块，建造节能建筑具有广阔的前景。它不仅可以在城市建筑中实现框架填充的复合墙体构造形式，高强度等级的砌块还可以达到承重构造体系的要求，故而可以广泛地应用于村镇的低层建筑中，扩大实心黏土砖的禁用范围，推动村镇节能建筑的发展。

参考文献

[1] 循环流化床锅炉灰渣制造建筑节能制品研究鉴定资料．哈尔滨．哈尔滨工业大学建筑学院课题组．2006.

[2] 吴正直．粉煤灰房建开发与应用．北京：中国建材工业出版社，2002.

[3] Sunil Kumar. Fly ash - lime - phosphogypsum hollow blocks for walls and partitions. Building and Environment. 2003，(38)：291~295.

[4] 赵建．建筑节能工程设计手册．北京：经济科学出版社，2005.

[5] 周运灿，沈玄，邓玉玲．我国轻集料小砌块生产应用现状及发展前景．新型墙体，2004.

赵运铎　哈尔滨工业大学　建筑学院　研究生　邮编：150001

网架复合板建筑火灾及耐火性能试验

王英顺

【摘要】 为了研究建筑节能墙体的防火安全问题，通过火灾试验和耐火分析，提出网架复合板建筑耐火构造措施，为补充和完善相关的技术规范提供技术依据，对我国今后开发防火建筑节能墙体具有重大意义。

【关键词】 网架复合板 建筑火灾 耐火性能

1 试验目的

钢丝网架水泥聚苯乙烯复合板（以下简称网架复合板），作为建筑节能墙体在我国已应用多年，但其防火安全性能一直是业内有争议的问题，特别是在实际发生火灾的情况下，建筑物对火的承载程度和损坏状态，更是人们关注的焦点。本试验的目的就是通过对建筑物进行实体火灾燃烧试验，对网架复合板在实际火灾中的受火状态、传播火焰的能力、烧损程度以及EPS保温层的受热反应等进行检验。

国外发达国家对网架复合板的防火安全性能已经进行了多年的研究，形成了比较完善的评价体系，但由于国外的防火等级与评价体系与我国不同，很难将国外的评价方法用于我国，国外也很少对网架复合板的建筑进行实体火灾的燃烧试验与评价。

国内对网架复合板的防火安全性能研究仅限于实验室内的小试体试验，没有对实体建筑进行过实体火灾燃烧试验，这也是业内对网架复合板的安全性能存有争议的主要原因。

该试验通过火灾试验和耐火分析，提出网架复合板建筑耐火构造措施，为补充和完善相关的技术规范提供技术依据。

2 试验组织

本次针对机制S板承重体系火灾试验，由建设部科技发展促进中心组织，山东龙新建材股份有限公司承办，并提供火灾试验用房。其火灾试验用房的墙体、楼板、屋面、楼梯等全部采用机制S板构筑。火灾试验由中国建筑科学研究院防火所承担，中国绝热隔音材料协会作为策划、组织、实施单位，参加并公开试验全过程。

3 试验对象

本次试验对象是山东龙新公司自有的低层别墅一栋，如图1所示。

该建筑物除了基础以外，全部为网架复合板构造而成，总造价约100万元。作为本次火灾试验燃烧对象，通过对该建筑的火灾荷载的控制，实施燃烧试验，并对试验过程进行观测记录和试验数据的自动采集，以建立网架复合板防火安全性能的评价方法。

4 试验方案

火灾试验由居室意外火灾试验、房间堆积木材火灾试验及室外墙角堆积木材火灾试验三部分组成，前两次点火源均设在楼内一层，第三次设在室外。

4.1 自燃状态燃烧试验：模拟实际火灾状态，每个房间内均按日常家庭布置，其中房间1~2为点火源，布置为卧室，在靠近窗子的床上部位由旧报纸引燃，然后关闭房门。如图2。

图1 试验用低层别墅建筑物

图2 方案1的房间点火布置

4.2 木材堆积燃烧试验：选用普通松木，在1~4房间作为点火源，木材尺寸为50cm×5cm×2cm，装入120cm×120cm×150cm的木栏内，堆积总量为1000kg，在堆积的木材上部加2500ml纯酒精点燃，然后关闭房门，主燃烧时间约60分钟。如图3所示。

4.3 室外墙角堆积木材燃烧试验：选用普通松木，木材尺寸为50cm×5cm×2cm，堆积总量为1000kg，在堆积的木材上部加2500mL纯酒精点燃，主燃烧时间约60分钟。如图4所示。

图3 方案2的房间点火布置

图4 室外堆积木材燃烧试验

5 测点布置

5.1 两次试验的点火源上方各布置3个温度测点，测量火源温度；

5.2 1~2房间墙体22点，墙面6点，顶部3点；

5.3 1~4房间墙体24点，墙面8点，顶部3点；

5.4 其余相邻房间58点；

5.5 两个点火房间均设置摄像头；

5.6　每次试验过程中，点火源房间外的房间将设置3个摄像头；别墅外围设置3个摄像头。

6　前期准备工作

6.1　清理干净别墅外墙面；

6.2　除点火房间外，按其实际功能摆放家具；

6.3　试验前，数据采集系统的部位及摄像头保护安装。

7　燃烧试验过程中、燃烧后建筑物的变化情况

现场拍摄的图片见图5、图6、图7。

图5

图6

图7

8　初步结论

火灾试验经历2.5小时，试验过后，与会专家对火灾试验现场进行了详细考察，初步认为：

8.1　第一次居室意外火灾试验的燃烧，未对机制S板构造的墙体及屋顶楼板造成明显的损坏；

8.2　第二次房间内堆积木材火灾试验，火源相邻房间内的装修材料全部烧毁，受火部位的机制S板内的EPS泡沫板不同程度地损坏，但未发现火焰沿机制S板传播的迹象。由于机制S板的隔火作用，首层远离火源房间及第二层房间的机制S板内的EPS泡沫板基本完好；

8.3　第三次室外墙角堆积木材试验，虽然堆积的木材燃烧剧烈，但未发现火焰沿机制S板传播的迹象。

总体上看，该楼的墙体、楼板和梁均采用机制S板，虽然试验时的建筑的受火强度比正常情况下的火灾荷载大很多，温度高达1000℃以上，铝合金门窗及厚度达10cm的双层玻璃都熔化了，但建筑的主体结构没有受损，这表明机制S板建筑的抗火能力良好。

王英顺　山东龙新建材股份有限公司　总裁　邮编：265711

硬泡聚氨酯用于建筑保温的前景

方展和

【摘要】　本文首先分析了当前广泛应用于建筑保温的聚苯乙烯泡沫塑料的优势和弱点，接着指出硬泡聚氨酯用于建筑保温的诸多优异的特性，并总结了现场喷涂法、现场浇注法、粘贴法和干挂法四种工艺。

【关键词】　聚苯乙烯泡沫塑料　硬泡聚氨酯　建筑保温

建筑节能已成为我国节约能源的重要领域。建筑外围护结构的保温，是建筑节能中最重要，取得的效果最明显的方面。建筑物的保温，离不开高效保温材料，鉴于建筑物围护结构所处的条件和通常的施工方法以及可投入资金等方面因素的制约，当前适合用于建筑物保温的材料并不多。就目前而言，应用最多的莫过于聚苯乙烯泡沫塑料（包括 EPS 和 XPS），约占建筑外围护保温材料的 80%，其他还有一些保温浆料、水泥聚苯板、充气石膏板等等。

聚苯板之所以使用量最大，在于其本身有许多优势。例如：密度小，用于建筑保温一般为 18～25kg/m^3；导热系数低，只有 0.042W/（m·K），保温性能良好；吸水率低，≤4%（V/V），对防水有利；压缩强度可以≥0.1MPa；便于建筑饰面的施工；生产企业足够多，供货有保障，价格适中等等。

但是聚苯板最大的弱点是它的防火性能差，80℃以上便会熔缩，温度再高就可能熔化滴落燃烧。同时会带着火苗蔓延至其他区域。聚苯板用于内保温，一旦发生火灾，它燃烧后产生的气体，还带有毒性，加剧人员逃生的危险。所以，当内保温采用聚苯板时，必须有较厚的防火保护层，争取在其产生火焰燃烧之前，人们有足够时间逃生。

聚苯板用于外墙外保温，也要求其饰面具有一定的防火性能，减少其遇火直接燃烧的程度，万一燃烧，热气体上升，散发到高空，其危害程度可相对减少。但是一般聚苯板外保温的饰面层都很薄，其隔热性能很差，发生火灾时，火焰掠过表面，短时间内便有可能使内层聚苯板的温度达到 80℃以上而熔缩，产生空腔，其烟囱效应助长聚苯板的燃烧，面层失去支撑，极易脱落，加大逃生居民撤离和消防人员进行救援时的危险性。据说，国外有的保险公司已经拒绝承接对建筑物采用聚苯板保温的火灾保险。因此提高聚苯板保温体系的耐火能力和研究开发耐火等级更高的保温材料和保温体系，一直是业内人士孜孜不倦的努力目标。随着建筑节能标准的提高，保温材料的厚度要求增大，一般耐火等级较高的无机保温材料，很难满足建筑节能的要求，这又加大了寻求高效、安全、环保、适用性强的新型保温材料的难度。

硬泡聚氨酯，是继聚苯板之后，用于建筑围护结构较多的保温材料。在欧美新建建筑用硬泡聚氨酯作保温，已占较大比例，在我国推广应用才刚刚开始。

1　硬泡聚氨酯用于建筑物保温，有许多优异的特性

1.1　保温性能极佳：密度35～55 kg/m^3 的硬泡聚氨酯导热系数可达0.024W/（m·K）以下，比聚苯板低将近一倍。在建筑节能标准要求越来越高的情况下，同样的保温效果，它的保温层厚度可比聚苯板减少近一半，相当于增加了同等建筑面积中的使用面积，这无疑会受到建设单位和住户的欢迎。

1.2　尺寸稳定性好（≤1.5%）；而且在很宽一个温度范围内，其线膨胀系数值变化不大，这对于防止饰面层开裂极为有利。

1.3　闭孔率高：可达95%以上，这不但大大减少了材料的吸水率，增强防水和保温性能，而且有利于其强度的提高。

1.4　可现场喷涂：同基层有超强的粘结性和整体性，能做到无空腔，无接缝，可实现防水保温一体化。

除此之外，近年来对聚氨酯材料的无溶剂化等无害化研究，取得很大进展，所以极其有利于在建筑保温上的应用。特别值得注意的是，它具有比聚苯板更好的耐火性能，虽然其燃点并不高，但燃烧时不像聚苯板那样容易熔化滴落，而是表面焦化，形成保护层，在一定程度上可抑制火焰的蔓延。硬泡聚氨酯的诸多优点，是其有可能取代聚苯板广泛用作建筑保温的重要原因。

2　4种主要施工工艺

硬泡聚氨酯用于建筑物保温，目前有以下几种施工工艺：现场喷涂法；现场浇注法（包括固定模板，可拆模板）；粘贴法和干挂法四种。

2.1　现场喷涂法施工（包括墙体和屋面）

由于现喷聚氨酯对许多种基层材料都有极强的粘结力，所以，面层既可随基层的形状改变，又能牢固附着在基层上，无空腔，整体性好，有很强的抗负风压强度，而且现喷聚氨酯层可实现保温防水一体化，是建筑屋面理想的复合材料。

但要达到理想的效果，必须具备有关的条件：

首先现场喷涂聚氨酯，最好在三级风以下的环境，气温为10～40℃之间，雨天不能施工，基层必须干燥，当自然情况满足不了上述条件时，必须人为创造条件。

喷涂法施工的难点是，如何控制发泡层的厚度和表面的平整度，以及要求阴阳角和收头部位的界线分明，挺拔。同时还要尽量减少喷雾的飞溅造成浪费和污染等问题。操作人员必须配备相应的劳动保护装备。

喷枪操作人员的技术水平和经验，是喷涂聚氨酯质量好坏的关键，但建筑工程的质量，主要应依靠工艺，而不应仅靠手艺来保证。因此必须有明确的技术措施。例如用定型预制块或标杆来控制现喷发泡层的厚度；先涂刷界面剂后用相容的保温浆料找平过度等。那种采用锯、削、磨等手段来修整找平，并不可取，它既破坏了硬泡聚氨酯表面的结皮，影响闭孔率，又造成材料的浪费和污染。据调查观察，喷雾飞溅和表面削平，可造成多达15%～20%材料的耗费。

喷涂硬泡聚氨酯，作为屋面保温防水一体化技术，还必须特别注意材料配方的控制，保证必要的密度和闭孔率。屋面保温防水的硬泡聚氨酯共分成三种型号，密度分别为≥35

kg/m^3、≥45 kg/m^3 和≥50 kg/m^3。闭孔率分别为≥92%、≥92%、≥95%。如果忽略这一点，屋面喷涂时密度过低，当闭孔率在90%以下时，将难以保证其防水效果。尤其当表面复合防水层失效时，雨水会渗入到开孔的硬泡中，随时可能透过保温层，产生渗漏。北京某现喷硬泡聚氨酯工程屋面多处渗漏，就是典型实例，值得引起充分重视。

2.2 现场浇注法施工：与现喷法一样，聚氨酯同基层粘结牢固无空腔，具有很好的抗负风压强度。此外还具有材料没雾化、不飞溅，工人劳保要求低，不浪费，零污染等优点。

2.2.1 可拆模板法：浇注后，硬泡聚氨酯的表面平整，无须再修整、找平（但仍要涂刷界面剂)，浇注发泡聚氨酯的厚度可通过模板灵活调整。模板与已成型的保温层之间没有隔板，所以，除设置的变形缝外，保温层可形成大面积无接缝的整体，减少热桥，充分发挥了硬泡聚氨酯的保温性能；阴阳角、收头部位通过模板浇注，线条挺拔，界线清晰美观，质量得到保障。

可拆模浇注硬泡聚氨酯的关键技术是使模板不被聚氨酯粘结，便于脱模；模板定位准确，装拆调节灵活方便；能多次重复使用；特别要防止浇注时聚氨酯发泡产生的侧压力挤坏模板和造成保温层表面的凹凸不平。

2.2.2 固定（免拆）模板法：最大的好处是不必考虑脱模要求而且可将模板在工厂制成带饰面的装饰面板，通过浇注聚氨酯发泡使保温、防水和装饰一次完成。

同可拆模施工法一样，固定模板浇注施工法还必须能抵抗聚氨酯发泡的侧压力。要保证模板面层与基层间距尺度的相对稳定，无非对模板采取支撑或拉接等方法，只要完工后对保温层不产生热桥和外观的不良影响，两种方法都可选用。

免拆模板中聚氨酯发泡的均匀性和饱满度如何检查、判断，是个应该进一步深入研究的问题。

2.3 粘贴法施工：这种方法是将在工厂生产的硬泡聚氨酯，切割成一定厚板的板材，在施工现场粘贴到基层面上。虽然现喷和浇注发泡聚氨酯同许多材料都有很强的自粘结强度，但是固化后的发泡聚氨酯，要同其他材料粘结，却很困难，一般都必须通过特殊的界面剂才能实现。而且聚氨酯暴露在大气中，还容易受紫外线照射迅速老化。因此，在粘贴法施工中一般不主张用发泡聚氨酯裹板，而是用复合了界面层的复合板，最好是发泡过程中一次双面复合成型，生产效率高，质量有保证。

这种技术，除了硬泡聚氨酯的耐火性能和保温性能比聚苯板稍好，保温层可以用得薄一些之外，其施工方法与聚苯板基本类似，没有太特殊的区别。

2.4 干挂法施工（包括无龙骨和有龙骨)：最大的优点是施工不受气候的影响，工厂生产，材料浪费少，工业化水平高，施工速度快，容易保证工程质量。

无龙骨体系适用于平整度较高的基层，可将保温板按设计划分，用膨胀螺栓、专用锚钉等直接固定在基层上，做好接缝防水和饰面处理即可。特别适用于旧房的节能改造。

有龙骨的做法一般是要安装主龙骨和次龙骨，经调平，再在次龙骨上安装保温板，其基本构造与幕墙施工类似。

在建筑节能标准要求越来越高、建筑的防火问题越来越受到高度重视的今天，在还没有找到更理想的建筑物保温节能材料的情况下，硬泡聚氨酯与聚苯板相比，确实有其独到之处，因此它在建筑保温上的应用技术，正在越来越被人们所重视。但如前所述，各种应用技术还有待于进一步地完善。

从保温、防水、防火、环保、施工、使用寿命、工程造价等全方位分析，用硬泡聚氨酯作建筑的保温，其综合效益可能会比聚苯板保温具有优势。尤其是免拆模现场浇注法和无龙骨干挂法施工技术，如果结合建筑立面设计的合理划分，面层在工厂批量生产，现场施工安装，再采取一些措施，使面层在火灾时不轻易脱落，便有可能做到保温、防水、装饰一体化，一次成活，应该可以逐步被证明是合理可行的技术，能被接受。

方展和　中国建筑业协会建筑节能专业委员会　副会长　邮编：100039

聚氨酯板材在低能耗建筑中的应用

林永飞

1　硬质聚氨酯泡沫塑料的性能优势

1.1　导热系数低，保温隔热效果好。聚氨酯发泡时闭孔率高，所以当硬质聚氨酯泡沫密度为35～40kg/m^3时，导热系数仅为0.018～0.023（W/m·K），在目前所有保温材料中导热系数最低，其热工性能优越。

1.2　粘结性能好。聚氨酯与砌块、砖石等各种材料均能牢固粘结，其粘结强度大于其自身的抗拉强度。硬质聚氨酯泡沫体直接喷涂于墙体，通过喷枪形成混合物直接发泡成型，液体物料具有流动性、渗透性，可进入到墙面基层空隙中发泡，与基层牢固地粘合并起到密封空隙的作用。同时，聚氨酯板材在隔热保温的同时还可以用于装饰建筑物，外形美观。

1.3　防水性能好。硬质聚氨酯泡沫属憎水材料，吸水率低，抗水蒸气渗透性好，闭孔率达95%以上，是结构致密的微孔泡沫材料，不易透水，施工连续，整体性能好，因此防水效果好，且不会因吸潮而增大导热系数，防水性能可靠。

1.4　耐老化、化学稳定性好。PUR耐老化性能较好，化学性能稳定；低温－50℃不脆裂，高温＋150℃不流淌，不粘连，可正常使用；耐弱酸、弱碱等化学物质侵蚀，使用寿命长。同时，硬质聚氨酯泡沫在阻燃剂的作用下，可达到国家阻燃标准B2级，燃烧中不出现融熔物质滴落现象。

2　聚氨酯板材在低能耗建筑中的应用

2.1　保温墙体

应用较广泛的是金属夹芯板作墙体，金属夹芯板是由2层金属面板中间注入阻燃性PUR材料复合而成。将硬质PUR反应混合料直接注入到内外墙之间空腔内，物料在腔内发泡，泡沫与墙体结合形成一个整体。也可在砖墙外面直接喷涂约20mm厚的PUR，并通过特殊介面剂，用聚合物水泥或涂彩色涂料、砂浆抹面。该技术工艺简便，经久耐用。金属夹芯板具有质轻、绝热、防水、装饰等优点，且安装方便，施工速度快，作为墙体保温节能材料效果较好。除金属外也可以是塑料片材、沥青浸渍的牛皮纸、玻纤织物、铝箔等。

2.2　保温屋面

对于平屋顶结构，其保温方式基本上有两种：一种是在屋面上铺设PUR板材，在日本这种方式较为普遍；另一种是在屋顶直接喷涂PUR材料，这种方式在欧美国家和我国应用较为广泛。屋面PU硬泡隔热层，一般由泡沫层和保护层组成。其主要是在干净、干燥的屋面基层上直接喷涂一层30～50mm厚的PUR材料，然后在其上面抹一层保护层，保护PUR免受太阳光直接照射和降低外界风化作用，提高屋面刚性强度和耐候性。保护层材料可以采用防紫外光有机涂层，也可以用水泥砂浆。而对于坡屋顶，主要是在屋椽上方铺设 PUR 板材阻断热桥。

2.3 保温门窗

RPUF 应用于保温门窗主要有两种形式。采用 RPUF 材料作窗框框芯，其保温性能可达到木框窗的 2 倍以上；也可采用单组分 PU 泡沫嵌缝材料对门框、窗框等起粘结、隔热、防水等作用。

2.4 地面保温

一般采用 20～40 mm 厚的 PUR 板材铺设于地面或在房屋室内楼板下铺设 PU 泡沫板，以提高室内保温效果。

目前，高性能的聚氨酯建筑节能板材较少，南通馨源集团开发出了具有高品质的聚氨酯建筑节能板材，有以下几个特点：（1）阻燃型产品。这种聚氨酯板材采用高阻燃性的聚异脲酸酯为原料；（2）环保型产品。产品在生产过程中完全采用环异戊烷发泡；（3）多样型产品。板材为三明治板材，可根据客户使用需求的不同而更换板材的表面。可将保温外墙外保温、保温装饰融为一体。

林永飞　江苏馨源实业集团　工程师　邮编：210000

东北农村住宅节能技术调查分析

周春艳　李雷立

【摘要】　本文通过对东北地区部分农村住宅的调研，了解当地农民在节能技术方面的应用情况，为进一步提高节能效率提供基础资料。

【关键词】　东北地区　农村住宅　节能技术　调研

笔者通过对吉林省梅河口市海龙镇向前村的实地调查发现，农民在长期的生活实践中积累了一定的节能经验，为节能工作进一步开展打下了坚实的基础。

1　合理布局

东北地区的农村，幅员辽阔，空气质量好，大气透明度高，太阳辐射量较大。所以农村住宅在布局方面有很大的优势。

首先，在选址方面有很明显的“环境选择”倾向，讲究背山面水，“负阴抱阳”。在我国东北地区，一年中有一半的时间都处于恶劣的气候环境当中，所以“朝阳”成为选址所必须考虑的重要因素之一。如果遇到山地、丘陵等地形，住宅往往依地势起伏错落布置，或因山就势，散居在向阳坡地上，这样不仅有利于阻挡寒风的侵袭，而且有利于接受太阳辐射的能量。

其次，由于生产条件的特殊性，农村的住宅形式基本呈院落式布置，它不仅是生活的中心，同时也是生产的重点之一，每家除了必需的居住空间外，还要有畜舍、菜园子、仓库等生产空间。所以每户的宅院面积很大，这就充分满足了建筑之间的日照间距，为太阳能的利用提供有利的保障。

2　采取有效防寒措施

除了依托有利环境合理布局外，农民在冬季来临时还会采取一些防寒措施来减少热量损失。窗户是热量流失最大的建筑构件，为了保持住室内的热量，农民们会在冬季来临时把所有的窗户用塑料薄膜进行密封，以防止冷风渗透。塑料薄膜这种材质不仅具有价格便宜，可操作性强等优点，还能够产生温室效应，充分利用太阳的热量。

在使用过程中，农民们会结合房间采光要求的不同和冬季的主导风向，采用不同质地和面积的塑料薄膜。例如，用于南向主要房间的塑料薄膜只用在窗户的位置，质地薄，而且透明，在防冷气渗透的同时并不影响室内的采光度；而北向的塑料薄膜不仅只罩住窗户，而且把北向的墙面全部罩住，而且塑料薄膜质地较厚，可以有效地抵御西北风对建筑的侵袭，但透光度较差。

随着农民生活实践经验的积累，塑料薄膜与窗户的结合方法也在逐步改进。通过调查，在农村流行的做法有三种：

第一种是在外层窗上直接贴塑料薄膜，这是较传统的做法，因为早期住宅大都使用双层木窗，可以把塑料薄膜直接钉在外层窗的窗框上。但随着农民生活水平的提高，木窗大都换成了铝合金窗，这使塑料薄膜不能直接钉在窗框上了，有的农民就用窄木条压住塑料薄膜钉在窗洞墙上。

第二种做法是在第一种做法的基础上进行改进，虽然薄膜四周还与窗框紧贴，但在薄膜中间部位用2~3根竹条把薄膜支起来，形成弓字形，使薄膜与玻璃之间离开一定的距离，形成空气层，虽然这种空气层的宽度不十分均匀，但在对太阳能的利用上已经有了比较明显的优势。但是，这种做法外观效果较差，而且不能采用太薄的塑料薄膜，以免被竹条刮破，所以对室内采光系数有一定的影响。

第三种做法是先在窗洞墙的外侧四周钉上木枋，40mm厚，然后在木枋外侧钉上塑料薄膜，使薄膜与外层窗之间形成一层宽度均匀的空气层，宽度大约为100mm。这种做法不仅解决了“做法二”的一些弊端，而且在太阳能的利用上也有了更明显的进步。并且，这种做法在操作上也很灵活，因为木框是固定的，塑料薄膜是可拆卸的，冬天过后，只需将塑料薄膜拆掉即可，而冬天来临时，塑料薄膜还可再钉在木框上。

另外，有的住宅将种植蔬菜的温室与南向房间连在一起，一方面温室可以为房间遮挡寒风，另一方面建筑物也能为温室提供蓄热墙体，两者相辅相成。它的构造做法很简单，在住宅南向墙外面，先用木枋搭建简易的框架，其上覆盖塑料布，侧面留门。它在冬季不仅可以减少冷风渗透，在室内外形成一个温度的过渡空间，还可以利用太阳能产生温室效应，提高室内温度。据调查，冬季在消耗同等燃料的条件下，有这种设施的比传统的室温提高2~3℃。不仅如此，温室内还可以种植一些低温蔬菜，来调剂农民饭桌上单调的蔬菜品种。当夏季来临时，可以将塑料布去掉，既不影响夏季的通风，还可以利用架子种植攀缘蔬菜，为建筑遮阳，可谓一举多得。

3　节约利用燃料

3.1　利用免费燃料

东北地区冬季气候恶劣，采暖能耗是最主要的能源消耗，为了减少这方面的支出，农民会尽量采用不花钱的燃料。首先，是利用太阳能，在建造住宅时，农民通常会把最大程度地利用太阳能作为建房的准则；其次，是尽量不使用价格昂贵的煤作为燃料，而是采用收完庄稼后所废弃的玉米秆、玉米棒、稻草，从山上捡的“树疙瘩”（砍树后剩下的树根），以及可以燃烧的生活垃圾作为燃料。这些都是不花钱的能源，而且量大，尤其是玉米秆，自己家一年通常都用不了，多余的还可以卖给镇里的居民。根据它们耐烧程度的不同，用途也不完全一样：树疙瘩最耐烧，产生的热量最大，通常用来烧小锅炉，一般两土篮可以烧2~3个小时；其次是玉米棒，既可以烧锅炉，又可以做饭；最后是玉米秆和稻草，一般只用来做饭，如果四口人吃饭，通常需要两捆玉米秆（20根左右/捆）。

3.2　能量综合利用

在冬天，农民利用做饭的余热进行采暖，为了使采暖时间间隔均匀，就尽量使做饭的时间与白天需要采暖的时间同步。由于农村冬季做饭形式以大锅蒸饭为主，所以饭后能剩余大量热水，可用来刷碗。在农村，炕是主要的采暖设备，而散热器通常作为辅助设备，配合炕使用，由于两者所采用的设备系统不一样，所以可以分开使用。烧锅炉的时间主要集中在早晨起床前和晚上睡觉前，因为在这两个时间段里，没有阳光照射，室外温度较低，室内的温度也因为蓄热量的消耗逐渐下降，尤其是早上，室内空气温度通常只有10℃左右，人从被窝出来就会感觉很冷。并且，在这个时间里，有人躺在炕上，如果烧炕，会引起炕面的温度过高，给人造成极不舒适的感觉，如燥热、口干、上火等。所以这时不宜烧炕，只能靠散热器来补充热量。在烧锅炉的同时，可以烧开水或热水用来洗脸、洗脚。烟囱在夜间排完烟后，盖上盖，也可以减少热量散失。

4 优化采暖设备

农村地区传统的热源形式主要有：火炕、火墙、地炕、土暖气，并且经常配合使用，例如，火炕+火墙、火炕+土暖气、火炕+地炕、全火炕等，近些年，又出现了燃池、吊炕等形式。

4.1 从热舒适角度看，有研究表明：在采用相同燃料的情况下，采用“全火炕”以及“火炕+地炕”的采暖方式的住宅，室内空气温度较高，房间内温度分布均匀，而且地炕会使足部经常保持温暖，对人体健康有利。而使用“火炕+火墙”与“火炕+土暖气”采暖方式的房间，室内地面温度低，人们常处于足部和腿部寒冷的状态，而且火墙要持续添柴才能保证热量的供应，局部温度过高，靠近后感觉并不舒适。近几年，燃池的出现实现了持续供热，改善了长久以来清晨生火做饭时的寒冷状态，但是在研究中发现，由于燃池的使用，使床取代了火炕，因此床的表面温度较低，农民们还不太适应。

4.2 从节约能源角度看，土暖气与火墙通常需要较高的温度，土暖气中的水一般要烧到95℃，火墙也要达到70℃左右，而利用面状热源的“全火炕”以及“火炕+地炕”形式，温度只需达到30~40℃即可达到目的。而且采用土暖气的锅炉通常要使用耐烧的燃料，如木材、煤炭等，而其他方式只需利用秸秆、稻草作为燃料即可。另外，“火炕+地炕”形式与“全火炕”相比，所需要加热的炕洞空间小，而且可以分开供热，保证白天和夜晚的舒适性，会更加节省能源。

4.3 从空间使用情况看，“全火炕”虽然会带给室内较好的热环境，但由于高度一般在0.6m左右，致使室内外高差较大，进出很不方便，所以只能用在卧室，对于住宅中的起居空间并不适用。而且“全火炕”会降低室内高度，对室内通风不利，也会产生空间上的压抑感。所以，对于专门的起居空间来说，地炕、燃池是最佳的选择，它们在采暖的同时不会对使用空间产生影响。另外，“火炕与地炕”的结合还可以在高差上形成空间的划分。

综合来看，地炕+火炕、燃池是较理想的辅助热源形式。但燃池在建造初期投资要高一些，因为位于地下，需要浇注大量的钢筋混凝土。而对于“火炕+地炕”来说，只需在地面上用砖进行砌筑即可，造价相对便宜。

5 “闷晒式太阳能热水器”的应用

洗澡问题在农村地区长期以来一直很难解决，主要原因是：农村大部分地区还没有完善的给排水系统，无法使用成熟的热水器设备；其次，即使设备系统完善，较高的热水器价格与电费也让农民们望而却步；而且常年形成的卫生习惯，使农民习惯于长时间不洗澡的状态。在夏季，由于室内外温度较高，有些农民就在院子里放一口大缸，缸里装满水，利用白天的太阳辐射为水加温，等到晚上，可以用来冲凉。这种方法对太阳能的收集效率不是很高，所以使用的周期较短，只能在夏季最热的1~2个月才能使用，而且遇到阴天，水温就无法达到要求。如果到了冬季，除了去镇里的公共浴池，一般在家里是无法解决的，所以有的上了年纪的农民将近一冬都不洗澡。

近几年，村镇地区的市场上出现了一种简易的太阳能热水器，受到村镇居民的青睐，尤其适合单层住宅的使用。从外观上看，它是由黑色塑料制成长方形水袋，长1000mm左右，宽600mm左右，白天将它放在阳光充足的地方，利用黑色材料对太阳辐射的吸收能力将水加热，然后利用水本身的蓄热能力将热储存住，夜间用来洗澡。这是一种最简单的太阳能热水器，称作“闷晒式太阳能热水器”，其特点是将集热器和水箱合为一体，冷热水的循环和流动在水箱内部进行，经过一天的闷晒（内部自然循环）可将容器中的水加热到一定的温度。通常，1m^2闷晒式太阳能热水器，每天可获得40℃左右的热水约60～100kg，可节约标准煤80kg左右。经过若干小时的日照后，温度达到要求，打开阀门即可使用。根据质量的不同，这种热水器价格也从15～30元不等。质量较好的是在黑色塑料袋外面加一层透明隔热膜，目的是对热水进行保温，还可提高内囊的耐久性。热水器在使用时，通常将它放在南向的雨篷上，也有的专门搭一个架子，上面放热水袋，下面空间用塑料布围上，形成“临时浴房”。通常这样一袋水能供应三个大人冲凉使用。

由于这种热水器价格便宜、操作简便、使用可靠，而且不用电能，基本能够解决夏季的洗澡问题，在当地的村镇住宅中已经广为流行。但这种热水器最大的缺点是保温效果差，热损失大，在纬度较高的东北地区，一年当中只有在6～10月之间才能使用。为了防止底部散热，可以在下面放一层保温板。

6 结语

以上这些措施都是农民在长年的生活中不断摸索、不断实践积累下来的经验，作为“节能技术”，“省钱”是农民最直接的想法。所以我们在进行农村住宅节能技术应用的同时，必须降低造价。

参考文献

[1] 钟心强，朱新学，费洪良．太阳能热水器的技术经济评价．能源工程．1999，(2)：23～24.

[2] 罗运俊，何梓年，王长贵．太阳能利用技术．北京：中国建筑工业出版社，2005，1.

周春艳　吉林建筑工程学院　建筑与规划学院　研究生　邮编：130021

胶东半岛海苔草房的节能措施

张竹容　张　宏

【摘要】　本文从节能的经验和措施上对胶东半岛海苔草房的屋顶、墙体的构造做法以及室内居住质量作了阐述和讨论。

【关键词】　海苔草房　海苔草　建筑节能

山东省胶东半岛的沿海地区有一种传统的海苔草房，见图1。它们是居民使用当地材料建成的一种传统民居，主要特点是冬暖夏凉，百年不腐。我们可以通过对这种海苔草房的了解，得到一些有关农民自建房在节能经验和措施上的启示。

图1　海苔草房

1　海苔草房的情况

海苔草房又叫做海草房，分布在山东省威海三市一区1000多平方公里的范围内。海草房一般建在0.2亩见方的基地上，合院形制，联排建设。每座合院中有东西两厢房各2间，正房3~5间，可有倒座，院内有井，见图2。

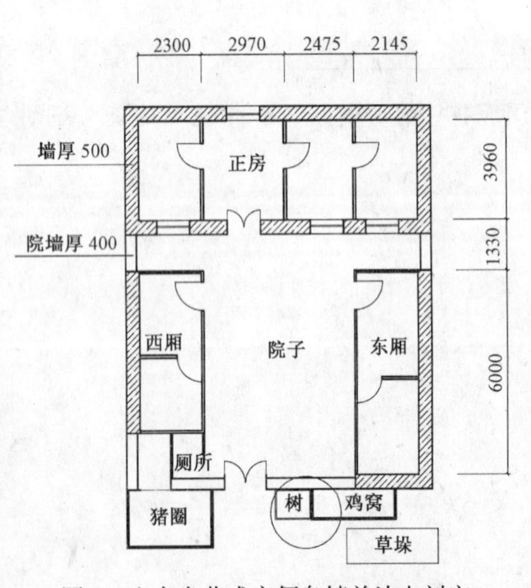

图2　山东省荣成市俚岛镇关沈屯刘宅

2　海苔草房节能措施的具体表现

下面以一海草房为例，阐述其节能措施。

2.1　屋顶

草房屋顶的节能主要体现在对海苔草的利用上。海苔草是生长在海中5~10m深的海中野生藻类，春荣秋枯，不宜食用。老的海草要比嫩的耐用，春冬的海草要比夏天的结实。海苔草中含有大量的卤和胶质，用它粘成厚厚的房顶，在冬季保温性能好，持久耐腐。在夏季植物铺装的屋顶可以降低太阳辐射的吸收，提高屋顶的隔热、隔声性能[1]。当成熟的海草被海浪大量地卷上海滩时，村民们沿着海岸将它们拣起，攒起来拿到通风的地方晾晒。被拾起的海草经过晾晒逐渐变白、变灰，最终成为褐色，只要经过挑选，就可供建设使用了。

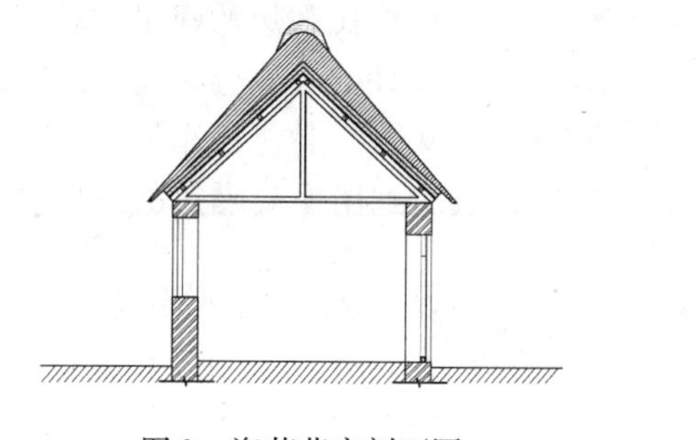

图3　海苔草房剖面图

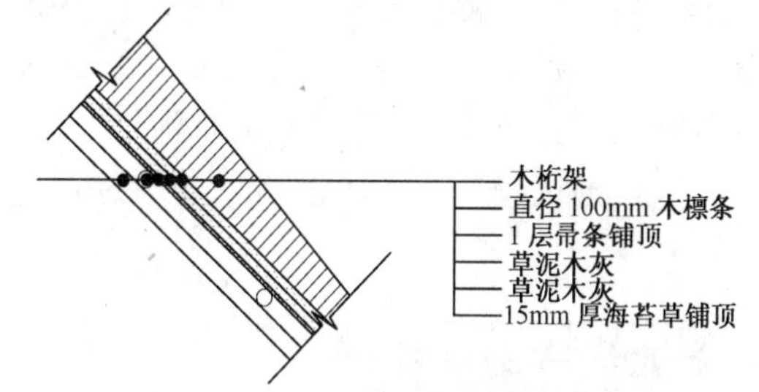

图4　海苔草房屋顶剖面示意图

海草房屋顶的材料主要有海苔草、草泥灰、帚条、木材。首先，在建好的墙体上搭三角形的屋架，以屋架来分隔间数。然后在上面覆加直径 10 ~ 20cm、间隔为 1m 的檩条，檩条之上附加“帚条”（见图3、图4）。这种材料是用山上的一种灌木编成的像席子一样的材料。它的韧性大，耐久性好，将其铺在屋架上以托起上面其他的材料。

帚条之上会浇筑厚厚的草泥抹灰。这种抹灰是用当地的黄土加上 20cm 长的麦草混合而成。该材料取材容易，附着力强，保温性、耐久性好，很适合在低廉的农村自建房中使用。在经过抹灰 — 晾晒 — 抹灰 — 晾晒的工序后，这样的屋顶就可以铺海苔草了。

铺海苔草的工序叫做“苫房子”，这是由专门世袭的“苫匠”完成的。苫房子是住宅建设过程中复杂而技术含量高的工序。首先，苫匠们需要挑选晒好的海苔草，去除杂质和残缺的海草，然后将其一根一根理顺，再在整理好的海草上洒水打湿，使本来晒硬变脆的海草变软。只有经过这样耐心仔细的前期工作，海苔草才能使用。

苫房子的过程是由下至上，两坡同时进行，海草一层压一层，就像铺瓦一样。加工好的海苔草的长度在 0.5m 左右，每层叠加后外露 10cm，每坡要苫 20 层左右[2]。海草压实后，其厚度会在 10 ~ 15cm 之间，但屋檐处较薄些，越往屋顶越厚，在屋脊处会达到 1m 厚，这样的处理可以保证上面的草能够压住下面的草而不被风卷走。海草房屋面的平均厚度一般比瓦房的屋面厚约 4 倍，以使住宅有良好的保温效果。从用量上说来，一座 $40m^2$ 左右的住宅，平均每间房屋需要 500kg 海苔草铺顶和 500kg 麦草制作草泥抹灰。

建设的最后一步是在屋脊上压顶。一般是用当地的黄泥浆做约 20cm 厚的盖顶，以便将顶端的海草固定，有条件的农民可使用水泥砂浆。一般情况下屋顶上的海苔草是不会被吹走的，一方面由于海苔草的铺装很结实，另一方面因为当地的风速较平缓。以春季 4 月份平均风速最大，为 7.0m/s。7、8、9 月平均风速最小，在 4.0 m/s 左右。冬季 12 月至下一年 2 月的平均风速会在 6.1 ~ 6.6 m/s 之间。即便屋顶被吹落，海草也不会使人畜受伤，相比瓦房来说是很安全的。

如果家中有能力的话，房屋建好后通常会在屋顶再加一层渔网固定海草。经过半年的风吹雨淋，屋顶的状态就稳定了。而且年代越久，屋顶越结实。铺在上面的渔网可以取下来也可以留着。至于屋顶的维护就更简单，每过两年农民只要爬上屋顶加盖一层黄泥压顶，就可以保证草屋顶稳定了。如果是用水泥砂浆盖顶，那就不需要花时间维护了。一般情况下，屋顶海苔草的翻修期在40年左右。

2.2　墙体

胶东半岛多丘陵，石材取材便利，价格低廉，自然成为当地居民理想的建筑材料。海苔草房的墙体是用石块和黄泥浆砌筑，外立面用水泥勾缝，有条件的农户会在窗台以上使用青砖砌筑，见图5。墙体内侧为草泥抹灰，表面使用石灰和麻刀的混合物作为室内装饰抹面。这样砌筑起来的墙体较厚，会在50cm左右，厚墙体也起到了保温隔热的作用，见图6。

图5　海苔草房中也使用青砖砌筑

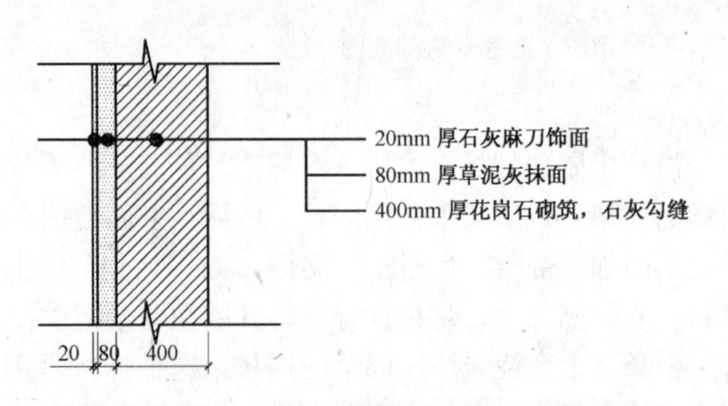

图6　石墙体剖面大样

2.3　室内居住质量

住宅的内墙一般采用青砖砌筑10cm厚，两侧粉刷石灰和麻刀混合的装饰材料。由于青砖价格较贵，所以内墙砌筑较薄。住宅室内没有天花板，只在卧室上方用高粱秆和纸糊一个顶棚。由于海草房从屋顶到墙体的一系列施工做法，使得这种民居保温性能好，住在里面冬暖夏凉。夏季室内温度一般在20℃左右，比瓦房低4～5℃。而7月室外平均温度在25.1℃，最高气温在37.4℃。冬季室内不生炉子时，温度会在8℃左右，生炉子时会在16℃左右。而1月室外平均气温在-0.9℃，最低气温-9.6℃。

海草房通风良好，主要是利用了当地良好的风向。威海地区冬季北风，夏季东南风。住宅北墙只开一个窗洞，以减少冬季过多的北风侵入室内。夏季在南北向的院落中，空气可以经过前后窗形成对流，院子、室内均可以获得较好的通风效果。

3　海苔草房存在的问题

如今，海草房的数量一直在减少，现状令人担忧。原因有这样几点，（1）海洋生态多遭破坏，海苔草的数量持续减少，无法满足建设需要。（2）随着时代的发展，新的瓦房更容易施工，并且农民可以买到更加便利的生活设施以改善居住质量。（3）苫匠逐渐减少。虽然苫房子是一种比较复杂细致的工作，但是其收入不高，而今剩下的只有少数的年纪在五六十岁的苫匠了。（4）破旧的草房得不到修理，甚至荒废、改建成瓦房。由于这些原因，年轻人对海草房漠不关心，致使海草房的优越性一直得不到充分的重视。

4 研究海苔草房的意义

海苔草房的建设使用传统工艺，因地制宜，体现着现代社会所强调的节能概念。它是当地劳动人民运用自己的智慧建造出来的舒适的、适合当地环境的民居建筑。通过对海苔草房的研究，可以总结其中的适宜技术，并在区域范围内推广，为当地农民自建房的建设贡献力量，为国家节省更多的能源资源，促进社会发展。

海苔草房只是我国传统民居中的一种类型，通过研究各地的民居，可以总结农民自建房在区域上的节能要求，把握各地农村自建房中的适宜技术，并促进现代技术的参与，使民居的节能经验和措施在社会主义新农村自建房中发挥作用。

参考文献

[1] 纪雁/［英］斯泰里奥斯·普莱尼奥斯《可持续建筑设计实践》. 中国建筑工业出版社，2006 年 8 月第一版.

[2] 陈喆.《原生态建筑——胶东海草房调研》.《新建筑》，2002，06.

张竹容 东南大学建筑学院 研究生 邮编：210096

节能窗与节能玻璃

唐健正

【摘要】 本文介绍节能窗的基本概念并对节能玻璃的原片、中空玻璃、真空玻璃、组合玻璃的结构及性能参数作了概要介绍。通过实例说明使用节能窗和节能玻璃的经济和社会效益。

【关键词】 传热系数 *K* 值（*U* 值） 遮阳系数 Low-E 玻璃 真空玻璃

建筑节能的关键是门窗节能[1]，这是一个讨论多年而贯彻不力的议题。我国窗户能耗占整个建筑围护结构能耗的一半左右，这一论断是有科学根据的，许多专家对此做了大量的研究工作。

1 玻璃窗能耗的来源——空气渗透漏热、温差传热、太阳辐射得热

玻璃窗由窗框（包括框架、密封件、五金件）及玻璃构成，这里所指“玻璃”是单片玻璃或两片以上玻璃组合的简称。隐性玻璃幕墙虽然从外部看不到边框，但实际上也有不透明的框架部分。

通过玻璃窗传递的总热量 Q 可表达为：

$$Q = Q_g + Q_f + Q_l \tag{1}$$

式中 Q_g——通过玻璃的传热量

Q_f——通过窗框的传热量

Q_l——通过缝隙渗透的空气的传热量

1.1 空气渗透漏热 Q_l

Q_l 的大小取决于窗户的气密性。由于窗户密封性差使窗内外冷热空气在压差和温差作用下通过缝隙交换造成的能耗相当大，我国许多建筑物此项能耗可占到整窗能耗的1/3甚至更高，约占整个建筑物能耗的20%～30%[2]。从节能考虑应尽可能提高窗户的气密性，从防噪声、防沙尘、防潮湿等角度考虑，也应该提高窗户的气密性。但从人体健康的角度，窗户必须具备前面提到的基本属性之一——通风，必须确保室内空气清新，特别是每人每小时所需约20m^3 的新鲜空气要有保证。没有特殊设计通风换气设施的建筑物，部分靠窗户的空气渗透来换气，部分通过开关窗户来人工换气，这是无规律的也是不节能的。在新型住宅或公共建筑设计中，必须设计节能环保的空气调节系统，

既保持空气清新，又减少换气带来的热耗，特别是大型公共建筑，内部由于人群、照明及各种设备发热量大，如果围护结构密封和保温性很好，但没有设计良好的自然通风，即使冬天也可能出现需空调降温的情况，结果反而使能耗增加。原则上讲，要降低 Q_l 值，在非采暖或制冷期应尽可能自然通风，在采暖或制冷期，应尽可能使进气和出气进行热交换，进行节能的换气。

1.2　玻璃和窗框的能耗——相对增热（*RHG*）

产生（1）式中 Q_g 和 Q_f 的主要来源有二：一是由室内外温差引起的传热；二是太阳辐射引入的传热。二者之和称为相对增热，用 *RHG*（Relative Heat Gain）表示，在忽略窗框从太阳辐射吸收得热的条件下，可得到：

$$RHG=(Q_g+Q_f)=K_w(T_0-T_i)+S_e\times SHGF \tag{2}$$

1.2.1　传热系数 *K* 值（*U* 值）

（2）式右边第一项中 T_0 为室外空气温度，T_i 为室内空气温度，K_w 为整窗的传热系数。传热系数在中国和欧洲也称为 *K* 值，美国称为 *U* 值，是建筑物围护结构（墙体、窗户、地面、屋顶）热工性能的重要指标。其含义是当室内外空气温差为 1 度时，单位时间内通过单位面积的玻璃窗室内外空气间传递的热量，我国法定单位为 $W/(m^2\cdot K)$。

1.2.2　遮阳系数 S_e 和太阳辐射得热因子 *SHGF*

（2）式右边第二项中 S_e 为玻璃的遮阳系数，其含义是透过玻璃的太阳辐射总透射比与 3mm 厚普通平板玻璃的太阳辐射总透射比的比值。S_e 越高说明透过的太阳辐射比例越高。*SHGF*（Solar Heat Gain Factor）为太阳辐射得热因子，其含义是当时当地、单位时间内透过 3mm 厚普通玻璃的太阳辐射能量，单位是 W/m^2。S_e 和 *SHGF* 两者的乘积则代表单位时间太阳辐射透过单位面积玻璃的热量及被玻璃吸收后向室内二次辐射的热量的总和。

1.2.3　“得热”与“失热”、“保温”与“隔热”——玻璃窗节能设计思路

可以看出，（2）式中第一项是温差引起的传热，如果以室外向室内传热为正值，则当 $T_0>T_i$ 时（例如夏季），则第一项为正值，表明热量从室外传入室内为“得热”，当 $T_0<T_i$ 时（例如冬季）则第一项为负值，表明热量从室内传向室外为“失热”。

由于太阳辐射是由室外射向室内的，所以（2）式中第二项总是正值为“得热”。

从节能的角度看，*K* 值表征围护结构的“保温”性能，S_e 表征其“隔热”性能。

例如：某地夏季南向窗外温度 $T_0=32℃$，室内温度 $T_i=24℃$，中午时分太阳辐射得热因子 $SHGF=800W/m^2$，所用单玻窗玻璃 $K=6.0\ W/(m^2\cdot K)$，$S_e=0.99$。

则根据（2）式 $RHG=K\Delta T+S_e\times SHGC=6\times8+0.99\times800=48+792=+840W/m^2$

正号表示热功率从室外传向室内，是“得热”，而且其中 94% 是太阳辐射透过玻璃引起的，所以要减少空调能耗，就应加强“隔热”，即降低 S_e 或加遮阳设备。

如果当地冬天夜间室外气温 $T_0=-20℃$，室内温度 $T_i=24℃$，则

$RHG=K(T_0-T_i)=6\times(-20-24)=-6\times44=-264(W/m^2)$

负号表示热功率从室内传向室外，是“失热”，而且全部是由温差引起的，所以要降低取暖能耗，就应加强“保温”，即降低玻璃的 *K* 值。

由于（2）式中温差（T_0-T_i）和太阳辐射得热因子 *SHGF* 取决于各环境因素（比如

建筑物所在位置的地理、气候、日照条件等）及建筑物本身的特性（如朝向、高度等），而环境因素是随季节时间变化的。也就是说对任何一个建筑物（2）式中 ΔT 和 $SHGF$ 都是时间 t 的函数，总的能耗应是（2）式对时间 t 积分的结果，主要时段为采暖期和空调制冷期。建工行业通过专业的测算方法来估算建筑物的能耗。

归纳起来，由（2）式可见，设计“节能窗”时应注意以下3点：

（1）只要窗户内外存在比较大的温差（T_0-T_i）且持续时间较长，比如需要长时间供暖或空调制冷，原则上讲，为了降低能耗，玻璃窗的 K_w 值应该尽可能低，其标准应和当地建筑物墙体 K 值标准相匹配。实行时还要根据建筑物的类型和内外条件作精心的设计。

（2）要根据建筑物所在地区、朝向等因素来选取玻璃的 S_e 参数，例如在阳光充沛的热带地区，应选 S_e 低的遮阳型玻璃，减少“得热”，以降低制冷能耗，在严寒地区，则应选 S_e 高的高透性玻璃，增加“得热”以降低采暖能耗。

（3）（2）式中第一项和第二项看似互相独立，其实不然，随后的分析可见，第一项中玻璃的 K_g 值越小，说明此玻璃的热阻越高，会影响第二项中玻璃吸收太阳辐射升温而形成的二次辐射得热。

下面对传热系数 K_w 及遮阳系数 S_e 分别作进一步分析：

1.3　玻璃窗的传热系数 K_W 及其构成——窗框传热系数 K_f 和玻璃传热系数 K_g

玻璃窗由窗框和玻璃构成。在忽略窗框与玻璃之间横向传热的简化条件下，设玻璃的传热系数为 K_g，面积为 M_g，窗框的传热系数为 K_f，面积为 M_f，则可将 K_w 表达为：

$$K_w=\frac{M_g}{M_g+M_f}K_g+\frac{M_f}{M_g+M_f}K_f$$

设 $\eta=\frac{M_f}{M_g+M_f}$ 表示窗框面积在整窗面积中占的百分比，简称窗框比。

则上式可化简为：

$$K_w=K_g+\eta(K_f-K_g) \quad (3)$$

要降低整窗的 K_w 值来和墙体 K 值匹配。可根据（3）式作些分析。

表1列出几种常见窗框的传热系数 K_f 值。

几种常见窗框的传热系数（K_f）值　　**表1**

窗框材料	铝合金	断桥铝合金	PVC 塑钢	木　框	玻璃钢
K_f　W/（m^2·K）	4.2～6.2	2.4～3.2	1.9～2.8	1.5～2.4	1.4～1.8

单片玻璃 K_g 为6左右，而下文可见，节能玻璃的 K_g 已越做越低，目前充惰性气体 Low-E 中空玻璃 K_g 计算值可低到1.3，产品可达到1.4～1.5。而 Low-E 真空玻璃产品的 K_g 经实测已可达到0.9以下。一旦选了 K_g 低的玻璃，必定要选 K_f 低的窗框，使（3）式中（K_f-K_g）尽可能小。此外，目前对玻璃窗的采光要求越来越高，玻璃面积越来越大，η 值趋向减小，窗框比 η 有从40%向20%甚至更低下降的趋势，这样 K_g 对 K_w 值的高低起主导作用。玻璃面积大也有利于节约照明能耗及提高舒适性。

2　节能玻璃的品种及性能

2.1　吸热玻璃、热反射玻璃及低辐射膜玻璃（Low-E 玻璃）

从前面的分析可知，节能玻璃原片在太阳辐射参数方面，首先要满足两方面的要求：首先，可见光透过率不能太低，使白天建筑物尽可能得到自然采光并降低照明能耗。其次，遮阳系数 S_e 可根据建筑物所在地区和朝向作不同选择。曾经相当流行的吸热着色玻璃是在玻璃中加入金属离子等着色物质成为彩色玻璃，使 S_e 降低，而热反射玻璃则是在玻璃表面镀一层薄金属膜，以提高对太阳辐射的反射，从而使 S_e 降低，这两种玻璃对太阳辐射的透射曲线如图 1 所示：

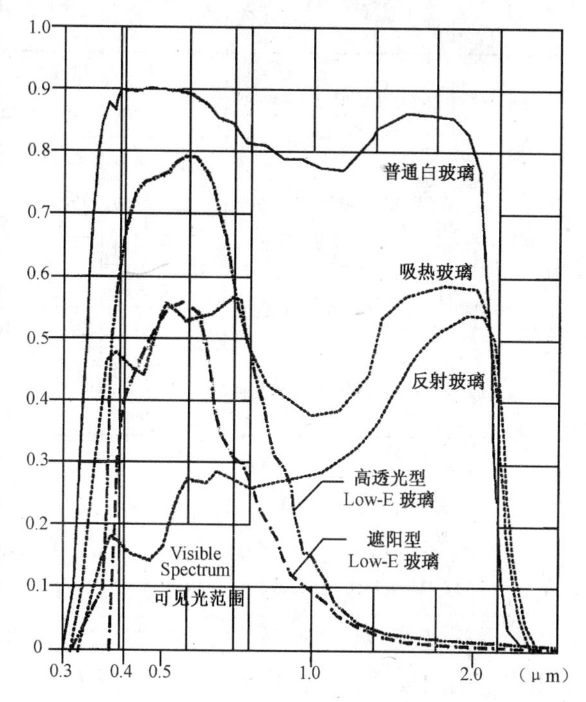

图 1　吸热玻璃、反射玻璃与 Low-E 玻璃的透射曲线

由图 1 可见，这两种玻璃使 0.3 ~ 2.5μm 范围的太阳辐射透过率整体降低，从而使 S_e 降低，但同时使可见光透过率也大大降低。同时吸热玻璃在阳光照射下吸收热量使本身温度升高后向室内辐射大量热能，降低了隔热效应。热反射玻璃除可见光透过率低外，对可见光也有较强的反射，容易造成“光污染”。因此，此两种玻璃都不是理想的节能玻璃。

正在研发中的“调光玻璃”是在玻璃上镀一层特殊金属氧化物材料，其遮阳系数可随太阳辐射强度自动调整，是理想的遮阳玻璃，目前尚未进入规模化生产阶段。

20 世纪 70 年代能源危机后快速发展起来的低辐射膜玻璃（Low-E 玻璃），是目前从物理角度看更科学合理的节能玻璃。

Low-E 玻璃是利用在线高温热解沉积法（简称在线膜）或离线真空溅射法（简称离线膜），在玻璃表面镀上金属或金属氧化物等多种成分的多层膜，通过精确调整膜系结构和工艺，得到热辐射率低，同时对太阳光谱的透射具有选择性的光谱结构。图 1 所示为两种 Low-E 玻璃的光谱曲线，这两种 Low-E 玻璃的膜表面辐射率均可做到低于 0.1，大大低于普通玻璃表面辐射率 0.84。同时，高透型 Low-E 玻璃具有较高的可见光透射比和遮阳系数。适用于气候冷、冬季采暖能耗大的地区，以增加阳光“得热”。遮阳型 Low-E 玻璃遮阳系数较低，适用于气候热、阳光强而空调制冷能耗大的地区，减少阳光“得热”。

表 2 给出四种国产离线硬膜 Low-E 玻璃，其辐射率在 0.1 左右，而遮阳系数 S_e 比普通白玻大大降低，且可见光透过率在 60% ~78% 之间，可以满足自然采光要求。可作为节能玻璃产品的原片使用。

2.2　中空玻璃和真空玻璃

四种离线硬膜 Low-E 玻璃的辐射相关参数　　　**表 2**

序号	生产厂	品种	基片颜色	反射颜色	测试面	紫外线（%）		可见光（%）		太阳辐射（%）			表面辐射率 ε
						透射比 τ_{uv}	反射比 ρ_{uv}	透射比 τ_{vis}	反射比 ρ_{vis}	透射比 τ_e	反射比 ρ_e	遮阳系数 S_e	
1	南玻	6CEB14-60/TB	clear	浅灰	膜面	42.12	20.51	59.77	2.41	42.53	20.48	62.8	0.11
					玻面	42.12	14.22	59.77	15.19	42.53	20.26	56.1	0.84
2	南玻	6CET11-80S/TB	clear	无色	膜面	36.48	12.11	77.96	5.9	56.76	21.77	73.2	0.11
					玻面	36.48	13.24	77.96	10.41	56.76	20.09	69.3	0.84
					锡面	77.26	7.64	90.13	8.21	87.64	7.8	102.1	0.84
3	皇明	wpc2C10A	clear	浅灰	膜面	31.4	34.4	75.8	5.4	52.8	25.5	67.7	0.10
					玻面	31.4	16.9	75.8	7.6	52.8	17.7	60.7	0.84
4	皇明	wpc2C08A	clear	浅灰	膜面	25.8	39.0	72.4	7.1	48.7	29.8	65.5	0.08
					玻面	25.8	18.4	72.4	9.0	48.7	20.6	63.5	0.84

2.2.1　中空玻璃和真空玻璃的结构

中空玻璃是目前节能玻璃的主流产品，其结构如图 2 所示。两片玻璃中间间距 6~24mm，周边用结构胶密封，间隔内是空气或其他气体。分子筛吸潮剂置于边框中或置于密封胶条中（称为暖边胶条），用以吸收气体中的水汽以防止内结露。Low-E 玻璃的膜面置于中空的内表面，从性价比考虑，一般为单 Low-E 结构。

真空玻璃是节能玻璃中崭露头角的新产品。真空玻璃的结构如图 3 所示。从原理上看真空玻璃可比喻为平板形保温瓶，二者相同点是两层玻璃的夹层均为气压低于 10^{-1}Pa 的真空，使气体传热可忽略不计；二者内壁都镀有低辐射膜，使辐射传热尽可能小。二者不同点：一是真空玻璃用于门窗必须透明或透光，不能像保温瓶一样镀不透明银膜，镀的是不同种类的透明低辐射膜；二是从可均衡抗压的圆筒型或球型保温瓶改用成平板，必须在两层玻璃之间设置“支撑物”方阵来承受每平方米约 10t 的大气压力，使玻璃之间保持间隔，形成真空层。“支撑物”方阵间距根据玻璃板的厚度及力学参数设计，在 20~40mm 之间。为了减小支撑物“热桥”形成的传热并使人眼难以分辨，支撑物直径很小，目前产品中的支撑物直径在 0.3~0.5mm 之间，高度在 0.1~0.2mm 之间，为保持真空度长期稳定，真空层内置有吸气剂。

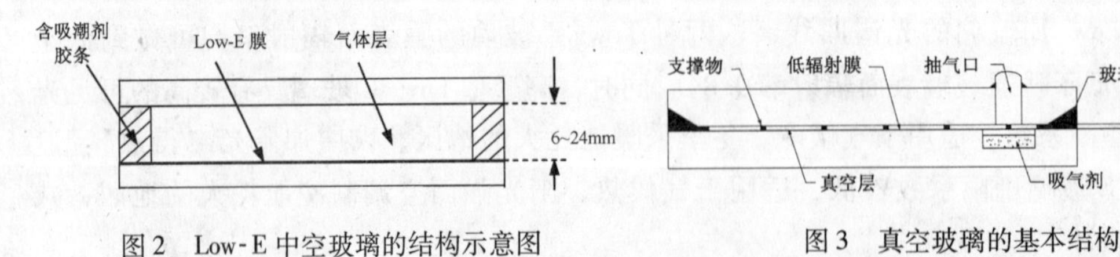

图 2　Low-E 中空玻璃的结构示意图　　　图 3　真空玻璃的基本结构

2.2.2　中空玻璃和真空玻璃的传热机理

由于结构不同，真空玻璃与中空玻璃的传热机理也有所不同。图 4 为简化的传热示意图，真空玻璃中心部位传热由辐射传热和支撑物传热及残余气体传热三部分构成，合格产品中残余气体传热可忽略不计，而中空玻璃则由气体传热（包括传导和对流）和辐射传热构成。

由此可见，要减小因温差引起的传热，真空玻璃和中空玻璃都要减小辐射传热，有效的方法是采用上述低辐射膜玻璃（Low-E 玻璃），在兼顾其他光学性能要求的条件下，膜的发射率（也称辐射率）越低越好。二者的不同点是真空玻璃不但要确保必须的真空度，使残余气体传热小到可忽略的程度，还要尽可能减小支撑物的传热，中空玻璃则要尽可能减小气体传热。为了减小气体传热并兼顾隔声性及厚度等因素，中空玻璃的空气层厚度一般为 9～24mm，以 12mm 居多，要减小气体传热，还可用大分子量的气体（如惰性气体：氩、氪）来代替空气，但即便如此，气体传热仍占据主导地位。

2.2.3　各种玻璃的 K 值

文献[3]中引用了美国伯克利—洛仑兹实验室 Rubin 教授等所作的玻璃 K 值模拟计算，结果如图 5 所示。图中给出单片玻璃，空气层厚度为 12.7mm 的中空玻璃和双中空玻璃的“K 值——辐射率 ε”关系图。模拟的室外温度为 -18℃，风速 24kmh^{-1}。图中用阿拉伯数字标明 Low-E 膜所在位置，数字 1 表明 Low-E 膜在从外数第 1 表面，依次类推。本文作者在 Rubin 的原图上加上了 Low-E 真空玻璃的曲线。

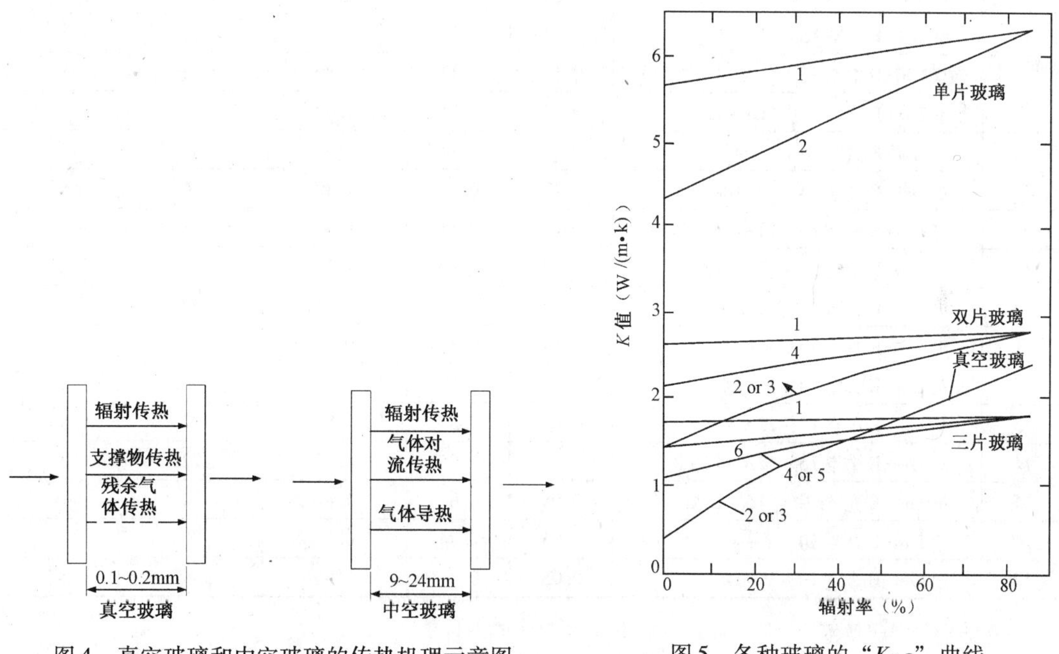

图 4　真空玻璃和中空玻璃的传热机理示意图

图 5　各种玻璃的“K-ε”曲线

由图 5 可见：

（1）Low-E 膜对降低 K 值起着重要作用，普通建筑玻璃表面辐射率 ε 约为 0.84，随着 ε 由 0.84 降低，每种玻璃相应的曲线都呈大幅度下降趋势。

（2）单片玻璃膜在第 2 表面（即内表面）的 K 值比在第 1 表面低得多，因此，单片使用 Low-E 玻璃时，膜面应置于室内侧。

对于双片玻璃构成的中空玻璃或真空玻璃，Low-E 膜置于内表面（2or 3）的 K 值比膜置于外表面（1or 4）要低得多（图中真空玻璃只给出膜置于内表面的曲线），对于三片玻璃构成的双中空或双真空玻璃，Low-E 膜也必须置于内表面（2or 3or 4or 5）才能得到低的 K 值。总之，膜必须置于气体对流和传导影响最小的位置，才能突出降低辐射传热的效果，这从物理上是容易理解的。

（3）从对降低 K 值的效率来看，Low-E 膜用于中空玻璃远胜于单片使用，而用于真空玻璃又远胜于中空玻璃，随 ε 降低，真空玻璃 K 值曲线下降更陡，K 值远低于双中空玻璃。更勿论双真空玻璃了。这也是真空玻璃有发展前景的原因之一。

目前国内可制作真空玻璃的在线 Low-E（硬膜）的辐射率可达到 0.17，可制作真空玻璃的离线 Low-E 硬膜的辐射率可达到 0.10，离线 Low-E 软膜的发射率可低至 0.05，但只能用于制作中空玻璃。据此计算出中空玻璃和真空玻璃传热系数相关参数列于表 3，供分析参考。

几种中空玻璃和真空玻璃传热系数计算值 **表 3**

序号	品　种	内表面辐射率 ε		K[W/(m^2·K)]	厚度（mm）	生产状况
1	普通中空 5 + 12A + 5	0.84	0.84	2.87	22	√
2	普通真空 4 + V + 4	0.84	0.84	2.30	8	√
3	单 Low-E 中空 L5 + 12A + 5	0.17	0.84	2.03	22	√
4	双 Low-E 中空 L5 + 12A + L5	0.17	0.17	1.89	22	√
5	单 Low-E 充 Ar 中空 L5 + 12Ar + 5	0.17	0.84	1.69	22	√
6	单 Low-E 真空 L4 + V + 4	0.17	0.84	1.03	8	√
7	双 Low-E 真空 L4 + V + L4	0.17	0.17	0.80	8	√
8	单 Low-E 中空 L5 + 12A + 5	0.10	0.84	1.90	22	√
9	双 Low-E 中空 L5 + 12A + L5	0.10	0.10	1.81	22	√
10	单 Low-E 充 Ar 中空 L5 + 12Ar + 5	0.10	0.84	1.54	22	√
11	单 Low-E 真空 L4 + V + 4	0.10	0.84	0.82	8	√
12	双 Low-E 真空 L4 + V + L4	0.10	0.10	0.66	8	√
13	单 Low-E 中空 L5 + 12A + 5	0.05	0.84	1.80	22	√
14	双 Low-E 中空 L5 + 12A + L5	0.05	0.05	1.75	22	△
15	单 Low-E 充 Ar 中空 L5 + 12Ar + 5	0.05	0.84	1.41	22	△
16	单 Low-E 真空 L4 + V + 4	0.05	0.84	0.65	8	×
17	双 Low-E 真空 L4 + V + L4	0.05	0.05	0.56	8	×

注：12A 表示 12mm 空气　　5L 表示 5mmLow-E 玻璃

12Ar 表示 12mm 氩气　　5 表示 5mm 普通白玻

V 表示 0.12mm 真空层

生产状况：√稳定生产；△可生产，性能不够稳定；×尚未生产。

表 3 数据显示的规律与图 5 是一致的，这里再补充说明两点：

（1）对比序号 4 和 8 两组数据，前者是双 Low-E 中空（发射率为 0.17），后者是单 Low-E 中空（发射率 0.10），但二者 K 值相近，均为 1.9。再对比序号 7 和 11 两组数据，前者是双 Low-E 真空（发射率 0.17），后者是单 Low-E 真空（发射率 0.10），但二者 K

值相近，均为0.8。可见，如果发射率分别为0.10和0.17的两种Low-E玻璃成本相近，则宁可用前者制作单膜中空或真空玻璃，不仅成本低，而且双膜结构可能产生可见光透过率低等其他问题。

（2）对比序号3和5，序号8和10，序号13和15数据可见，中空玻璃中充氩气可使 K 值降低20%左右。实际生产时，由于不可能充100%氩气，效果还会差些。而且理论和实验证明不论换何种气体，K 值还是大于1。实际中空玻璃的 K 值低到1.3左右已接近极限，要想使 K 值小于1，只有用三层玻璃做成双中空玻璃。

2.2.4 中空玻璃和真空玻璃与太阳辐射相关参数举例

用表2中列出的四种Low-E玻璃与4mm白玻制成的真空玻璃的参数列于表4。

四种真空玻璃与太阳辐射相关参数（计算值） **表4**

序号	品种	安装方式	紫外线（%）		可见光（%）		太阳辐射（%）			Low-E发射率 ε	K 值〔W/(m^2·K)〕
			透射比 τ_{uv}	反射比 ρ_{uv}	透射比 τ_{vis}	反射比 ρ_{vis}	透射比 τ_e	反射比 ρ_e	遮阳系数 S_e		
1	南玻 6CEB14－60/TB＋V＋N4	A	31.92	15.65	53.96	18.29	37.13	21.75	46.05（47.64）	0.11	0.86（1.90）
		B	31.92	19.36	53.96	10.61	37.13	23.40	74.97（70.87）	0.11	0.86（1.90）
2	南玻 6CET11－80S/TB＋V＋N4	A	27.46	14.31	70.60	15.70	49.60	22.75	60.35（61.10）	0.11	0.86（1.90）
		B	27.46	14.57	70.60	13.46	49.60	24.39	75.12（72.98）	0.11	0.86（1.90）
3	皇明 wpc2C10A＋V＋N4	A	23.47	17.68	68.62	12.63	46.29	20.01	56.63（57.75）	0.10	0.82（1.84）
		B	23.47	26.94	68.62	13.05	46.29	27.25	71.74（69.50）	0.10	0.82（1.84）
4	皇明 wpc2C08A＋V＋N4	A	19.85	18.95	65.63	13.57	42.84	22.57	52.46（53.77）	0.08	0.76（1.81）
		B	19.85	30.14	65.63	14.45	42.84	30.56	67.68（65.55）	0.08	0.76（1.81）

注：V：0.15mm真空层

N4：4mm白玻

（ ）内为同样玻璃制成的间隔12mm空气层中空玻璃的计算值。

A：Low-E膜在从外数第2表面

B：Low-E膜在从外数第3表面

表4中的数据除遮阳系数 S_e、得热系数 *SHGC* 和 K 值三项外，其余都适用于用同样两片玻璃构成的中空玻璃，且与空气层厚度无关。中空玻璃的相关数据已纳入表4中括号内作为对比参考。由此数据可见，玻璃组件的热阻不仅影响 K 值，也影响 S_e 值，但对后者

影响稍小而已。

从表4的数据可以看出：由于Low-E膜的光学性质不同，即使K值相近的真空玻璃其辐射特性也会有较大区别。可见光特性影响建筑物的采光；紫外线特性影响室内的紫外辐射；而太阳辐射特性则影响室内得到的太阳辐射能量，关系到建筑物的节能。

由表4数据还可以看出，Low-E膜在第2表面与Low-E膜在第3表面两种安装方式的K值相同，紫外线、可见光及太阳辐射的透射比均相同，但反射比则有大有小。更主要的是遮阳系数S_e不同，Low-E膜在第3表面时S_e值明显高于在第2表面的值。这主要是由于Low-E玻璃吸收太阳辐射热能引起的，所以在气候炎热，太阳辐射强的情况下，为了减少太阳辐射得热，减少空调能耗，应按A安装。在气候严冷地区，往往希望增加太阳辐射得热，则应选遮阳系数高的Low-E玻璃制作真空玻璃并按B安装，以提高白天相对增热。

同时在选择Low-E膜时，也要考虑除辐射率之外的其他因素，如膜的颜色及其他光学参数，一般情况下膜置于第2表面时外观颜色更接近膜的颜色，由于从原理上分析人眼对这种含膜的多层玻璃的视觉效果比较困难，最好在各种“天空光”情况下直接观察来作出判断。另外，可见光反射比太高会造成建筑物外观闪亮或出现较强的光污染（如出现周围建筑的强映像）。这些因素应在设计时综合考虑。

至于有人说Low-E膜置于第3表面比置于第2表面有助于阻挡冬季室内向室外的热辐射，这是没有充分根据的说法。因为建筑用钠钙玻璃对长波远红外辐射透过率几乎为0，反射率也很低，80%以上被吸收。也就是说玻璃对长波热辐射是不透明的，物理上说是“黑”的。而建筑物内部的辐射除照明用可见光外，其他正处于此范围，所以不论Low-E膜在第2表面还是第3表面，室内热辐射能量大部分都被内层玻璃吸收，吸收的能量当然有部分通过辐射和气体传热回到室内，但在平衡状态下，总的能量是从室内传向室外，不过由于Low-E膜（无论在第2还是第3表面）的存在，减小了辐射传热使玻璃热阻增大，从而减少了向外的传热。此原理对于中空玻璃和真空玻璃都同样适用。

2.3 组合玻璃

2.3.1 组合玻璃的目的和结构

用三层玻璃制作成双中空或双真空层玻璃，或者把中空玻璃、真空玻璃及夹层玻璃技术相结合，制成“真空+中空”、“真空+夹层”等组合玻璃系统。目的在于：

（1）获得更低的K值和S_e值，提高保温隔热性能。

（2）获得安全性，特别是目前真空玻璃只能用普通玻璃制成，不能直接用于建筑物高层等需要安全玻璃的场合，故利用真空玻璃本身“薄”的特点，把它当成一片玻璃与另一片或两片玻璃（普通玻璃或钢化玻璃）制成“中空+真空”、“中空+真空+中空”、“夹层+真空”、“夹层+真空+夹层”等组合，提高了抗风压、抗冲击强度，解决了安全性问题。

（3）获得更佳的隔声性能。

双中空、双真空及各种组合玻璃的结构如图6～图12所示。

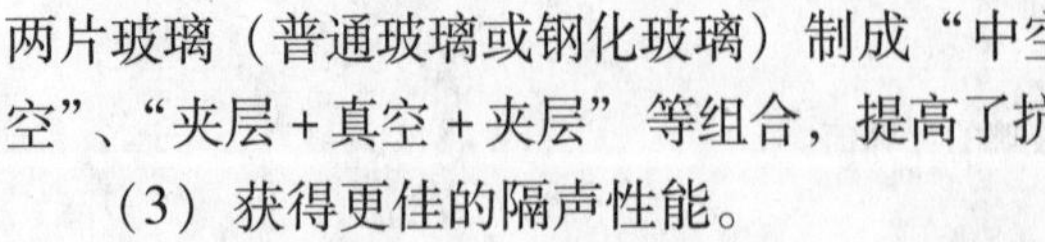

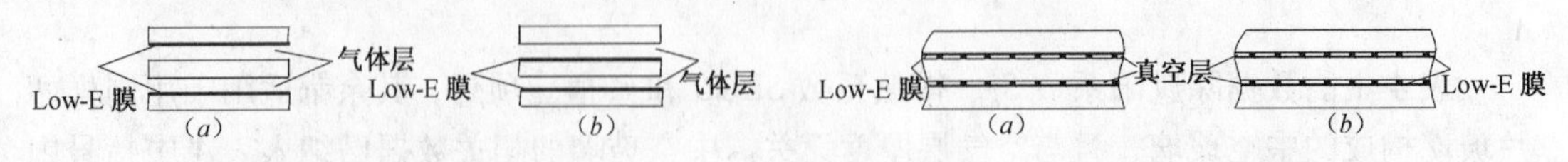

图6 双中空层玻璃结构示意图

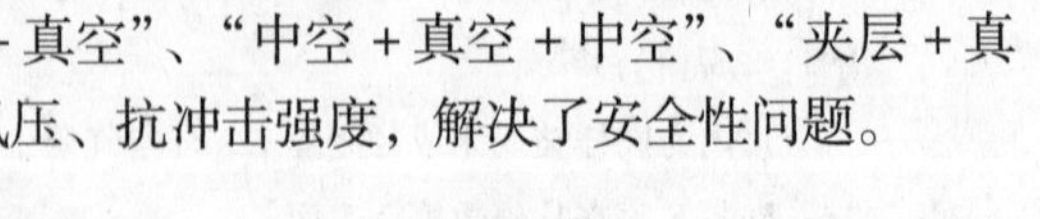

图7 双真空层玻璃结构示意图

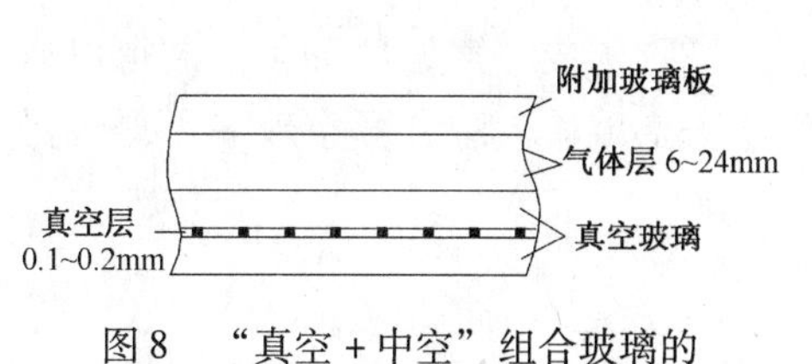

图 8 “真空 + 中空”组合玻璃的结构示意图

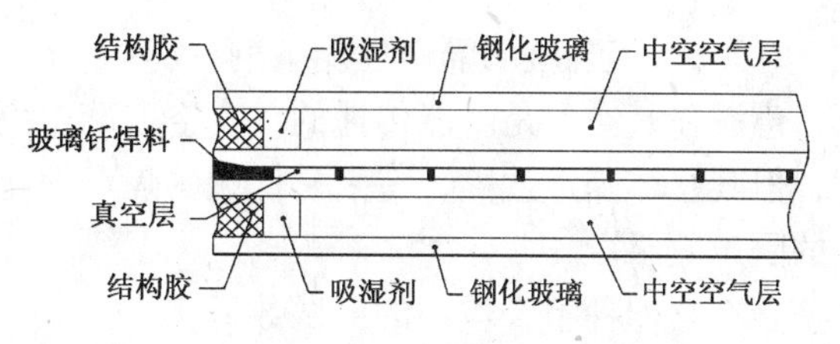

图 9 “中空 + 真空 + 中空”组合玻璃的结构示意图

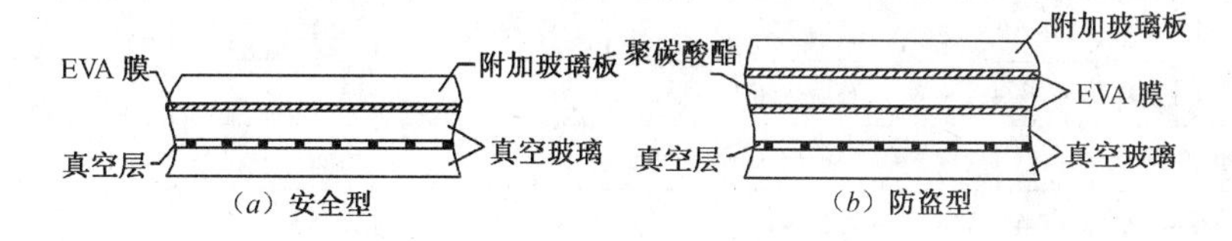

图 10 单面夹层真空玻璃结构示意图

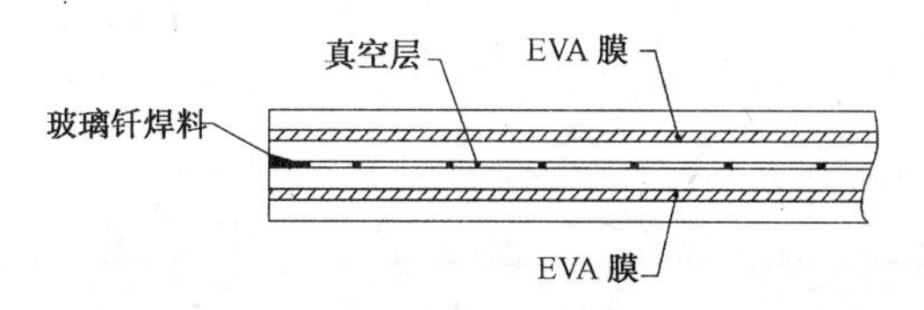

图 11 双面夹层真空玻璃结构示意图

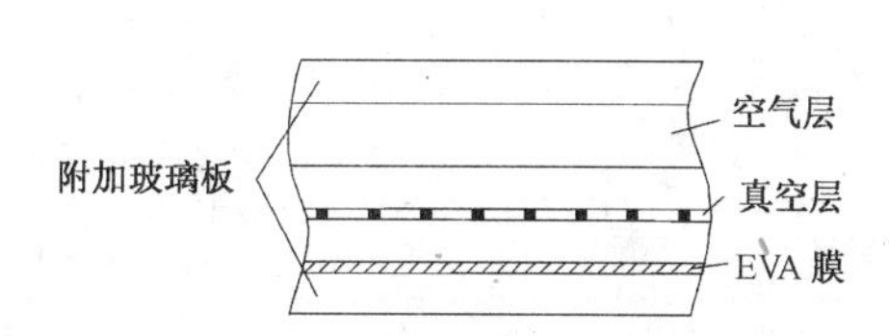

图 12 “单面夹层真空 + 中空”结构示意图

2.3.2 组合玻璃的 K 值举例

组合玻璃的总热阻更高，K 值更低，表 5 给出五种组合玻璃的 K 值，作为对比，表中序号 1、2 列出用于组合的中空玻璃和真空玻璃 K 值。

五种组合玻璃的传热系数 表 5

序号	品　种	Low-E 发射率 ε	热阻 R [$(m^2\cdot K)/W$]	传热系数 K [$W/(m^2\cdot K)$]	厚度 (mm)	玻璃片数目
1	单 Low-E 中空　L5 + 12A + N5	0.10	0.37	1.90	22	2
2	单 Low-E 真空　L4 + V + N4	0.10	1.07	0.82	8	2
3	双 Low-E 双中空 L5 + 12A + N5 + 12A + L5	0.10	0.74	1.11	39	3
4	双 Low-E 双真空 L4 + V + N4 + V + L4	0.10	2.14	0.44	12	3
5	中空 + 真空　L5 + 12A + N4 + V + L4	0.10	1.44	0.63	25	3
6	中空 + 真空 + 中空 (3Low-E) L5 + 12A + L4 + V + N4 + 12A + L5	0.10	1.81	0.51	42	4
7	双真空 + 中空 (3Low-E) L4 + V + N4 + V + L4 + 12A + L5	0.10	2.51	0.38	29	4

2.3.3　组合玻璃隔声性能举例

声波在真空中是不能传播的，真空玻璃中由于有支撑物构成“声桥”而使声波得以通过，但其总体隔声性能，特别是低频的隔声性能仍优于中空玻璃，组合真空玻璃可得到更好的隔声效果。

表6是四种组合玻璃的测试数据。

四种组合玻璃的隔声性能　　**表6**

序号	玻 璃 结 构	玻璃实际厚度（mm）	计权隔声量 R_W（dB）
1	N4 + V + N4 + A9 + N6	23.15	36
2	N4 + E0.38 + N4 + V + N3 + E0.38 + N2	13.91	36
3	N4 + E0.38 + N3 + V + N4 + E0.38 + N4 + A16 + N5	36.91	41
4	N6 + E0.38 + N4 + V + N4 + A12 + N6	32.53	42

注：序号1玻璃由国家建筑工程质量监督检验中心检测，序号2、3、4玻璃由清华大学建筑物理实验室检测。

国家标准规定的隔声性能等级如表7所示。

隔声性能等级国家标准　GB/T16730-1997　GB8485-87　　**表7**

等 级	Ⅰ	Ⅱ	Ⅲ	Ⅳ	Ⅴ	Ⅵ
dB	≥45	≥40	≥35	≥30	≥25	≥20

可见，表7所示的组合玻璃都达到国家Ⅱ、Ⅲ级标准，研制出达到Ⅰ级标准的组合玻璃已非难事。

3　节能玻璃应用实例

3.1　天恒大厦简介

天恒大厦位于北京东直门，总建筑面积57238m²，地下4层，地上22层。该楼西、北立面采用半隐框真空玻璃幕墙7000 m²。东、南立面采用真空玻璃铝合金断热窗2500 m²。该楼真空玻璃全部由北京新立基真空玻璃技术有限公司提供。天恒大厦于2005年6月29日落成，是世界首座全真空玻璃大厦，也是世界首座采用大面积真空玻璃幕墙的大厦，全貌见图13。

图13　天恒大厦效果图

天恒大厦所采用的真空玻璃是“Low-E真空+双中空”玻璃组合结构，经国家建筑工程质量监督检验中心检测，其传热系数 $K=1.0W/(m^2\cdot K)$。达到和超过国标GB/T8484—2002保温窗最高级10级的标准。也达到和超过北京市地方性标准（DBJ01-79-

2004)《住宅建筑门窗应用技术规范》的热、声性能要求。并且达到和超过最近发布的GB50189—2005《公共建筑节能设计标准》的要求。由于其优异的保温、隔热性能还给业主创造了一个温馨舒适的室内环境，也从根本上解决了长期困惑人们的玻璃幕墙隔热保温、隔声差的难题。

3.2 天恒大厦节能效果分析[4]

现以天恒大厦为例，假设该大厦分别采用白玻、普通中空玻璃、热反射玻璃、热反射中空玻璃、Low-E 中空玻璃、标准真空玻璃组合双中空 6 种情况，进行耗能比较。并对真空玻璃节能经济效益作估算。

与各类玻璃相比"Low-E 真空+双中空"节能率见表 8，年节能经济效益见表 9。

与各类玻璃相比"Low-E 真空+双中空"节能率　　表 8

分　类	白玻单片	白玻中空	热反射单片	热反射中空	Low-E 中空	Low-E 真空+双中空
冬天（%）	83.70	62.8	81.63	59.69	37.35	0
夏天（%）	48.24	38.09	15.05	-13.88	14.47	0
全年（%）	72.40	51.23	66.45	35.72	27.87	0

用"Low-E 真空+双中空"取代其他玻璃的年节能经济效益见表 9。

用"Low-E 真空+双中空"取代其他玻璃的年节能经济效益　　表 9

取代品种	年节约能耗（kWh）	中央空调节电数（kWh）	节省中央空调电费（元）	节省发电燃煤（kg）
白玻单片	2230486.55	4460973.1	4237924	1561341
白玻中空	892935.15	1785870.3	1696577	625055
热反射单片	1683674.75	3367349.5	3198982	1178572
热反射中空	472428.55	944857.1	897614	330700
Low-E 中空	328569.17	657138.34	624281	229998

4 小结

4.1 从全年节能来分析，"Low-E 真空+双中空"比其他玻璃都节能，最低的达 27.87%，最高可达 72.40%。

4.2 北京属于寒冷地区，冬季"Low-E 真空+双中空"充分发挥了节能优势。虽然从全年节能来看"Low-E 真空+双中空"比热反射中空节能 35.72%，但夏天节能却不如热反射中空玻璃，其原因是真空玻璃的遮蔽系数较高，但降低其遮蔽系数又会影响室内采光和冬季太阳辐射进热。遮蔽系数应取合适值。如果夏天再增加遮阳设施则更好。

4.3 与其他各种玻璃比较，采用"Low-E 真空+双中空"，可节能、省电、节省电费开支，最低 62 万元/年，最高 423 万元/年，经济效益十分明显。同时由于节能，可节省发电燃煤，减少环境污染，保护地球，造福人类。

4.4 由于当时所用"Low-E 真空+双中空"的 K 值为 1.0，如果使用目前生产的同类组合玻璃，K 值可低至 0.7，节能率会更高。

参考文献

[1] 杜宗翰．建筑节能的关键是门窗节能．《中国建材报》，2005.8.1.

[2] 杨善勤，郎四维，涂逢祥．《建筑节能》．北京：中国建筑工业出版社，1999.

[3] C. G. Granqvist，Energy efficient windows：present and forthcoming technology，in Materials Science for Solar Energy Conversion Systems（Edited by C. G. Granqvist），p. 106，Pergamon，Oxford（1991）.

[4] 李成安，忻菘义．北京天恒大厦采用真空玻璃节能经济效益分析．《新立基文集 2006》.

唐健正　北京新立基真空玻璃技术有限公司　技术总监　邮编：100039

浅谈塑料门窗节能技术

杨　坤　程先胜

【摘要】　门窗节能是建筑能耗的薄弱环节，如何有效地提高现有门窗的节能性能成为降低建筑能耗的一个关键。本文从塑料门窗的设计、组装、材质等方面详细阐述了塑料门窗在节能方面的优越性，并提出了一些门窗节能方面的建议。

【关键词】　塑料门窗　门窗传热系数

建筑门窗的节能在建筑节能中占有重要地位，而在节能门窗中，塑料门窗以其优异的材料性能和成窗后卓越的节能性能成为建筑门窗节能领域的骄子。我们通过大量的试验和工程实例找出了影响建筑门窗节能的主要环节。

1　建筑门窗型材的节能

通过选用合适的门窗材质、厚度、外形尺寸、腔体数、框扇密封构造，可以大大降低门窗框的传热系数，有效地降低热损失，减少能耗。

根据各腔型材传热系数（见表1），建议采用5腔型材结构，其节能性价比最佳，例如：实德集团70系列平开窗采用五腔结构，玻璃采用（5+9+5+9+5）三玻结构，传热系数可以达到1.7 W/(m^2·K)（断面见图1）。

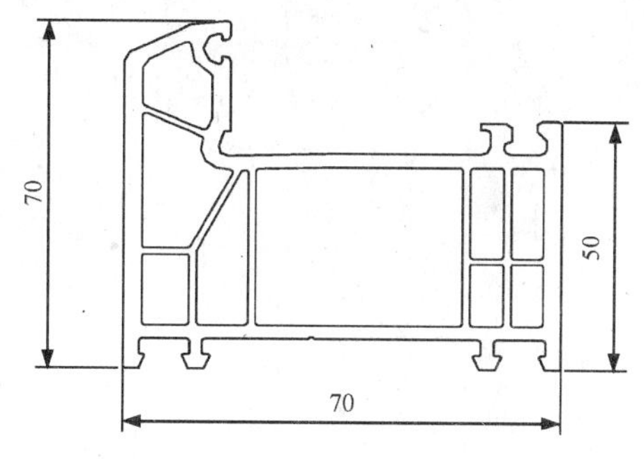

图1　实德集团70系列平开窗框断面图

不同腔体传热系数参考值　　表1

序号	型材名称	腔体数	传热系数〔W/(m^2·K)〕	序号	型材名称	腔体数	传热系数〔W/(m^2·K)〕
1	70mm厚平开框型材	1	2.809	5	70mm厚平开框型材	5	1.379
2	70mm厚平开框型材	2	2.058	6	70mm厚平开框型材	6	1.309
3	70mm厚平开框型材	3	1.653	7	70mm厚平开框型材	7	1.295
4	70mm厚平开框型材	4	1.475				

框扇构造建议采用三密封结构，通过试验得知，普通双密封平开窗气密性能指标 q_1 可达到0.45m^3/h·m，q_2 可达到1.40m^2/h·m^2；普通三密封平开窗气密性能指标 q_1 可达到0.25 m^3/h·m，q_2 可达到1.05m^2/h·m^2，如实德集团65平开窗系列采用三密封结构（见图2）。

2 建筑门窗玻璃的节能

玻璃的装配对塑料门窗的保温性能有很大的影响，特别是中空玻璃的装配效果，尤为突出。塑料门窗的保温实验示意图见图3，从该示意图中，我们可以看到在玻璃边缘与窗扇接触处的等温线很密集，说明该处是传热的薄弱位置。应降低该位置的传热系数。降低传热系数的主要方法是改进中空玻璃的装配工艺，应使装配完成后的结构具有良好的密封性，具有较低的传热系数。根据使用经验，建议采用一种中空玻璃装配工艺（见图4所示）。该装配工艺采用中空玻璃用U形胶条进行装配，并且与中空玻璃用K形胶条、O形胶条进行粘接处理，提高密封性，同时也提高了塑料门窗的保温性能。

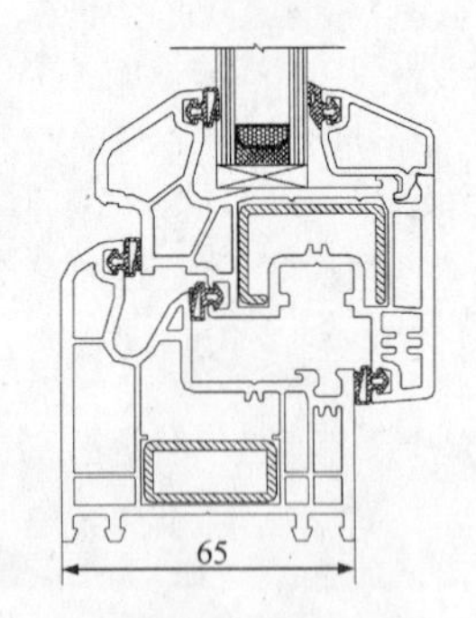

图2 实德集团65系列平开窗框扇配合构造图

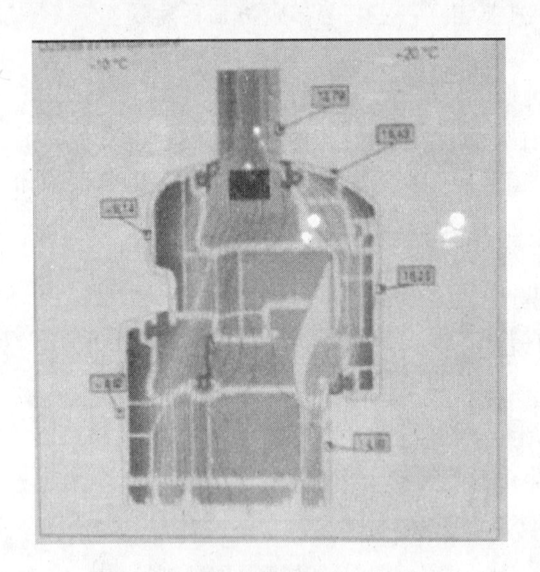

图3 塑料门窗的保温实验示意图

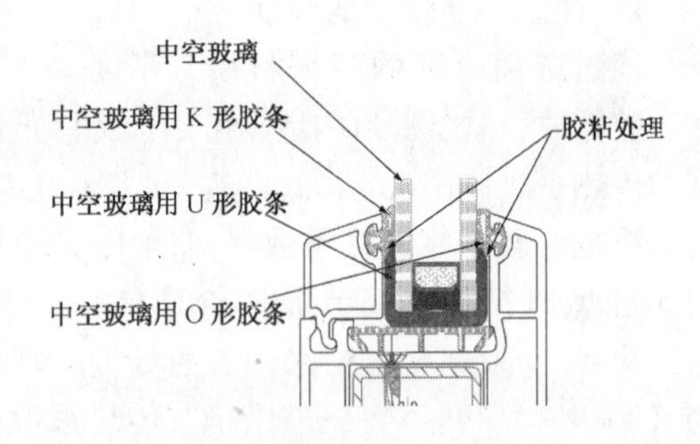

图4 实德集团60系列平开窗中空玻璃装配示意图

应根据不同构造、不同种类玻璃的传热系数（参考值见表2）选择玻璃，以满足不同节能性能要求的建筑物使用。

不同玻璃形式传热系数参考值 表2

序号	中空玻璃结构	传热系数〔W/(m^2·K)〕	备注	序号	中空玻璃结构	传热系数〔W/(m^2·K)〕	备注
1	4/6/4	3.3	浮法中空	6	8/12/8	2.9	浮法中空
2	5/9/5	3.1	浮法中空	7	4/6/4/6/4	2.3	浮法中空
3	4/12/4	3.0	浮法中空	8	5/9/4/9/5	2.1	浮法中空
4	5/12/5	3.0	浮法中空	9	4/12/4	1.45	低辐射处理并充惰性气体
5	4/16/4	2.9	浮法中空	10	4/14/4	1.1	低辐射处理并充惰性气体

3 制作工艺的节能

门窗制作工艺主要包括门窗焊接工艺和门窗装配工艺，其中焊接工艺是塑料门窗组装工艺中重要的加工工艺，该工艺对塑料门窗成窗后的性能有很大的影响，特别是在保温方面。型材对门窗保温的影响占30%左右，在门窗制作安装中，焊接工艺是影响塑料门窗用型材传热系数的主要因素。塑料门窗用主型材的壁厚一般为2.0～3.0mm之间，应保证两个互焊的型材尽可能地重合接触。按正常的焊接要求，焊接后，同种型材相邻构件焊接处的同一平面度≤0.5mm；不同种型材相邻构件焊接处的同一平面度≤0.6mm。这样主型材焊接接触最小壁厚为：同种型材相邻构件1.5～2.5mm；不同种型材相邻构件1.4～2.4mm，我们应保证满足以上要求。如不满足型材要求，型材焊接处的接触壁厚太薄，会造成型材原有的传热系数增大，进而影响整窗的保温性能。

塑料门窗的气密性（冷风渗透）也是影响塑料门窗保温性能的重要因素。塑料门窗的气密性影响原因主要体现在塑料门窗框扇配合的质量。提高框扇配合的质量会很大程度地提高塑料门窗的气密性。平开窗的传热系数 K 值一般在1.9～2.4W/(m^2·K)之间，而推拉窗的传热系数一般在2.2～2.5W/(m^2·K)之间。选用相同的普通浮法中空玻璃（5+9+5）。平开窗和推拉窗选用相同的中空玻璃，相同的制作精度，其门窗的传热系数相差很大，主要原因一方面是平开窗型材与推拉窗型材的差异，另一重要方面是框扇配合的制作工艺和质量的差异。不但塑料平开窗与塑料推拉窗有差异，即使同样是平开窗或推拉窗，如果框扇装配工艺不同，其成窗后的传热系数也有很大的差别。正确的框扇装配工艺主要注意以下几点。

3.1 保证塑料平开窗、塑料推拉窗框扇搭接量为8mm，尽量控制在正偏差。

塑料推拉门的框扇搭接量应增大到9～10mm，尽量控制在正偏差。

3.2 塑料平开门窗采用质量较好的胶条密封（可采用PADM材质），最好选用三道密封。

3.3 塑料推拉门窗应采用硅化且带夹片的密封毛条进行框扇密封，在两扇封盖接触处可采用密封胶条密封。

3.4 毛条、胶条应根据其材质选择合适的压紧量，提高密封性能。

五金件装配工艺对塑料门窗的影响，主要是在五金件安装的某个部位形成热桥，使该处的传热系数增大。在安装五金件时，一定要避免形成热桥，保证塑料门窗的保温性能。

4 建筑门窗与洞口连接的节能

应处理好门窗与洞口的间隙，在门窗与墙体连接处用聚氨酯发泡密封胶等隔热弹性闭孔材料填充。门窗安装宜采用带副框安装（干法作业）方式，也可采用无副框安装（湿法作业）方式，不同的门窗与不同形式墙体连接时需要做好防水，提高门窗的水密性和气密性，降低能耗。

建筑门窗无副框安装（湿法作业）时工艺流程为：

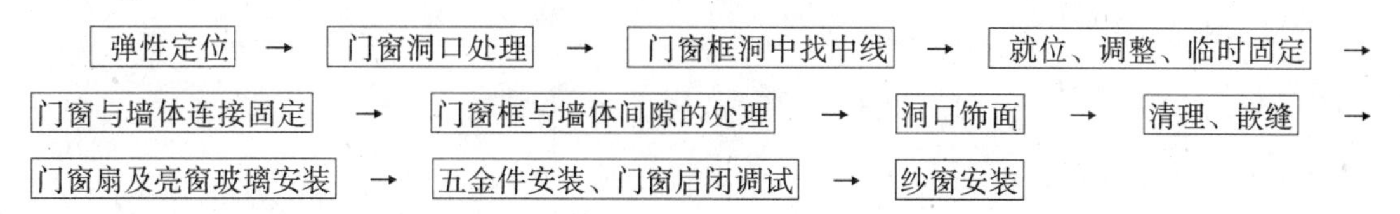

建筑门窗带副框安装（干法作业）工艺流程为：

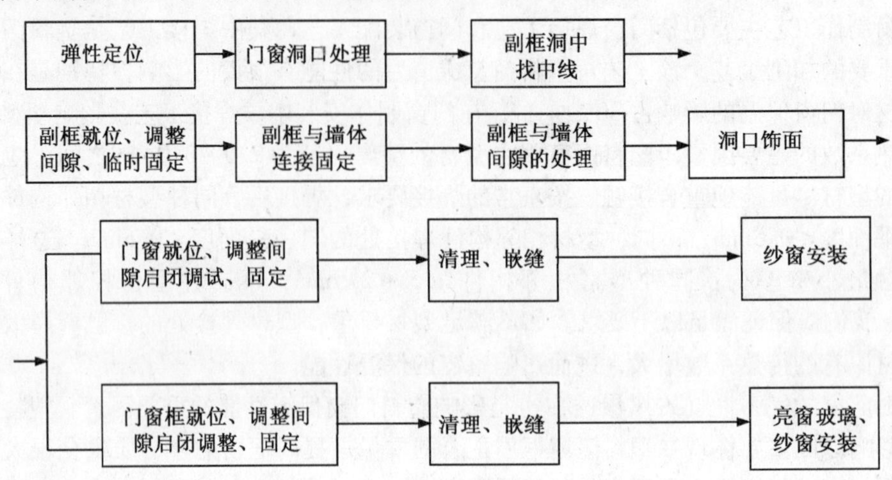

5　建筑门窗窗型节能

门窗开启方式常见的主要有平开窗、平开下悬窗、推拉窗、提拉窗、平开门、推拉门、地弹门等。我们以平开窗和推拉窗为代表进行分析研究。在正常工艺制作条件下，平开窗比推拉窗节能性能要好些。主要原因是：

5.1　平开窗开启扇位置采用了胶条密封，推拉窗采用毛条密封。

5.2　平开窗开启缝长度比推拉窗小。

5.3　平开窗开启扇在关闭状态密封胶条的压紧力（一般为60~80N）比推拉窗密封毛条压紧力（一般为20~40N）大。

目前建筑中凸窗应用比例很大，尤其在严寒、寒冷地区，冬季气温较低，极易形成结露，导致墙体、门窗发霉，所以不宜采用凸窗。当必须采用凸窗时，凸窗凸出墙面部分应采取节能保温措施。

通过提高以上环节的节能性能，可以大大提高建筑门窗节能水平，更好地发挥塑料门窗节能优势，带动建筑门窗行业节能发展。

杨　坤　大连实德集团　工程师　邮编：116000

可变化的外遮阳系统对建筑节能的影响

金朝晖

【摘要】 本文分析了可调节的外遮阳系统的优越性，指出了使用高性能玻璃的一些误区，并介绍了各类遮阳产品及其在一些工程中的使用情况。

【关键词】 遮阳　可调节　建筑节能

住宅窗户的节能功效是建筑节能设计的一个重点，由于玻璃的传热系数远远大于墙体，再加上玻璃的“透短阻长”的特性，即使窗户在建筑中所占的比例不大，但通过窗户损失的采暖及制冷能耗却可能大大超过墙体和屋顶。住宅窗户占外围护结构面积的1/6左右，但其导致的能耗却占建筑采暖制冷能耗的40%以上，显然，窗户是建筑保温隔热的最薄弱环节，是建筑节能工作的重中之重。

冬冷夏热地区兼具冬冷和夏热双重气候条件，基于对该地区气候的理解，住宅窗应具有动态调节的可能性，如何对建筑表皮上的开口部位（住宅窗户）进行“动态调节”？

通过安装可开闭、可调节的外遮阳系统，可以达到在冬季开启遮阳，有效地利用太阳能进行被动吸热，夏季关闭和调节遮阳系统，有效地遮挡热辐射。

1　建筑表皮上可调节的外遮阳系统

建筑表皮上的开口部位是影响能耗的关键部位，无论夏季隔热、防热还是冬季保温，建筑表皮上的开口部位都是影响能耗的关键部位，而开口部位恰恰具有“可变化、可调节”的可能性，建筑的表皮实际上是建筑室内外热量交换的动态调节部位。依据外界的季节变化，它必须分别满足4种基本的功能：

（1）将室外热量传入室内；

（2）防止室外热量传入室内；

（3）保持室内热源热量；

（4）排出室内热源热量。

满足上述4种功能的调节方式可分为“静态调节”和“动态调节”两种。如果将与其对应的建筑表皮分为“不可变化部分”及“可变化部分”两种，前者相对单纯，只要加大热阻降低K值，则有利于保温和隔热，但它无法同时满足截然相反的要求（如保温和散热，隔绝阳光和引入阳光）；后者则相对复杂：要满足冬季保温蓄热、夏季隔热放热及冬季晚上保温、白天引入太阳能等诸多截然相反的目标，绝非单一策略、单一材料足以解决的。因此建筑需要可调节的表皮系统，也就是说在建筑表皮上开口部位起到可开启和可调节作用的外遮阳系统。可调节的外遮阳系统，具有如下意义：

（1）节省储量有限的不可再生能源；

（2）在节省资源的前提下保证人民生活的舒适度；

（3）减少因使用矿物能源而产生的污染排放，保护环境；

（4）减少建筑物对暖气和空调的依赖，从而降低建筑运行费用并在夏季减弱城市热岛效应。

探索建筑设计和建筑技术整合的设计方法，改变将建筑技术作为“创可贴”使用的工作模式，创造不仅有个性、而且有必然性的建筑风格。使建筑外遮阳成为建筑的可变化的第二层肌肤。从国外近几年的许多优秀建筑案例来看，外遮阳已是“可变化的外表皮”的主要表现手法。这种可变化的建筑外立面，即是建筑师与遮阳专家配合以技术手段解决人类对建筑节能和享受自然需求而产生的一种新的现代建筑形态。北京的 MOMA 万国城、北京公馆也是在这种趋势下出现的典型建筑代表。

减低室内温度、节约能源的作用。遮阳对防止室内温度上升有明显作用，由中元国家工程设计研究院在多年前设计的北京远洋大厦，中国第一栋建筑在东、南、西三个朝向安装外遮阳系统，物业公司几年的记录数据表明：用同样条件的 2 个房间作比对，使用外遮阳的房间在夏季最炎热的 3 个月比不使用外遮阳的房间室内温度最高能减低 8℃，换言之遮阳对建筑来说，是减少冷负荷，节约电能的主要措施之一。通过对遮阳系统的智能调控，配合供暖和制冷流量的控制，冬季通过被动吸收太阳能可以延后、减少供暖时间，夏季通过外遮阳减少制冷时间、制冷量。达到综合节能，降低大厦的综合运营费用。

2　使用高性能玻璃的一些误区

就使用高性能玻璃的一些误区进行探讨，可以使我们容易理解，即使使用了一些高性能的玻璃，也无法完全达到预期的节能效果。

在建筑中使用大面积玻璃可能产生两类主要问题：视线干扰或眩光问题以及能耗过大的问题，前者可被人眼轻易识别并用简单方法解决，而后者，不容易被眼睛识别，并且在炎热的夏季，也无法依靠增加室内窗帘或降低玻璃 K 值之类简单手段来有效解决。对于使用者，阳光具有双重特性，在不同季节或在同一季节的不同时辰，人们对阳光的要求不尽相同，有时甚至完全相反。无论多么“先进”的玻璃都难以同时兼顾上述要求。在冬冷夏热地区的玻璃使用上有两个明显相反的效果。

2.1　平板及浮法玻璃

平板玻璃对各类光谱的反射率几乎相同，得热和散热均快。

浮法玻璃“透短阻长”的特性导致热量“只进不出”，对夏热地区夏季防热极为不利。

2.2　彩色玻璃

彩色玻璃对阳光辐射产生较大的遮挡，这种遮挡本质上是一种对辐射热的吸收，吸收的热量会向室内和室外传递，并非将热量挡在室外。

2.3　热反射玻璃

热反射玻璃对可见光和长波辐射均有较好的反射，有利于防止夏季室内过热，但除了光污染问题外，对可见光阻挡过大，势必增加室内照明能耗，照明产生热量，导致新的空调能耗。冬季不利于太阳能的被动式的利用。

2.4　中空玻璃

中空玻璃在冬季可以有效地防止因室内外温差而导致的以传导方式实现的热量外溢。但在夏季通过玻璃窗进入室内的热量，包括室内外温差得热和太阳辐射得热两部分，而辐射热是其主要部分，由于玻璃“透短阻长”的特性，在夏季又不能有效地阻挡太阳辐射的进入，导致室内温度持续升高。

中空玻璃的隔热效能仅为其保温效能的1/3。

2.5 低辐射玻璃（Low-E）

低辐射玻璃的单向传输的特性对寒冷地区的建筑在冬季白天利用太阳能和晚上室内保温有利；但对夏季和冬季具有全然不同要求的冬冷夏热地区则存在不可调和的矛盾。

通过对上述玻璃性能的理解，可以明白，单靠高性能的玻璃无法完全达到真正节能的要求，只有通过增加窗户的外部可开启、调节的设施（外遮阳系统）才是真正的解决方法。

在夏季，辐射（直射、漫射及环境反射）是远大于传导和对流的窗户得热方式，而外遮阳被证明是最有效的防止辐射热进入的措施。

3 遮阳的形式和分类

按照遮阳系统运用的场所分：

（1）室内遮阳：室内平面
室内立面；

（2）室外遮阳：室外平面
室外立面。

按照操作方式来分：

（1）手动操作；

（2）电动操作。

按照遮阳材料来分：

（1）由织物和运行机构组成的织物遮阳；

（2）由金属成分组成的各种金属百叶系统；

（3）由玻璃和运行机构组成的可调节的玻璃百叶遮阳系统；

（4）其他任何可以起到遮阳效果的材料（比如木质等），它的选择主要取决于建筑师对外立面装饰效果的要求。

4 遮阳产品介绍

在公共建筑中大面积的玻璃是造成能耗的主要原因。

4.1 北京国贸商城溜冰场

即使在事先设计中已采用了Low-E玻璃，在设计中也已考虑了冰场的制冷量，但由于没有考虑采光顶的遮阳，照射在冰面上的阳光在冰面进行能量转换，由光能转变成热能，冰融化成了水。后增加了遮阳帘，既做到了可见光的利用，又解决了冰面融化的问题。

4.2 天津市民广场

天津市民广场主要的标志部分是玻璃体，玻璃体中间部分为酒店的共享空间，在最初设计时就委托我们进行遮阳的设计，总面积近5000m²，根据结构的菱形特点，将遮阳系统分成底边为6m，高为9m的三角形，遮阳系统安装完成后，既达到了防止眩光的作用，又达到了节能的效果，通过开启窗将聚集在玻璃和遮阳帘之间的热量排放出室外，形成了一个循环的热通道。夏季有遮阳系统和没有遮阳系统，室内温度相差4~5℃。该项目中遮阳系统和开启窗的供电是由太阳能系统发的电来供给。

4.3 北京电视台新址

北京电视台新址将作为奥运会期间转播的重要场所，为了从细节上更能体现绿色奥运的宗旨，业主委托我们进行玻璃共享空间的节能设计。我们根据现场结构的特性，根据夏季太阳的最大入射角，进行计算，对立面、斜面、顶面进行特殊设计，达到了遮阳和建筑的融合，既满足了节能的要求，又和建筑师共同完成了创作、合作、再创作的过程。

以上为遮阳系统在公共、商用建筑中的应用，除了织物顶棚帘系统外，还有大型的铝合金机翼百叶，小型的遮阳百叶（80mm 宽）。这些遮阳系统都需要和建筑相结合，在建筑设计初期就应该配合建筑师一起共同再创作。

下面将介绍以下民用建筑中的遮阳系统：

4.4 在欧洲民用建筑中最常见的遮阳形式为铝合金卷帘窗系统，该系统的帘片是由镁铝合金片滚压成型，型材内部填充聚氨酯发泡材料，既保温隔热又隔噪声。该系统可用手动或电动操作，耐候性非常强，产品寿命超过 30 年，目前已采用该系统的节能民用住宅有很多，北京锋尚、当代 MOMA、南京朗诗国际等等。但该系统最大的弊端是，当使用卷帘窗时，自然光同时也被阻挡在室外。

目前当代 MOMA 四期对遮阳产品提出了更高的要求，将采用既遮阳、又可最大限度地利用自然光，并且可透景的不锈钢遮阳卷帘。

4.5 造价较高的双层呼吸式幕墙也在民用住宅中开始应用，北京公馆就是其中一个。北京公馆的双层呼吸式幕墙采用宽腔呼吸式幕墙（600mm 宽），气流循环方式为外循环。双层幕墙中的遮阳系统是由风景线公司和德国合资的 M + VIEWLINE 公司专门为此项目设计的可旋转、可平移侧收的电动垂直百叶系统，叶片宽 300mm，叶片由铝轮毂外包红色织物构成。叶片的平移和旋转根据一天中太阳的运行轨迹而变换角度，即使住户不在家，智能控制系统也可以根据采集到的阳光、温度等数据集中控制整个大厦的遮阳系统。夏季双层幕墙中遮阳系统所阻挡和吸收的热量被形成压差的气流带到室外，达到最大限度的节能。

4.6 客户不断的高要求，是推动遮阳行业发展的动力，随着遮阳产品需求量的不断加大，必将迎来遮阳产业的大发展。

注：本文中的相关技术内容参考了李保峰先生的清华大学工学博士学位论文《适应夏热冬冷地区气候的建筑表皮之可变化设计策略研究》。

金朝晖　北京风景线节能技术有限公司　总经理　邮编：100023

简析自然采光及材料透光性对建筑节能的影响

闫振宇　张　宏

【摘要】　光是人观察世界的媒介，在建筑中不可缺少。本文从营造室内光环境的角度指出自然采光在建筑设计中的重要作用，分析了材料的透光性及其在建筑上的应用，阐明了利用不同材料的透光性能来实现建筑节能的做法。通过徐州彭城大学图书馆的案例，介绍了一种半透光的U型玻璃和普通的透光玻璃交叉运用实现建筑节能的设计方法。

【关键词】　室内光环境　自然采光　透光材料　建筑节能

1　室内光环境的营造及其矛盾性

光环境的设计和营造根本上是要满足人的生理、心理需要，从而创造一个良好的、令人舒服的照明环境。20世纪70年代的石油危机后，人们普遍认识到了能源危机。建筑室内光环境的能耗也引起了人们广泛的关注。大面积的采光会引起巨大的能量损耗，夏季会使内部过热。这样就迫使在建筑中使用空调设备来制冷和制热，进一步扩大了能量的消耗。

在大多数建筑中，所需光线只是光能总量的一部分。此外用于采光的能量与所需取暖和制冷的热能之间也有一定的关系。房屋所需的能量和洞口的面积有很大的关系。对于普通的墙壁，自然光能随洞口面积的增加而增加。因为自然光能的增加，在冬季采暖所消耗的热能就会减少。但过大的洞口面积又会增大额外的热能损耗。在夏季则会增加制冷能耗。

在确定采暖系统是否节省能量时，洞口的热性能是关键。自然光能的下降意味着室内采暖能耗的上升，所需的能量随着洞口面积的增加而减少，因此任何热能的增加都意味着额外的制冷负荷。

现代设计中室内光环境的营造可以分为两类：

1.1　自然采光

自然采光是指利用自然光为建筑的室内空间提供照明。利用自然光可以最大限度地减少甚至取消人工照明。这样可以尽可能地节约能源，同时可以让人在视觉上更为习惯和舒服。随着现代材料、技术和构造的出现，以及自然采光方法和手段的不断丰富和完善，应在满足基本照明要求和美化室内环境的同时，利用各种现代化的方式对自然光进行控制，形成更加节能和环保的光环境。

自然采光根据采光口的位置和光的来源方向可以分为：顶部采光（图1）和侧面采光（图2）两种形式。顶部采光是从建筑屋面采光口引进自然光，它可以通过中庭、天窗、屋顶高侧窗等方式引进自然光。侧面采光又可以根据采光口的位置不同，分为高、中、低侧光。侧面采光可以选择良好的朝向和室外景观，光线具有明显的方向性，有利于形成阴影，设计者可以利用这一特性形成具有艺术性的空间效果。但侧面采光只能满足有限进深的采光要求（一般不超过窗高的两倍），而顶部采光光线分布则更均匀，同时可以作为自然通风口，防止室内过热现象。但顶部采光因为是直射光，容易形成眩光，因此在设计过程中要注意采取相应的措施解决。

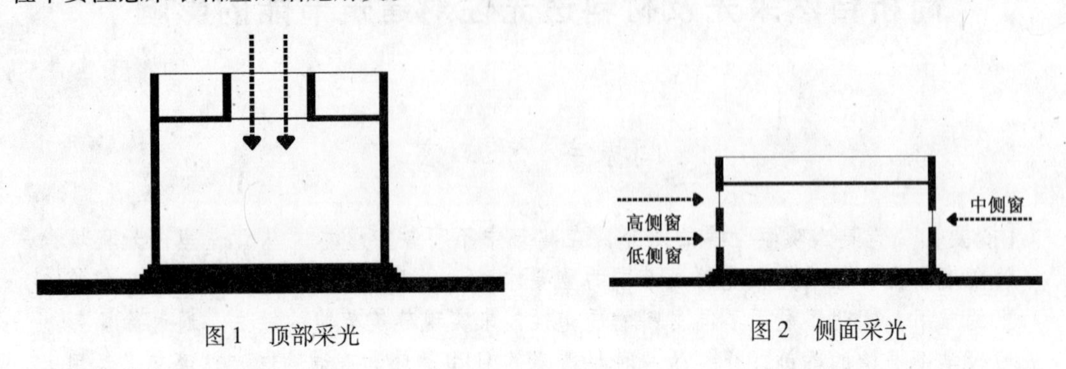

图1　顶部采光　　　　图2　侧面采光

自然采光作为一种节能和环保的采光方式，在建筑设计中如果设计师通过材料、技术和构造等方式很好地组织自然光，特别是随着新材料、新技术等的出现，自然光基本上可以满足大部分建筑类型的光照要求。

1.2　人工照明

人工照明主要是利用灯光满足人们对光照的要求。由于人工照明对能源的消耗比较大，所以人工照明主要作为夜间光源和自然采光的重要补充。

建筑设计中，应考虑尽可能多地利用自然采光，这样不仅可以给予人们舒适的室内光环境，而且如果能对自然光进行巧妙设计还可以达到节能的效果。

2　材料

建筑的外围护结构作为建筑的表皮或过滤器，它是确立建筑空间的物质基础，同时具有遮风避雨、引入自然光、空气交换等功能。如果在建筑设计中处理好外围护结构和自然光源的关系，将能大量节约能源的消耗，实现建筑和自然的和谐共生。

材料和光的最重要的关系是光可以清楚地表达和呈现建筑材料的质感和特性，同时材料的选择在很大程度上决定了建筑和自然光的关系。随着时代和科技的发展，可以被建筑师应用的材料十分丰富，所以建筑师应该根据各种材料不同的特性采取具有针对性的设计策略。从而可以通过材料这个技术手段，更好地诠释建筑和自然光的关系并实现节能。

2.1　透光性材料

透光性材料可以使光线很好地通过，因此在人们想到建筑和光发生关系时，透光材料是他们的首选。随着现代建筑的发展，透光性材料逐渐代替不透光的建筑材料成为建筑的外围护结构。

从玻璃被制造出来的时候，它就成为了透光性材料的代表。玻璃除了具有很好的透光性之外，它还可以像其他材料一样有很多材质和色彩，而且还可以通过改变透光程度和反射角度，使其自身具有丰富多彩的表面肌理。

玻璃有很多种类，有浮法玻璃、拉延平板玻璃、压花玻璃或压延玻璃、硼硅酸盐玻璃、微晶玻璃、抛光嵌丝玻璃、槽型玻璃、玻璃砖等。它们之中有些是透明的，有些是半透明的。例如使用最广泛的浮法玻璃就是透明的，而压延玻璃则是半透明的。

槽型玻璃（又称U型玻璃）是比较新的一种建筑材料。它由碎玻璃和石英等材料制成，具有较强的透光性能，而人的视线却不能穿过，是一种半透明玻璃。它有很多优点，如耐光照、防老化、透光性好、隔热保温、自重轻等。它一般用于透光性墙体，也可用于屋面，可以是很长的几片，从造型上看，具有线性感，现代感很强。此外，U型玻璃的造价低，每平方米总能耗为14kg标煤，相对于其他墙体材料来讲节省了大量的能源，比普通的平板玻璃可降低大约1/5～2/5的造价，是一种经济的节能材料。

玻璃具有良好的透光和反光性质，但热工性能较差是玻璃一直存在的问题。而且玻璃的强反光性也容易造成眩光，形成对视觉的冲击和光污染，影响建筑和周围环境的和谐关系。这都是建筑师在设计中应该重视的问题。

2.2　不透光性材料

由于玻璃具有热工性能、受力性能方面的弱点，不透光材料的使用可以很好地弥补这些方面的缺陷。不透光材料可以很好地平衡建筑内部空间的采光量，同时可以很好地控制热量的散失和侵入。不透光材料和建筑之间的关系主要体现在材料的反射性能上，而材料表面的肌理和颜色决定了材料的反射性能。表面越光滑，颜色越浅，材料的反射性能越好；表面越粗糙，颜色越深，材料的反射性能越差。反射性能差的材料可以存储更多的热量，并在晚上周围环境温度较低的时候再向外反射回来。

2.2.1　低反射性材料

这类材料保温遮光性能良好，自然光只有通过预留洞口或材料之间的缝隙才能进入室内空间。当具有更好的可塑性的混凝土出现之后，它成了这类材料的代表。混凝土经过不同加工工艺可以呈现出不同的表情。在自然光和混凝土的相互交流中，光线游离在材料的表面，加强了材料的艺术表现力，同时建筑师可以利用不同质感的材料对光的不同反射效果达到对自然光的合理运用，从而实现建筑节能的目的。

2.2.2　高反射性材料

进入21世纪之后，科学技术的发展渗透到了人们生活的各个领域，在建筑领域中金属材料得到了广泛的应用，抛光金属的表面对光具有更好的反射能力，同时又具有金属自身的热工性能，如果建筑师在设计中合理运用，可以在很大程度上节约能源。其次，有空洞的金属，在具有很好的透光性的同时，对于建筑的自然通风也很有帮助，可以应用在一些具有特殊要求的建筑空间中。穿孔铝板作为代表性的材料已经大量地应用在建筑的遮阳构件中。

2.2.3　半透明性材料

能够透光和折射光，但不能透视的材料，即半透明性材料。它们在一些相对私密和需要适当采光的空间中得到大量的应用。它们可以在满足建筑采光要求的同时，达到节约能源的目的。

这类材料包括前面提到的磨砂玻璃、玻璃砖、U型玻璃外，还有纸、纱、布等轻质材料。其中透明石材作为一种新出现的材料在建筑的艺术表现力和节能等方面显示出了很大的应用和开发潜力。

3　发展方向

随着建筑功能的复杂化和材料、技术、构造的迅速发展，对材料透光性和建筑节能的研究应该更加多样化。我们可以在以下几个方面进行一些新的探索。

3.1　通过对材料加工工艺和流程及施工方式的改变，改变材料的透光性能，满足建筑设计和节能的要求。

3.2　通过对材料的组织、固定等构造方式的改变，改变材料的透光性能，满足建筑设计和节能的要求。

3.3 通过对不同材料性能的运用和组合，达到不同材料性能之间的取长补短，从而满足建筑设计和节能的要求。

4　案例分析

徐州彭城大学图书馆是东南大学建筑研究所对材料的透光性在建筑节能方面应用的一次探索和实践。该方案主要是利用U型玻璃和普通玻璃的光学性能达到建筑节能的目的，并根据方案的实际情况，为U型玻璃设计了独特的构造方式（图3）。

图3　彭城大学图书馆室内效果

U型玻璃作为墙体材料、墙体外侧的遮阳材料、内部隔墙的材料等不同形式出现。U型玻璃在构造上同铝合金型材框架相结合以横向排列为原则进行设计。外立面上通过对U型玻璃进行规律性的组织，充分发挥了材料的光学特性，并形成了具有一定优美韵律的纹理。在墙体外侧，U型玻璃作为遮阳构件出现，在很大程度上节约了建筑的能源。在建筑的内外隔墙中，使用U型玻璃和普通玻璃在透明性和半透明性之间变化，在创造多变的建筑空间效果的同时，既满足了室内不同光线的要求，又通过自然采光节约了能源。整个建筑上玻璃和玻璃屏风的使用取决于室内对光的需求。对于大厅、阅览室等对采光要求高的地方，增大玻璃的使用并提高透光性，而在对采光要求不高的室内，外墙则多采用U型玻璃，既满足了适当的室内采光，又节约了能源。

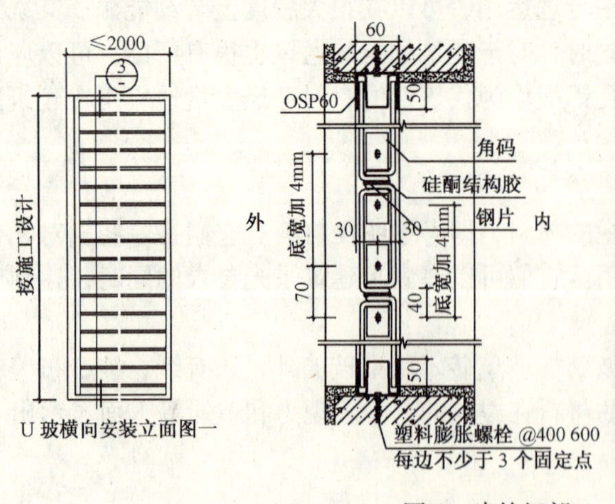

图4　建筑细部

在控制辐射热方面，首先建筑只在东、南、北面及内院大面积采用了U型玻璃作为墙体材料，在西面则基本不采用U型玻璃墙体。同时为了增加材料的热阻还专门设计了墙体构造（见图4、图5）。徐州彭城大学的方案中，通过对各种材料的交替使用，在满足不同采光需求的同时做出了很多节能方面的探索，提供了一些建筑节能方面的经验。

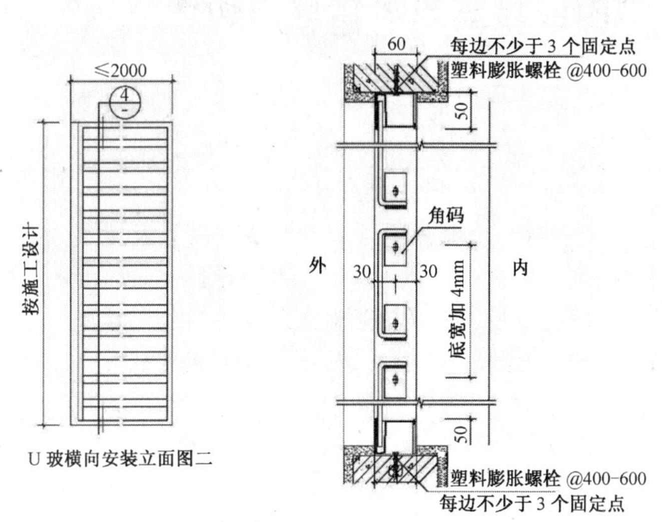

图5 U型玻璃墙体截面

参考文献

[1] 史蒂西，施塔伊贝，巴尔库，舒勒，索贝克．白宝鲲，厉敏，赵波译．《玻璃结构手册》．大连理工出版社，2004.

[2] 李晓珺．《自然光与现代建筑设计》.

[3]〔日〕安藤忠雄．《光、材料、空间》．世界建筑，2001.02：31～35.

[4] 张雯，张三明．《建筑遮阳与节能》．华中建筑，2004.06：86～88.

[5] 王华．《U型玻璃在建筑设计中的应用和形式表现》．东南大学硕士学位论文，2007：20～23.

[6] 李晓珺．《自然光与现代建筑设计》．郑州大学硕士学位论文，2006.05：30～34.

闫振宇　东南大学建筑学院　研究生　邮编：210096

作为遮阳构件的太阳能真空集热管应用初探

李 静 张 宏

【摘要】 本文分析了太阳能热水器的原理、集热器的选择和构造方式以及建筑外遮阳的形式，从太阳能集热器与建筑一体化的角度，探讨了太阳能真空集热管与建筑外遮阳的结合方式；并讨论了将太阳能真空集热管对太阳能的吸收与遮阳系统对太阳能的阻挡作用结合起来，形成新的遮阳构件，从而产生太阳能技术与建筑形式一体化的新节能建筑。

【关键词】 太阳能 真空集热管 遮阳 一体化

1 研究背景

太阳能作为一种可以利用并维持生态平衡的可再生能源，越来越受到人们的重视。近年来，太阳能技术作为降低建筑能耗的有效手段，尤其在住宅建筑中更得到广泛使用。太阳能系统一般分为两种：太阳能光电装置和太阳能热水器。前者是利用太阳能光电板放置在屋顶、外墙面等将光能转化为电能，然而这种光电装置造价高、维护成本高且能够转化和利用的电能相对较少，国内的经济和技术还未达到可以广泛应用的程度，目前在国外利用较多；而后者则是利用太阳能热水系统将太阳能转化为热能，以供家庭卫生间、厨房等用水。在我国，随着人民生活水平的日益提高，热水供应在住宅建筑中已经不可缺少，而热水的能耗也将越来越大，利用太阳能提供生活热水成为一个比较现实可行的途径，也成为今后住宅发展和利用的重点。

2 太阳能热水器的使用现状及存在的问题

现有的太阳能热水系统多数由住户按自己的需要安装，一般放置在建筑屋顶上，由于储水箱体形较大，安在屋顶上参差不齐且不安全，严重影响了屋顶保温、隔热、防水等方面功效的发挥。而输水管一般沿北立面进入每一户，一条条输水管道占据了整个墙面，影响了建筑整体的视觉效果。

另外，由于很多企业、建筑开发商、建筑师，对太阳能系统的理解还仅局限在其技术层面，没有认识到其对于建筑外观所产生的影响，而将两者分离开来，从而造成节能设施与建筑形式的脱轨。而在许多住宅小区，开发商也明确限制太阳能热水系统的使用，认为这样既破坏了建筑的部分功能，又对建筑外观产生很大影响。这就要求建筑师们在进行建筑设计时，需要充分考虑建筑节能措施（见图1、图2）。

随着楼层增高，输水管至底层住户距离加长，能耗也随之加大，而屋面可利用太阳能的面积增加的程度远比建筑立面在高度上增加的面积小，因此太阳能在整幢建筑中所占能耗的比例也会随之减小。为了更加充分利用太阳能，提高太阳能热水器的使用效率，在将太阳能热水器安装在屋顶上的同时还可以向建筑南向、西向、东向这些直接受太阳直射的立面上发展，从而获得较大的采热面积，提高太阳能利用在整幢建筑能耗中的比例。

图1　太阳能热水器安装现状

图2　太阳能热水器安装现状

3　太阳能热水器与遮阳系统结合

在我国，太阳能热水器与建筑立面结合设计已有成功案例，上海生态建筑示范楼将集热管放置在南立面外墙面上或作为遮阳雨篷，供应住户的生活热水。在夏季南京地区住宅建筑中南立面、西立面是受太阳能辐射最强烈的两个立面，而窗户则是最易接收太阳辐射的位置，也是需要考虑遮阳系统设计的部分。因而，将太阳能热水器与遮阳系统相结合将成为建筑立面设计中重要的环节（见图3、图4）。

图3　上海生态示范楼改建公寓

图4　集热管设计在遮阳雨篷上

3.1　太阳能热水器与遮阳系统结合的可能性

3.1.1　遮阳原理

遮阳是建筑从阳光直射和热辐射的得热角度出发对自然气候的抵御。遮阳构件或形体阻挡阳光的直射而形成阴影，使一定区域处于遮阳构件所产生的阴影中；而直射阳光经过建筑形体发生了反射和漫射，使得最终到达室内的光线成为均质的漫射光。也就是说遮阳降低能耗的方式是通过阻挡阳光的直射，来减少夏季室内对于空调的依赖从而降低冷负荷能耗。

3.1.2　太阳能热水器工作原理

太阳能热水器一般由集热器、储水箱、循环管路和辅助装置组成，是通过白天接受太阳辐射能后，传热给集热器内的介质——水或其他液体，然后与储水箱中的冷水不断地自然循环，进行热交换，使储水箱内的水温不断升高，供人们使用；也就是说太阳能热水器降低能耗的方式是通过对太阳能的吸收、转化，主动地利用太阳能这种可再生资源来满足人们对热负荷能耗的需求。

3.1.3　太阳能热水器与遮阳系统结合

太阳能热水器与遮阳在对待太阳辐射能上的方式——吸收和阻挡，是截然相反的，夏季太阳辐射能较大，室内消耗能量也较大，遮阳系统成为建筑不可缺少的构件，而太阳能热水器工作的原理就是要吸收遮阳系统所要遮挡的太阳能，因而两者之间互为补充，成为两者结合的交点，将二者结合起来可以形成一种新型的遮阳系统，从而获得一举两得的效果。

3.2　太阳能热水器与遮阳系统结合的可行性

太阳能集热器是太阳能热水系统的关键部分，它实现了太阳能向热能的转化；同时它也是太阳能热水器在建筑外表面的部分，对建筑外观的影响最为直接，因此集热器如何与建筑外遮阳构件进行一体化设计成为十分重要的环节。选用哪种集热器以及将集热器作为遮阳使用，如何布置都与建筑的遮阳形式与效果有着密切的关系。

3.2.1　太阳能集热器的选择

太阳能热水器按其集热装置的不同可分为平板式热水器、闷晒式热水器、真空管热水器三大类。目前，我国应用比较广泛的是平板式集热器和真空玻璃管集热器。从图5中可以看出，真空集热管在集热效率和应用范围上优于平板式集热器。在同样条件下与同等面积的平板式集热器相比，真空集热管升温更快、水温更高、热水产量更大、抗阴天能力更强以及效率更高。因此，在住宅建筑中，为了更有效地利用太阳能和为各家各户提供足够的生活热水，在将集热器与建筑一体化设计时，一般选择真空集热管作为遮阳构件的主要元素。

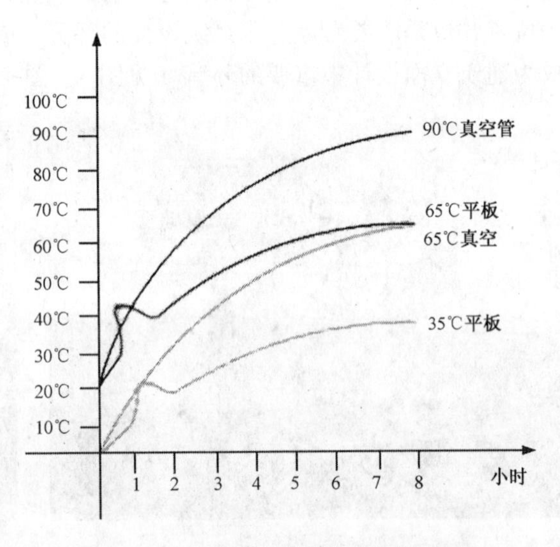

图5　平板与真空管集热器的效率图

真空集热管又可分为直接通水式全玻璃真空集热器、热管式玻璃真空管集热器、U型管式玻璃真空管集热器等几种形式（见图6）。通过表1对真空玻璃管集热器的特点的分析比较，可以看出U型管式集热器在机械循环、承压和防冻技术上较为先进，但是由于其造价和安装的要求较高，目前在住宅上使用得较少。直接通水式全玻璃真空管集热器、热管式玻璃真空管集热器目前使用较多，而热管式玻璃真空管集热器在承压、防冻等方面要优于直接通水式全玻璃真空管集热器，对于住宅的大面积大范围使用，安全及适用性能较好，有利于应用到建筑的遮阳系统中且易于推广使用。因此在将集热器作为遮阳构件设计时，选择热管式玻璃真空管集热器更为适宜。

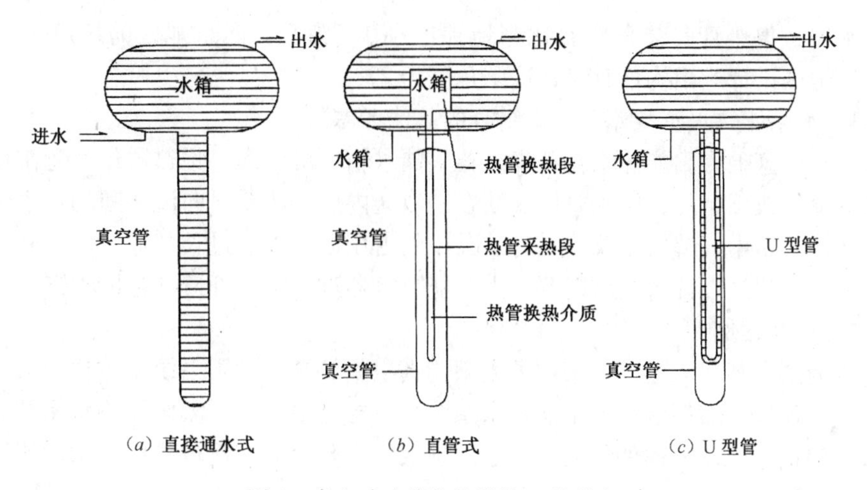

图6　真空玻璃管集热器的三种形式
(a) 直接通水式；(b) 直管式；(c) U 型管

三种真空玻璃管集热器的特点比较　　表1

集热器形式	换热效果	承　压	安　装	集中布置	防　冻
直接通水式	水被直接加热效果较好	真空管内直接盛水不能承压	密封圈承插连接，易漏	因不能承压，大面积布置较难	真空管与水直接接触易冻裂
热　管　式	水被间接加热效果好	水在水箱内不与真空管接触，能承压	需要焊接，热管与水箱需密封，需专业安装	能承压，适合大系统集中布置	水与传热介质均不接触玻璃管，防冻效果好
U 形 管 式	水被间接加热可机械循环，效果很好	水在水箱与 U 形管内，能承压	需要焊接或丝接，需专业安装	能承压，适合大系统集中布置	水不接触玻璃管，防冻效果好

3.2.2　集热管作为遮阳构件的布置方式

真空集热管作为采集太阳能的关键部分，其布置方式直接影响了遮阳的方式和形式，以及室内光环境。

组成遮阳构件的单元材料的组织关系和排列顺序形成了遮阳系统自身的一种秩序，这种秩序同时可以通过遮阳构件之间的组织和排列对建筑立面产生影响。遮阳构件的组织可以通过“点”的排列，形成阵列的效果；可以通过“线”的排列，形成强烈的线性感；还可以通过占据建筑立面的整体遮阳构架使自身形成阴影效果。

由于受真空集热管自身材料特性、构造特点所限，在设计太阳能真空集热管并将其作为遮阳方式的时候，需要弱化真空管的外观，以达到与建筑整体的协调。

由于真空集热管本身是一种线性的材料构件，因此可以通过线的排列，形成横向或竖向遮阳百叶，代替传统住宅遮阳系统中的金属百叶或木百叶等，形成一种单元式的遮阳构件。由于将太阳能集热器与建筑遮阳系统融为一体，因而遮阳形式的设计受到太阳能集热器设计原则的限制，而保持大面积的采光面和采光角度，可以形成连续的遮阳－采光界面，便于保持建筑整体性。集热管的倾斜角度与当地纬度有关，在夏季作为遮阳构件使用太阳能热水器，集热管安装角度要比当地纬度小10°为宜，南京地区的纬度为N32°02′，因此在南京地区设计遮阳构件宜设计遮阳角度为22°。

3.2.3　太阳能热水器与遮阳系统结合的其他考虑

在设计中，这种太阳能热水器将集热器、储水箱有机分离。集热器作为遮阳构件的一部分安装在窗外或阳台外，储水箱则安装在洗浴间内。集热器通向洗浴间的输水管可以通过墙壁到达储水箱中，解决了管线在管道井中的占用以及管线过长的问题。另外对于新建小区的住宅，在建筑设计阶段就需要对太阳能热水器进出水的管道进行预埋施工。

3.2.4　设计案例

本建筑为南京某住宅楼，它采用了太阳能真空集热管与遮阳系统一体化的设计。该建筑共6层，屋顶和立面都装有太阳能热水系统。每层住宅的独立太阳能热水系统的真空集热管与每户窗户的外遮阳构件集成在一起。顶层住宅阳台的雨篷也集成了太阳能真空集热管（见图7，图8）

图7　南京某住宅楼效果图

图8　遮阳细部

每扇窗户采用L型外遮阳系统来阻挡南向和西向的太阳能辐射。遮阳装置为一钢框与墙体连接，太阳能真空集热管嵌套在当中，形成横向的百叶，每扇窗外作为遮阳构件的集热管面积约为1.8 m^2，顶层住户的阳台的遮阳雨篷上也装有9 m^2 太阳能真空集热管。通过这两种不同的遮阳方式可以供该楼的生活热水使用。

但该方案在太阳能热水设计方面还存在着明显的不足：由于集热管作为遮阳的面积不足以供应整幢建筑的热水，北面的住宅只能由屋顶的热水系统供应；同时考虑到某些立面因素，集热管的安装角度没有依据南京地区的纬度进行倾斜调整，因而无法充分利用太阳能。

4　结论

通过对太阳能真空集热管的性能和构造方式的研究，可见太阳能真空集热管和遮阳系统这两种截然不同的控制能耗的方式具有一定的互补性，因而将两者结合起来改变成为集热管百叶的遮阳系统。将太阳能热水器的真空集热管放置在南向、西向，可以通过集热管之间的缝隙来进行遮阳，太阳照射到集热管上，夏季时真空集热管既可以作为其原有性能吸收太阳能，也可以作为遮阳构件为室内遮挡直射阳光，这种双重降低能耗的方式成为一种实用可行的途径。此外，将太阳能真空集热管作为遮阳构件不仅可以减少单独设置遮阳系统的成本，还可以进行标准化的大规模生产，便于在住宅小区中推广，成为今后太阳能热水系统与建筑一体化设计的新的方向。

参考文献

[1] 匡尧，付哲．太阳能热水系统的建筑集成设计初探，绿色建筑与建筑物理．北京：中国建筑工业出版社．

[2] 王均．太阳能建筑——集中式太阳能热水系统与建筑一体化设计的探讨．南京大学硕士生毕业论文，2005.

[3] 任敏．建筑外遮阳与建筑设计．东南大学硕士学位论文，2007.

[4] 吴宜珍．多层住宅建筑太阳能热水系统的应用研究．

李　静　东南大学建筑学院　研究生　邮编：210096

利用可再生能源的节能型住宅小区的可行性研究

潘　振　李静瑜

【摘要】　本文以实际的工程咨询项目为例，通过对内蒙古通辽市财苑滨河花园小区项目进行分析，提出在该项目中采用高效的围护结构节能技术基础之上，充分利用可再生能源，使可再生能源提供的能量占总耗能量的比例大于10%，同时，通过本项目的建设对本地区及周边地市起到一定的示范作用，从而推动可再生能源在这些地区建筑中的应用，以促进建筑的可持续发展。

【关键词】　**可再生能源　太阳能　风光互补　可持续发展**

《可再生能源法》规定国家鼓励单位和个人安装、使用太阳能热水系统；太阳能供热、采暖、制冷系统；太阳能光伏发电系统等太阳用能系统。国务院2005年21号文《关于做好建设节约型社会近期重点工作的通知》中明确指出开展建筑节能关键技术和可再生能源建筑工程应用技术的研发集成和城市级的工程示范。同时启动低能耗、超低能耗和绿色建筑的示范工程。国务院批准，由国家发改委颁布的《可再生能源中长期规划》明确指出，要加快太阳能、地热等可再生能源在建筑中的应用。本项目中可再生能源的利用就是在这样的大环境下进行可行性研究的[1]。

1　财苑滨河花园小区概况

财苑滨河花园小区坐落在通辽市团结路以东、霍林河大街以北滨河新区黄金地段，背依美丽的西辽河，地理位置十分优越。该小区占地面积53926.86m²，总建筑面积101592.40m²，其中住宅建筑面积101065.30 m²，公共建筑面积527.10 m²，是通辽市具有代表性的绿色生态住宅小区。

小区包括5层建筑两幢、6层建筑两幢、11层建筑10幢（局部含8层建筑），分别以阶梯形方式排列，该小区是通辽市第一个以居住性质为主的综合性高层小区，容积率为1.8，绿地率为45%。

通辽市地处亚洲大陆的东部，位于北纬42°15′~45°41′、东经119°15′~123°43′之间，远离海洋，气候受海洋影响较小，而受西伯利亚和蒙古冷高压及东南季风影响较大，属于温带大陆季风气候类型，年平均气温7℃，年日照时间2967小时，春季干旱多风，夏季短促温热，光照充足，属于国家一类阳光资源城市。大部分地区无霜期为90~150天。年降雨量350~450mm。风能丰富，风能有效时数（3~20m/s）为5000~6000小时。年有效风功率密度为100～150W/m²。

图1为通辽地区太阳各月总辐射量。

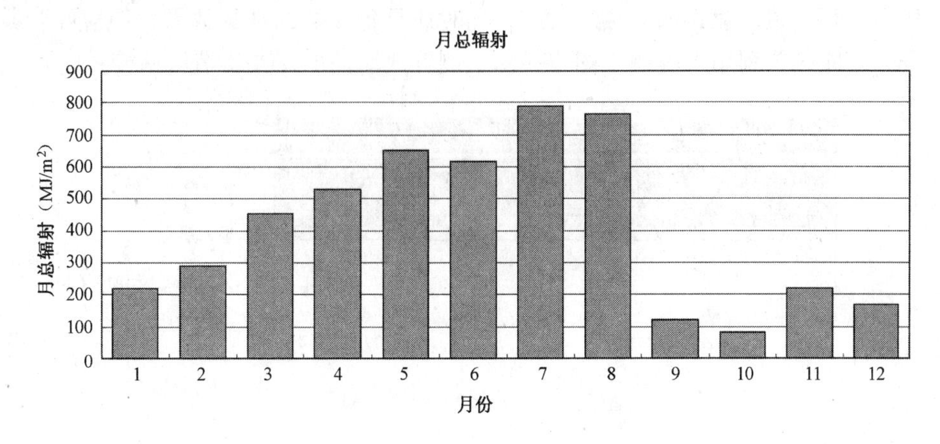

图1　通辽地区太阳各月总辐射量

结合通辽市独特的气候条件，本项目拟将各种形式的可再生能源综合应用，以替代建筑使用阶段所消耗的非可再生能源。从而节约常规能源，减少 CO_2 及其他对环境造成不利影响气体的排放量，最终降低建筑的能耗和对环境的破坏。

2　财苑滨河花园小区建筑围护结构的优化设计

做好建筑围护结构节能是充分利用可再生能源的前提，本项目的围护结构节能设计主要围绕外墙、屋面、门窗的保温隔热设计以及外窗的遮阳设计等展开。在各项围护结构设计方面拟采用多种不同的技术措施，以起到节能技术集成和示范的作用。满足或超过《民用建筑节能设计标准》的要求。

2.1　外墙节能

从经济上考虑，做好外墙保温是提高建筑节能率最便捷的方式。根据保温形式的特点和节能要求，考虑到内保温对热桥阻断作用相对较差，以及住宅建筑使用特点等因素，应选用外墙外保温构造体系作为外墙节能措施的选择。外保温系统示意简图如图2：

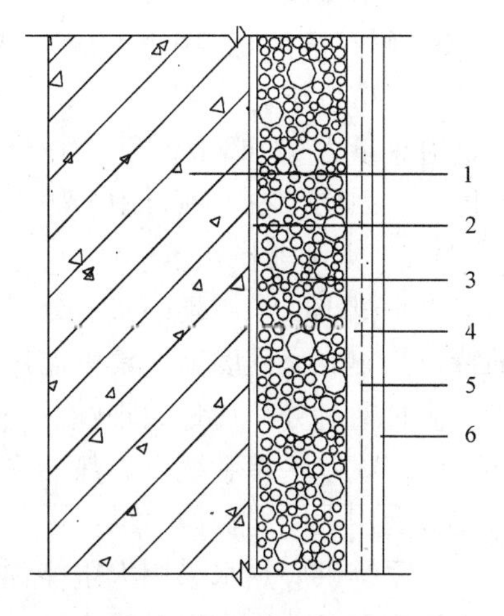

图2　外保温系统示意图

1—基层；2—界面砂浆；3—保温材料；4—抗裂砂浆薄抹面层；5—玻纤网；6—饰面层

本工程采用框架结构，外墙为300厚双排孔空心砖+50厚苯板保温层，内墙为100/200厚双排孔空心砖（注：应在确定外墙外保温体系以后作相关的耐候性实验，以检验体系经长年使用以后的性能，包括各层抗拉强度，表面是否起鼓、开裂等）。此外，外保温要能够将所有外墙包围起来，这样不仅是节能的需要，也是切断墙角、过梁等热桥，防止内侧冬季结露的需要。

2.2　屋面节能

对于屋面的选择，从节能的角度来说要先满足节能要求，以后再考虑构造形式等问题，所以屋面的保温层厚度是热工关注的焦点。针对本项目，屋面采用倒置式平屋面保温体系，保温材料使用100厚挤塑聚苯板，双层错缝铺设，并且根据承压要求对板材的抗压性能提出要求。屋顶绿化技术有利于减弱建筑物的热岛效应，同时还具备较好的观赏效果，但应配合其他专业，结合太阳能光热利用来考虑。图3显示了倒置式屋面的主要构造层结构：

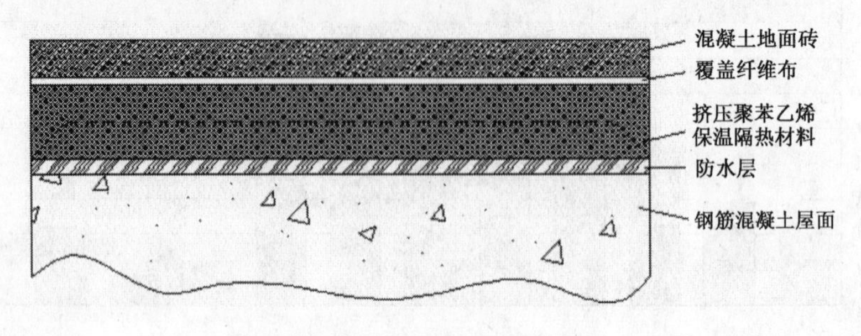

图3　倒置式屋面构造示意图

2.3　外窗及外门节能

对于外窗在重点考虑提高保温隔热性能的同时，还应考虑隔声等问题。对外窗的要求是实现冬季最大限度地利用太阳能、夏季遮挡太阳辐射的作用，同时基本满足室内自然采光的需要。

如果外窗保温效果不好的话，外墙和屋面保温做得再好也是徒劳的。根据节能率的不同要求以及兼顾夏季隔热，根据本项目建筑的特点，外窗采用PVC塑料中空玻璃窗，传热系数不大于2.5W/（m^2·K），保温性能达到8级要求，建筑外窗抗风压性能达到4级要求，气密性能达到4级要求，隔声性能达到4级要求，水密性能不小于700Pa。另外，在窗框与墙体连接处用发泡聚氨酯灌缝，然后用保温砂浆抹面。

外门在整个建筑中所占的比例虽然不大，但是它对整个建筑的节能率有一定影响，因而采用实木保温门，传热系数不大于2.0W/（m^2·K）。

3　财苑滨河花园小区的可再生能源利用

通辽市位于北纬42°15′~45°41′地区，太阳能资源十分丰富，年日照时间2967小时，年辐射总量为5714MJ/m^2，约相当205kg标准煤/m^2，在全国范围内属于日照资源较丰富的地区。因此，在本项目中利用太阳能资源获得节能效益是可行的。

3.1　太阳能供热水

本示范小区采用集中式、分户计量太阳能热水供应系统。集中式太阳能热水供应系统的特点是集成化程度高，集中储热方式利于降低造价并减少热损失，住户间用水也可以平衡，而且通过分户计量收取生活热水费，使物业管理合理。太阳能热水系统采用强制循环、间接式双水箱系统，集热器系统安装在楼顶。此系统造价低，便于管理，易于维护，可充分利用太阳能资源。

本系统供应热水采用太阳能预热生活用水，见图4。供水经太阳能预热后，如果达到供水温度要求，则直接对用户进行热水供应。如果达不到供水要求，开启辅助热源对经太阳能预热的水继续进行再热。实现对供水的再热可以通过两种方式进行：一种是直接与太阳能系统来水在水箱中直接混合，达供水温度要求后供给用户；另一种方式是采用高效换热器（如板式换热器），通过换热器加热太阳能系统来水，达到供水要求后供给用户。

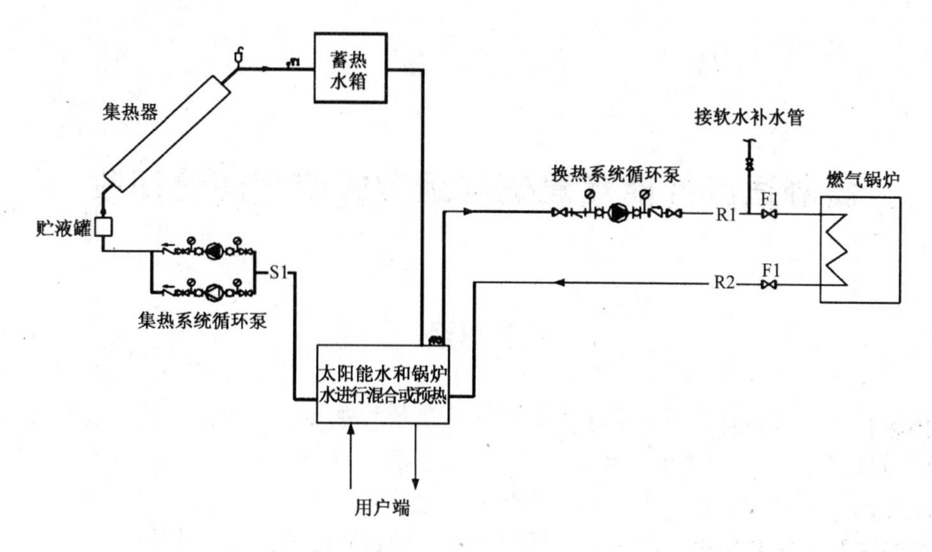

图4 集中式太阳能生活热水系统原理图

3.2 风光互补发电

由于大部分地区存在太阳能资源和风资源的时空分布不均的问题，因此采用单一的风能或太阳能发电，往往出现某些月份供电不足，即使采用增大系统容量，效果也不理想。同时，由于供电不足，常常造成蓄电池过度放电，严重影响蓄电池的使用寿命。根据中国许多地区风能和太阳能在冬半年和夏半年的互补特性，克服由于风能、太阳能所特有的年、月、日的变化而造成供电不均衡的缺陷，采用风能—太阳能互补（混合）发电，不仅可以保证一年四季均衡供电，使蓄电池使用寿命延长，同时可以降低离网型发电系统的发电成本，使自然资源得到充分利用。结合本项目所处地理优势，在项目中使用风光互补型路灯为小区提供相应的照明。

该小区装有太阳能路灯、草坪灯各40盏，按路灯每盏平均耗电2kWh/d、草坪灯每盏平均耗电1kWh/d计算，小区照明全年耗电43800kWh，如果电价按0.5元/kWh计算，风光互补照明系统每年大约节省电费2.19万元。

4 结语

本文结合财苑滨河花园小区所处的地理环境，分别对外墙、屋面、外窗和外门进行了节能设计，并提出了适应当地气候的可再生能源利用方案，使得当地充分的太阳能和风能资源得以最大化地利用，从而降低了常规能源的消耗，对该地区其他项目的可再生能源利用提供了参考。

参考文献

[1] 国家发展和改革委员会. 可再生能源中长期规划，2006.

潘 振 中国建筑科学研究院物理所 工程师 邮编：100044

高舒适度低能耗建筑与组合式空气能量回收

李明云

【摘要】　本文通过介绍高舒适度低能耗建筑的发展历程，高舒适度低能耗健康建筑的构成，节能与健康、舒适的矛盾，各种室内通风方式的比较，提出了利用 XeteX 的组合式空气能量回收机组系统的节能措施。

【关键词】　高舒适度　低能耗　新风系统　组合式空气能量回收机组

1　高舒适度低能耗建筑的发展历程

20 世纪 50 年代：以完全使用不可再生能源维持室内环境。

20 世纪 70 年代：经历两次能源危机后，人们意识到节能的重要性，采用了较低的室内设计标准。但是由此产生了一系列建筑病综合征。

20 世纪 90 年代：出现了许多一味追求高标准的建筑空调，建筑空调能耗进一步增加。

21 世纪初：随着一些新技术的出现，如置换式通风、通风余热回收以及可再生能源的利用，人们在追求高舒适度的同时也注重建筑的节能。

所谓高舒适度低能耗建筑，是指在任何气候条件下，通过对建筑本身外围护系统（包括外墙、窗、玻璃、地面、屋顶、遮阳等）的科学设计、选材，使室内自然温度接近或保持在人体舒适温度 20～26℃范围内，从而为居住者提供健康、舒适、环保的居住空间。同时，降低建筑能耗，保护城市环境。

欧洲在 20 世纪 70 年代经历两次能源危机后，制定了高舒适度低能耗建筑的发展战略。采用高舒适度低能耗建筑的欧洲，成为世界上居住品质最高、最科学的地区。

相比之下，目前我国大多数建筑的科技和内在品质水平仅相当于欧洲 20 世纪 50 年代的水平。传统建筑的一个重要标志，就是完全依赖采暖制冷设备维持室内舒适温度。在国内，这种传统建筑目前仍是主流产品，许多新建建筑不仅一味追求建筑外表的美观和室内装修的豪华，而且完全依赖空调和暖气调节室内温度，同时采暖和制冷期越长，能耗会越高。这样的建筑不仅严重污染环境，导致城市热岛效应，而且危害人体健康。这些年空调病日益盛行便是例证。

2　高舒适度低能耗的系统优化（国际 ISO7730）

高舒适度低能耗建筑是通过建筑物理的全系统优化设计来实现的，其中包括以下子系统，即外墙子系统、外窗子系统、屋顶和地面子系统、低能耗采暖制冷子系统、健康新风子系统等。这些子系统缺一不可，而且如果其中任何一个子系统达不到标准，都无法实现理想的效果。

国际 ISO7730 标准对温度、湿度、采光、空气质量的标准：

（1）温度：冬季满足20℃以上，夏季26℃以下；

（2）湿度：设计相对湿度：设计值为40%～60%之间；

（3）空气质量：最小人均新风量30m³/h；

（4）辐射温度：也就是要控制房屋内墙面、玻璃内表面和地面的温度与室内空气温度的温差不超过3～4℃。

外围护结构达到节能75%标准，各围护结构及通风换气能耗所占的比例如表1：

各围护结构及通风换气能耗所占比例 **表1**

外墙	地面	屋顶	外窗	通风
11%	7%	8%	32%	42%

（1）以节能75%的外围护结构为基础，继续提高外围护结构的节能效果的边际贡献有限。

（2）在各部分能耗中，通风换气能耗占42%，如何利用通风余热回收装置，回收排风能量，减少通风能耗，以降低建筑能耗。

（3）如何引入置换式新风，保证室内拥有充足的新鲜空气，达到较高的舒适度。

（4）在保证通风的同时，来对空气进行湿度调节和净化处理，满足室内的舒适要求。必要时，可以对空气进行加热、冷却处理，减少其他采暖、制冷设备的投入。

3　节能、舒适、健康

3.1　节能和满足舒适度之间的矛盾

• 为了降低建筑能耗，必须提高建筑物的气密性和热绝缘性，降低室内新风量。

• 建筑变得越来越密闭，室内空气质量下降，要达到高舒适度要求必须增加室内新风量。

• 无论是节能还是满足舒适度都要解决通风问题；但在现在的建筑中它们是矛盾的，要使节能和满足舒适度达到统一，必须在建筑中引入建筑新技术。可以全年每天24小时不间断通风换气，从而在一年四季中确保室内空气的清新通畅。

3.2　节能和舒适度的统一

• 节能和舒适度是建筑不可缺少的部分，不能以牺牲舒适度来满足建筑节能的要求。

• 随着建筑节能率和人们生活水平的提高，人们对建筑的舒适度提出了更高的要求，热回收式新风系统将在建筑通风中扮演重要的角色。

• 采用节能75%的外围护结构和组合式空气能量回收系统能够实现建筑的低能耗和高舒适度，已经得到实际的应用。

4　高舒适度低能耗健康建筑的构成（图1）

5　低能耗外围护结构系统

LUMAX公司的保温墙体系统是一套集中体现中国各地气候特点、地理状况、墙体结构的综合系统，该技术应用范围广，保温系数高，同时适用于新、旧墙体，能够保护建筑物主体结构，延长建筑物使用寿命，有效减少建筑结构“热桥”现象，增加建筑的有效面积，同时也消除了“冷凝”现象，大大提高了居住的舒适程度，见表2。

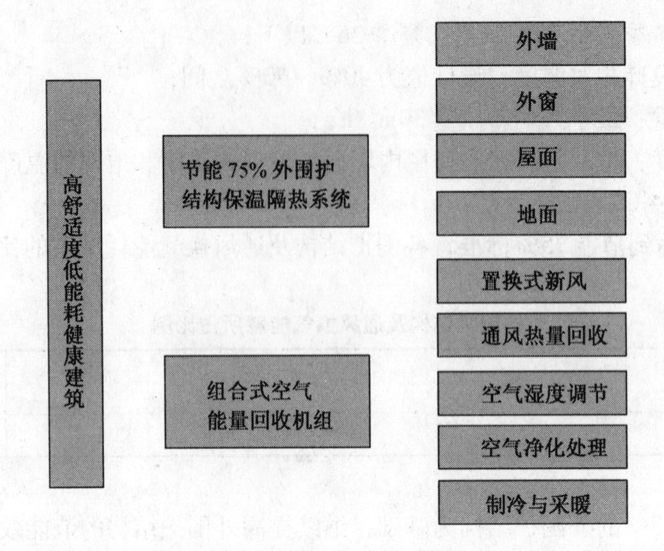

图 1　高舒适度低能耗健康住宅的构成

节能 75% 外围护结构传热系数限值　　　　表 2

围护结构 建筑类型	屋顶	外墙	外窗	阳台门下部门芯板	不采暖楼梯间隔墙		地板		地面	
					隔墙	户门	接触室外空气地板	不采暖地下室上部地板	周边地面	非周边地面
6 层及以上建筑	0.35	0.35	2.0	1.50	0.60	1.50	0.50	0.55	0.30	0.30
5 层及以下建筑	0.30	0.30								

6　室内空气品质现状及通风方式的比较

6.1　室内空气品质现状

6.1.1　世界卫生组织把由于房间新风不足导致的疾病定名为“病态建筑综合症”。根据研究，隐藏在室内空气中的有害物质主要有：A. 挥发性有机物（VOC），室内挥发性有机物主要有甲醛 HCHO、氨、苯、甲苯、二甲苯等，其中甲醛是室内空气中的主要污染物；B. 抽烟产生的尼古丁、焦油等；C. 过量的二氧化碳；D. 湿度过高（水蒸气）；E. 空气中的各种悬浮颗粒；F. 杀虫剂、芳香剂气体等。

6.1.2　室内空气污染日趋严重，因此长期生活和工作在现代建筑物内的人们，不可避免地表现出越来越严重的病态反应。主要症状包括：眼痒、眼干、打喷嚏、咽喉干燥、流鼻涕等等。

6.2　各类通风方式的比较

6.2.1　自然开窗通风：自然开窗通风可以部分解决室内换气问题，但是如下问题却难以解决：

（1）冬季寒冷气候时，大风及雨天通常关闭窗户不通风；

（2）城市空气中浮尘、悬浮物天气开窗通风导致室内积尘，不洁净；

（3）开窗通风时外界噪声对住户正常生活的干扰。

6.2.2　换气扇；换气扇的噪声大，不可能在卧室装换气扇，换气扇只能局部排风，不能进风，室内外空气不能实现流通。用时开，不用时关，换气扇不可能连续24小时运作。

6.2.3　空调系统

（1）小型家用空调通常没有新风装置，作用只给室内调节温度，而不能使室内外空气进行交换。

（2）目前在民用建筑中的中央空调系统普遍采用垂直式上送下回的气流组织方式。这种方式不但导致在室内的温度分布不均、人体不适，而且非常容易在主要活动区形成气流停滞的污染死角。

6.2.4　新风系统

新风系统是指将室外新鲜空气引进室内，将室内空气传向室外的一套通风系统。新风系统不能调节室内温度，专用于室内外空气的交换，让室内空气保持清新。目前常见的有置换式全新风系统和依附于户式中央空调的新风系统。

6.2.5　室内辅助净化设备（如负离子空气净化器）

（1）只能对原有的室内空气进行处理，没有室外新风的补充，随着室内空气的污浊度增大，处理能力会逐渐下降。

（2）运行时产生的负离子很容易被异性电荷中和掉，真正起作用的时间很有限。

（3）净化装置的净化作用是随着使用次数的增加而递减的。而且，净化器内的净化材料也必须经常更换，才能保证空气净化效率。

7　全空气能量回收节能的领导者——XeteX

作为全空气能量回收节能的领导者，来自美国的XeteX从1960年就开始从事商业采暖通风及空调设备的设计和应用工作。

顺应高舒适度低能耗建筑的发展趋势，为达到在保证室内空气品质的同时，最大限度地节约能源的目标，致力于研究空气热回收器及热回收系统已二十多年，是全球唯一拥有高效双程空气热回收器专利的公司。

XeteX能够生产各种空气处理设备，包括热回收式通风设备、空气加湿除湿设备、空气加热制冷设备以及空气除尘净化设备等。

组合式空气能量回收机组的功能介绍：

7.1　基本功能

能量回收：利用排出的污气和新鲜空气的温差，使两种气体进行热量交换，回收排出气体所携带的部分热量，可减少高达90%的能源消耗。

通风换气：向室内提供新鲜空气，降低室内CO_2及各种有害物的浓度。

湿度调节：利用换热芯调节引入室内空气的湿度，保持室内良好的舒适度，避免传统空调所产生的病态建筑综合征（SBS）。

7.2　特定功能

预热制冷：通过辅助加热和冷却盘使机器性能更加完整。它可以确保室内温度达到设计值，而且只需要很低的操作成本。

除湿加湿：通过高效的热回收交换器、送风机、节气闸、节能装置、辅助加热器和所有的安全及操作控制。

防尘除味：有效去除浮尘及炊煮、抽烟所排出的有害气体，最高可处理微小到0.3microns的粒径，维护室内空气清新，且材料使用寿命长。

杀菌功能：特殊的除菌系统（Bio-Fighter system）有效消灭对人体有害的细菌。

8 组合式空气能量回收机组的技术特点

• 双向换气：内置送排风机，双向置换，使室内保持充足的新鲜空气。

• 能量回收：采用高效静止热交换器，送排风交叉通过时进行充分的能量交换。

• 温度范围：标准的设备：可以在－40～140℃的温度下运行，定制的设备可以承受温度最高可达500℃。

• 过滤净化：配置专业空气过滤器，保证送入室内新鲜空气洁净无尘。

• 优化设计：严格选用高质量的器件、材料，实现功效最优化，结构合理，体积小，噪声低，电气控制先进简捷，安全实用。

• 维护方便：先进的结构设计和质量可靠的元器件，使设备日常运行非常稳定，维护方便，无需专业人员值守。

• 智能控制：机组温湿度的控制从最简单的on/off开关，到配置复杂的调节阀，自动控制温湿度在我们的设定范围内。

• 通报系统：实现远程E-mail问题通报系统：在机组内可设置internet accessible controls网络通报装置，若Filter滤网、湿度感应器需要替换时，通过电子原件可通报远程的服务器。

9 组合式空气能量回收机组单元介绍

XeteX热回收换热器处理机组是以热回收换热器为核心产品，在此基础上可以按照设计参数和约束条件在选型程序中来增加加热器、冷却盘、送风机、节气闸、节能装置或是控制器等辅助装置，来满足对高温、高压、防腐、污染、高湿或是其他特殊性能的要求。

9.1 核心产品——热回收换热器

热回收换热器是一个全空气能量回收系统。它是设计用来回收排气中的余热（它最高可以回收排气中90%的热量），并用余热来预热从户外通风供给的空气。另外，特制的平板和转轮散热器加上干燥剂，可以把高蒸汽压一侧的气流中的水分传送给另外一侧的气流。通过对排气热量的再利用和水分的转移，可以对室外通风空气进行预处理，使其接近室内设计温度和湿度。通过辅助加热和冷却盘管的作用，可以确保室内温度和湿度达到设计值。热回收换热器有板翅式换热器和转轮式换热器两种典型结构。

9.1.1 板翅式换热器（Heat-X-Changer）

板翅式换热器属于一种空气—空气直接交换式的换热器，它不需要通过中间媒质进行换热，也没有转动系统，它是通过隔板两侧两股气流存在温差和水蒸气分压力差，来进行能量的回收。由于隔板材质的不同，板翅式换热器又分显热型和全热型。

• 显热换热器：其隔板是非透过性的、具有良好导热特性的材料，一般多为铝质材料；

• 全热交换器：是一种透过型的空气—空气热交换器，其间隔板是由经过处理的、具有较好传热透湿特性的材料构成，见图2。

9.1.2 板翅式热回收器的特点

•无缝的气流通道，杜绝气流交叉污染。

•每个气流通道的板片空间和间隔可独立设计，可以定制不同压降或性能的热回收器。

•板和翅采用先进的粘结材料，可以提供最大的热量传输，承受高达5000Pa的压差。

•开放的排气通道，便于冷凝水的排放，抵抗霜冻的形成，污垢和灰尘自动清除，空气通道不易堵塞。

•板片安装坚固，不用担心板片下陷或被压碎，可以垂直或水平安装热回收器。

•热回收器表面100%可视，检查和清洁时，可用刷子或软磨粒进行物理清洗，确保热回收器能长期运行。

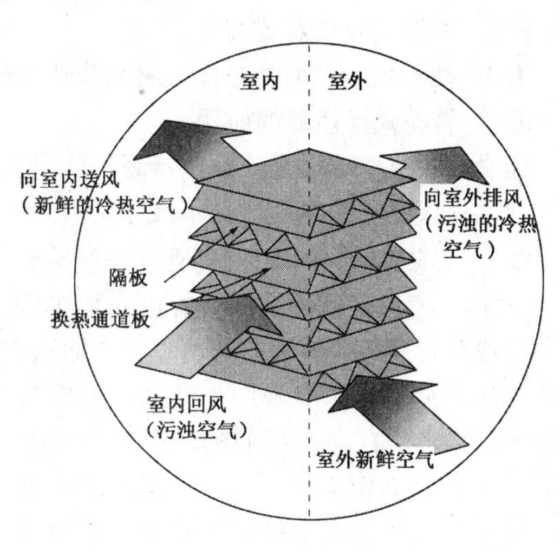

图2　板翅式换热器

9.1.3　板翅式热回收器的规格

有11种标准尺寸，大小从20～250cm不等，并有超过30种不同的组合选择，满足客户多样需求。

9.1.4　板翅式热回收器的应用

适用于空气处理量大，新风量大的处理系统。排风中含有有毒气体、病菌的工厂或医院的通风也能应用。

9.2　转轮式换热器（AIRotor）（图3）

转轮式换热器是一种蓄热能量回收设备。转轮作为蓄热芯体，新风通过转轮的一个半圆，而同时排风通过转轮的另一半圆。随着转轮不断地旋转，新风和排风以这种方式交替通过转轮，完成能量的交换。由于转轮材质的不同，转轮式换热器又分显热回收型和全热回收型。

显热换热器：其转轮的材质是非透过性的、具有良好导热特性的料料，一般为铝箔。

全热交换器：转轮材质为具有吸湿表面的铝箔材料。

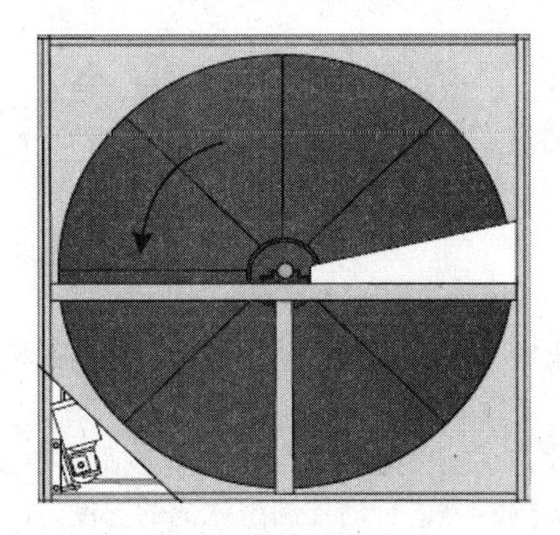

图3　转轮式换热器

9.3　转轮式换热器特点

•能量回收率高，转轮具有吸湿能力，可实现全热回收，总能量回收效率可达90%。

•可调节的清洁扇区，保证转轮被连续的清洗，消除了排气和供给气体的交叉污染。

•采用先进的刷式密封技术，提供非常有效的封接，并且接触压力小，运行年限长。

•转轮流畅的空气通道，确保低的压降，减少新鲜空气被污染的风险。

•可实现智能化控制。进行空气通道压力调

节，提供电子控制转轮速度，控制空气流量。

9.4　转轮式换热器规格

有16种不同规格可供选择，通风范围300~16000m³/h。

9.5　转轮式换热器的应用

能量回收效率比板翅式换热器高，适用于通风能耗大，节能要求高的空调系统，但在洁净度要求极高的医院手术部不推荐使用。

9.6　安装应用——置换式通风处理系统（Weld-Master）（图4）

置换式通风处理系统：将管道安装在房间底部或接近地板处，新空气由下往上输送，气流以活塞流的状态缓慢向上移动，最后从房间上部排出，这样在我们的活动范围高度内会形成一个新鲜空气“湖”。而传统的通风系统工作原理是基于稀释原理的，它通过引入新鲜空气稀释室内污浊空气，降低室内有害气体浓度。但它的通风换气效率差，室内有害气体难以全部被排除。

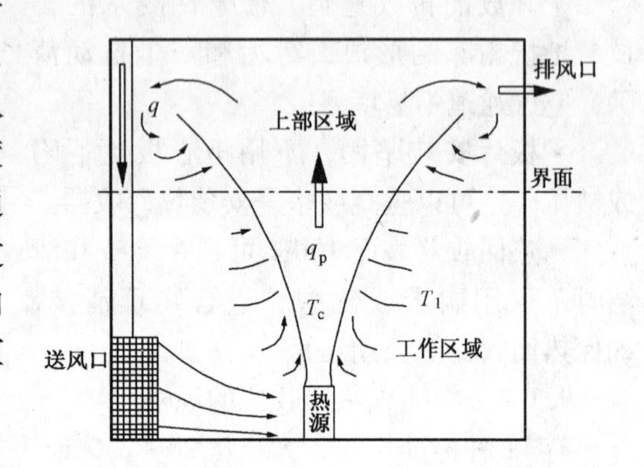

图4　置换通风的原理及热力分层图

9.7　置换式通风处理系统特点

• 空气自然循环，可减少排风扇一半以上的马力，需要加热的室外空气也减少了一半。有效减少风扇运行能耗。

• 排出的废气未被稀释，所以温度更高，具有更多的热量来预热室外的冷空气，提高热交换器的效能。

9.8　特定场所应用

空气除湿系统（Dri-X-Changer）

在美国，BOCA 及 ASHRAE 62—1989 通风标准，对空调设备提出严格的制冷和除湿规定。比如教室，现要求室外空气进入量比过去多3倍，在不增加空调制冷和预热能耗的情况下，暖通工程师很难找到适合的、可以供给室内良好空气品质的空气处理设备。

空气除湿系统为此困难提供了解决方案。

室外空气在被冷却盘管除湿前，先经过热回收器的一个空气通道，被预冷却，通过冷却盘管除湿后，再经过热回收器的另一通道，被再加热。由于热回收器对室外空气的预冷和再热作用，制冷设备的规格可以更小。在实现相同室内空气品质的同时，可以大幅降低能源和设备投入的费用。

9.9　游泳池除湿系统（Pool-Master）

室内游泳池，空气湿度大，空气品质差，容易损害室内装修甚至建筑结构，空调系统运行成本高。

游泳池除湿系统对游泳池提供一套完整的环境改善系统。游泳池除湿系统包括高效的空气热回收器、送风机、节气闸、节能装置、辅助加热器等，自动控制游泳池的温度、湿度和通风，使操作成本最小化。

9.10　对于特殊应用

热回收器也可选择不同材料，包括环氧涂覆的铝材、铝合金、不锈钢和塑胶等特殊材料。除了能达到常规设计要求外，还可以满足对高温、高压、防腐、污染、高湿或是其他特殊性能的要求。

10　组合式空气能量回收机组的选用

- 根据建筑物结构特点，选择不同安装（吊顶式、外挂式、落地式）形式的机组；
- 根据房间用途、面积、内部人员数量确定合适的新风量；
- 根据所需的新风量确定热回收式换热器的规格；
- 根据室内冷热负荷和新风负荷选定盘管；
- 根据加湿量和除湿量选定加湿和除湿器；
- 根据需要确定机组配置形式和分机出口方向；
- 通过机内消耗静压、机外静压及箱体泄漏损失计算所需静压；
- 根据所选定机组和需要的静压力决定风机规格及电动机；
- 根据所选定机组的规格和空气过滤器等查出机组外形尺寸。

李明云　大连丽美顺涂料树脂有限公司北京公司　经理　邮编：100022

低能耗建筑混合通风的优化策略

方立新　杨维菊　吴　迪

【摘要】　混合通风是一种具有自然和机械两种动力系统的通风模式，在混合通风系统中，自然通风负担了部分室内负荷，本文就此背景介绍了混合通风的能耗特征以及相关系统设计中适宜的优化策略。

【关键词】　混合通风　自然通风　优化策略　机械通风

在通风系统中，混合通风是一种新的节能型通风模式，它是综合了自然通风和机械通风两者优点的混合通风模式，通过自然通风和机械通风的相互转换或同时使用这两种通风模式来实现，它充分利用自然气候因素为建筑室内创造一个舒适的环境，同时达到改善室内空气品质和节能的目的，在能源消耗方面可比传统通风系统节能25%～50%。由于通风能耗的大大节省，从而减少污染物的排放及制冷剂的使用，改善室内空气品质和热舒适条件，使居住者更加满意；而混合通风系统中自然通风的使用，最大限度地利用了室外新风，一方面可改善传统空调系统中新风量不足或新风遭到污染的问题，客观改善室内空气品质，另一方面允许人们可以通过调节自己的行为来控制环境和适应环境，增强了人的控制环境的自主能动性，因此，能源消耗和使用者满意度方面的双重优势将使得混合通风的推广应用很有潜力。

1　混合通风的能耗特征

混合通风一般可分为3种：（1）自然通风模式和机械通风模式交替运行；（2）风机辅助式自然通风；（3）热压和风压辅助式机械通风[1]。混合通风是一种具有自然和机械两种动力模式的系统。

混合通风能提高居住者满意度，降低能耗，降低生命周期费用，有时还能降低原始投资。但一般情况下其原始投资将高于传统机械通风，这一方面是因为传统的机械通风有大量成熟而可靠的定型产品，一般而言，这类机械的效率已经发展到极限，而混合通风需要开发新的通风设备如换热器、热回收装置、通风口等，这类机械的热回收效率比较低，有可能导致较机械通风更多的供热能耗；另一方面混合通风涉及两种通风模式的转换，混合通风系统中设置了智能控制系统，能自动切换自然通风和机械通风，因此另外需要开发复杂、精确而可靠的控制系统，这些都加大了节能的原始投资。

单纯以设备投资测算建筑的能耗是不合适的，为了获得自然通风的生态效应和舒适性，放弃批量化的定型产品代价是值得的，总效益不能仅仅简单地看原始投入，而应当通过由原始投入、运行费用、维护和修理费用甚至病态建筑综合征的几率减少等方面进行综合比较。例如：混合通风可以减少运行费用及延长设备使用寿命；在混合通风系统中，自然通风负担了部分室内负荷，所以与传统的机械通风系统相比，可缩小机械通风设备，并且设备也不是长期满负荷运转，故可减少日常维修费及延长设备使用寿命。然而量化这种比较并不容易，上述优点被表现的前提是：自然通风条件能被稳定地捕捉到。由于自然通风不确定性因素较多，完全依赖自然通风往往无法获得足够良好的建筑舒适性，这正是混合通风吸引建筑师的地方，但同时这一点也正是混合通风容易出偏差之处，因为一旦设计不到位而达不到充分利用自然通风的技术要求或者某年气候条件特别恶劣、无法利用自然通风时，则整个建筑的节能目标将相当被动：首先建筑的空间布置和设备配型均是按照混合通风要求设计的，并非按传统机械通风要求设计，当混合通风建筑的自然通风条件跟不上时，它实际上变成了纯粹依靠机械通风的建筑，然而它的空间设计和设备参数并非按纯粹机械通风的建筑技术要求选配，牺牲了常规机械通风的产品效率优势，更不用说按混合通风设计时常见的气流路径短循环造成的流程损耗也高于常规机械通风，因此，就低能耗目标而言，混合通风建筑往往更为关心自然通风设计能否可靠实现，事实上它对自然通风设计比纯粹自然通风模式的建筑有着更为现实和严格的指标，纯粹自然通风模式建筑设计失败仅仅带来的是用户舒适性的不足，而混合通风建筑的设计失败则是全方位的，舒适性不足倒在其次，其并未起到作用的设备投资以及整个建筑节能策略的不伦不类将使建筑的使用后性能评估结果十分糟糕，因此对混合通风建筑而言，自然通风设计的可靠性比创新的概念更加重要。

2　混合通风的优化策略

低能耗目标下混合通风的优化策略是比较复杂的，属于多学科多目标的优化，需要建筑师在概念设计阶段研究适合混合通风的建筑体形，并与设备工程师共同决定基本通风模式；而初步设计阶段，工程师判断自然通风的利用效率时，根据当地风谱等风工程知识快速估算通风系统大小，这涉及到建筑周围的风压系数即风荷载体型系数的判断[2]，如果需要深入分析自然通风效果时，甚至要与结构工程师合作进行风洞试验[3]；最后才能进入施工图设计阶段，工程师需设计通风系统细节和选择最佳设计参数，完成最终优化。

当建筑选用自然通风模式和机械通风模式交替运行原理时，如果室外条件允许自然通风，则机械通风系统关闭，如果室外环境温度升高或降低至某一限度时，自然通风系统关闭而机械通风系统开启，自然通风对机械通风基本上无干扰。如何选择合适的控制参数实现自然通风模式与机械通风模式之间的转换是设计的关键问题，但对投资和运营能耗的影响还有一个常被忽略的因素即是通风设备的功率难以确定，太小对外界的气候波动适应性差，自然通风不足时室内舒适性差；太大则平时用不足，不仅设备浪费而且负荷不足时运行机械效率也较低。

目前建筑师往往笼统讨论混合通风中的机械通风[1]，事实上机械通风本身就包括顶板送风、地板送风、工位送风和置换通风等不同模式[4]：

2.1　顶板送风：送风处理后的低温空气通过顶板送风散流器与室内空气混合，消除室内余热余湿，室内温湿度在空间上分布均匀；顶板送风的室内空气品质较差，能耗较高；

2.2　地板送风：送风处理后的空气经过地板下的静压箱，由送风散流器送入室内，与室内空气混合，由于地板提升的高度有限，送风量受到限制；

2.3　工位送风：在核心区域安装送风口，通过软管与地板下的送风装置相连，送风口的位置可以根据室内设施灵活变动，个人可以根据舒适需要调节送风气流的流量、流速、流向及送风温度，可以保证局部更好的舒适性；

2.4　置换通风：气流从位于侧墙下部的散流器以很低的速度送入工作区的底部，并在地板上形成一层较薄的空气湖，吸收人员散热和设备负荷散热形成热羽流；在上升过程中，热羽流不断卷吸周围空气，均匀一致，较多地用于层高大于2.4m的建筑空间。

上述四种模式各自送风特点和能耗特征为工程师所熟悉，然而一旦转放到混合通风的设计框架下，它们各自之间的基准比较就可能发生变更。例如通常情况下置换通风相比其他几种机械送风有以下能耗优势：由于低速低紊流度送风，送风温差小，送风温度高，不仅热舒适性好，处理新风所需的能耗也降低；而送风温度高，过渡季节免费供冷时段增加，带来供冷能耗降低，同时冷水机组的蒸发温度可提高，冷水机组的能耗可降低；另外由于仅需考虑人员停留区负荷，上部区域负荷可不必考虑，设计计算负荷可减少，综合而言置换通风所需的能耗比其他机械通风减少约20%～30%[5]。然而这种优势是建立在建筑空间布局不考虑自然通风的前提下，一旦需要考虑自然通风的通风要求，将会对结构的层高和进深产生各种约束和限制，几种机械通风模式之间的比较基准将会发生变化，因此不同机械通风模式如何与自然通风的特征相互匹配以取得最佳的节能效果，需要在节能建筑混合通风优化策略中深化分析。

对混合通风这种多学科多目标优化的问题，全面的数值模拟是必需的，例如对混合通风的通风口的气流速度，通风空间的气流流型等必须利用空气计算流体动力学CFD技术进行分析[2][3]，对通过通风口气流的换热系数的求取，必须依靠热工软件计算，因此混合通风系统进行数值模拟，最基本的必须在风和热模式的耦合基础上完成，此外混合通风系统的控制模块是系统成功运行的关键，其目的在于确立最低能耗下的换气率和气流流型，因此控制模块仿真必不可少[6]，这部分工作可以依靠MATLAB仿真软件包完成。

上述工作放置到整个优化仿真的流程来看，可以抽象概括为问题定义（定义设计变量，约束，目标函数）、设计评估（选择优化设计方案）、数据分析（改进设计工程）等环节，整个混合通风优化策略实际上是一个完整的多学科协同设计/分析/优化的解决方案，包括系统总体和各分系统方案设计的多学科权衡和优化。通过建立设计规范、模型支撑库和知识库，将不同设计分析工具进行集成，然后调用优化算法库和优化策略进行多学科综合仿真分析和设计优化，实现不同阶段、不同范围和不同复杂程度的多学科优化设计以及多方案对比分析。

具体进行优化仿真时还有若干难点，混合通风属于非线性特征强烈的复杂系统，具有很多随机影响因素尤其以自然通风的不确定因素为甚，其次控制系统的失效也会为系统的鲁棒性带来影响，如何在混合通风系统运行中，运用成熟的概率方法对此进行分析是亟待解决的“瓶颈”，此外混合通风的发展存在一些政策性的阻碍，比如与防火排烟法规对通风口面积要求的冲突等等如何在系统的优化过程中转化为优化目标搜索的惩罚因子也是难以作理想化考虑的。

虽然有上述一些困难，我们仍然可以做出更多努力，通过确认优化计算过程的探索状况，从各个角度把握设计参数和目标函数的变化及相关关系，从而使问题的特性明确化；一个典型的混合通风工程需要不断进行“设计—评估—改进”的循环，如果把所有设计流程组织到一个统一、有机和逻辑的框架中并调制出比较完备的优化工具集成，将有利于该复杂优化设计问题的最终解决。

3 小结

为促进混合通风的节能增效，国际能源组织通过了关于在新建以及改建建筑中应用混合通风的计划——Annex 35，但目前实际工程中混合通风中利用风机辅助自然通风以及利用夜间冷却等获得节能效果仍处于试验探索阶段，而混合通风安装的有限风机数量有可能使建筑对外界环境和使用者通风需求响应速度较慢，虽然如此，混合通风仍然具备单纯自然通风和机械通风所不能替代的优势，因此在讨论利用仿真优化工具对建筑中混合通风系统的运行提供仿真控制和预测分析方法的基础上，本文对混合通风的节能目标权衡优化策略作了初步探讨。

参考文献

[1] Vik, T. A. Natural and hybrid ventilation in buildings. Norway: SINTEF, 1998.

[2] 方立新，冯健．类锥型组合群膜结构的风荷载探讨．工业建筑．2006，36（增）：474-476.

[3] 方立新，冯健．索膜建筑空气流场的计算力学分析．江苏建筑．2006. 1：45－49.

[4] Shiping Hu, Qingyan Chen, Leon R. Glicksman. Comparison of energy consumption between displacement and mixing ventilation systems for different U. S. buildings and climates. ASHRAE Transactions 1999. 105 (2).

[5] 于松波．置换通风在办公室建筑中的应用与分析．暖通空调，2003，33（3）：99～104.

[6] Lea, R. N., Dohmann, E., Prebilsky, W. Fifth IEEE International Conference on Fuzzy Systems. 1996, Vol. 3.: 2175～2180.

方立新　东南大学建筑学院 研究生　邮编：210096

南京银城广场项目地源热泵+蓄能空调系统的设计研究

王　琰　秦海燕

【摘要】　采用工程桩桩基埋管的地源热泵及蓄能空调两种空调形式结合，将会产生显著的社会效益和经济效益，预示着节能型中央空调在中心城区建筑中运用的发展方向。本文介绍了南京银城广场项目地源热泵+蓄能空调系统的设计研究，并与常规冷热源空调系统进行了社会效益和经济效益的比较。

【关键词】　地源热泵　蓄能空调　节能建筑　桩基埋管换热器

1　前言

地源热泵系统是可再生能源的开发和利用技术，具有节能、运行费用低、系统安全可靠等优点，是目前其他传统方式不可比拟的、最为理想的供热制冷方式。蓄能技术是在常规中央空调系统的基础上多加一套储能装置，主要为了平衡电网的昼夜峰谷差，在夜间电力低谷时段向蓄能设备储能，在日间电力高峰时段释放能量，减少电力高峰时段制冷设备的电力消耗，起到宏观上调峰填谷、微观上大大降低运行费用的作用。

但是，这两种相对独立的技术都具有一定的局限性，冰蓄冷技术只能应用于夏季空调季节，可起到削峰填谷的效益，但无法提供冬季的采暖。同样，地源热泵技术虽然可以同时提供冬季采暖和夏季制冷，但却无法在夜间电力低谷时段蓄能，以起到削峰填谷的功效。同时，在城市中心大体量的建筑上使用还会受到埋管占地的限制。

因此，采用热泵技术和蓄能技术相结合的方式，使得该系统不但具有削峰填谷的功能，还可以一机三用（制热工况、制冷工况、制冰工况），使用清洁的电能和地下免费的可再生能源，既为系统提供了稳定的冷、热源，缓解了制冷主机由于夜间制冰而降低效率的弊端，又解决了燃煤的污染问题和燃油、燃气的高能耗及风冷热泵虽有效率但品质不稳的难题，而在中心城区实施桩基埋管换热又可以较好地解决埋管的占地问题。在提倡节约型社会的今天，采用桩基埋管地源热泵及蓄能空调两种空调形式结合，不但符合国家的环保政策，也符合用户的根本利益。

本文以南京市银城广场的空调设计为例，阐述地源热泵+蓄能空调的设计研究。

2　工程概述

2.1　工程情况

银城大厦项目为综合性写字楼建筑，位于南京河西新城区。该建筑地下2层，地上20层，地下1~2层为停车库，主楼的一、二层和辅楼的首层均为商业用房，主楼的三、四层和辅楼的二至四层为餐饮用房，其他层为办公建筑。总建筑面积70827 m^2，总用地面积13800 m^2。

2.2　围护结构的建筑节能设计

建筑外围护结构采用外墙外保温系统，干挂石材，内贴30mm厚挤塑聚苯板于混凝土空心砖墙上，外墙传热系数K为0.79W/(m^2·K)；外门窗采用断热铝合金型材，中空低辐射玻璃，K值达到了1.5W/(m^2·K)；屋面铺设40mm厚挤塑聚苯板，K值为0.61W/(m^2·K)。对容易产生热桥的部位做保温处理。同时还运用了立面窗栅上活动外遮阳技术。

2.3　空调末端情况

空调末端采用风机盘管+新风的方式，新风采用新风机组+全热交换形式回收排风能量。

2.4　地质情况

该项目位于南京河西地区，地貌为长江漫滩。根据野外钻探鉴别、现场原位测试及室内岩土试验成果综合分析，场地岩土层分布自上而下分别为：0.5~59.1m为杂填土、素填土、淤泥质粉质黏土、细砂；57.2~62.5m为粉质黏土混卵砾石，卵砾石含量约15%~20%，粒径2~5cm大小不等；59.3~63.1m为强风化泥岩、泥质粉砂岩；60.7~70.5m为中风化粉泥岩、中风化泥质粉砂岩。

3　建筑节能及冷热负荷的确定

3.1　办公建筑的围护结构与空调节能

办公建筑是耗能较大的建筑，就普通的办公楼建筑耗电量的构成来看，照明占33.3%，冷暖空调占41.4%（制冷机10.2%，空调动力27.2%），其他动力（电梯、电脑、给排水）占25.3%，空调耗电在建筑总用电量中所占的份额最大，而其中仅冷源就占据了总用电量的10%。

制冷机的冷负荷主要由围护结构冷负荷、室内热源冷负荷、新风冷负荷等构成。大约35%是由外围护结构传热所消耗的。

因此，减少建筑能耗，降低围护结构得热量，是靠降低墙体、门窗、屋顶、地面得热量以及减少门窗空气渗透热来实现的。改善围护结构热工性能，是建筑节能取得成效的一个重要的方面。

3.1.1　外墙外保温系统

在该办公建筑设计中，选用节能建筑中应用普遍、技术成熟的外墙外保温系统与外保温构造不仅冬季保温性能好，还能防止冷（热）桥的产生，而且夏季隔热性能优良。

3.1.2　外遮阳技术的运用

为了改善现代化办公建筑的室内热环境，采用活动外遮阳技术无疑是一项重要的技术手段，它不但可以防止眩光，还可以在夏季阻挡直射光透过玻璃进入室内，有效防止热辐射；在冬季又能允许阳光进入室内，提升温度，减少空调的能量消耗。

3.2　全热交换器在新风中的运用

保证一定的新风量是实现良好空气品质的最好方法，只从空气品质的角度来说，加大新风量运行的空调系统才是最舒适的系统保证，可是由此带来的能量消耗确实是非常大的。根据南京气象资料计算，当室内温度设计值在26℃，相对湿度在60%时，对于本建筑，处理1m^3/h新风量，整个夏季需要投入的冷能能耗累计约9.5kW·h左右。可见加大新风量后，能量消耗就有很大增加。因此，本设计在采用传统的新风机组的同时，在新风与排风之间加设能量回收设备，可以使能量回收率达 50% 以上。

采用传统的新风机组 + 全热交换器的方式虽然会增加一定的投资成本，但经计算，总的新风量在 $64400m^3/h$ 时，增加的投资可以在 2.5 ~ 3 年内通过节约电量回收回来。因此具有较大的节能意义。

3.3 照明节能的运用

本建筑拟采用 I-bus 控制系统，分别根据自然光线、上下班时间及工作人员活动情况对灯光、遮阳、空调等进行自动控制，可有效节能。

3.4 普通建筑与采用节能措施的建筑耗能比较

为了验证采用节能措施的建筑对空调逐时负荷的影响，利用空调逐时负荷计算软件对节能建筑和普通建筑分别进行了计算，计算结果见表 1。

普通建筑与采用节能措施的建筑空调逐时负荷比较表 **表 1**

	普通办公建筑（kW）	采用节能措施的办公建筑（kW）	节能率（%）
夏季总冷负荷（含新风/全热）	6879.965	5013.848	27.1
冬季总热负荷（含新风/全热）	4263.658	2326.661	45.4

由表 1 可以看出，采用建筑节能措施后，夏季冷负荷节能 27.1%，冬季热负荷节能 45.4%，办公建筑由于其本身功能的复杂性和设计的多样性，使其空调能耗非常高，远大于住宅，由此可见，办公建筑采用节能措施在很大程度上将直接影响着建筑节能整体目标的实现。

3.5 冷热负荷的确定

3.5.1 空调冷负荷的计算

根据南京地区室外气象设计参数及业主对室内环境的要求，夏季设计最大冷负荷为 5013.85 kW，各时段负荷分布如图 1 所示（6 点以后考虑为加班负荷）：

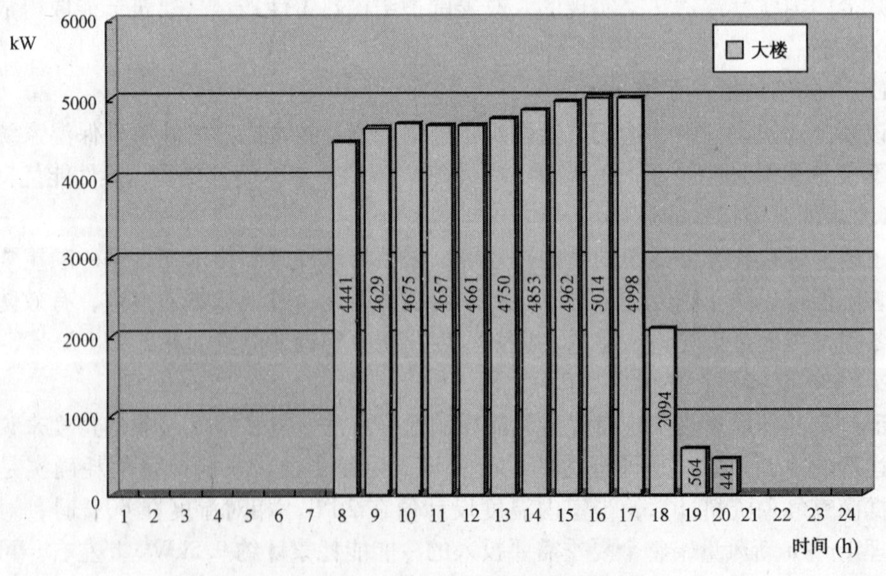

图 1 大楼 100% 设计日逐时冷负荷图

3.5.2 空调热负荷的计算

空调逐时热负荷是以该系统的设计日（最不利情况）逐时负荷分布为依据的。根据南京市气象参数及本工程空调设计及业主给定的条件和要求。本工程峰值热负荷为2326.66kW，而写字楼的开放时间可以按照常规进行估计，各时段负荷分布如图2所示（6点以后考虑为加班负荷）：

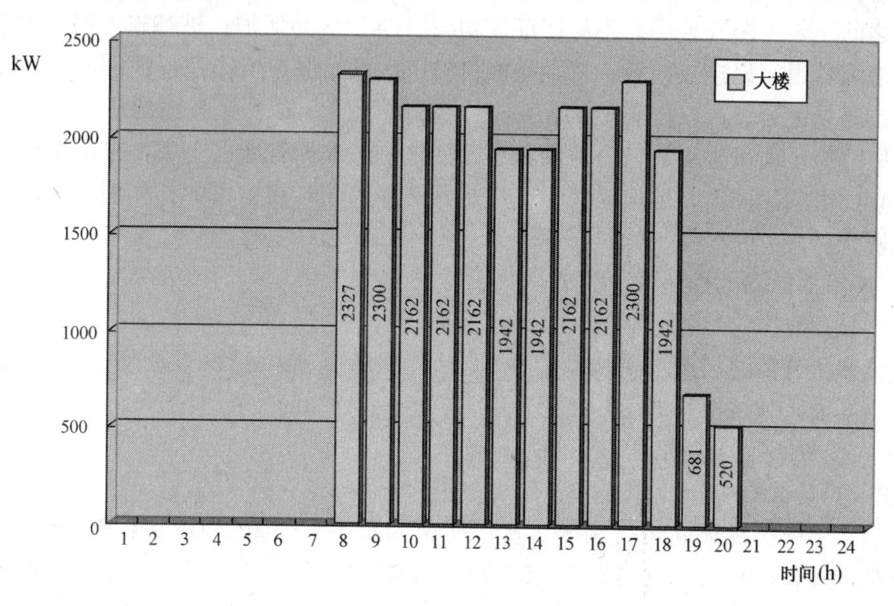

图2 大楼100%设计日逐时热负荷图

4 工程桩内埋管换热的研究

地源热泵系统中，地下换热器常见的埋管方式为水平埋管式和垂直埋管式。长江三角洲大部分地区的浅层土是软土，属第四纪沉积层，承载力差。该地区的高层建筑，地基普遍采用桩基，因此，地源热泵宜采用工程桩内埋管的形式，具有占地较少，换热能力高，减少钻孔数量和埋管的费用低等优点。

桩埋管系统，即把地下换热器管道埋于桩中。目前常用的有垂直埋管和螺旋埋管两种方式，根据调研，螺旋埋管受到起重机具及成品保护等因素的影响，在国内成功率较低。因此本工程在桩柱内径为800mm，钢筋笼内径为700mm的灌注桩内采用的是垂直埋管的形式，即埋入桩基的U型管一进一回形成环路，通过桩与周围大地进行换热（图3）。由于1m以下地下土壤的温度仅受年平

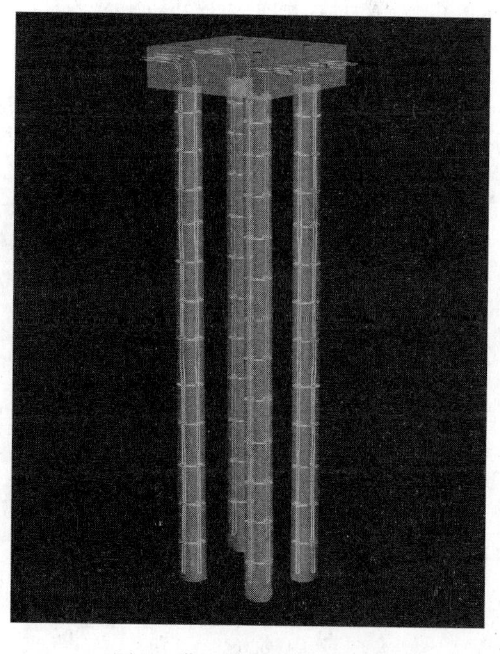

图3 灌注桩内埋管示意图

均气温的影响，已不再受日平均气温的影响。这对热泵运行非常有利。桩埋管地源热泵夏季在土壤中蓄热，冬季从土壤中吸热，这样冬夏季循环使用，形成了绿色热泵技术。

垂直桩埋管系统也存在一定的施工难点：(1) 工期紧；要求施工进度追随桩基施工进度。(2) 现场施工面不足；由于桩基施工全面铺开，土方堆放占用场地，大型机械进出较多，留有施工面小，难以开展大规模施工。(3) 下管难度大；由于只能在钢筋笼内壁和灌注导管之间下管，距离狭小，不易保证成功率。(4) 成品保护；桩基施工都为大型机械开挖，对地埋管很容易造成损坏，特别是截桩施工，成品保护工作任务艰巨。但只要同桩基施工单位密切配合，严格按施工工艺要求去实施，还是可以保证较高的成功率的。

在中心城区由于楼层高，占地面积小，加之一般都拥有地下车库，采用工程桩内埋管是最适宜的方式。同时，还应该在保证换热器间距的同时在土壤中补孔埋管，充分利用地下换热资源。

5 地下换热器的换热性能测试

5.1 地源热泵换热测试装置。

测试装置有恒温加热水箱和风冷冷水机组、水泵、控制系统以及其他一些辅助仪表。主要针对不同品牌的 HDPE 管材在灌注桩内以外径 32mm、W 型布管，在土壤里以外径 25mm、U 型布管的换热测试。

5.2 排热试验

排热试验模拟夏天的运行工况，从房间中取出来的热量，通过 HDPE 管排向地下土壤，测量地埋管在夏天的散热能力。试验结果：桩基埋管排热能力为 85 ~ 108W/m；土壤埋管为 38 ~ 46W/m。

5.3 取热试验

取热试验是为了确定 HDPE 管从土壤中的取热能力。试验结果为桩基埋管取热能力 116W/m 左右，土壤埋管为 31 ~ 44W/m。

5.4 排热试验对地温的影响

土壤的温度是影响地源热泵系统的主要因素。热泵的效率主要取决于建筑物室内与室外温度差，该温度差减小则热泵效率就可以提高。大地温度最主要的特点就是它的延迟和

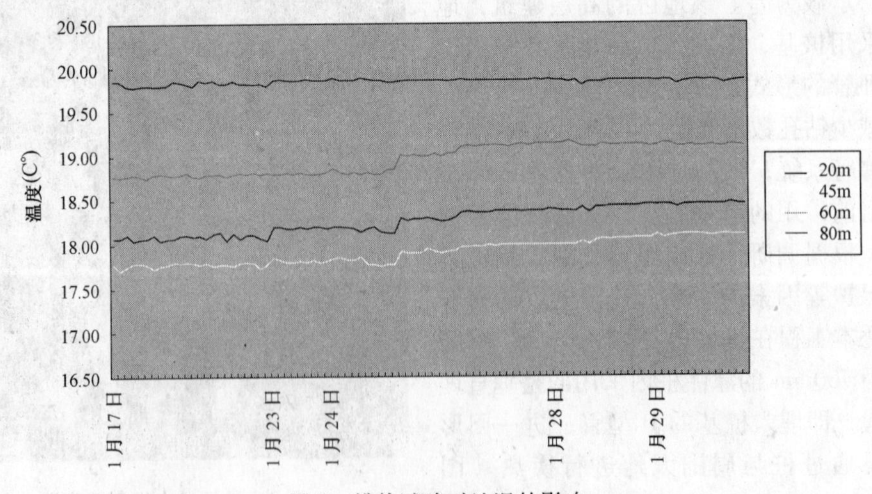

图4 排热试验对地温的影响

蓄热性。排热试验对地温的影响见图4，纵观全图，20m、45m、60m 深处温度升高0.3℃左右，80m 处温度几乎不变。因此，使用地源热泵对地温的影响不是很大，但长期运行时土壤温度变化还有待观测确定。

5.5　综合取值的确定

根据试验数据，考虑到数据的稳定性，并参照国内外的一些桩内及土壤孔内的换热的经验数据，最终确定土壤换热器埋管分为钻孔埋管324个，均深60m/口井，单U（DN25）型埋管，夏季放热48W/m 井深，冬季吸热36W/m 井深；灌注桩埋管254个、均深54m/口井，双U（DN25）型埋管，夏季放热75W/m 桩深，冬季吸热60W/m 桩深。

6　地源热泵+蓄能空调系统方案

根据上述对地下换热器的换热量及埋管数量计算可知，综合夏季放热为1962kW，冬季吸热1523kW。对于整栋建筑的空调负荷来说，尚存在一定的差额，其差额部分采用冰蓄冷及电蓄热的方式来补充。经过对系统全年逐时负荷的统计，本设计采用复合式地源热泵系统，即利用释放蓄能承担尖峰负荷，而利用地源热泵承担基本负荷，可以减少系统的初投资，节省系统的运行费用。由于蓄能系统均在夜间谷段时间运行，因此采用复合系统不但降低了系统的初投资，同时为今后的高效经济运行打下了基础。

6.1　系统设计原则

6.1.1　经济　系统设计须依据影响初期投资及运行成本的各种因素综合考虑而确定，因而在方案设计时，须详尽研究系统的电力增容投资、峰谷电价结构及设备初投资等资料，以期达到最佳的经济效益，在降低初期投资的同时节约更多的运行成本，转移更多的高峰用电量；且由于空调系统夏季的热量及冬季的冷量都要排放到土壤中，所以系统设计时要考虑到冷热平衡及长期效益的问题。

6.1.2　完整可靠　评价空调系统品质的最重要的依据是系统的整体效能及运行的稳定性。进行系统设计时，须结合空调系统的运行特点，优选各种设备，以使系统配合完美，符合整体运行要求；各种配套设备也要求能经受长期稳定工作的考验，减少对系统的维护，满足寿命要求。

6.1.3　综上所述设计原则结合本工程实际情况，本工程采用地源热泵+分量储冰模式+分量储热模式提供冷热负荷。

6.2　地源热泵冰蓄冷空调系统配置

6.2.1　三工况螺杆主机

由于三工况螺杆热泵机组能在低温工况下稳定运行，且在制冰期内具有较高的工作效率，故在储冰系统中采用三工况螺杆热泵机组较为经济、有效。

本方案选用4台制冷量为240RT（304万kJ/h）的三工况热泵螺杆机组（具体参数详见表2）。大楼夏季空调设计日，三工况热泵主机白天以空调工况运行直接制冷，满足部分冷负荷的需要，不足的冷量由融冰补充；夜间24:00~8:00共8小时的电力低谷期内三工况主机制冰，制取的冷量储存在储冰装置中。同样在大楼冬季空调设计日，三工况热泵主机白天通过管路外转换运行直接制热，满足部分热负荷的需要，不足的热量由电锅炉补充，夜间24:00~8:00共8小时的电力低谷期电锅炉蓄热。

由于空调工况与蓄冰工况的制冷剂流量、阀前后压差及运行特性等差别很大，因此要求采用电子膨胀阀；另外对于空调工况和蓄冰工况的蒸发温度差别较大，所以一个蒸发器很难满足两个工况下的要求，推荐选用双蒸发器主机。

三工况热泵主机参数表　　表2

运行工况	地下换热器供回水温度 ℃	冷冻水供回水温度 ℃	乙二醇进出水温度 ℃	设备出功 kW
制冷工况	30/35	12/7		850
制冰工况	30/35		-1.3/-6.3	500
制热工况	9/4	45/40		920

6.2.2　蓄冰装置

本系统按照主机优先模式进行设计。按照此种设计，使主机及储冰装置的容量减至最小，相应可使机房配套的电力容量均降至最小，从而可以节约大量的初期投资。

本方案夏季采用蓄冰装置储冷，每日夜间24:00~8:00共8小时的制冰周期内，4台热泵主机全负荷运转制的总冷量为4500RTH的冰储存在储冰装置中。白天负荷高峰期，在4台主机供冷的同时，储冰装置融冰供冷。

6.2.3　自控装置与系统

自控装置与系统是组成冰储冷空调系统的关键部分，自控设备均工作在条件相对恶劣的环境中，电动阀、传感元件均需在低温下工作，故自控装置采用进口设备较为可靠。

6.2.4　电热水机组

冬季辅助电加热，选用2台360kW电热水机组加1个$100m^3$蓄热罐，晚上在电力低谷时段，开启电热水机组向蓄热装置储热，蓄热量达到5760kWh，设计蓄热水温为95℃，白天在平电时段以两台地源热泵机组供热为主，不足部分由所蓄热水供热，满足大楼冬季的热负荷。

7　机房的布置及辅助设备的选型

7.1　制冷机房的布置

根据系统工艺的要求，机房布置在地下二层。考虑蓄能装置的占地面积，机房的建筑面积为$520m^2$。

7.2　辅助设备的选型

机房内部设置三工况热泵主机、电锅炉、蓄能装置、乙二醇溶液泵、冷冻水循环泵、地下换热器水循环泵（兼做冷却塔水循环泵）、板式换热器等设备。

设置4台冷却塔，布置在主楼屋顶。

8　结束语

该系统目前已通过初步设计审查，灌注桩内埋管已施工完毕，埋管成功率达到了预期的目标，正在进行后续的设计、施工准备工作。

长江流域及其周边地区具有丰富的低温环境资源，而且气候条件是冬寒夏热，需要较多的供热和空调装置。因此在该地区地源热泵技术具有广阔的推广和应用前景。

我们相信，该系统的实施将在运营管理方面取得良好的经济效益，同时在城市中心区用地面积受限的客观条件下，利用工程桩作为埋管换热器，而不足的冷热量通过蓄冷、蓄热来解决的技术思路，为在城市中心区建筑实施地源热泵技术，利用可再生能源找到一条新途径，将产生很好的节能效益和示范效应。

参考文献

[1] 曲云霞等．地源热泵及其应用分析．可再生能源，2002，08.

[2] 李峰等．高层建筑外墙体与空调节能．制冷，1991，01.

[3] 高青等．环保效能好的供热制冷装置—地源热泵的开发与利用．吉林工业大学自然科学学报，2001，04.

[4] 张晋阳等．三工况热泵机组利用冰蓄冷技术进行空调运行的经济性评价方法．制冷空调与电力机械，2004，06.

[5] 杨维菊等．办公建筑的生态节能设计．建筑节能，2006，06.

[6] 涂逢祥等．建筑节能研究报告．建筑节能 42. 北京：中国建筑工业出版社，2004.

王　琰　南京城镇建筑设计咨询有限公司　工程师　邮编：210024

地热及相关节能技术的应用

高　阳

【摘要】　本文简略地介绍地热的特点及现今应用现状，并以南京朗诗。国际街区为例具体论述了地热及其相关节能技术的实际应用及住户的使用情况，并分析了这项技术的利与弊以及今后的应用前景。

【关键词】　地热　节能　建筑设计　南京朗诗·国际街区

1　地热概述

1.1　背景及意义

在全球资源日趋匮乏的今天，对于资源的有效利用成了人们必须面对的问题。在中国，随着人们生活水平的提高，传统的建筑环境已不能适应新的高品质生活。因此，建筑设计中对于新技术、新材料的应用也越发明显，并在国家大力提倡建设节约型社会的大背景下，以节能、环保为目标的建筑和技术在中国也大量地应运而生。

1.2　原理及优点

近些年来，对于地热及相关节能技术的应用越来越被人们所接受。其工作原理为：冬季作为热泵供暖的热源，夏季作为空调的冷源，即在冬季，把地能中的热量“取”出来，提高温度后供给室内采暖；夏季，把室内的热量取出来，释放到地能中去。通常地源热泵消耗1kW的能量，用户可以得到3kW以上的热量或冷量，这个比例由其循环的性能系数决定。

地源热泵的具体优点如下：

- 属于可再生能源利用技术。
- 属于经济有效的节能技术。比传统空调系统运行效率要高40%，节能和节省运行费用40%左右。
- 环境效益显著。与空气源热泵相比，相当于减少40%以上，与电供暖相比，相当于减少70%以上。
- 一机多用，应用范围广。地源热泵系统可供暖、空调，还可供生活热水。
- 舒适性较高，且不破坏室内布局，美观干净。

1.3　应用现状

目前在世界范围内，地热技术已得到了较为成熟的发展，大量的公建中已有应用，如理查德·罗杰斯在法国波尔多市中心设计的法院就是用的类似的技术。而在中国，南北方都有一定的应用，且公建和住宅中均有使用。单就住宅小区来说，经粗略调查，一般为较为高档的小区，使用者一般经济状况较好，注重生活品质，以家中有孩子和老人的家庭居多，因为这两类人群在家中时间较长，且对于气候和温度变化较为敏感，抵抗力较弱，所以需要较为稳定舒适的居住环境。但是一些中低级的小区则应用较少，毕竟这种设备和系统的应用在前期需要一定的投入，所以要想全面普遍地应用推广，还有待努力。

2 应用举例——南京的朗诗·国际街区

位于南京西大街与庐山路交汇处，西侧为向阳河。如图1。

占地面积：160000m^2，建筑面积：30 m^2，容积率：1.88，绿化率：40%。

2005年1月30日开盘。整合了世界上较为成熟的建筑科技，其中包含十多个技术系统，力求为住户提供一种“健康、舒适、节能、环保”的全新生活，这也是其吸引购房者的真正原因，其能耗只有传统住宅的15%。它同时也是南京第一个如此大规模采用地热技术的小区。

通过对于购房者职业分析我们可以对这种小区的现状窥见一斑。小区一期业主多为中高端客户群（图2），普遍知识层次较高，年龄多集中在40岁左右，有相当的经济基础，对生活品质要求较高，注重品质且为二次至多次购房者。从中可见，人们在满足使用功能的前提下，愈来愈倾向于对舒适性的追求，这是人们生活水平提高的重要标志，也是新时代住宅发展的趋势。

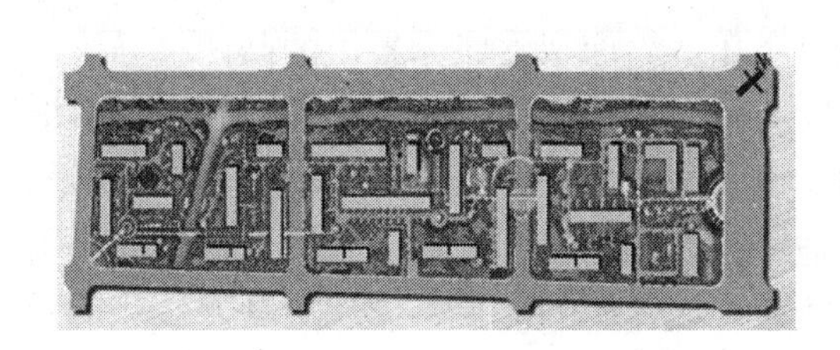

图1 朗诗·国际街区总平面图

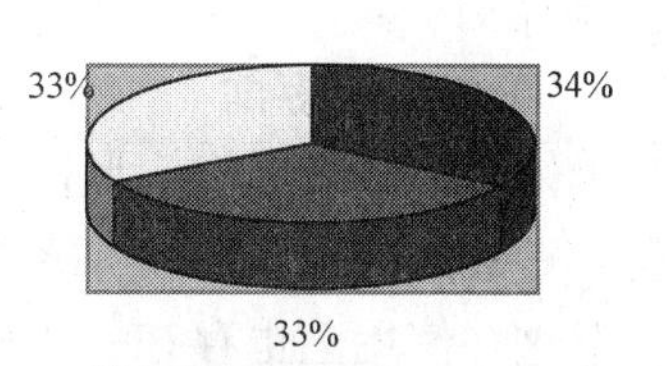

图2 业主职业构成

该小区对于地热及节能技术的应用具体如下：

2.1 利用地热节能方面

地源热泵技术系统：采用埋设垂直管、水平管或向地表抛设管路等多种方式，直接利用常温土壤中地下浅层地热资源（也称地能，包括地下水、土壤或地表水等）供室内使用，使其维持常年温度20～26℃，相对湿度30%～70%，制冷降温至少可比常规空调设备节省费用50%以上，大大地降低了制冷制热系统的能耗，如图3。经实地调查，住户的冬季用电量由原来的每月六七百元降到了100元甚至更少，而且24小时有恒温的热水，避免了原来传统太阳能热水器带来的冬季热量不足的弊端，

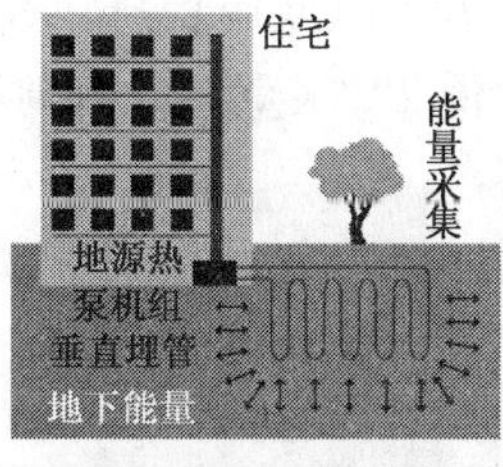

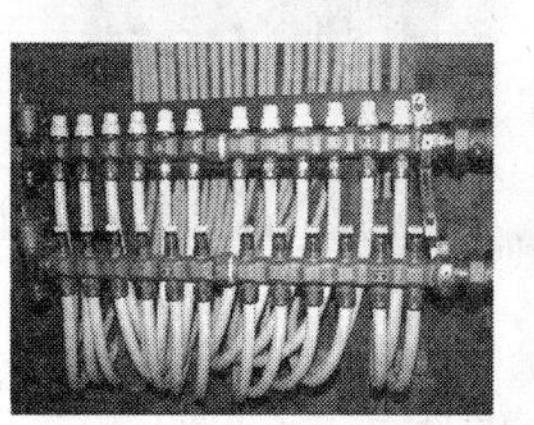

图3 地热系统

同时保证了各个房间中的温度一致，达到了更好的舒适度。

2.2　防止热量损失方面

2.2.1　整体规划布局方面

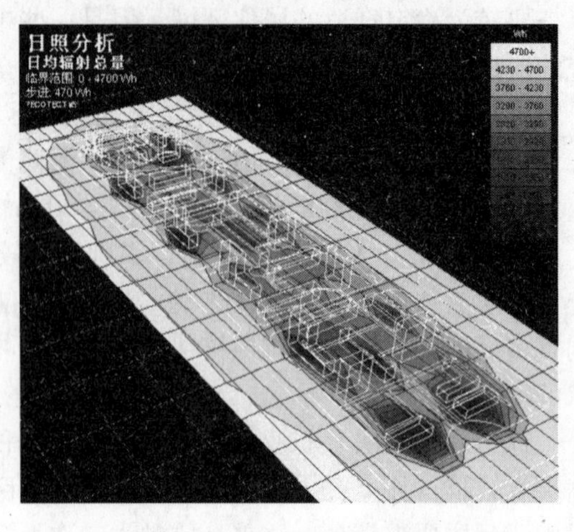

图4　根据 Ecotect 分析软件得出的日照分析图

朗诗·国际街区不仅具有很高的科技含量，在小区的规划和设计方面也非常有特色。其规划由奥地利建筑师艾伯利设计，考虑到基地与城市、道路的关系，整个地块南偏西37°，并根据其特点，布置了相互垂直的建筑，在空间上起到了一定的围合作用，界定了小区的内外空间，如图1。而且使西南和东南向的住宅都有充足的日照，根据南京气象资料，通过 Ecotect 分析软件的日照分析计算出不同方位的日均辐射总量，如图4。建筑形体上高低错落，并且建筑间距7层楼之间普遍在40～50m，18层楼之间都在80m以上，使小区内部开敞利于空气流通。

2.2.2　单体设计方面

建筑单体平面呈规则的矩形，建筑表面积最小化，立面平整无体量上的凸凹，开统一的小长窗，有效地减少建筑的外露面积，从而大大减少了这方面的热量损失，起到了节能的效果。但这在使用上也存在一定的不便之处。经调查，住户对于这种全新的室内封闭、自动调节房间微气候的生活方式并不能完全地适应，因此在二期的设计中，把相近的小窗合并成一个较大的窗，并适当地增加了阳台，适应人们传统的需要，体现更为人性化的设计。

2.2.3　构造材料设计方面

通风口设计：经过除尘、消毒、除湿等多级处理的新鲜空气，以略低于室内2℃左右的温度并以小于0.2m/s的速度，从地面踢脚或窗下的送风口送入室内，因为冷空气重，新风会沿着地板蔓延开来，人体会加热新风上升，所以呼吸的空气都是新鲜的，呼出的废气由于温度高上升，通过卫生间或厨房排风系统排出室外，这个过程无噪声，无吹风感。其中出口温度比室内温度低2℃很重要，否则就会产生结露甚至发霉的现象。室内长期处于30%～70%之间适宜的湿度，无论是干燥时期还是梅雨季节，都能在干、湿之间找到一种平衡，如图5。

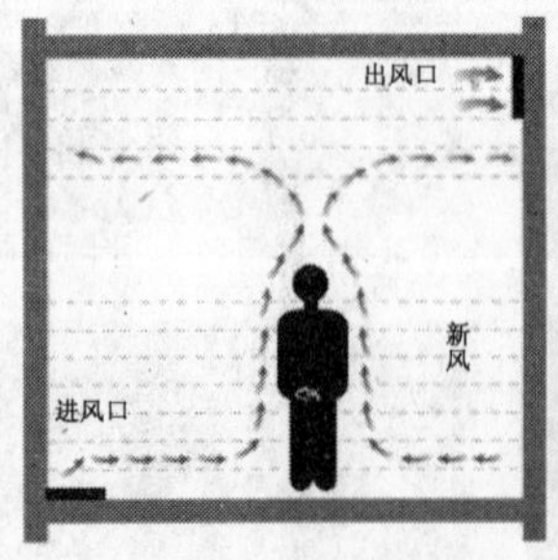

图5　新风系统通风口、出风口

（图片来源：朗诗·国际街区物业提供）

混凝土顶棚辐射制冷制热系统：通过预埋在混凝土楼板中的均布水管，依靠常温水为冷热媒来进行制冷制热，如图6。

外墙系统：住宅的主体结构以钢筋混凝土墙体为主，在其外侧设置保温隔热板，散热系数 $K=0.03$，而传统的内保温 $K=0.25$，如图7。

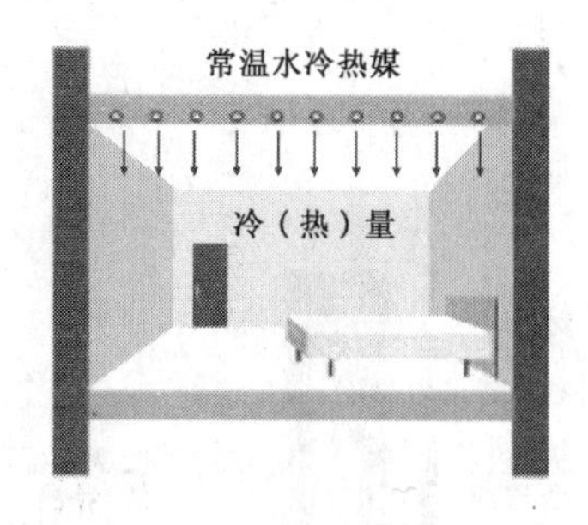

图6　混凝土顶棚辐射制冷制热系统

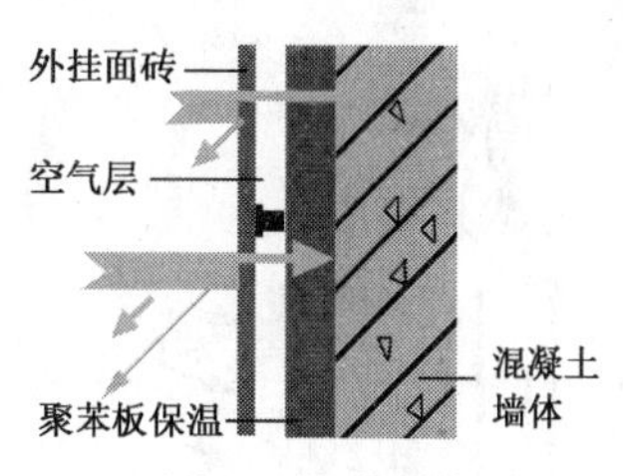

图7　外墙系统

外窗系统：窗户采用断桥隔热铝合金窗，窗框和窗洞的结合空隙也采取阻热设计，采用双层中空玻璃加 Low-E 涂层，内充惰性气体——氩气，有效地阻止热量散失，如图8、图9。

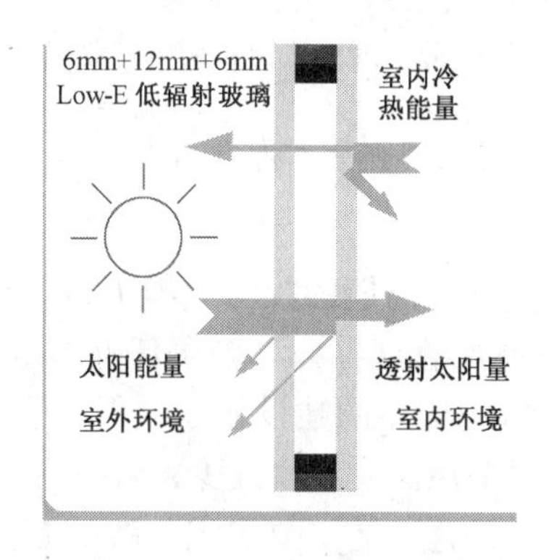

图8　外窗系统

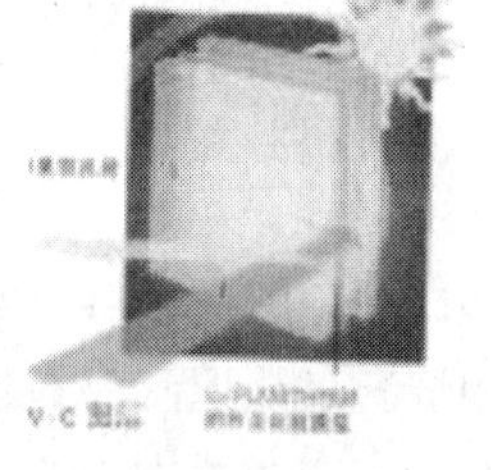

图9　外窗系统

外遮阳系统：窗外安装铝合金外遮阳卷帘，遮阳率最高可达80%，操作性强，可随使用需要自由调节室内光线，有效阻止太阳直射，又起到一定的防盗作用，如图10。

屋顶地面系统：屋顶设置较厚的保温层，女儿墙部分也严密包裹，并且把隔热层延伸到地面冻土层以下，形成闭合的保温隔热体系，全方位阻隔能量流失。混凝土顶棚辐射制冷制热系统，其内部预先铺设了管路，通过控制其管内水温，使混凝土楼板达到预期的温度，以辐射的方式控制室内的温度，如图11。

2.3　地热的弊端

• 封闭的室内环境中，若新风湿度处理不当，易造成室内空气过于干燥，要另加设空气加湿器来缓解，反而浪费能源。

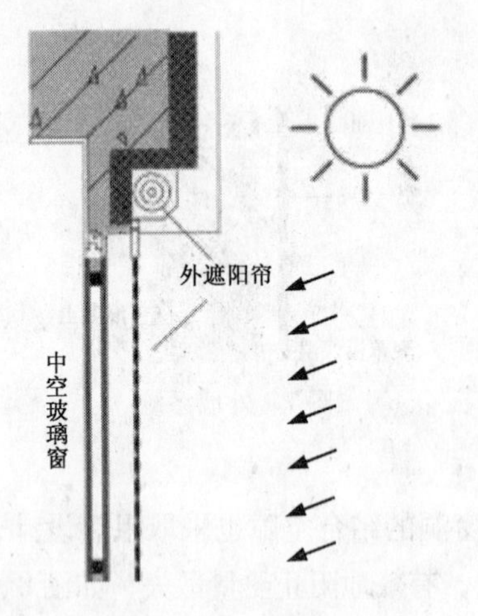

图 10　外遮阳卷帘
（图片来源：朗诗·国际街区物业提供）

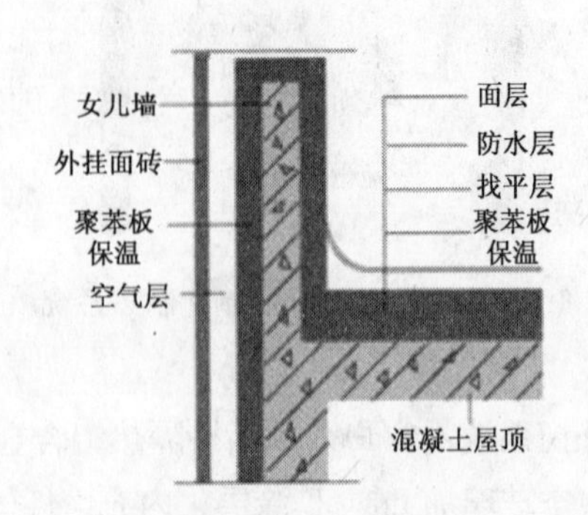

图 11　屋顶地面系统
（图片来源：朗诗·国际街区物业提供）

• 长期处于封闭的室内环境中，过于舒适的环境也许会降低人对外界环境的抵抗力，所以更应该加强体育锻炼，避免产生新式的空调病。

• 如今地热技术只应用于少量的较高档小区中，由于其前期的投入成本较高，暂时得不到普遍的推广。对此，南京市墙体材料革新与建筑节能管理办公室副主任赵书健表示，由于节能住宅在建设中要使用新型节能材料，确实会增加房屋的建设成本，"大概每平方米要多花 80～150 元。但是通过节能，老百姓使用能源费用的支出将减少，5～8 年就能把这部分成本省出来。"所以为中低收入者提供购房的前期优惠是一项切实可行的办法，用以满足这部分人群的需要，最终为大多数人提供舒适节能的住房成为我们今后努力的方向，也可以与现今应用较普遍的太阳能技术进行互补，综合已有的各种手段，从而更经济有效地节约能源，服务大众。

3　结语

通过对朗诗·国际街区一个案例的分析论述，可以更加深入地了解地热及相关节能技术目前的应用情况，认识到要在建筑的规划、单体及构造等方面来考虑节能。在这个过程中，不仅要看到它在小范围内的应用，更应使其扩展到更大的范围，使更多的人受益；不仅要重视一项节能技术的具体应用，更要关注各项技术间的互补，综合利用服务于人民。

参考资料

[1] 中华人民共和国建设部科学技术司，智能与绿色建筑文集编委会编［C］. 智能与绿色建筑文集. 中国建筑工业出版社 2005. 3.

[2] 吴萱主编. 供暖通风与空气调节［M］. 清华大学出版社. 北京交通大学出版社 2006. 10.

[3] 理查德·罗杰斯，菲利浦·古姆齐德简著（英）. 仲德崑译. 小小地球上的城市［M］. 北京：中国建筑工业出版社. 2004. 9.

[4] http：//bbs. house365. comshowthread. phpthreadid = 1226153%26forumid = 411%26pagenumber = 1. 2007.

[5]［EB/OL］http：//newhouse. house365. com/list-826. html. 2007.

[6]［EB/OL］http：//www. e-njhouse. com/new/bkjs/hx. php. 2007.

[7] 朗诗·国际街区. 历史价格.

[EB/OL] http://bbs.house365.comshowthread.phpthreadid = 1226153% forumid = 411% pagenumber = 1.2007.
[8] [EB/OL] 南京日报 2005.11.30.
[9] 建筑节能新规 3 月 1 日实施 节能信息要进合同. 江苏省互联网新闻中心 [EB/OL]. http://www.bjxhjj.comItemInfo.aspxType = News&Id = ed9b8194 - 4119 - 4e11 - b33f - 85ee7246147 2\. 2007.2.7.
[10] 扬子晚报 [EB/OL] http://nj.focus.cn/news/2005 - 04 - 29/103666.html. 2005.04.29.
[11] [EB/OL] http://newhouse.house365.com/list - 378.html/. 2007.
[12] [EB/OL] http://newhouse.house365.comlist - 302.html. 2007.

高　阳　南京朗诗置业股份有限公司　工程师　邮编：210004

智能控制技术在中央空调系统节能中的应用

常先问　冀兆良

【摘要】　本文运用智能控制理论中的模糊控制及神经网络控制原理，探讨研究智能控制技术在中央空调系统运行节能中的应用，并具体分析了模糊控制在定风量空调系统和变风量空调系统中的应用情况。

【关键词】　智能控制　模糊控制　中央空调系统　节能

引言

随着科学技术的不断发展以及人们生活水平的提高，人们在日常的生活和劳动生产中对室内空气环境的要求也不断提高，从而使得中央空调系统的应用越来越广泛。然而，中央空调是现代建筑中能耗最大的设施之一，现代建筑物能耗的60%以上为空调能耗[1]。长期以来，当季节变化、昼夜温差变化和空调实际使用面积发生变化时，中央空调系统在传统的运行模式下，不能实现冷冻水流量跟随末端负荷的变化而动态调节，能源浪费很大，因此必须对中央空调系统进行有效地节能控制。由于中央空调系统是一个多变量的、复杂的、时变的系统，其过程要素之间存在着严重的非线性、大滞后及强耦合关系，而传统的控制技术（主要是PID控制）对于工况及环境变化的适应性差，控制惯性较大，节能效果不理想。因此探讨研究将智能控制技术应用于中央空调系统的运行控制，对于实现中央空调系统运行具有重要的实际意义。

1　智能控制概述

智能控制是自动控制发展的高级阶段，是控制论、系统论、信息论和人工智能等多种学科交叉和综合的产物，为解决那些用传统方法难以解决或不能很好解决的复杂系统的控制提供了有效的理论和方法。智能控制系统主要包括模糊控制系统、神经网络控制系统和专家控制系统等，近年来研究较多的智能控制技术主要是模糊控制和神经网络控制。

1.1　模糊控制

模糊控制技术是一种由模糊数学、计算机科学、人工智能、知识工程等多门学科领域相互渗透、理论性很强的技术，它是智能控制技术的重要分支。模糊控制系统是以模糊集合论、模糊语言变量及模糊逻辑的规则推理为基础，采用计算机控制技术构成一种具有反馈通道的闭环结构的数字控制系统。图1所示为模糊控制系统原理框图，其中具有智能性的模糊控制器是模糊控制系统的核心。

模糊控制器（FC—Fuzzy Controller）也称为模糊逻辑控制器，由于其所采用的模糊控制规则是由模糊理论中模糊条件语句来描述的，因此，模糊控制器是一种语言型控制器，故也被称为模糊语言控制器。模糊控制器的结构框图如图2所示。

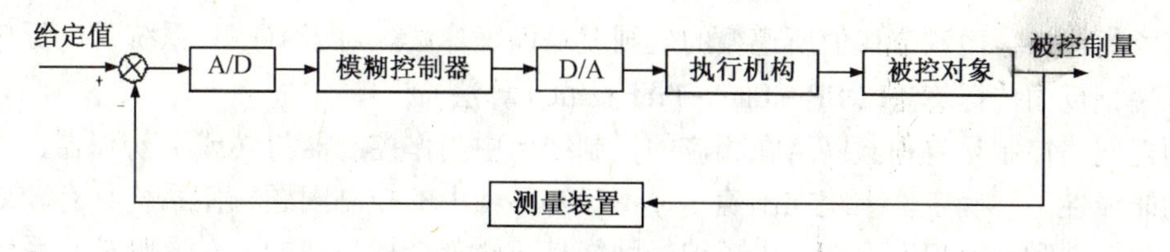

图 1　模糊控制系统原理框图

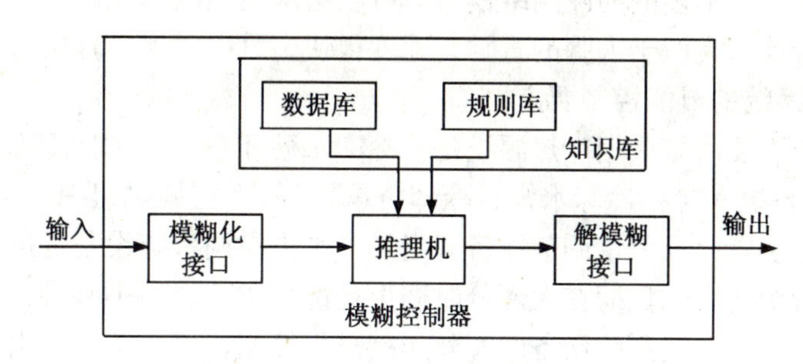

图 2　模糊控制器的结构框图

模糊控制系统不依赖于系统精确的数学模型，特别适宜于复杂系统（或过程）与模糊对象等采用；模糊控制中的知识表示、模糊规则和合成推理是基于专家知识或熟练操作者的成熟经验，并通过学习可不断更新，因此，它具有智能性和自学习性；模糊控制系统的核心是模糊控制器，而模糊控制器均以计算机（微机、单片机等）为主体，因此它兼有计算机控制系统的特点，如具有数字控制的精确性与软件编程的柔软性等。

1.2　神经网络控制

神经网络控制是人工神经网络 ANN（Artificial Neural Networks）与系统控制理论相结合的产物，它是智能控制的一个新的分支。神经网络是模仿人脑的神经系统，以一种简单的处理单元——神经元为节点，采用某种网络拓扑结构构成的活动网络。神经元是 ANN 中最基本的处理单元，图 3 是典型的神经元结构[2]。

神经网络是由大量简单的处理单元连接而成的复杂网络，其结构如图 4 所示。神经网络由输入层、隐含层和输出层组成（通常隐含层可由一个或多个层组成），每层又由多个神经元组成。每个神经元用一个节点表示，u 和 y 分别是网络的输入、输出向量。网络前后层节点间通过权连接，神经网络通过找出一定的权值，使对于每一组给定的输入都产生

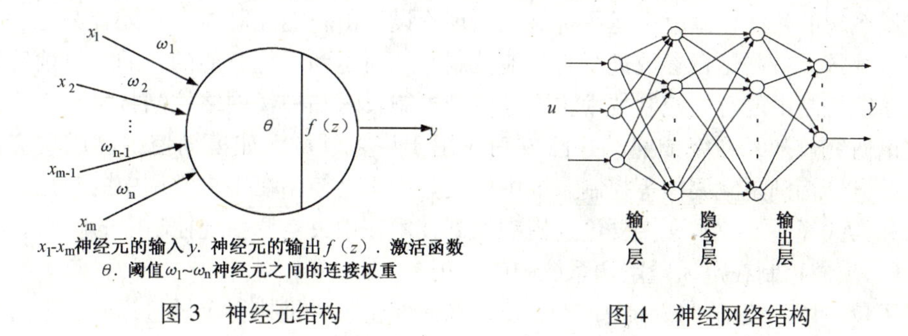

图 3　神经元结构

图 4　神经网络结构

令人满意的输出，而调节权值所遵循的规则就是训练算法。对于HVAC系统，广泛应用的学习算法是反向传播算法（BP—Back-Propagation算法）[3]。

神经网络控制是将神经网络在相应的控制结构中当作控制器与（或）辨识器，以解决复杂的非线性、不确定性系统在不确定、不确知环境中的控制问题，使系统具有较好的稳定性、鲁棒性和动、静态性能。由于神经网络是从微观结构与功能上对人脑神经系统进行模拟而建立起来的一类模型，具有模拟人的部分智能的特性，使神经控制能对变化的环境具有适应性，一个层数不多的神经网络模型就可较精确地预测出任意非线性系统的系统状态，另外它的并行计算类似于人脑的直觉，速度很快，可以实现实时控制。

2　中央空调系统的节能控制要点

中央空调系统主要由空调用冷热源设备、冷冻水循环系统（包括冷冻水泵、分集水器等）、冷却水循环系统（包括冷却水泵、冷却塔风机等）、空调机组中的空气加热、冷却、加湿、去湿、净化装置以及风量调节设备等组成。中央空调系统设备是按照设计负荷选定的，但在日常运行中的实际负荷在大部分时间里是部分负荷，达不到设计容量，所以，为了舒适和节能，必须对上述系统设备的实际运行进行控制，使其实际输出量与实际负荷相适应。目前，对中央空调系统节能运行的控制技术措施主要有以下几个方面：

2.1　空调机组的主要控制参数包括空气的温度、相对湿度、压力（压差）以及空气清新度、气流方向等。现场监测空调机组的工作状态对象主要有[4]：过滤器状态（压力差），过滤器阻塞时报警；调节冷热水阀门的开度，以达到调节室内温度的目的；送风机与回风机启停；调节新风、回风与排风阀的开度，改变新风/回风比例；检测回风机和送风机两侧的压差，以知晓风机的工作状态；检测新风、回风与送风的温度与湿度，由于回风能近似反映被调对象的平均状态，故以回风温湿度为控制参数。根据设定的空调机组工作参数与上述监测的状态数据，现场控制站控制送、回风机的启停，新风与回风的比例调节，表面式换热器冷热水的流量，以保证空调区域空气的温度与湿度既能在设定范围内满足舒适性要求，同时空调机组也以较低的能量消耗方式运行。

2.2　冷热源主要控制冷热水温度和蒸汽压力，有时还需要测量、控制供回水干管的压力差，测量供回水温度以及回水流量等，以保证机组供给的冷冻水温度及压力达到运行要求，从而实现室内的舒适性和系统的节能性。

2.3　对于冷冻水系统和冷却水系统的节能控制，主要是对冷冻水泵、冷却水泵以及冷却塔中的风机进行变频调速控制，以达到有效地控制水量和风量，从而在保证供回水温度的同时实现运行节能。

3　智能控制在中央空调系统运行节能中的应用

空调系统的智能控制就是运用智能控制理论设计出智能控制器，并配合其他一些仪器对空调系统的设备和运行参数进行有效地控制，从而达到运行节能的目的。目前应用于中央空调系统控制中的智能控制技术主要是模糊控制技术和神经网络控制技术。由于模糊控制的理论研究较神经网络成熟，并已成功应用于许多领域，如模糊控制已成功应用于电力、家用电器特别是空调器等控制系统中，这些为模糊控制在中央空调中的应用提供了理论基础和实践经验。故本文主要论述模糊控制技术在中央空调系统控制中的应用。

3.1　模糊控制在定风量空调系统中的应用

定风量空调系统的风量一定，不管负荷如何变化，风机执行全风量运转，通过改变送风温度来满足室内冷热负荷的变化，以维持室内设定的温湿度值。现代智能建筑中常用的定风量空调系统结构如图5所示。

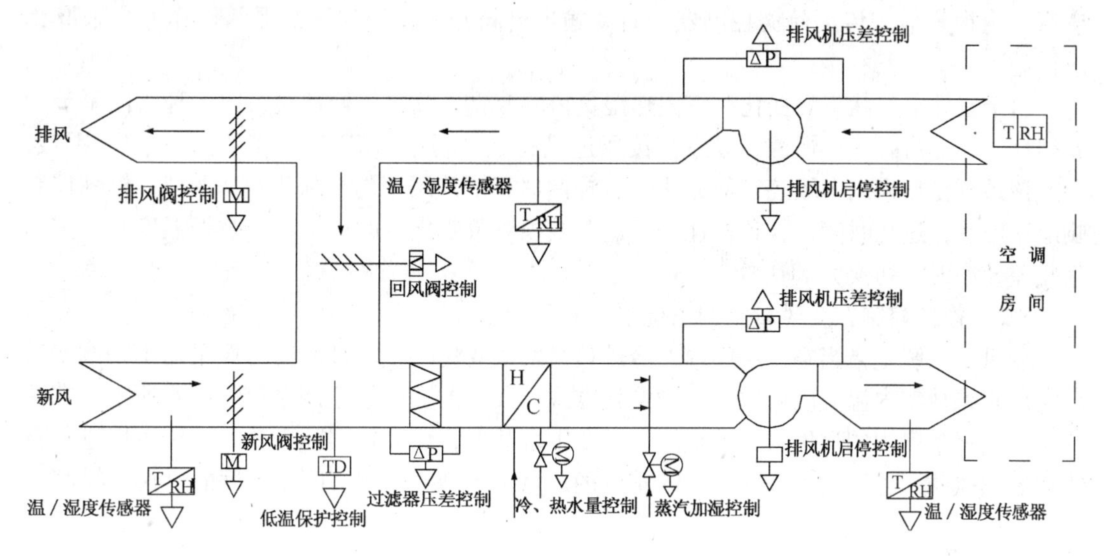

图5 定风量空调系统控制原理图

该空调系统不仅具有供冷、供暖、除湿、加湿功能，而且通过采用智能控制技术对回风机、排风口和电动风门进行控制，可以实现自动混合式、全新风或循环式运行，具有较好的节能效果。定风量空调系统控制的主要内容有空调回风温度自动调节、空调回风湿度自动调节以及新风阀、回风阀和排风阀的比例控制等。

3.1.1 空调回风温度自动调节：回风温度自动调节系统是一个定值控制系统，它把回风温度传感器测量的回风温度送入智能模糊控制器与给定值比较，并且根据偏差按照控制规律调节表面式换热器回水调节阀开度以达到控制冷冻（加热）水量，使室内温度无论夏季或冬季都能保持在设定值。

在回风温度自动调节系统中，新风温度的变化对系统是一个扰动量，使得回风温度调节总是滞后于新风温度的变化。为了提高系统的调节品质，可以把新风温度传感器反映的新风温度作为前馈信号加入回风温度调节系统。

3.1.2 空调回风湿度自动调节：空调回风湿度自动调节与空调回风温度自动调节过程基本相同，回风湿度调节系统按设定的控制规律调节加湿器阀开度，从而调节加湿蒸汽的流量大小以保证夏季和冬季的相对湿度。

3.1.3 新风阀、回风阀和排风阀的比例控制：把回风温湿度传感器和新风温湿度传感器所测值送入智能模糊控制器进行回风及新风焓值计算，按照新风和回风的焓值比例输出相应的电压信号控制新风阀和回风阀的比例开度，使系统在最佳的新风回风比例状态下运行，以便达到节能的目的。排风阀的开度控制应该与新风阀开度相对应，正常运行时，排风量等于新风量。

3.1.4 辅助控制过程：对过滤网两端的压差进行监控，达到设定值后产生报警信号传给模糊控制器，提示应更换清洗滤布等操作；对风机进行启停控制，并检测回风机和送风机两侧的压差，以测知风机的工作状态，出现故障时通过模糊控制器给出报警信号以便进行及时检修；表冷器防冻报警检测，表冷器前端有低温断路控制器，达到设定值后产生报警信号传给模糊控制器，自动输出风阀开关连锁控制并提示操作人员采取相应措施。

由于室外空气状态的变化和室内热湿负荷的变化以及空气处理机组内各种阀门调节的非线性，加之房间的热惯性，导致直接通过风阀和水阀控制房间的温湿度有一定的困难，因此该系统模型采用串级控制的方法[5]，控制器算法采用模糊控制和PID调节，模糊控制响应速度快，过滤时间短，鲁棒性好，适于被控对象变化大的情况，当被控温度与设定温度相差较小时，切换为PID控制。

3.2 模糊控制在变风量空调系统中的应用

变风量系统是指当空调房间内的冷热负荷发生变化时，通过改变送风量而不是改变送风温度来维持室内温湿度要求的一种空调方式。典型的变风量空调系统如图6所示。在该系统中，每个房间的送风入口处设置了一个末端装置，该装置实际上就是一个可以进行自动控制的风阀，通过增大或减小送入室内的风量，实现对各个房间温湿度的单独控制。

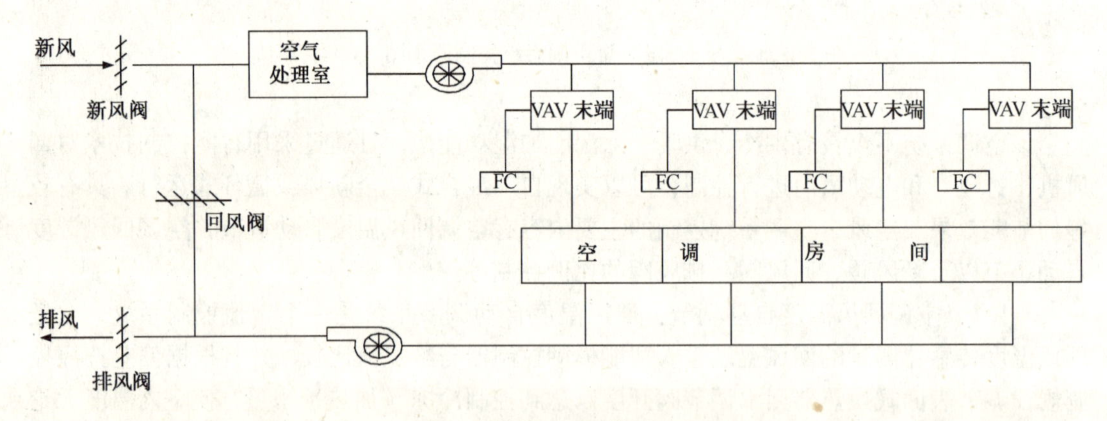

图6 变风量空调系统示意图

变风量空调系统的特点是送风温度不变，也就是说表冷器回水调节阀的开度不变。工程上一般采用变频器来调节送风电机的转速，从而实现送风量的改变。变风量空调系统的控制结构如图7所示，其控制内容主要有送风量的自动调节、回风机的自动调节、相对湿

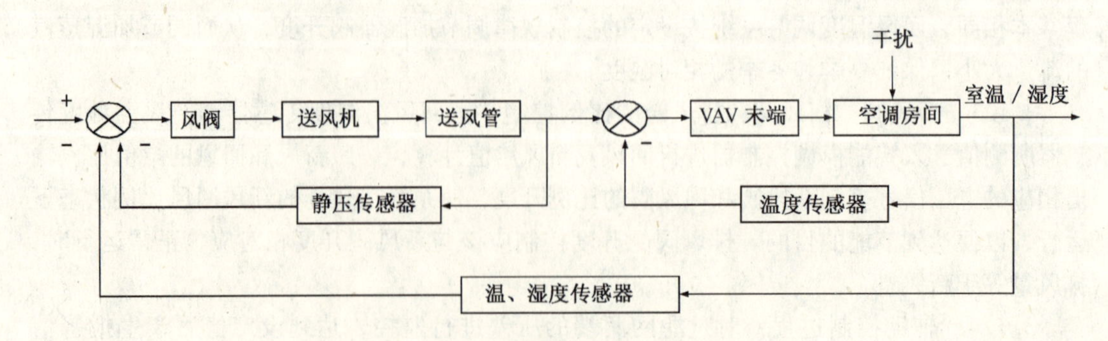

图7 变风量空调系统控制示意图

度的自动控制、新风阀、回风阀和排风阀的比例控制以及变风量末端装置的自动调节等。

3.2.1 送风量的自动调节：在变风量系统中，通常把系统送风主干管末端的风道静压作为变风量系统的主调节参数，根据主参数的变化来调节被调风机转速，以稳定末端静压。稳定末端静压的目的就是要使系统末端的空调房间有足够的风量来进行调节，风量能够满足末端房间对冷热负荷的要求，系统其他部位的房间也就自然能满足要求。

系统的调节过程为：当房间内负荷需要风量增加（减少）时，管道静压降低（升高），传感器把静压变化量 $\pm\Delta P$ 检测出来，反馈给智能模糊控制器，经控制规律运算后控制信号输出至变频器，变频器根据此信号调节风机转速，当风量与所需负荷平衡时，静压恢复稳定，系统在新平衡点工作。

3.2.2 回风机自动调节：在变风量系统中，调节回风机风量是保证送风、回风平衡运行的重要手段。在正常工况下运行时回风机随送风机而动，也就是送风量改变时回风量也要求改变，并且在数量上回风量小于送风量。若两个风机功率相等，特性相同，则要求回风机转速小于送风机转速。在实际应用中，一般采用风道静压控制或风量追踪控制两种方式来调节回风机的转速。

3.2.3 相对湿度控制：为保证空调房间内有良好的舒适性，室内的相对湿度可以通过改变送风含湿量来实现。在工程中一般采用回风管道内的相对湿度作为调节参数，根据该参数的变化调节蒸汽加湿阀的开度，以获得稳定的系统相对湿度。

3.2.4 新风阀、回风阀和排风阀的比例控制：该控制过程和定风量系统的控制原理相同，把回风温湿度传感器和新风温湿度传感器所测值送入模糊控制器中进行回风及新风焓值计算，按照新风和回风的焓值比例控制新风阀和回风阀的比例开度，以使系统在最佳的新风回风比例状态下运行。

3.2.5 变风量系统末端装置的自动调节：在前端各项控制的基础上，该调节系统以回风温度为控制参数，把温度传感器测量的回风温度送入模糊控制器与设定值比较，并且根据偏差控制规律调节末端风阀的开度以达到控制送入每个房间的风量，使室内温度保持在给定值。

中央空调系统采用变频调速技术，通过改变电机转速而改变风速，从而改变送风量，达到制冷机正常工作要求和平衡热负荷所需冷量要求，达到节能目的。基于模糊控制的变频调速不仅可以实现中央空调风系统的变风量运行，而且可以实现水系统的变温差、变压差、变水量运行，使控制系统具有高度的跟随性和应变能力，可根据对被控动态过程特征的识别，调整运行参数，以获得最佳的控制效果。

4 结论

随着人们节能意识的增强和建筑节能工作力度的加大，对于建筑中具有高能耗的空调系统节能控制提出了更高的要求。智能控制是自动控制发展的高级阶段，其在实际中央空调系统的控制中表现出了很好的节能效果，具有广阔的发展前景。由于中央空调系统的复杂性，加上智能控制技术本身存在着不足，所以各种智能控制方法之间或者智能控制与经典控制和现在控制方法相互结合，构建成性能更好的智能控制系统（如模糊神经网络控制、模糊 PID 控制、神经 PID 控制等），才能取得更好的节能控制效果。由此可见，这些新型的智能控制技术在中央空调系统节能控制中将具有更广泛的应用前景。

参 考 文 献

[1] 袁立新．中央空调节能控制技术应用．电力需求侧大众用电．2006，9.

[2] 王伟．人工神经网络原理——入门与应用 [M]．北京：北京航空航天大学出版社，1995.

[3] 余珏．神经网络预测控制在 HVAC 系统中的应用．机电设备．2005，22 (1)：4~8.

[4] 宁永生．智能控制技术在中央空调监控系统中的应用研究．重庆大学硕士学位论文．2004.

[5] 张庆彬．智能建筑中央空调系统的控制．微计算机信息（测控自动化）．2005，21 (4)：46~47.

常先问　广州大学土木工程学院　研究生　邮编：510405

太阳能热水系统在南京雯锦雅苑小区的探索

顾海燕　殷　波　苗庆培

【摘要】　以南京雯锦雅苑小区太阳能系统的设计为例，从开发商提出使用太阳能，设计单位的设计，生产厂商的安装和施工三方面的协调、探索，得出南京部分住宅设计中太阳能热水系统的设计方法和途径，为太阳能热水系统在南京的利用进行一种新的尝试。

【关键词】　太阳能热水系统　雯锦雅苑　挂壁式　集热器

1　南京市太阳能利用的可行性

南京正常年份的日照时数达到2000小时以上，其年太阳辐射量为 $419 \times 10^{4} \sim 502 \times 10^{4}$ kJ/cm²，因此南京地区比较适宜应用太阳能。

2　南京住宅小区太阳能利用现状

在南京，太阳能热水器的安装和使用，给人们的生活带来很多方便，深受居民的欢迎。太阳能热水器一年大约有9个月以上的时间都能用，遇上阴雨天，通过光电互补，可以满足使用需求。然而，在现代的居住小区中太阳能热水系统的安装和使用也面临着一些普遍的问题。

2.1　太阳能热水器与建筑规划不协调，在小区中，崭新、漂亮的小区屋顶，是小区环境的重要组成部分。居民自己安装的太阳能热水集热装置参差不齐地排列在屋顶，条条输水管如蔓藤一样顺立面下爬，影响房屋的美观，受到新小区物业的抵制（见图1）。

2.2　随着楼层的增加，太阳能热水系统在整栋建筑中的贡献越来越小。太阳能热水系统在建筑上的安装部位基本上都是屋面，随着建筑高度的增加，太阳能热水系统的贡献在整栋建筑能源结构中的比例越来越小，以至于对同样需要大量热水的高层建筑来说，太阳能热水系统的节能意义微乎其微。此外，随着建筑高度的增加，太阳能热水器的使用往往是以住在高楼层的用户为主，低楼层的用户使用屋面传来的热水比较困难，因为过长的管道保温效果较难保证。

图1　居民小区屋顶的太阳能
（图片来源：顾海燕　摄　2007.5）

3　雯锦雅苑小区太阳能热水系统设计

3.1　项目概况

雯锦雅苑小区位于南京市城北，北邻营

苑南路，东邻经五路，小区共有6幢高层，占地29800m^2，总建筑面积6万多m^2（参见图2）。

3.2　开发商提出应用太阳能

在项目实施之初，开发商为了提高其产品竞争力，应用了多种先进的智能化设施，并提出了应用太阳能热水的设想，使太阳能热水系统与建筑一体化设计成为小区的特色。

3.3　雯锦雅苑小区太阳能设计

建筑设计之初，就将太阳能热水器的设计、安装，作为建筑整体设计、施工的一部分加以考虑，做到太阳能热水器与建筑同步设计、同步施工，做到统一设计，统一安装，统一调试，避免以往家家户户“各自为政”，楼顶凌乱的状况，有效地解决太阳能热水器与建筑规划不协调的难题（参见图3）。

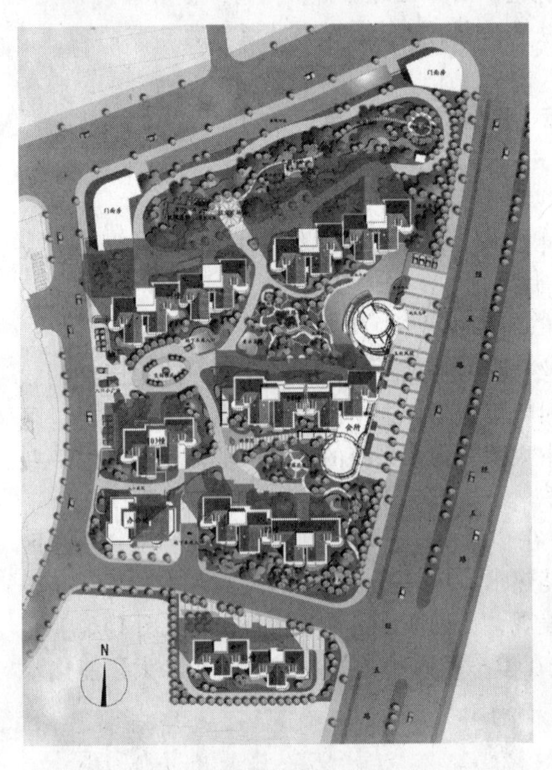

图2　雯锦雅苑小区总平面

图3　雯锦雅苑小区

小区采用挂壁式太阳能，分户供热，分户供水。由于楼层高，管线长，高层、小高层不适合采用楼顶集热式太阳能，挂壁式热水器像空调一样挂在外立面，或像栏杆一样隐蔽地装在阳台上，解决了太阳能利用难题。在小区中，由于集热器重量轻，面积小，嵌入安装在阳台板中，变成建筑的一个装饰元素，美化建筑外观。

3.3.1　挂壁式太阳能热水器的优缺点

挂壁式太阳能热水器将嵌入式太阳能的灵活隐蔽与分户安装使用的优点结合起来，具有灵活安装、光电互补、使用方便、造型美观等优点，受到物业和住户的欢迎。

这种形式的热水器的缺点是造价比普通热水器贵30%，垂挂的集热管热效比仰放的集热管低10% ~20%。

3.3.2　设计单位太阳能热水系统的选择和布置

太阳能热水系统在建筑中的位置需要在建筑设计之初确定，建筑师参与合理选择系统、布置集热器和水箱等的位置，才能达到系统效率的最大化以及太阳能设备与建筑的完美结合。

（1）太阳能热水系统的选择：在雯锦雅苑小区中，6栋均为高层。由于管线和住户密度的原因，高层建筑中的太阳能集热器常常安装在墙面和阳台，所以首先考虑竖向使用。立面上使集热器与建筑的协调。

利用较大面积的集热器加强竖向线条质感。高层住宅，特别是塔式住宅，平面会有一些变化，但其体形特征多为高耸挺拔。通过设计，可以使其更富于现代风格。集热器集中连续布置，与阳台的凹凸处理结合形成竖向的划分，使整个建筑在垂直方向上形成强烈的韵律感。而太阳能热水器的水箱放置于室内，以免破坏立面整体效果，选用强制循环式或直流式集热器。太阳能集热器由于采用了吸收性涂层而具备特殊的色泽和质感，其表面非常光亮，由它形成的阴影增加了造型的虚实对比和空间的层次。

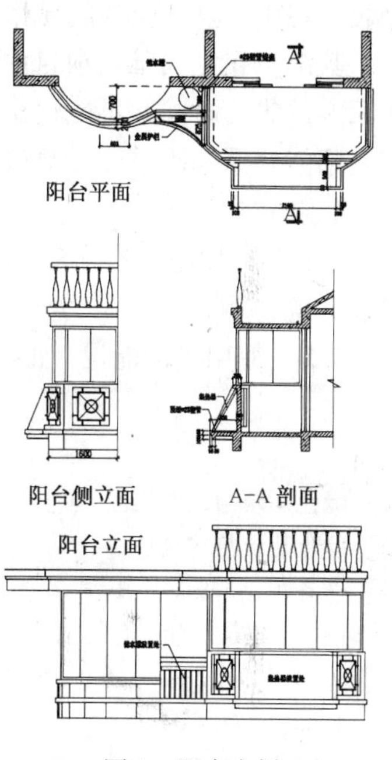

图4　阳台大样

（2）集热器放置：合理的放置固定集热器可以使之接受更多的太阳能辐射，从而提高太阳能热水器的性能。相关的因素有：放置的位置、角度、朝向等（参见图4）。

太阳能集热器需要得到每日6小时的日照辐射才能达到集热要求，一般说来，难以满足底层住户的要求，而越高处具有越长的日照时数。

倾斜角度与纬度有关，如果要在冬季获得较佳的太阳能辐射能量，倾角应等于当地纬度加10°，而春夏秋三季使用的太阳能热水器，集热器安装倾角要比当地纬度小10°为宜。南京的纬度为32°06′，所以集热器安装倾角应该在32°左右。而本项目中集热器由于放置在阳台上，受到阳台构件挑出及立面效果的限制，倾斜角度无法太小，集热器倾角定位60°，以便比一般的垂直挂壁式能接受更多的太阳光辐射。

朝向对集热器的集热效率影响很大，最佳的朝向为南偏东、西5°之间。固定集热器最佳，放置位置为最高处屋顶，最佳放置和最佳朝向应结合南京纬度和建筑造型综合考虑。

3.4　太阳能集热器的标准化

普通的太阳能热水器由于是建筑建成之后附加的设备产品，不能做到系统设计，更谈不上太阳能热水系统与建筑给排水系统的整合，破坏了建筑功能和空间的完整性。本项目中采用标准化设计的集热器以克服这样的问题。

我国太阳能企业众多，各企业标准不一，产品外形和尺寸相差很大，给设计选用带来困难，阻碍了太阳能设备与建筑完美结合。因此，要考虑太阳能集热器的标准化设计。

在本项目中，设计单位与厂方合作，选用统一尺寸的集热器，适合阳台尺寸，集热器与建筑立面吻合，实现建筑与太阳能的有机结合，避免了用户抢房顶，造成顶层屋面漏水问题。

3.5　雯锦雅苑小区太阳能使用中出现的问题及改进意见

该项目在实际使用中出现很多问题，如热水供应时间不够，管道开裂、漏水等现象。很多问题的出现是由于建筑设计与太阳能厂家的配合程度不够，后期运行管理也需要规范化。

针对太阳能的设计，笔者提出一些改进意见如下：

首先，在上述集热器的倾斜角度中提及，集热器安装倾角需要随季节变化才能较好地获得太阳辐射能量，笔者考虑可将集热器设计成一端固定，另一端可调节的形式，如挑板加长，在南京这样炎热的城市，也可当作阳台遮阳的一种措施。

其次，在雯锦雅苑项目中，由于建筑前后间距按照日照要求进行确定，底层用户使用太阳能的集热时间并不能达到6小时，因此对于使用太阳能设计的小区，建筑间距应该按照太阳能日照间距进行计算确定。

4　小结

4.1　太阳能热水系统可以也应该与建筑同步设计、同步施工，做到统一设计，统一安装，统一调试。

4.2　使用太阳能设计的建筑，应该多种方式结合，并按照太阳能设计相关要求进行。

参考文献

[1] 绿色建筑与建筑物理 [C]. 北京：中国建筑工业出版社，2004.

[2] 绿色建筑与建筑技术 [C]. 北京：中国建筑工业出版社，2006.

[3] 李齐颖，刘燕辉，王贺. 太阳能热水系统与建筑一体化探索——以青岛锦源·新街坊住宅小区为例 [J]. 建筑设计及其技术，2005-10.

[4] 壁式太阳能热水器亮相南京 [EB/OL]，http://www.house365.com/news/html/200604/24351_1.htm. 2006-04.

[5] 挂壁式太阳能一体化小区 [EB/OL]. http://www.house365.com/news/html/200609/42739_1.htm. 2006-09.

顾海燕　东南大学建筑学院　研究生　邮编：210096

德国低能耗建筑技术体系及发展趋势

卢　求

【摘要】　文章总结归纳了德国低能耗建筑的分类标准，分析了三种不同标准低能耗建筑相应的设计方法与技术系统；介绍了低能耗建筑技术的发展新动向和德国低能耗建筑推广策略与既有建筑节能改造的案例。

【关键词】　低能耗　建筑标准　建筑设计　低能耗　建筑技术　既有建筑　节能改造　德国

1　德国低能耗建筑分类标准

德国低能耗建筑根据建筑能耗大小划分为三个等级。

A. 低能耗建筑（Niedrigenergiehaus）

B. 三升油建筑（Drei-Liter-Haus）

C. 微能耗/零能耗建筑（Passivhaus / Nullenergiehaus）

德国低能耗分类标准见图1。

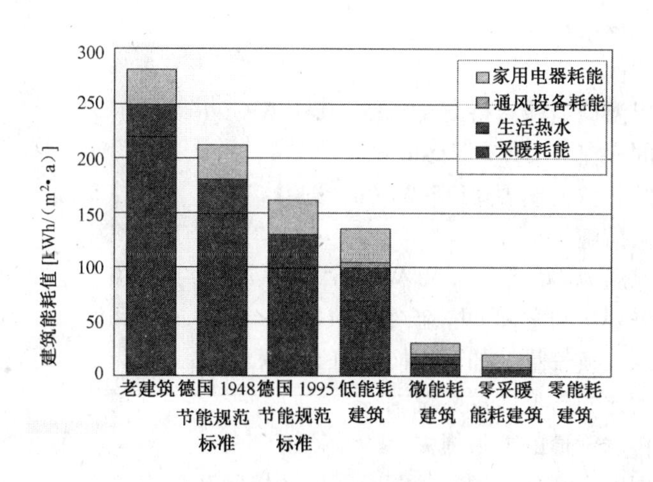

图1　德国建筑能耗分类标准

1.1　低能耗建筑

德国低能耗建筑最早定义是以独立式住宅相对于1995年节能规范要求的节能标准，再节能30%为标准确定的，其采暖能耗指标为：每平方米使用面积能耗每年在70kWh以下。一般讲低能耗建筑指建筑采暖能耗在30~70 kWh/（m^2·a）的建筑。值得注意的是德国计算建筑能耗指标是以建筑使用面积每平方米能耗量为准，而不是建筑面积，另外建筑能耗是指一次性能源消耗量（Primaerenenergiebedarf），对煤、石油、电能等不同能源形式有相应的换算方法，这样做有利于控制建筑实际能耗，控制CO_2排放量[1]。

1.2　三升油建筑

德国三升油建筑并非一个严谨的概念，主要应用于居住建筑。“三升油住宅”指建筑在达到相关规范所要求的使用舒适度和健康标准的前提下，采暖及空调能耗在15~30kWh/(m^2·a)的住宅。“三升油住宅”这一名词是从“三升油汽车”转化而来，由于这一名词直观上口，有利于被消费者接受和市场推广，因而被广泛使用。三升采暖用柴油大约含有30kWh的能量。

1.3　微能耗/零能耗建筑

微能耗/零能耗建筑是指建筑在达到相关规范所要求的使用舒适度和健康标准的前提下，采暖及空调能耗在0~15kWh/(m^2·a)的建筑。要达到这一技术指标，在建筑材料构造、技术体系和投资上都有较高要求。

2　德国低能耗建筑设计

2.1　低能耗建筑设计与技术体系

由于德国最新节能规范EnEv2007对建筑能耗有较高要求，因此所有新建筑在达到节能规范的基础上稍许提高投资，改善节能措施就可达到采暖及空调能耗在70 kWh/(m^2·a)以内的低能耗建筑水平。

在德国的气候条件下，通常采用以下技术：

- 控制建筑朝向
- 控制建筑体形系数
- 控制开窗比例
- 控制外墙保温，消除冷桥 $U\leqslant0.35\sim0.45$W/（m^2·K）
- 采用较好的外窗 $U\leqslant1.7$ W/(m^2·K)
- 采用较好的外窗玻璃 $U\leqslant1.5$ W/(m^2·K)
- 有效的遮阳措施
- 控制屋顶保温 $U\leqslant0.25\sim0.30$ W/(m^2·K)
- 控制与不采暖房间之间的隔墙/楼板 $U\leqslant0.4$ W/(m^2·K)
- 有效控制通风换气量，如采用换气窗等技术
- 应用高能效比的新型能源系统
- 减少热能传输管道的能量损失
- 可根据使用点进行独立调节的能量供应及控制系统

2.2　“三升油建筑”设计与技术体系

要达到“三升油建筑”的能耗标准，技术上有一定难度，投资上也有一定要求，在前述低能耗建筑设计与技术体系的基础上，需要采用下列技术和系统之间的优化组合：

- 更好的外墙保温隔热体系
- 更好的外窗体系
- 高效遮阳措施
- 功能实用而且有利于高效使用和回收能量的室内空间
- 低温辐射式楼板/墙面采暖制冷系统
- 与之相配合的太阳能蓄热辅助采暖体系（见图2、图3）

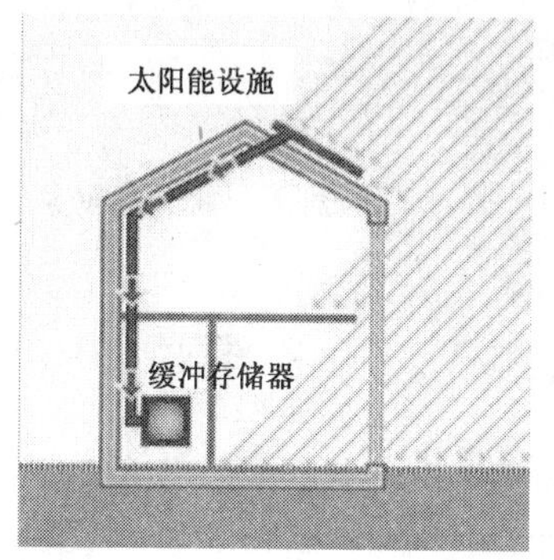

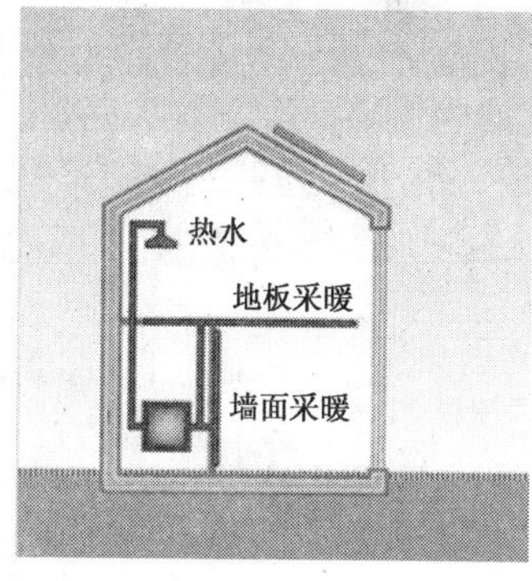

图2、图3　太阳能蓄热辅助采暖体系示意

- 自控新风系统：新风地下预热、预冷及热回收系统（见图4、图5）

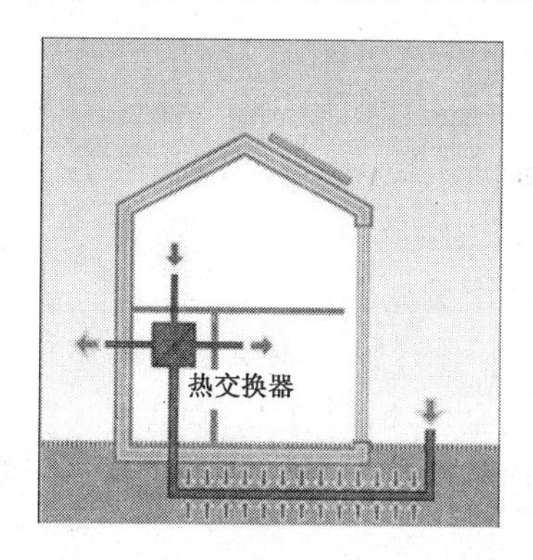

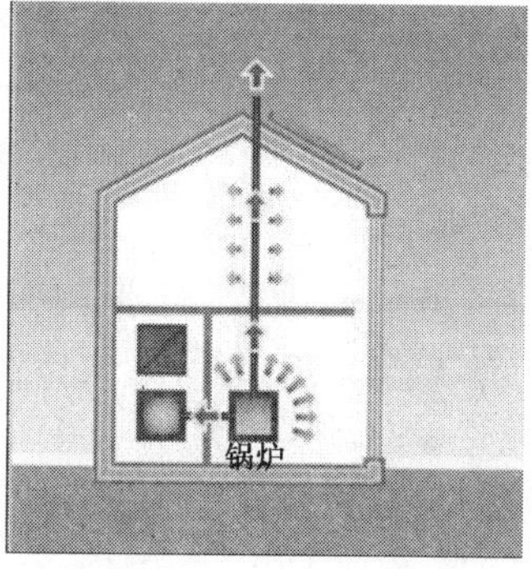

图4、图5　新风地下预热、预冷及热回收系统示意

- 高效采暖锅炉及余热回收储存装置
- 开窗与采暖空调等设备的节能联动控制系统

2.3　微能耗/零能耗建筑设计与技术体系

要达到微能耗/零能耗建筑的标准，需要在上述“三升油建筑”的基础上进行各系统之间的进一步优化组合设计，特别是加强再生能源的利用和自控系统，可考虑采用下列技术：

- 进一步提高外墙保温隔热性能，如采用真空隔热保温板技术（PIV）
- 更好的外窗体系，如双腔三玻技术或真空玻璃
- 双层幕墙技术，高效自控遮阳措施
- 更加严格要求的、有利于高效使用和回收能量的室内空间设计

• 高效自控新风系统，高效热回收设施
• 地源热泵技术
• 透明保温水系统（太阳能利用）墙体——HTWD
• 太阳能光伏发电装置
• 相变材料 PCM（ Phase Changing Materials）
• 严格的自控系统和使用操作要求

图 6 为微能耗建筑部分技术体系示意。

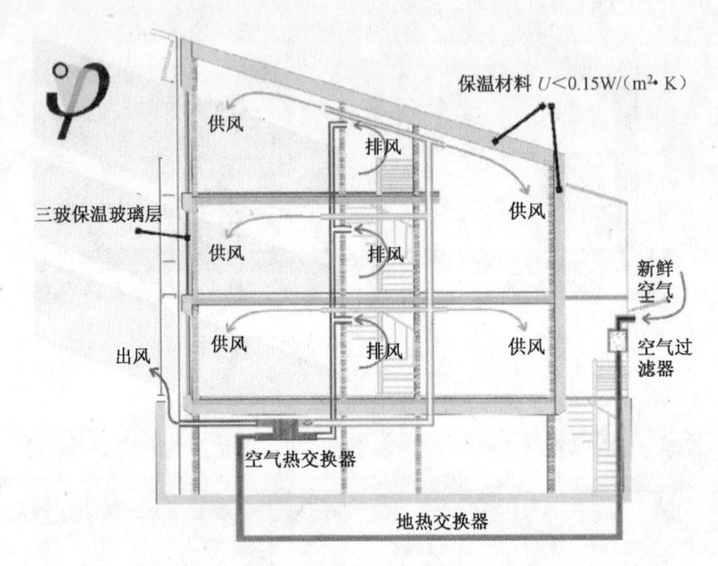

图 6　微能耗建筑部分技术体系示意

2.4　微能耗/零能耗建筑实例，斯图加特索贝克住宅[2]

德国斯图加特索贝克住宅（图 7～图 10），设计师兼业主是德国建筑结构工程师索贝克先生。该建筑获得了欧洲多种奖项。虽然是全玻璃钢结构，但基于其完善的能量平衡系统，以相应的建筑材料和科技体系为支撑，出色地达到了高舒适度和节能要求，其一次性能源消耗为零。

图 7　索贝克住宅外景

图 8　索贝克住宅内景

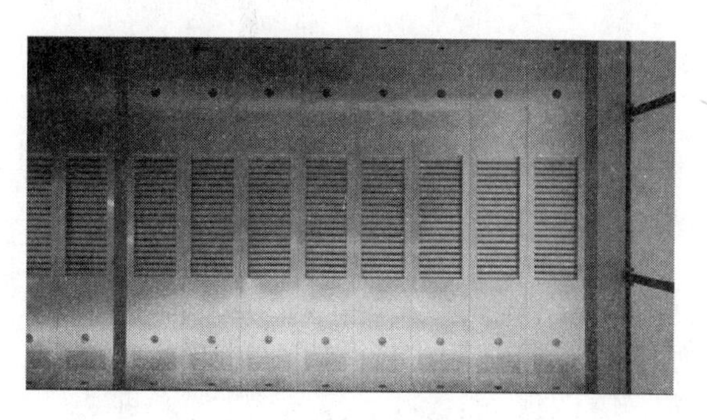

图9　顶棚辐射采暖/制冷

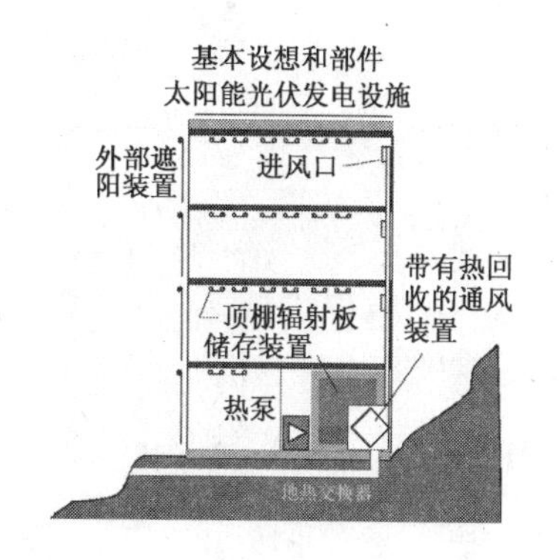

图10　索克住宅节能设计方案

其应用的先进技术，包括钢结构全装配式结构；建筑没有抹灰、刷浆，全部构件为可回收材料；高效保温、防晒、节能的双腔三层构造 PET-Low-E 玻璃外墙；自然通风系统及效率达70%以上的热交换系统；高效水源热泵与低温顶棚制冷/供暖系统；太阳能光伏发电设施，无损耗并网；能源自给自足，零能耗、零排放以及智能化自动感应控制体系等。

主要设计指标：

最大供热荷载　7～12kW

最大制冷荷载　8 kW

所需供暖热量：

没有蓄热装置情况下　7600 kWh［～23 kWh/(m^2·a)］

设置蓄热装置　0kWh（ΔT 60K，$30m^3$）

热泵运转所需电能　约1400 kWh

光伏发电板面积　52.15 m^2

光伏发电功率　5.0 kWP

光伏发电每年发电量　4000 kWh

3　德国低能耗建筑技术发展趋势

笔者对德国低能耗建筑常用技术体系进行了归纳总结，见表1。

常规性技术就不在此重复了，重点讨论几项较新的技术体系。

3.1　HTWD墙体：透明保温水系统（太阳能利用）墙体技术（Hybriden Transparenten Warmedaemmung）。

HTWD墙体基本构造由外到内：

- 外表面保护玻璃或透光的玻璃粉刷层（Glasputz）
- 透明毛细管状合成纤维保温材料，厚度由保温要求决定
- 黑色吸收面层
- 砖墙及埋在其中的循环水管系统

工作原理：

太阳光线照射到墙体，太阳能通过透光毛细管被导入吸收面层，加热墙体以节约冬季采暖能耗，多余的热量被埋在墙内的水管带走，作为生活用热水，亦可存入长效蓄热装置之中，以供夜晚及阴天时使用。这种技术是一种仿生学技术成果，它吸收模仿了北极熊外

低能耗建筑设计与技术体系 表 1

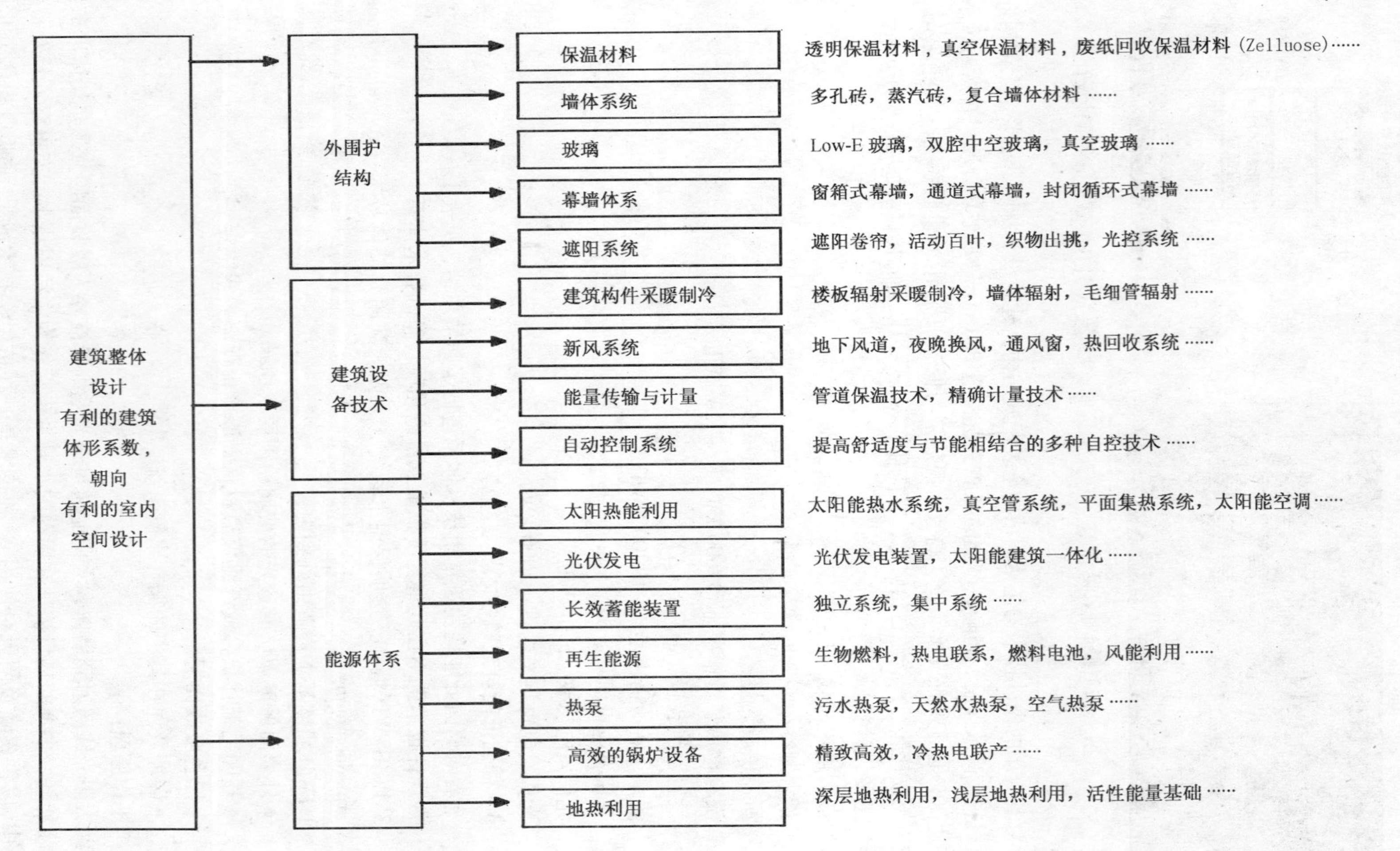

层皮毛、皮肤及血管构造，利用自然界百万年来自然进化形成的这种独特高效的保温隔热和太阳能利用的原理研制而成，在德国已有小面积推广使用（图 11、图 12）。

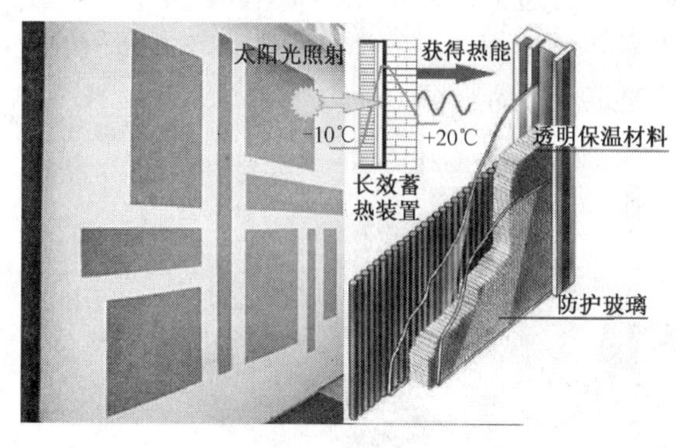

图 11　HTWD 墙体基本构造

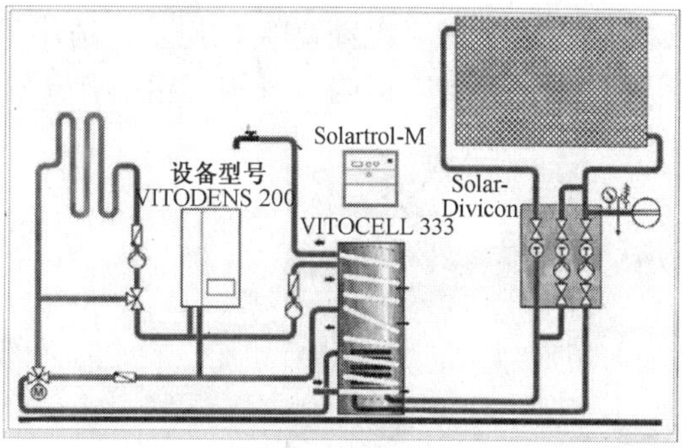

图 12　HTWD 墙体系统示意

3.2　真空隔热保温板（VIP）

VIP 是英文 Vacuum Insulation Panels 的缩写，它是一种新型、高效的真空隔热板（图 13）。它的导热系数非常低，只有 0.004 W/(m · K)，大约是一般聚苯乙烯保温材料的 1/10。近几年开始在德国出现以 VIP 做外墙外保温材料的低能耗建筑。因 VIP 保温材料的超薄性，作为外墙保温材料，可以最大限度地减少使用面积的损失，同时因其卓越的保温性能，即使在建筑外形凹凸复杂的情况下也能保证较好的效果。随着工业化生产，价格的降低，相信这种产品在中国严寒地区会有应用市场。

图 13　真空隔热保温板

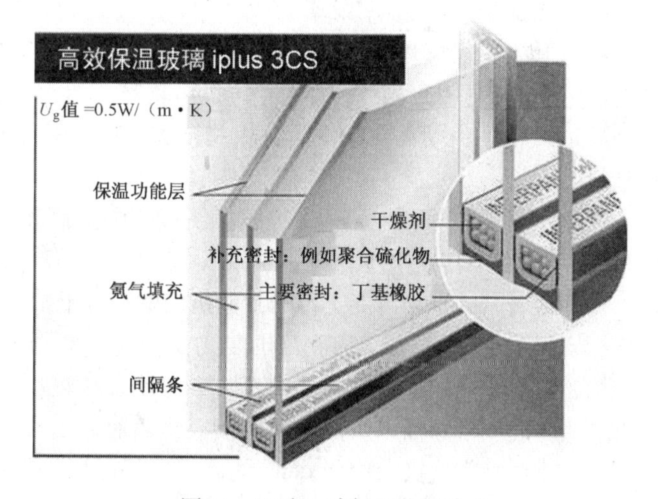

图 14　双腔三玻保温节能玻璃

3.3　高效节能玻璃

欧洲的保温节能玻璃技术发展领先，大规模生产的双腔三玻保温节能玻璃（图 14）传热系数 U 值已达到 0.5 W/(m^2 · K)，高于北京地区外墙传热系数 0.6 W/(m^2 · K) 的设计标准，顶级产品 U 值已达到 0.2 W/(m^2 · K)。此外，玻璃产品的遮阳、保温、隔热等性能已有显著提高。

3.4　光伏发电屋面防水卷材（图 15）

这种光伏发电屋面防水卷材不用保护玻璃，没有边框，采用三层 PV 膜技术，可产生比常规晶体光伏发电高 20% 的电量，适用于各种不同屋面，在欧洲已有项目较大面积的应用。这是高科技产品与传统构建相结合开发的建筑新产品（图 16）。

图 15　光伏发电屋面防水卷材

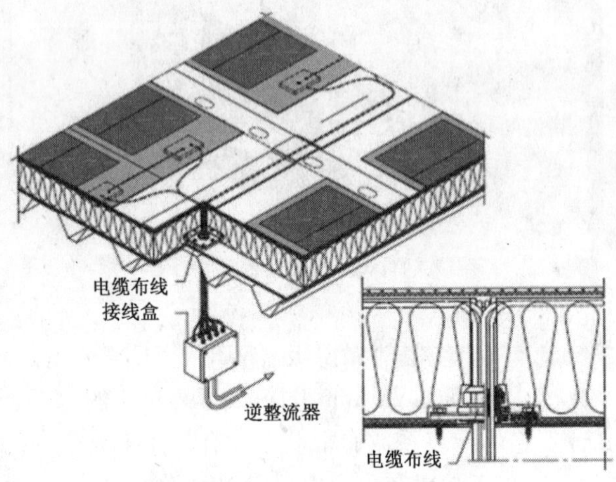

图 16　光伏发电屋面防水卷材构造

4　德国低能耗建筑推广策略与既有建筑节能改造

4.1　低能耗建筑推广策略

德国低能耗建筑是德国政府可持续发展战略的一个重要组成部分。低能耗建筑的推广主要通过政府相关的政策法规制定，联邦政府、州政府、官方及半官方专业机构的推进，以及通过税收等手段引导企业开发相关技术产品，引导业主消费者建设、购买和使用低能耗建筑。

在政策法规方面最值得一提的就是 2006 年制定、2007 年 4 月由联邦政府通过的 EnEv2007《2007 建筑节能法规》。

德国最著名的推动节能工作的专业机构就是位于柏林的“德国能源事务有限公司”（德文简写 dena），它是德国政府和德国复兴信贷银行集团 KFW 各占 50% 股份成立的半官方权威机构，以商业模式运作机制，代表国家和社会利益，发挥承上启下推进节能工作的作用。它的一些研究成果如标识认证体系直接成为政府制定法律法规的依据，如 EnEv2007 中的建筑能量证书体系就直接采用了 dena 的研究成果；另一方面，dena 也进行社会宣传、工程试点、成果推广、项目分包等节能社会推广工作。图 17 为 dena 的职能和工作范围。

4.2　既有建筑低能耗改造

德国的 80% 的住宅是 1979 年以前建造的，当时没有建筑节能的概念，建筑能耗水平相当高，这些老房子能耗水平大约相当于新建筑的 3 倍，因而具有很高的节能潜力。未来 20 年内德国将有 50% 的既有建筑，大约 1900 万户住宅将进行节能改造。这是一个艰巨的任务，同时也是一个巨大的商机，已有一些成功改造案例，改造后达到微能耗建筑的水平。

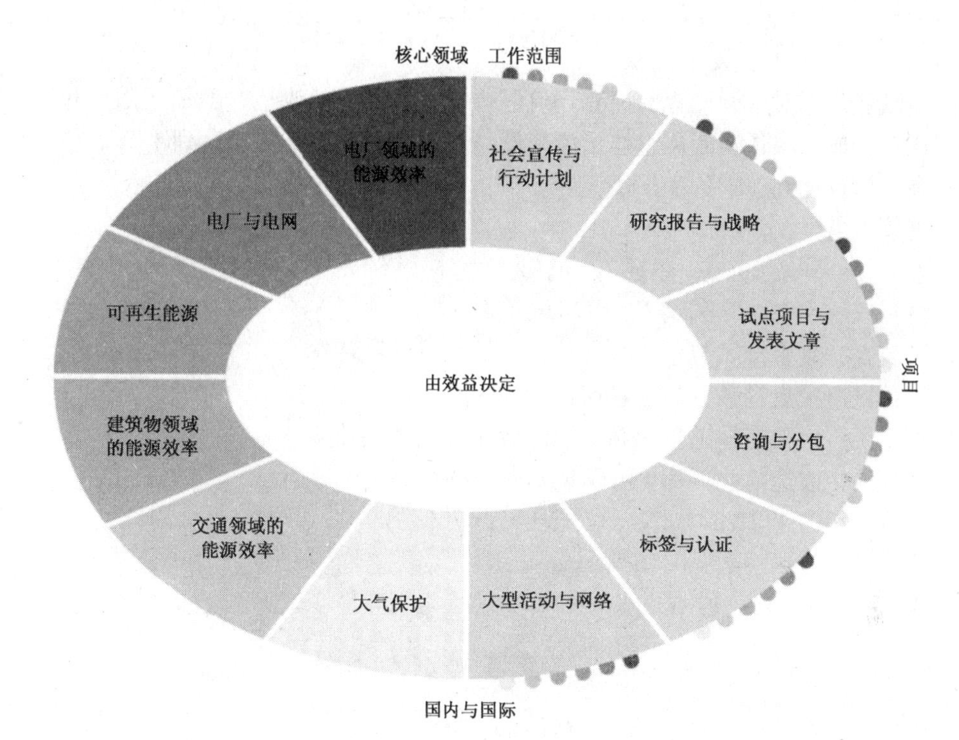

图 17　dena 的职能和工作范围

如莱比锡的一栋高层住宅节能改造项目[3]（见图 18 ~ 图 20）。

图 18　莱比锡高层住宅节能改造项目 外观

图 20 莱比锡高层住宅节能改造项目 顶层露台

图 19　莱比锡高层住宅节能改造项目 外观局部

该项目位于莱比锡 Hans-Marchwitz-Str. 14-20，最初建设时间：1973 年。居住面积：$10326m^2$，167 户，楼层数：11 层。

整体改建工程对单调死板的原有建筑进行了有效的成功改造，增加了阳台和部分立面凸凹变化，形成了层顶花园。整体形象焕然一新，改造前的空置率达到40%，改造后不仅租金提高，而且达到100%的出租率。

建筑节能措施：

保温材料：外墙 10cm，屋顶 12cm，地下室楼板 8cm

外窗：双层中空镀膜玻璃 $U_w = 1.4W/(m^2 \cdot K)$

通风装置：集中排风装置，结合外窗上的可控进风装置

采暖：城市中央供暖，热电联产比例为96%

热水系统：太阳能辅助热水系统，阳台栏板式集热装置

节能效果：改造前能耗为 $184kWh/(m^2 \cdot a)$

改造后能耗为 $44kWh/(m^2 \cdot a)$（能耗降低 76%！）

外围护结构传热系数：$0.56\ W/(m^2 \cdot K)$

每年减少 CO_2 排放量：$30kg/m^2$，即整栋大楼每年减少 CO_2 排放量约 310t。

参考文献

[1] 卢求.《德国2006建筑节能规范》. 建筑学报，2006.11.

[2] 资料来源，Werner Sobek Ingenieuer，Transslar Energietechnik.

[3] 资料来源，dena.

卢　求　德中建筑协会副主席　五合国际副总经理　邮编：100044

美国建筑节能法规体系

王新春

【摘要】 本文介绍了美国建筑节能法规和标准的种类、应用范围、制定修订过程和各州的节能法规现状，并总结了该体系的显著特点。

【关键词】 建筑节能 法规 美国

1 建筑节能法规和标准种类

美国建筑法规种类与中国的有所不同，分为标准（standard）和法规（code）两个层次（表1）。

美国建筑节能标准和范本建筑节能法规 表1

名称	种类	主编机构	描述	常用版本
国际建筑节能法规 IECC	范本法规	ICC	适用于住宅和公共建筑。用命令式、强制性语言书写	1998 IECC 2000 IECC 2003 IECC 2006 IECC
国际住宅法规 IRC	法规	ICC	适用于住宅，包含结构、防火、管道、暖通空调和节能等	2000 IRC 2003 IRC 2006 IRC
ASHRAE/IESNA/ANSI 90.1 标准：除低层住宅之外的新建筑节能设计	节能标准	ASHRAE、IESNA 和 ANSI	适于所有建筑（除3层及以下住宅外）	90.1－1989 90.1－1999（a） 90.1－2001 90.1－2004
ASHRAE 90.2 标准：新建低层住宅节能设计	节能标准	ASHRAE、IESNA 和 ANSI	地上3层及以下住宅建筑	90.2－1993 90.2－2001 90.2－2004

（a）目前用命令式、强制性语言书写。

1.1 标准

建筑标准描述了建筑应该如何建造、具有什么样的性能，是自愿的、非强制性的，一般用非命令和非强制性语言书写，例如 should。有的标准是用命令式、强制性语言书写，以利于这些标准能够直接结合到法律或规定中（laws or regulations）。这些自愿性标准一般由全国性专业协会或协会制定，例如美国采暖制冷与空调工程师学会（American Society of

Heating, Refrigerating, and Air-Conditioning Engineers，简称 ASHRAE）、北美照明工程学会（Illuminating Engineering Society of North America，简称 IESNA）和美国国家标准学会（American National Standards Institute，简称 ANSI）等。这类标准被有的法规推荐给州和地方政府以便在制定各自建筑节能法规时作为技术基础。ANSI/ASHRAE/IESNA 90.1 标准《除低层住宅之外的建筑节能标准（Energy Standard for Buildings Except Low-Rise Residential Buildings）》适用于公共建筑。ANSI/ASHRAE/IESNA 90.2 标准《新建低层住宅节能设计（Energy Efficient Design of New Low-Rise Residential Buildings）》适用于地面建筑层高等于和低于 3 层的住宅。尽管 ASHRAE 90.1 是标准，《美国节能与节能产品法令》（Energy Conservation and Production Act，简称 ECPA）赋予其法规地位，其在美国公共建筑领域起着举足轻重的作用。

1.2 法规

法规规定建筑必须如何设计、建造和具有什么样的性能，用命令式、强制性（mandatory，enforceable）语言书写，例如，must、shall，具有强制力，执法部门可依此进行节能审查和检查。这类法规内容类似于我国的强制性标准，而法律严肃性方面要更强，当节能标准与法规有不一致甚至冲突时，以法规为准，如果违反规定，则要承担法律责任。美国国际建筑法规委员会（International Code Council 简称 ICC）制定了一系列建筑法规，例如，《国际建筑节能法规》（International Energy Conservation Code，简称，IECC）、《国际住宅法规》（International Residential Code，简称，IRC），以及防火、管道、暖通、建筑性能、既有建筑等十多部法规。

1.2.1 《国际建筑节能法规》（IECC）

IECC 包括住宅和公共建筑，目前最新版本是 2006IECC，该法规被称为范本节能法规（model energy code，MEC，国内有翻译成模范、模式或范式节能法规），是美国全国的最低标准，美国各州或地方政府根据自己的情况可直接采用、修订或制定比该范本更严格的全州或地方规定。其中的住宅建筑内容由 IECC 标委会维护，而公共建筑内容，则或直接引用 ASHRAE 90.1 标准或根据 ASHRAE 90.1 由 IECC 标委会进行简化的内容。从 1977 年以来，美国的范本节能法规经历了从 MCED77 到 IECC2006 共 13 个版本，这些范本节能法规的公共建筑内容几乎全部引述 ASHRAE90.1 的标准，所做修改主要是行文上的不同，另外还有些改动就是根据听证会结果所做的修改。

1.2.2 国际住宅法规 IRC 中的节能法规

美国国际建筑法规委员会制定的 IRC（国际住宅法规）中包含节能章，美国有部分州也以此为参照作为其节能法规，其与 IECC 的异同参见表 2。

IRC 节能章节与 IECC 的比较 **表 2**

	IRC	IECC
相同上级组织机构	都是 ICC 的标准	
内容相同部分	在 IRC 法规的节能章中规定，节能要求要么符合 IECC 住宅法规或者按照 IRC 的规定进行 二者在住宅规定性指标要求方面相同	

续表

	IRC	IECC
专业委员会不同	IRC 编写委员会专家涉及健康、安全、建筑结构、外围护、HVAC 等多个专业，范围更广，而节能专家只是其很小一部分内容	由 IECC 委员会负责编写和修订，该委员会在节能方面更专业和细致
内容不同之处 1	只有住宅节能方面的规定，而且内容较少	除针对住宅的内容外，还有针对公共建筑的内容
内容不同之处 2	IRC 没有性能性指标	有性能性指标
内容不同之处 3	技术角度讲节能性能比 IECC 略差	技术角度讲节能性能比 IRC 略好
内容不同之处 4	其中标明 prescriptive 就是规定性指标，这些指标不可以被权衡（trade-off）	prescriptive 方面的指标可以被权衡（trade-off），而 Mandatóry 的规定是强制的，不允许更改

由于编写委员会的不同，内容的不同，据专家分析，IRC 和 IECC 以后有可能进一步分裂，尤其是在 IECC2006 版本之后。

1.2.3 联邦建筑节能法规（Code of Federal Regulations）

美国联邦政府为了在全国树立节能榜样，制定了联邦建筑节能法规和设备标准。

联邦政府建筑法规的节能性能要求比同类建筑高约 30%，适用于所有联邦政府建筑，例如联邦政府办公楼、联邦法院、军队、邮局建筑、联邦政府的住宅等，各州政府建筑不包括在内。联邦建筑节能法规分别对新建筑和既有建筑节能要求做出规定。与建筑节能直接相关的法规有 10 CFR PART 433《联邦新建公共建筑和多户高层住宅节能设计和施工标准—Energy Efficiency Standards For The Design And Construction Of New Federal Commercial And Multi-family High-Rise Residential Buildings》、10 Cfr Part 434《联邦新建公共建筑和多户高层住宅节能法规—Energy Code For New Federal Commercial And Multi-family High-Rise Residential Buildings》、10 CFR PART 435《新建建筑节能性能自愿标准，对联邦政府建筑的强制性标准—Energy Conservation Voluntary Performance Standards For New Buildings; Mandatory For Federal Buildings》、10 Cfr Part 436《联邦政府节能管理和规划—Federal Energy Management And Planning Programs》以及用能设备的联邦标准。尽管名称中是“标准”，但实际上是强制法规。

还要说明的是，国内往往误认为该法规针对美国全国所有建筑，实际上只针对联邦政府的建筑，不适用于各州和地方政府以及非政府建筑。

联邦建筑节能法规不仅在节能设计方面而且在节能工程的施工方面对性能目标均有明确要求，见表 3。

联邦建筑节能法规的主要目标 **表3**

法规代号	主要内容
10 CFR 433	设计和建造的节能性能要求的范围包括采暖、空调、通风、照明、生活热水和非生产用的用能系统。 （1）从2007年1月3日起开始设计的联邦政府用新公共建筑或高层住宅，必须满足ANSI/ASHRAE/IESNA Standard 90.1 - 2004的要求； （2）如果用生命周期成本分析方法证明节能措施的经济性，则要求能耗比上述最低基准低30%； （3）如果节能30%措施的生命周期成本不经济，则要调整设计，采取获得最大能效的、生命周期成本经济的措施
10 CFR 434	针对2007年1月3日以前设计的联邦政府用新公共建筑和多层住宅，目前仍有效。从2007年1月3日起设计的，要满足10 CFR 433
10 CFR 435	节能性能要求的范围包括采暖、空调和生活热水。 （1）从2007年1月3日起开始设计的住宅，最低满足2004IECC版本的要求； （2）如果用生命周期成本分析方法证明节能措施的经济性，则要求能耗比上述最低基准低30%； （3）如果节能30%的措施的生命周期成本不经济，则要调整设计，采取获得最大能效的、生命周期成本经济的措施
10 CFR 436	目的在于减少联邦政府的能耗和推动生命周期费用效果方法在联邦政府建筑用能和用水系统以及节能和节水项目的应用

联邦政府建筑节能法规要求在生命周期成本分析结论是在经济的情况下比基准法规和标准节能30%，如果满足这一要求，则法规中规定性指标可以突破，这给设计以灵活性。10 CFR 436规定了详细的生命周期成本分析条件和方法。

1.3 法规和标准的采用范围

从全美来看，IECC住宅标准被广泛采用，公共建筑领域ASHRAE 90.1标准被广泛采用，参见表4。

美国建筑节能法规和标准的应用普及程度 **表4**

	法规和标准实际被采用的范围
住宅建筑	IECC（被各州普遍采用）
	ASHRAE 90.2（普及率不高，几乎没有被采用）
	联邦法规10CFR 435（适用于联邦政府建筑）
公共建筑	IECC（普及率较高）
	ASHRAE 90.1（普及率较高）
	联邦法规10 CFR 433和10 CFR 434（适用于联邦政府建筑）

2 范本节能法规的基本内容和特点

范本建筑节能法对围护结构、采暖、通风、空调、生活热水、室内外照明都提出明确要求。范本建筑节能法涵盖对节能设计、材料与设备、施工、检查验收的要求，法规法律效力高于标准，该法规规定，当标准的规定与该法规的规定有不一致甚至冲突时，以该法规为准。范本建筑节能法规分为行政管理、定义、气候区、住宅建筑、公共建筑和引用标准六章，最后还有个名词索引，便于快速查考。各部分的主要特点如下：

2.1 行政管理方面的规定明确，可操作性强

IECC 的制定路线是简单易用为原则。2003 年版本有 213 页，2006 年版本减少到 63 页。2006IECC 所规定的指标简洁明了，这样可以减少许多麻烦。其原因主要是美国建筑执法人员少，在检查时重点在于健康和安全方面的性能，而节能方面花的精力和时间就很少，有专家举例说，检查人员花 15 分钟检查建筑，都不会有半分钟来检查节能指标。所以要求检查指标简单而确切。同时，建筑业也利用这些少量的指标得以简化和统一部品性能。IECC 制定委员会的大部分成员是对建筑进行管理的政府官员（code officials），法规有效地突出了建筑执法人员的要求。

IECC 规定简明，便于执法检查。从 2000IECC 到 2006IECC 一共 6 个版本，据有关专家对其中的住宅内容要求进行的分析，从 2000IECC 到 2003IECC 能效性能要求没有改善，从 2003IECC 到 IECC2006 有小的改进。这些版本修订的重点是如何使法规能够得到很好的执行。对涉及建筑节能的设计、材料生产、施工方提出具体的、可操作的要求，这些要求便于检查。例如，对于保温材料除必须满足产品标准外，对于单片宽度大于等于 305mm 的建筑围护结构用的保温材料，法规要求保温材料生产企业在每片保温材料上明显标明 *R* 值。安装之后材料的 *R* 值清楚标示以便于检查。对于保温材料施工，要求记录和验证所安装的保温材料种类、生产商名和 *R* 值，对于采用喷吹和喷涂方式安装的保温材料（玻璃纤维和纤维素）需要记录和验证初始厚度、最终厚度、*R* 值、最终密度、面积、包数信息，对于喷涂用聚氨酯泡沫保温材料须记录和验证安装厚度和 *R* 值。安装工必须签名和签日期，并把这些记录张贴、放置在施工现场的显著位置。

2.2 建筑气候分区考虑温度和湿度

该法规不但把美国气候区按照采暖度日数和制冷度日数分为八个大区，还根据湿度分为西北沿海（C）、干燥（B）和潮湿（A）三个湿度区，潮湿区内还划分出湿热地区。这种分区方法给条文中的湿度控制提供了依据。

2.3 住宅建筑取消窗墙比

该法规所指住宅的地面层高在 3 层及以下，符合美国国情，因美国大部分住宅都在这个范围之内，其他法规和标准对住宅建筑的定义都类似。

2006IECC 版本取消窗墙比，大大简化了围护结构的性能指标数量，便于设计、施工和检查。这一变化曾引起很大争论，有关专家说这在理论上可以建造全玻璃的房子，然而在实际上人们不会去建这种舒适性差的房子，到目前为止在美国只有一座玻璃住宅，是 2003 年在芝加哥建设的，算是个特例。

2.4 公共建筑可遵循两种途径

2006IECC 明确公共建筑的节能要求可以按照 ASHRAE90.1－2004 标准或者 IECC 的规定进行，而 IECC 对公共建筑的规定实际是 ASHRAE90.1 的简写本。附表 1 中所有标明引

用ASHRAE90.1标准的，都是直接引用，而不是采用第二种途径。

3 法规和标准的制定与修订过程

美国的节能法规和标准制定与修订工作具有持续改进的特点，政府规定了修订周期，节能法规和标准的修订工作持续进行（表5）。

美国范本法规、标准和联邦法规的版本演变 表5

范本法规版本（公共建筑部分引用的ASHRAE版本）	ASHRAE适用于公共建筑的节能标准	ASHRAE适用于住宅建筑的节能标准	联邦公共建筑法规	联邦住宅建筑法规
77MCEC，引用90-1975	90-1975			
83MEC	90A-1980			
86MEC，引用90A-1980	90.1-1989			
89MEC	90.1-1989法规术语化版	90.2-1993		
92MEC，引用90.1-1989和90A-1980				
93MEC				
95MEC，引用90.1-1989				
98IECC，引用90.1-1989法规术语化版	90.1-1999			
2000 IECC，引用90.1-1989法规术语化版			10CFR434引用90.1-1989法规术语化版	10CFR435，引用92MEC
2001 IECC，引用90.1-1999	90.1-2001	90.2-2001		
2002 IECC，引用90.1-1999				
2003 IECC，引用90.1-2001				
2004 IECC，引用90.1-2004	90.1-2004	90.2-2004		
2006 IECC，引用90.1-2004			10CFR433，引用90.1-2004	10CFR435，引用2004 IECC

《美国节能与节能产品法令》及其修订版要求美国能源部（Department of Energy，简称DOE），在IECC的住宅节能规定和ANSI/ASHRAE/IESNA 90.1标准修订版出版一年内审定新版本是否提高能效（这一验证程序被称为determination）。一旦美国能源部确定修订版本提高能效，要求各州在两年内评估检查各自住宅和公共建筑节能法规。

对于住宅法规，各州可以修改IECC的住宅建筑内容要求，使其达到或超过修订版本。

如果州政府确定修订的内容不适合当地情况，则州政府必须向能源部部长出具书面的解释。

对于公共建筑法规，各州必须根据 ASHRAE 90.1 标准的修订内容更新节能法规中的公共建筑规定。能源部部长负责对各州的修订版进行合格性认证。

3.1 标准的制定与修订程序

ASHRAE 标准的制定与修订工作与其他标准组织一起进行，例如 IESNA（北美照明工程学会）、ANSI（美国国家标准学会）、ASTM（美国材料试验学会）、ARI（美国空调和制冷学会）和 UL（美国保险商实验室）。除上述的学会之外，为确保各方利益的均衡，一致同意流程中参与的机构和人员还有：

- 设计界：包括建筑师、照明和暖通工程师；
- 执法机构：建筑法规执法官员、法规制定机构代表和州的立法机构代表；
- 建筑业主和物业管理机构；
- 工业界和制造商；
- 公共服务机构（例如水、电、气等）；
- 美国能源部代表、节能促进机构代表和学术团体代表。

上述机构的代表组成标准制定委员会，ASHRAE 90.1 和 90.2 标准制定与修订通过自愿一致同意和公共听证两个流程连续进行，分别由两个独立的标委会（Standing standards Project Committee，简称 SSPC）SSPC 90.1 和 SSPC 90.2 负责，标委会中有投票权的委员数量分别约是 60 人和 10 人。

1999 年 ASHRAE 指导委员会决定持续地进行标准更新工作。ASHRAE 90 标准的出版周期是 3 年，从 2001 年版本开始，每三年的秋季出版新版本，在两个新版本之间，在网站上公布增补内容（称为 addenda）。

在一个出版周期内任何人都可提出修改建议，标委会提出修订意见后，进入公众评价流程（public review），公众在 30 天或 45 天内对修订版本进行比较和评论。根据公众意见，标委会进行重新修订，通常对小的修订不进行公众评价，大的修改需要另外一轮公众评价。当大部分机构达成一致意见后，修订版本提交到 ASHRAE 指导委员会。不同意这个修订版本的机构或代表可以向指导委员会提出上诉，如果上诉得到支持，修订版本被打回重新审定，还要走一遍修订流程；如果指导委员会否定了上诉请求，修订版本获得批准，修订内容在网站上公布，一系列的修订内容将纳入新版本中出版。

ASHRAE90.1 标委会正加紧制定新版本的标准，目标是 2010 年的版本比目前的 2004 年版本节能 30%。

3.2 范本节能法规的制定与修订程序

与 ASHRAE 标准制定流程不同，节能法规通过公开的公众听证流程（open public-hearing process）进行修订。IECC 法规制定委员会成员中，由 ICC 指定法规、建筑科学和能源方面的专家约 7~11 名，其余大部分委员是建筑法规官员，这些官员不一定全是 ICC 会员。IRC 制定委员会的人数大致相同，人员包括建筑企业、法规官员和工业界代表。

IECC 和 IRC 的新标准出版周期是 3 年，IECC 和 IRC 把 3 年的修订周期划分为两个 18 个月，表 6 是修订流程，可以看出修订工作持续进行。

IECC 和 IRC 的修订流程 **表 6**

分 阶 段	主 要 流 程
第 1 ~ 18 个月	（1）征询和公布公众意见（public proposals） （2）公布公众意见后 6 个星期召开法规制定听证会（code development），由标准委员会对公众意见进行评估，公布接受、修改和否决的情况 （3）公众评价（public comments） （4）最终听证会（final acting hearing），由有 ICC 会员资格的标委会成员进行表决并上报给 ICC 指导委员会，对表决结果有异议的可以向 ICC 指导委员会上诉 （5）ICC 指导委员会批准，把修订部分出版出来（Publication，supplement），作为上次版本的增补，如 2001IECC、2004 IECC 版本等
第 19 ~ 36 个月	与前 18 个月的过程相同，除第（5）项有区别，出版的是新版本，内容包含上次出版的补充版本在内，如 2000IECC、2003IECC 和 2006IECC 版本等

3.3　州法规和地方政府法规的制定与修订程序

按照《美国节能与节能产品法令》的规定，当新版本的节能标准 ASHRAE90.1 和范本法规 IECC 出版后，州政府就开始选用和修订工作，往往通过规定程序或自动程序，所谓自动程序就是在州立法或规制中已经有明文规定，例如“选用最新版本”。有的选用是根据出版日期联系的，例如有的州规定“本规定当所选用的范本节能法规出版后 1 个月必须生效”。

州政府和地方政府通常召集建筑设计、施工和执法机构代表组成顾问团，顾问团决定选用哪部节能标准和范本节能法规，并根据当地的经济条件和施工做法确定修改节能标准和范本节能法规。

选用的一般过程如下：

建筑节能法规的立法机构或规章制定机构或利益相关团体启动更改程序，顾问团一般都会同意启动这个程序，开始起草建筑法规建议草案。该草案经过立法或者公众评价程序。公众评价程序中包括在主要出版物上刊登通知、征询书面意见或进行听证，邀请利益相关团体提交书面或口头评价，综合整理评价结果形成立法或法规草案，供核准审批。审批机构对提交的草案进行评价，对更改的部分可能提交到相关权威部门进行最终批复或备案。得到批复或备案后，法规在 30 天到 6 个月内生效。

具体的选用过程有以下三种形式：州内地方政府选用、州政府通过立法选用和规制程序选用。

3.3.1　州内地方政府选用

如果州政府在选用节能法规方面的权限有限，如所谓地方自治（home rule），州政府对该州内地方政府没有干涉或控制权，则地方政府有责任选用当地的节能法规和标准，州内的市县往往选用不同的范本法规和标准，例如亚利桑那、夏威夷、怀俄明等，亚利桑那州共有 4 个版本的公共建筑节能法规和标准。当然，地方政府也可以选用比州政府严格的节能法规和标准，如亚拉巴马州。

3.3.2　州政府通过立法选用（ADOPTION THROUGH LEGISLATION）

州政府通过单独立法形式选用节能法规，很少把标准或样本法规全文照抄过来，通常是把已出版的标准或样本节能法规引述过来，并加入涉及执法、修订、特例和权威性等方面的管理性的条款。有的州把节能法规的管理性条款纳入立法程序，把技术性条款纳入规制程序，或者相反。立法选用形式不如规制选用形式普遍。

3.3.3　州政府规制程序选用（ADOPTION THROUGH REGULATION）

如果州政府对建筑法规的选用、管理、推广执行和执法有足够的权限，那么州政府就有能力选用和制定节能方面的设计和施工规定。大多数州政府有这个权限，少数州政府则没有，因而，采用规制程序选用节能标准和范本法规在美国更普遍。这个规制程序要符合有关立法规定的要求。在节能法规中要包括管理性方面的内容。

3.4　联邦节能法规和标准的制定与修订

根据《1992年美国能源政策法令》（Energy Policy Act of 1992）对《1976年美国节能与节能产品法》（Energy Conservation and Production Act1976，简称ECPA）的修订，美国能源部（DOE）被要求负责制定联邦政府建筑节能法规。

联邦政府建筑节能法规基于范本节能法规和ASHRAE 90.1标准。在《2005年美国能源政策法令》（Energy Policy Act of 2005）对ECPA进行修订之前，ECPA要求联邦政府住宅建筑法规以范本节能法规1992MEC为基准节能30%，要求联邦政府公共建筑及高层住宅建筑法规以ASHRAE 90.1－1989为基准节能30%。

2005年修订的ECPA要求联邦政府住宅建筑法规以范本节能法规2004IECC为基准，要求联邦政府公共建筑及高层住宅建筑法规以ASHRAE 90.1－2004为基准。同时，还规定，当IECC和ASHRAE90.1的修订版本经审查确认提高能效之后一年内，DOE秘书长要确定联邦节能标准是否也要相应修订。ASHRAE 90.1－2004标准比ASHRAE 90.1－1989节能约28%，如果大幅度采用节能灯，则节能率提高会更多些，可见联邦政府建筑节能法规确实起到引导作用。

按照《2005年美国能源政策法令》要求，目前版本（中期版本）的联邦政府建筑节能法规将在下一个版本加入：实现选址、设计和建设的可持续性原则，节能措施用水应是经济的生命周期成本，以及氡气和其他室内污染治理。

4　美国各州住宅和公共建筑节能法规现状

美国各州根据节能标准和范本节能法规选用、修订或制定适合各自需求的节能法规。住宅节能法规方面，有16个州自己制定法规，28个州选用范本节能法规IECC，3个州选用IRC；公共建筑节能法规方面，12个州自己制定，24个州选用IECC（其中有14个州通过IECC直接引用ASHRAE90.1标准），9个州直接采用ASHRAE90.1标准。亚利桑那、夏威夷、怀俄明等州尽管没有全州通行的建筑节能法规，但各州内的市县选用不同的样本法规和标准。

加利福尼亚、俄勒冈、华盛顿、佛罗里达这4个州制定的节能法规比最新版本的节能标准和范本节能法规要严格，艾奥瓦、肯塔基、路易斯安那、新罕布什尔、新泽西、俄亥俄、宾夕法尼亚和犹他州8个州已经选用和实施最新版本的节能标准和（或）范本节能法规。尽管能源部要求各州的节能法规高于范本节能法规的要求，但各州选用的参考版本有所不同，实质上这个要求没有实现。据称，南达科他州宁愿不要联邦政府的高速公路建设投资，也不采用范本建筑节能法规，实质上该州至今没有建筑节能法规。

5 建筑节能法规的推广实施

节能法规选用后要进行广泛的宣传和培训，美国能源部、ICC 和 ASHRAE 以及地方政府、教学和科研机构、公共事业部门等都开展节能法规方面的培训，建筑法规官员、设计师、建筑师、工程承包商、设备和材料企业都是受培训的对象。美国能源部、ICC 和 ASHRAE 提供大量培训软件和材料。

美国能源部建筑节能法规项目在审核法规和标准的修订、技术培训和技术支持等方面卓有成效，从 2001 年该项目启动以来，所有的对外培训和专家答疑工作都向公众免费提供，有 4～5 名核心专家每周解答 350～450 个问题。经评估，该项目每 1 美元花费每年可节省能源花销 50～60 美元，目前已使 30 亿 ft^2 的新建公共建筑和 400 万户新建住宅提高能效，总共节约能源费用达 42 亿美元，节能量相当于 300 万户住宅全年用能的总和。

实施环节主要靠州政府、地方政府和第三方机构进行，内容主要有：

（1）设计图纸审核；

（2）部品、材料和设备规格性能审核；

（3）测试和认证审核；

（4）复演算；

（5）施工现场检查；

（6）现场更改选材的评估；

（7）入住前检查验收。

州政府参与建筑节能法规的执法的情况一般发生在小的州、没有建筑法规官员的偏远地区和州属建筑或州政府投资的建筑项目。地方执法机构接近工地，便于安排检查时间和频次，但也存在地区间执法口径不一的情况，为此，州政府相关机构与地方机构联合执法、地区间交叉执法等方式有助于达到执法尺度的一致性。

一些州或地方政府把执法权部分委托出去，例如蒙大拿州就委托给银行。有的州或地方政府没有执法权，应业主的要求法院就要介入进行执法。在人手紧张的州，设计图纸审核和现场检查存在不彻底的问题。

6 其他高性能标准

除强制的最低建筑法规和标准外，美国还有更严格的自愿执行的一些项目，例如 ASHRAE 先进节能设计指南（Advanced Energy Design Guide）、美国环保局的能源之星、住宅能效评级 HERS、绿色建筑委员会（US Green Building Council）的 LEED™评级（Leadership in Energy and Environmental Design）、美国能源部的建设美国项目（Building America™）、新建筑学会（New Buildings Insititute，Inc.）的先进建筑标杆（Energy Benchmarking for High Performance Building，E-Benchmark™）等。E-Benchmark™比现有的节能标准 ASHRAE 90.1－2004 节能 25%，能源之星住宅比范本节能法规 IECC 要求的指标优 30%。ASHRAE 的先进节能设计指南比 ASHRAE 90.1－2004 版本节能 30%，现已制定完成小型办公室（建筑面积在 2 万 ft^2 以下）、小型零售店、仓库和学校的先进设计指南，现在正在制定旅馆的先进设计指南。ASHRAE 先进节能设计指南正在着手制定比 ASHRAE 90.1－2004 版本节能 50% 的仓库和学校设计指南。

7 总结

美国政府部门在建筑节能法规的制定与修订过程中担当裁判员，起到主导作用。首先，政府对范本法规和节能标准的节能效果进行评估，确保其先进性。美国能源部负责对IECC和ASHRAE这两个民间组织制定的新版本的范本法规和节能标准进行评估确认。通过评定后，要求各州和各地方政府据此相应提高各自的节能法规，州和地方的新法规仍需要经过评估。第二，法规便于实施和检查。一部法规和标准制定得再好，如果得不到很好地执行也是没有意义。在制定范本节能法规的第一阶段大部分委员是建筑法规官员，所制定的法规突出了其执法检查的要求，为法规的有效实施起到关键作用。

美国建筑节能法规体系具有立体的多层次的特点。建筑节能标准ASHRAE和范本建筑节能法规IECC是各州政府和地方政府制定建筑法规的基础，是最低的强制要求，具有通用性和指导性的特点；各州和地方政府根据各自情况建立、选用或修订的节能法规，满足因地制宜的多样化需求；联邦政府法规和一些自愿性标准则提供了高性能要求和方法，成为美国建筑节能的未来走向。

针对性和适应性强是美国建筑节能法规显著的特点。十里不同天，美国幅员辽阔，气候从北到南、从西到东变化大，各州和各地方的气候和地理条件、经济水平存在差异，各州被要求根据范本法规和节能标准制定适合本州和本地市的节能法规，以及IECC条文的简明化，ASHRAE标准的科学严谨化等，突显出这种模式和机制具有针对性和适应性强的特点，见表7。

美国建筑节能法规体系的另一个显著特点是其持续更新的机制。随着节能技术的不断发展以及人们对节能减排呼声的不断提高，客观上需要节能法规和标准能持续得到更新提高；同时，为了使法规能有效地得到贯彻实施，要求法规容易被正确解读，在可操作性和方便实施和执法方面不断提高，美国建筑节能法规和标准能够适应这一要求。

美国各州的节能法规基本情况表 **表7**

	住宅法规采用情况		公共建筑法规采用情况	
Alaska 阿拉斯加	州立	州立法规（Building Energy Efficiency Standard（BEES））基于2006 IECC，并有该州的修订内容，作为最低的能效标准，对州政府投资的建设项目强制执行	无	没有全州适用的法规。公共设施建筑必须按照阿拉斯加交通和公共机构部（Alaska Department of Transportation and Public Facilities）采用的标准AS44.42.020（a）（14）进行采暖和采光设计
Alabama 亚拉巴马	州立	州立自愿性法规（Residential Energy Code for Alabama（RECA））严格程度与2000IECC相当，有地方政府不采用SHGC 0.40的要求，有4个地区采用的2000 IECC没有修改Low-E镀膜玻璃窗的低太阳得热要求	无	州立法规（The Alabama Building Energy Conservation Code（ABECC））对州政府建筑强制执行。最新版本（ABECC 2004）基于ASHRAE/IESNA 90.1－2001，2005年3月采用，当年9月实施

续表

	住宅法规采用情况		公共建筑法规采用情况	
Arkansas 阿肯色	州立	比2003IECC略松，对HDD < 3500的地区免除SHGC为0.40的要求	2003 IECC	引用 ASHRAE/IESNA 90.1－2001
American Samoa 美属萨摩亚群岛	无	无	无	无
Arizona 亚利桑那	无	2006 IECC：Pima 县，Buckeye，Duncan，Phoenix； 2003 IECC：Benson，Carefree，Clarkdale，Cochise 县，Goodyear，Oro Valley，Peoria，Queen Creek，Scottsdale，Show Low，Sierra Vista，Surprise，Tuscon； 2000 IECC：Florence，Pinal 县	无	州属或州政府出资建设的房屋必须达到 ASHRAE/IESNA 90.1－1999。其他建筑根据所在地区满足如下法规： 2006 IECC：Pima County，Buckeye，Duncan，Phoneix； 2003 IECC：Benson，Carefree，Clarkdale，Cochise 县，Goodyear，Oro Valley，Peoria，Queen Creek，Scottsdale，Show Low，Sierra Vista，Surprise，Tuscon； 2000 IECC：Florence，Pinal 县
California 加利福尼亚	州立	州立法规（Part 6 of Title 24），严格程度超出2006IECC规定，在全州强制实施	州立	州立法规（Part 6 of Title 24），达到或超过 ASHRAE/IESNA 90.1－2004，在全州强制实施
Colorado 科罗拉多	93 MEC	针对旅馆、汽车旅馆和多户住宅，对没有地方规定的地区进行强制执行	2003 IECC	自愿执行，基于2003 IECC引用 ASHRAE 90.1－2001
Connecticut 康涅狄格	2003 IECC		2003 IECC	引用 ASHRAE 90.1－2001
District of Columbia 哥伦比亚特区	2000 IECC		2000 IECC	引用 ASHRAE 90.1－1999
Delaware 特拉华	2000 IECC		ASHRAE 99	各县市应把农用建筑排除在规定之外
Florida 佛罗里达	州立	州立法规（Chapter 13 of the Florida Building Code），指标超过2006 IECC，在全州强制实施	州立	达到或超过 ASHRAE/IESNA 90.1－2004要求，在全州强制实施
Georgia 佐治亚	2000 IECC	2000 IECC及该州的补充规定。2003，2005和2006年有修订版及勘误	2000 IECC	2000 IECC及该州的补充规定，包括 ASHRAE 90.1－2004及该州的补充规定，于2006年1月1日实施

续表

	住宅法规采用情况		公共建筑法规采用情况	
Guam 关岛	93 MEC	1993 MEC	ASHRAE 89	ASHRAE/IESNA 90.1－1989
Hawaii 夏威夷	无	Honolulu 和 Maui 县要求新住宅屋顶保温级别达到或等于 R-19；Hawaii 县要求中央空调的房屋屋顶保温达到 R-19，墙达到 R-11；Kaui 县目前无住宅方面的节能法规	无	Honolulu，Maui，and Kaui 县应满足 ASHRAE 90.1－1999；Hawaii 县应满足 ASHRAE 90.1－1989
Iowa 艾奥瓦	2006 IECC		2006 IECC	2006 IECC 引用 ASHRAE 90.1－2004
Idaho 爱达荷	2003 IECC	2003 IECC	2003 IECC	2003 IECC
Illinois 伊利诺伊	无	该州支持住宅能效评级（Home Energy Rating System）	2001 IECC	2000 IECC 的 2001 年修订版
Indiana 印第安纳	州立	基于 1992 范本节能法规（Model Energy Code），并有该州的修订	州立	基于 1992 范本节能法规（Model Energy Code），并有该州的修订
Kansas 堪萨斯	无	住宅建造企业和房地产经纪公司必须按照堪萨斯州能效公开的规定（Kansas Energy Efficiency Disclosure）向潜在客户提供房屋能效性能参数	无	采用 2006 IECC 作为公共建筑和工业建筑的节能要求，但没有执行机制
Kentucky 肯塔基	2006 IRC	强制执行	2006 IECC	对 2006 IRC 有该州的修订
Louisiana 路易斯安那	2006 IRC	2006 IRC 直接引用 2006 IECC。对 2006 IRC 版修改如下内容：所有空调管道保温级别是 R6，而不是 R8； 在 2006IRC 的 R301.2.1.1 条款中加入 2003 IRC 的 R301.2.1.1 内容，上述修改有效期至 2009 IRC 出版为止，（A）（3）（a）条款依据新版本的规定	ASHRAE 04	2006 IECC 适用于低层（3 层及以下）多单元住宅
Massachusetts 马萨诸塞	州立	基于 1995 MEC 并有修改	州立	基于 ASHRAE/IESNA 90.1－1999 和 IECC，并有该州特色的修改

续表

	住宅法规采用情况		公共建筑法规采用情况	
Maryland 马里兰	2003 IECC		2003 IECC	
Maine 缅因	2003 IECC		ASHRAE 04	ASHRAE/IESNA 90.1 – 2004
Michigan 密歇根	州立	密歇根统一节能法规第10部分（Michigan Uniform Energy Code Part 10 Rules），松于1992 MEC	ASHRAE 99	2003年3月13日生效
Minnesota 明尼苏达	州立	基于1995 MEC	州立	基于 ASHRAE/IESNA 90.1 – 1989
Missouri 密苏里	无	没有针对全州的。但要求州属的独户或多户住宅必须符合MEC最新版本（目前是2006IECC）或ANSI /ASHRAE 90.2 – 1993	无	没有，但州属建筑必须符合ASHRAE/IESNA 90.1 – 1989
Common wealth of the Northern Mariana Islands 北马里亚纳群岛	州立	基于1989 CABO独户和双户住宅法规，对所有此类房型的新建和改造住宅强制执行	州立	基于统一建筑法规1991（Uniform Building Code），对所有新建和改造的多户住宅和公共建筑强制执行
Mississippi 密西西比	92 MEC之前版本	州立节能法规基于ASHRAE 90 – 1975，被地方执法部门采用	无	ASHRAE 90 – 1975只强制适用于州属建筑、公共建筑和高层住宅
Montana 蒙大拿	2003 IECC	在2003 IECC基础上有如下修订（1）地下室墙保温工程可推迟到内装修阶段；（2）原木墙可免除*R*值的要求；（3）所有住宅必须有部品的热性能标识，列出保温级别，窗和采暖和水加热能效指标应贴出或在电器面板上有标示	2003 IECC	2003 IECC引用ASHRAE 90.1 – 2001
North Carolina 北卡罗来纳	州立	州立法规依据2003 IECC和2003 IRC第11章，在此基础上并有补充，窗的规定性指标等于或优于SHGC 0.40和U-value of 0.4，围护结构与HVAC设备性能要求不能平衡替代	州立	州立法规依据2003 IECC，补充内容包含 ASHRAE/IESNA 90.1 – 2004

续表

	住宅法规采用情况		公共建筑法规采用情况	
North Dakota 北达科他	93 MEC	1993 MEC 偶尔被地方政府采用	ASHRAE 89	ASHRAE/IESNA 90.1 - 1989 偶尔被地方政府采用
Nebraska 内布拉斯加	2003 IECC		2003 IECC	2003 IECC 引用 ASHRAE 90.1 - 2001
New Hampshire 新罕布什尔	2006 IECC	2007 年 8 月 17 日起执行	2006 IECC	2006 IECC 引用 ASHRAE 90.1 - 2004，2007 年 8 月 17 日起生效；此前是 2000 IECC 版本
New Jersey 新泽西	2006 IECC	2007 年 2 月 20 日起采用 2006 IECC，并有修改。此前版本是 1995 CABO MEC 的该州修订版	ASHRAE 04	2007 年 2 月 20 日起采用 ASHRAE/IESNA 90.1 - 2004，并有少许修改。此前依据 ASHRAE 90.1 - 1999
New Mexico 新墨西哥	2003 IECC	2004 年 7 月 1 日起实施	2003 IECC	2004 年 7 月 1 日起实施
Nevada 内华达	2003 IECC	拉斯韦加斯，北拉斯韦加斯，Henderson，Mesquite，Boulder 市，and Clark 县采用基于 2006 IECC 修订的南部内华达节能法规（Southern Nevada Energy Code），并于 2007 年 5 月 1 日起实施。Washoe 县，Reno 和 Sparks 采用 2003 IECC，从 2005 年 7 月 1 日起实施；Carson 市/县从 2005 年 1 月 1 日起执行 2003IECC	2003 IECC	
New York 纽约	2004 IECC	2003 IECC 中期修订版	2003 IECC	2003 IECC 中期修订版
Ohio 俄亥俄	2006 IECC		ASHRAE 04	ASHRAE 90.1 - 2004，2005 年 9 月 6 日起生效
Oklahoma 俄克拉何马	2003 IECC	对无法规的地区强制执行，适合所有州属和州政府租的建筑。	2003 IECC	对无法规的地区强制执行，适合所有州属和州政府租的建筑
Oregon 俄勒冈	州立	超过 2006 IECC，在全州强制实行	州立	达到或超过 ASHRAE/IESNA 90.1 - 2004，在全州强制实行
Pennsylvania 宾夕法尼亚	2006 IECC	2006 IECC 和/或 2006 IRC 的第 11 章。 规定性方法有（1）独栋住宅根据现行 IECC 的规定性方法和 DOE、BECP 软件（2）该州自行规定的替代方法	2006 IECC	2006 IECC 引用 ASHRAE 90.1 - 2004

续表

	住宅法规采用情况		公共建筑法规采用情况	
Puerto Rico 波多黎各	州立	基于 ASHRAE/IESNA 90.1 - 1989，并在该州强制执行	州立	基于 ASHRAE/IESNA 90.1 - 1989，并在该州强制执行
Rhode Island 罗德岛	2003 IECC	2007 年 7 月起采用 2006 ICC 该州修订版	2003 IECC	引用 ASHRAE 90.1 - 2001
South Carolina 南卡罗来纳	2003 IECC		2003 IECC	2003 IECC 并引用 ASHRAE 90.1 - 2001
South Dakota 南达科他	无	无	无	无
Tennessee 田纳西	92 MEC	地方立法机构有权采用 2000 IECC 的 2001 修订版	90A90B	地方立法机构有权采用 2000 IECC 的 2001 修订版
Texas 得克萨斯	2001 IECC	2000 IECC 的 2001 修订版	2001 IECC	2000 IECC 的 2001 修订版
Utah 犹他	2006 IECC		2006 IECC	引用 ASHRAE 90.1 - 2004
Virginia 弗吉尼亚	2003 IECC		2003 IECC	2003 IECC 并引用 ASHRAE 90.1 - 2004，2005 年 11 月生效
U. S. Virgin Islands 美属维尔京群岛	无	无	无	无
Vermont 佛蒙特	州立	基于 2000 IECC 并有该州的修订内容	州立	基于 2004 IECC 并有修订内容以包括 ASHRAE 90.1 - 2004
Washington 华盛顿	州立	州立法规于 2007 年 7 月 1 日起实施，对大多数住宅建筑种类超过 2006 IECC 要求	州立	州立法规达到或超过 ASHRAE/IESNA 90.1 - 2004。最新版本于 2007 年 7 月 1 日起实施
Wisconsin 威斯康星	州立	该州立法规 COMM 22 达到或超过 1995 MEC 对 1 ~ 2 户住宅房屋的要求；多住户住宅要求必须达到 2000 IECC	州立	达到 2000 IECC 中期修订版要求；该州规定等于或低于 3 层且住户数大于等于 3 户的住宅属公共建筑
West Virginia 西弗吉尼亚	2003 IRC	2003 IRC 引用了 2003 IECC	2003 IECC	
Wyoming 怀俄明	无	地方政府采用和实施基于 1989MEC 的 ICBO 统一建筑法规（Uniform Building Code）	无	地方政府采用和实施基于 1989MEC 的 ICBO 统一建筑法规（Uniform Building Code）

数据来源：美国能源部建筑节能法规项目，2007 年 9 月 7 日。

注：所有标明引用 ASHRAE90.1 标准的，都是透过 IECC 直接引用，见 2.4 节。

在本文的撰写过程中得到如下专家的讲解、解答和其他形式的帮助，特此表示感谢：Bing Liu、Diana L. Shankle、Eric Richman、Mark A. Halverson、Pam Cole、Robert G Lucas、Rosemarie Bartlett、Shui Bin、Sriram Somasundaram、Wei Jiang 和 Z Todd Taylor 等。特别感谢 Bing Liu、Shui Bin 和 Wei Jiang 对中文稿提出的修改和建议。

参考文献

[1] Rosemarie Bartlett, Mark A. Halverson, Diana L. Shankle, UNDERSTANDING BUILDING ENERGY CODES AND STANDARDS, Pacific Northwest National Laboratory, Richland, WA. Pacific Northwest National Laboratory, Richland, WA., 2007.

[2] 2006IECC, International Energy Conservation Code ®.

[3] ANSI/ASHRAE/IESNA 90.1 Energy Standard for Buildings Except Low-Rise Residential Buildings.

[4] Federal Register, Vol. 71, No. 232, Monday, December 4, 2006.

[5] DOE's Building Energy Codes Program, www.energycodes.gov.

[6] Advanced Energy Design Guide For Small Office Buildings-ASHRAE.

[7] David L. Grunmman, ASHRAE GreenGuide, ASHRAE, 2003.

[8] Energy Benchmark For High Performance Buildings, New Buildings Institute, 2003.

王新春　建筑材料工业技术情报研究所 副总工程师 教授级高工　邮编：100024

法国建筑节能政策的分析

李　骏

【摘要】　本文总结了法国过去30年中在建筑节能推广方面的成功经验，他们不断对本国的建筑规范进行完善和提高，采取了各种行之有效的辅助机制及重视相关机构的建立。着重分析了法国政府自石油危机以来通过各种提高能效的激励机制，其关键在于政府的政策能够协调各节能管理机构、建筑和能源企业以及消费者等共同推动建筑节能政策的有效实施，而其中各种公共政策的多元性、相容性和连续性在良好的制度框架下得到了保证。本文对法国国内涉及建筑节能领域的相关政策和制度框架进行探讨研究，可供我国今后制定建筑节能法律法规和激励政策时参考。

【关键词】　法国　建筑节能　公共政策　激励机制　制度框架

1　法国节能管理机构和部门

1.1　主要机构及其运作

一个国家的各种能源管理法规必须有良好的制度和有效的执行机构来保障实施。法国目前的各个主要节能管理机构都是随着国家的能源和环境政策的发展演变而产生的。就在1974年的石油危机爆发的当年，法国政府便立刻成立了具有行政职能的能源节约署AEE（Agence pour les économies d'énergie），它由当时的工业部和科研部共同领导。AEE成立后的最主要的工作便是负责组织有关各方起草并通过了法国的第一部建筑节能规范，即前文提到的1974年规范。AEE当时的主要任务是负责对节能项目投资的补助和各种节能宣传工作。1982年，法国用能控制署AFME（Agence franc aise pour la maîtrise de l'énergie）正式成立，它由AEE、太阳能推广署、国家地热开发委员会和城市热力综合利用规划局合并组成。AFME成立之后，进一步加大了对节能的各种宣传活动，并对各种节能工艺、方法和技术的研究开发提供财政支持，并同时在法国各个大区成立了分支机构，负责节能工作在地方的开展和同各方的协调工作。另外AFME还组织建立了大型节能工程的专项基金FSGT（Fonds special de grands travaux）以及后来成立的国际交流部以加强同其他欧美国家在节能经验方面的横向交流。

1992年联合国在巴西里约热内卢召开的地球峰会上通过了联合国气候变化框架公约，这是一部呼吁全球所有国家共同抵制气候变化的指导性纲领文件，自此，减少温室气体排放，防止全球变暖这一环境议题提到了各国政府最重要的议事日程上来。就在里约峰会召开过后不久，法国政府立即组织成立了法国环境保护与能源控制署ADEME（Agence de l'Environnement et de la maîtrise de l'énergie ），由 AFME 和空气质量监督委员会 AQA （Agence pour la qualité de l'air） 合并组成，新成立的 ADEME 职能范围从原先的重点针对节能项目实施拓展到了防止空气水体污染，保护土地，提高能效，支持可再生能源和清洁能源技术的发展，控制噪声，减少交通污染等一系列涉及能源和环保的多个领域。ADEME 属法国环境部、生态部与科研部共同领导，属于工贸型科技咨询机构。负责配合政府的各项节能政策的推广与对新技术的技术和资金支持，并同时联合各个地方和大区政府负责向个人和企业就相关的优惠政策进行宣传和指导。Ademe 和法国的各个大学与研究机构有广泛合作，涉及能源、环境、气候、生态，农业等各个领域的研究，其预算开支主要来源在于政府的环境和能源税收，其中有 40% 用于对节能和防止气候变化项目的支持。此外，Ademe 通过驻法国各地方的分支机构，配合工业部下属的能源与工业资源管理局 DGEMP 进行全国的节能数据搜集整理工作以制定有效的能源利用与有效利用的战略规划。

随着 1997 年京都协议书的签定和 2005 年的正式生效，各主要工业化国家为履行其需要承担的减排义务，都纷纷制定了本国各行业 CO_2 减排的目标和时间表，为此政府成立了“跨部会温室气体对策小组” MIES（Mission Interministrielle sur l'effet de serre），由生态和可持续发展部领导负责协调工业部、环境部、经济部、农业部等部门共同完成了法国中长期气候变化预测分析和相关对策的制定工作，并于 2000 年初通过了“全国防止气候变化总动员规划” PNLCC（Plan National pour la lutte contre le changement climatique），对提高能源使用效率，降低各部门能耗和大力发展可再生能源提出战略性规划。同年 12 月，政府又通过了全国能源效率提高改进规划 PNAEE（Plan National d'amélioration de l'efficacité énergétique），通过增加预算以加大对能效提高项目的研发与推广，2004 年通过的“防止气候变化总规划” Plan Climat 中进一步对建筑节能提出了更高的要求。

1.2　各行业协会

除了以上具有政府行政职能的咨询机构和节能基金之外，法国各民间团体和协会也对提高能效和对节能技术和政策的推动起到了不可忽视的作用，他们同时充当了政府和企业、行会之间的对话媒介，也为科研机构和企业之间架起了桥梁。在对各种节能技术的推广、实施、改进和节能政策的宣传以及向民众的节能教育引导等方面都起着不可低估的作用。他们中间比较有影响的有法国技术、能源、环境协会 ATEE（Association Technique Energie Environnement），法国地方职业联盟协 AMORCE（Association au carrefour descollectivités territoriales et des professionnels）以及法国地方工程师协会 AITF（Association des Ingénieurs territoriaux de France）等等。其中 ATEE 与 ADEME 和工业部下属的能源与资源管理委员会 DGEMP 携手向企业和各地方团体颁发建筑或设备使用的节能证书 CEE（Certficat d'Economies d'Energie），并且定期组织节能方面的培训和实习工作。

1.3　能源企业和其他相关部门

法国政府也积极鼓励各能源行业和建材生产企业对节能技术和产品的研发，而且在各种规范和新的政策出台之前也会邀请企业参与评议讨论，对各种规范的措施进行完善。比如像 Edf、Gdf 及 Total 这样的负责全国电力、天然气、石油产品生产供应的大型企业都会向终端用户积极推荐各种节能措施和节能产品，以降低能耗来完成政府制定的节能和减排目标。

2　节能优惠政策和相关制度框架

法国政府在出台了有关节能强制性规范的同时也出台了一系列的经济激励措施，配合节能政策的贯彻施行。表1中列举了法国政府对个人和企业的节能鼓励的各项优惠政策。Ademe透过其全国的各个分支机构向居民和企业宣传这些优惠政策，并就具体的问题提供技术与资金支持。

法国政府出台的各项节能激励政策 **表1**

节能鼓励政策	居民和个人	公司，企业	地方政府，各组织团体
个人所得税减免，政府补贴	√		√
加速折旧		√	
增值税减免	√		
热电联产的推广		√	
电动，液化天然气汽车	√	√	√
节能证书	√	√	√
节能贷款	√	√	√

资料来源：DGEMP 2006

2.1 个人所得税收减免和政府补贴

个人所得税的减免是法国政府鼓励住宅节能政策中一项很重要的经济激励措施，2005年和2006年法国政府出台的两项法令规定对于采取各种有效的房屋节能措施，安装高能效供暖设备和使用可再生能源的居民给予一定的税收减免以鼓励个人自发的建筑节能行为。安装家庭独立式高能效低温供暖系统，实施建筑墙体保温，供暖系统温度调节装置，安装空气源或水源热泵，利用可再生能源，连接以热电联产或可再生能源为燃料的区域集中供热管网①等均可以享受不同程度的个人税赋减免。

家庭安装节能供暖装置，如高能效的低温冷凝燃气锅炉，使用节能墙体，安装采暖温控调节装置，可以向财政部门申请减免2005~2009年的个人所得税的25%~40%。但对各种节能效果也有明确的要求，如对低温热水锅炉，要求比普通热水锅炉节能15%~25%以上。对房屋的围护结构各部分材料的热工性能也作了具体的规定，见表2。

围护结构各部分热工性能要求 **表2**

围护结构	U值和R值限制	围护结构	U值和R值限制
顶层或底层楼板	$R \geq 2.4 (m^2 \cdot ℃)/W$	Low-E节能窗	$U_g \leq 1.5\ W/(m^2 \cdot ℃)$
屋面	$R \geq 4.5 (m^2 \cdot ℃)/W$	双层玻璃	$U_g \leq 2.4\ W/(m^2 \cdot ℃)$
窗，落地窗	$U_w < 2W/(m^2 \cdot ℃)$		

① 由于法国目前绝大多数的家庭是采用电、燃气或燃油的分户独立采暖系统，而政府管理的公共社会住房则主要采用楼宇式中央供热系统，类似我国北方的住宅小区供热。而区域供热的主要用户是城市的公共商业建筑，如大型的中央商务区，政府行政机构和商场，写字楼集中的城市中心地带或近郊的产业园区，比如巴黎的La Defense大型商业住宅区采用热电联产集中供热，由SICUDEF（le Syndicat de chauffage urbain de La Defense）统一管理。自1965年以来，该区域内所有的新建建筑都必须使用这一供暖系统，否则巴黎市政府有权拒绝发放施工许可书。另外，由于核电在法国的大量开发，EDF在1970~1990年间推出了许多优惠价格服务来鼓励终端用户用电采暖，许多当时新建的住宅都由EDF下设的供暖分公司预设了电采暖系统。据统计，1975年之后建成的集合住宅中，目前约有62%使用电采暖。

政府对使用可再生能源也非常重视和鼓励，接入以热电联产或可再生能源（如生物质能，太阳能，热泵等）为热源的区域集中供热管网的家庭可以享受40%～50%的税收减免。

对于此项措施的推行，ADEME 通过各种渠道对有关使用节能产品的优惠政策进行广泛宣传并且提供资金和技术支持，法国各地方的议会和全国住房管理署 ANAH（Agence Nationale de l'Habitat）的各分支机构负责协助居民购买住宅节能产品和设备，并向他们提供相关政策的咨询（如减税金额和条件等）和建议，此外每年税务当局向个人发放的居民所得税的申报材料中对各种财税优惠政策也会作很详细的说明。据法国能源观察站的统计，2005 年政策推行之后的当年便有 45 万多个家庭安装了可再生能源供热装置，太阳能，热泵，木炭取暖设备的使用提高了 40% 以上。可见税收减免政策对促进提高房屋节能起到了极大的推动作用。

除了对个人消费者采取住宅节能措施实行税收减免之外，政府下属的城市规划与住宅营建领导署 DGUHC（Direction générale de l'urbansime; de l'habitat et de la construction）出台了对各地方政府投资营建的节能平价社会住房提供财政补贴的优惠政策。1996 年颁布的 Arrêté du 10 juin 1996 规定，采取节能措施的社会住房享受在征地，房屋开发建设等项目中政府补贴金额的计算中可以加入上浮系数 coefficient de majoration 的优惠政策，相比常规方案最高可以提高 30%。

2.2　推广热电联产

欧盟委员会在 2004 年的一项纲领性文件中要求欧盟各国对热电联产项目进行大力推广，该文件把比普通热电分产项目节能 10% 以上的热电项目通称为高能效供热发电项目，同时为了推广小型的热电联产项目（<1MW）的建设，还免去了这一最低要求，规定这些项目只要比普通的热电分产项目节能，不管节能比例的高低多少，均可被视作高能效项目并享受一定的优惠条件。法国政府为推动热电联产项目则出台了一系列政策性倾斜规定，热电项目除了可以享受加速折旧和一般营业税的减免之外，从 1993 年开始，政府还规定对所有热电联产项目投入运行后 5 年之内对发电和供热燃料免征石油产品消费税 TIPP（Taxe Interieure de consommation sur les Produits Petroliers[①]）和天然气消费税 TICGN（taxe intérieure à la consommation de gaz naturel），这一举措使得热电企业在发电和供热成本上更具竞争力。政府同时要求法国国家电力公司 EDF（Electricité de France）同热电公司签署"电力采购协议"，以保证小型热电厂的发电可以顺利上网销售，此外还出台了相关政策，保证尽可能降低热电企业面临燃料价格或其他不可预料的价格大幅上涨带来的投资运营风险。在我国电力上网价格缺乏竞争力一直是热电项目得不到大力推行的主要障碍之一，今后热电项目是否可以得到大力发展，关键还要依赖政府出台相关的财税优惠政策和电网公司如何解决热电企业的电力上网问题。

2.3　鼓励电动和天然气汽车发展

法国政府为促进节能和环保型汽车的发展，实行税收减免跟价格补贴政策。ADEME 下设的交通工程技术部专门对此类汽车的发展提供政策咨询和资金支助。例如对于电动机

---

① TIPP 是法国政府针对所有能源消费品的最重要的一项税收，按固定单位价格计算，以汽油为例，2004 年每公升汽油的 TIPP 为 0.589 €，几乎占到汽油销售价格的 50%。

车的发展评估与市场发展优化的研究，Ademe 可以提供 50% ~70% 的费用的资金支持，最高可达 3800 €（欧元）。对于企业、个人、团体购买小型电动机车的，政府给予 400 ~ 3200 €不等的一次性补助，而对于电动客车和大型机车补助可达 15000 €/辆。对于购买天然气汽车的消费者也有 30% ~50% 的税收减免和 1500 ~7500 €/辆的购买补贴。

2.4 能源标识制度

目前在法国也和欧洲许多国家一样，能源标识制度作为节能规范和各种财税激励机制的补充机制正在各个行业迅速普及推广开来，针对不同行业的各种节能标识也纷纷投放到市场。能源标识认证的对象一般为企业、公司、团体法人。能源标识或称能源证书大致可分为两类：一类是强制性的，类似开业执照；另一类则是自愿申请，政府没有硬性的规定。对于各种能源证书的取得可以有不同的渠道，这些证书已经有专门的市场进行买卖交易，其价格由市场决定，政府不作行政干预。

2.5 能源白皮证书

法国的议会 2005 年通过了《国家能源总方向法》（Loi de l'Orientation sur l'Energie）。该项法案的通过为法国今后的能源政策的发展实施奠定了重要的法律依据框架，并同时为法国将来的宏观节能目标定下了基调。2005 - 781 法案规定所有向企业和个人销售能源产品（电力，天然气，煤气，油，热力，供冷）的公司企业今后都必须履行政府制定的节能目标，并颁发白皮节能证书 Certificat blanc 对各企业进行认证。该法案规定全国所有的能源供应商必须具有政府颁发的节能证书才能开展能源销售业务，而证书获得的前提是这些企业必须在规定的年限完成政府为其制定的节能目标，同时非能源供应企业也可以以自愿方式参与节能项目的实施和建设来获得白皮节能证书，并通过专门的市场向那些不达标的能源供应企业出售这些证书，交易价格通常是以€/ GWh 计算。对于那些小规模的地方能源供应商，则可以采取联合申请的方式来进行。节能证书交易市场类似于欧洲的 EU-ETS 碳交易市场，这是一项强制政策和市场交易相结合的混合型政策，每个被要求达到既定节能目标的企业根据市场上证书的交易价格的变化来对各自的节能项目投入进行权衡，力求将达标的成本降至最低。白皮证书的买卖交易完全通过市场自由交易方式运作，政府不对价格进行任何干预，只定期由负责证书注册和管理的部门向社会公布节能证书的交易价格。白皮节能证书由政府下设的大区“工业，科研，环境事务管理局”DRIRE（Directions Reginonales de l'industrie，de la Recherche et de l'Envrionnement）颁发，有效期为 3 年。各个经销商必须在当年（N）向政府提交公布其上一年（N-1）的能源销售情况，然后政府根据这个数字来制定下一年（N+1）的节能目标和计划。政府根据各种不同能源和消费部门之间的用能比例进行分摊，并且委托 ADEME 和 ATEE 共同制定各个部门的节能目标。在 2006 年 9 月政府签署的行动计划中明确要求所有的能源经销商必须努力达到终端用户到 2009 年之前节能 54TWh 的目标，其中电力 30TWh，天然气 14 TWh，热力和其他石油产品 10TWh，而在这 93 项行动计划中，有 72 项是关于商业和住宅建筑节能的项目。

2.6 节能产品证书

和针对能源经销商的强制性节能证书不同，节能产品认证是一项自愿参与的机制，包括对建筑保温建材和节能设备的认证。法国最早的节能产品标识诞生于 1980 年，当时欧洲各国正处于第二次石油危机的阴霾之下，为进一步提高墙体保温性能，由 CSTB 负责认证高能效墙体保温材料，并推出了 Label haute isolation 标识。从 1985 年开始，法国所有建筑墙体保温材料可以申请 ACERMI（Association pour la certification des materiaux isolants）协会的认证，ACERMI 是由 CSTB，法国标准化协会 AFNOR 和国立度量测试实验室 LNE 共同组成负责对全法国的建筑保温材料的认证机构。ACERMI 对保温建材的各项性能指标进行评级打分，并对符合条件要求的产品发放证书。房屋建设企业或个人消费者可以登陆 CSTB 和 LBE 的网站或通过公开发行的产品认证目录查询某一生产商是否具备认证证书。各种房屋暖通空调设备也可以通过权威的第三方机构申请节能标识，目前法国市场上 90% 的节能产品均通过了相关机构的认证，而那些不具备认证标识的产品会在市场竞争中处于劣势，因为消费者在很大程度上对它们的质量和节能效果持怀疑态度，这样最终会被市场逐渐淘汰。

2.7　建筑节能标识

建筑能源标识同样属于自愿申请的范畴。生产企业、建筑开发商、个人以及各个地方团体均可以向具有认证资格的专业协会提出节能和环保认证标识的申请，具体操作是由政府认可的专门认证机构组织专家对申请房屋的用能效率进行第三方评估并发放有效的节能标识。法国在 1983 年和 1988 年为配合建筑节能标准的修订法案，分别创立了 HPE（Haute Performance Energetique et solaire）和 HPE-Solaire 两个针对建筑能耗和太阳能利用的标识，将建筑能效水平划分为 4 个档次以便于对房屋热工性能进行识别。

目前在法国建筑认证标识中最有影响力的是“高能效建筑标识”HPE（Haute Performance Energetique）、“高品质环境证书”HQE（Haute Qualite Environnementale）和“房屋综合质量突出标签”Qualitel，分别由 Promotelec、HQE 和 Qualitel 向符合条件的房屋建筑颁发，三者均为具有建筑质量认证资格的专业协会，认证资格得到法国建设部下属的规划、住宅、营建领导署 DGUHC 承认。HPE 的基本要求是新建建筑的 Coefficient C，即化石能源消耗比 RT2000 标准中的参考值降低 8%，如果降低到 15%，则可以获得超高能效房屋建筑标识 THPE。HQE 认证不仅涉及房屋建设本身，同时也对项目规划、土地开发、环境影响等各项指标作出综合评价。拿住宅小区来说，对于某个提出申请的项目，由 HQE 标识管理委员会 CdR（Centre de Ressources）制定的专家组来对小区的废水回收利用、可再生能源的利用、垃圾的回收处理和建筑物的采暖、空调、照明、通风等能耗，小区的空气质量，噪声，居民的出行等各个环节进行深入细致的评价分析。Qualitel 协会的各种房屋认证标识由所属的 Cerqual 来负责进行，主要有 Qualitel，Hatitat & Envrionnement，NF，BPH（Bilan Patrimoine Habitat），Patrimoine Habitat，Patrimoine Habitat & Envioronnement 六个认证标识，前三个是新建房屋标识，另外三个是针对既有房屋建筑的认证标识。每个证书分别侧重建筑物的某些性能，但都对节能的最低标准提出了要求。其中有的涉及到房屋的安全性，防火设施，方便残疾人进出的设施，卫生条件，用水的质量等方面，其中 Hatitat & Envrionnement 认证还对建筑的单位面积年 CO_2 的排放量进行计算评估，对能源和环境的重视由此可见一斑。

Cerqual 论证专家组由来自多个不同部门（能源，环境，经济，房屋建设企业等）的代表组成，对所有提出申请的房屋，专家都会依照严格的审核程序对房屋的墙体保温性能、采暖能耗、建筑隔声、室内舒适度和经济性等多项指标作出综合的考核评价，决定是否可以发放 Qualitel 标识。整个过程的进行完全是客观和中立的，每个环节的认证均参照 Cerqual 相应的评价指标进行。

建筑能源标识的出现使得节能环保建筑在房地产市场中更具有竞争力，同时它是一项开发商、建设单位自发进行的行为，整个过程都是在市场的作用下进行，没有政府的介入，省却了行政部门的监督和审查费用，使节能项目的实施效率得到了提高。目前各种节能环保建筑标识在法国正方兴未艾，Cerqual 协会还准备今后制定更高标准的认证标识，例如生态建筑、零能耗甚至负能耗建筑等。

2.8 既有建筑节能政策

法国每年的新建建筑数量较存量建筑相比较有限，大约只占总的房屋保有量的1% ~ 2%，既有房屋建筑的节能改造项目有巨大的节能潜力。政府对既有居住建筑的节能改造实行增值税减少到 5.5% 的规定的优惠政策。此外，自 2006 年开始，所有在法国房地产市场交易过户的二手房屋的交易（买卖或长期租赁）中，房屋出让人或房主必须要出具相关的“房屋能耗调查书”，其作用是使购房者和承租人充分了解房屋的建筑能耗和平均支出，对于房屋交易的价格起到一定的指导和参考作用。

2.9 节能项目贷款和专项基金

Ademe 会同法国中小企业开发银行 BDPME 创立了节能项目投资保障基金 Fogime（Fond de Garantie des Investissements de Maîtrise de l'énergie）和环保和用能控制基金 Fideme（Fonds d'investissements de l'environnement et de la maîtrise de l'énergie），对中小企业提供节能低息贷款和节能项目投资风险保险。此外 ADEME 也和法国中央政府签订了行动计划协议，向政府承诺协议在合同期内达到预定的目标。自 1980 年开始，法国从事节能项目的各个投资公司 Sofergie（Societes pour le financement de l'Energie）就一直享有不同程度的财税优惠。为了推动在房屋建筑中安装节能供暖设备，2002 年 9 月法国政府还通过了一项法案，进一步将可以享受税收优惠的节能投资企业拓展到了提供节能设备（例如高能效热力系统安装公司）租赁服务的公司。

应该看到，建筑节能不仅仅是靠政府制定规范和监督实施的单方行为，各能源和建筑企业也同样在建筑节能的推广和实施上扮演着重要角色。ADEME 和各大能源企业及建材生产企业建立了长期的合作关系，并通过公私联合出资 PPP（Partenariat public-prive）的形式共同对建筑节能新技术的研究开发提供技术和资金支持。例如像 Veolia Environnement，Lafarge 和 Saint Gobain 这样的大型建材生产和环保服务的企业都和 Ademe 建立了长期合作关系。2005 年，Arcelor，EDF，Gaz de France，Lafarge 法国四大能源和建材生产公司在 ADEME 和 CSTB 的倡议之下成立了房屋建筑节能基金会 Batiment-Energie，向建筑节能技术的研发项目提供资金支持，所有国立或私立的大学及研究所、实验室以及个人均可以向该基金申请节能研究项目资助。

3 用市场机制推行建筑节能

从以上的分析中可以看到，建筑节能在法国是在规范和市场的双重框架下开展的，从最初简单的行政干预逐渐衍生成各个生产开发企业在市场中的角力。因为厂商所生产的产品的节能性能和价格及为满足规范中的各项节能要求对各种产品的需求，是构成节能这个大市场的供求变化的基本动力。

其实从1975年法国的第一部节能规范实施以来，由于市场对节能产品需求的不断增加，越来越多的节能产品的制造商看到这一巨大市场的发展潜力，无论是从事生产墙体保温材料，高能效玻璃抑或是生产暖通通风设备的企业，都纷纷投入到建筑节能的市场中来。此外，许多教育科研单位和生产企业共同合作进行节能新产品的研究开发，通过消化吸收从建设安装企业反馈的信息，对节能产品的性能和施工工艺进行不断改进，使得节能产品在市场上能够较快地得到推广和接受。随着房屋建造企业对各种新产品和新技术不断地学习掌握，促使在房屋建设中节能建筑所需增加的额外成本不断降低，原先由于价格昂贵而无人敢问津的产品和设备也慢慢随着新技术的不断普及逐渐被应用到实际项目中来。正是由于在市场机制的作用下，使得技术进步和规模经济得到充分发挥，建筑节能投资的单位成本沿着曲线不断下降，节能产品生产企业表现出的不断创新的活力和建筑施工工艺的不断完善和改进，反过来也促使了每一部新的节能规范不断地对既往的节能标准作出修订并提高相应的要求，这两者之间有着连续的、互为补充、互相促进的关系。

在法国1974年第一部节能规范正式颁布以前，当时政府对节能建筑是本着建设方自愿参加的原则来实施的，可以说这一阶段是对制定未来规范目标的摸索与试验。当时有一部分房屋建设单位对政府未来的政策导向和市场趋势作出了准确的判断，他们预见到将来社会会对房屋建筑提出能源方面的考虑，因此提前投入到建筑节能技术的尝试与实践中来，虽然在当时这些企业承受了由此带来的额外成本的增加，但是当节能法规正式颁布以后，却立刻在建筑市场中抢占了先机，因为他们有着比其他企业明显的对节能产品的熟悉和施工技术上的优势，结果这些企业赢得了后来的市场。

政府实施住宅节能的初衷是改善那些居住在低租金住房的居民的生活环境和降低他们的能源支出来提高福利，但是随后的两次石油危机和后来对环境问题的担忧使得原先一个试探性的、只是针对政府公房的部门性政策被迅速普及到了全国所有的新建房屋，由最初的自愿实施变成了强制性的规定。但是每一部规范并不是机械死板的硬性规定，而是鼓励各种新的节能技术的推广和利用，在既定的节能目标的前提下让设计人员的创造性尽可能地得到发挥并成为促进节能产品的技术革新的动力。在规范推出的同时，运用了诸如节能证书、住宅节能标识、节能建筑认证、财税优惠、政策奖励等一系列经济杠杆作为辅助措施多管齐下，这些都对建筑节能产业的综合发展起到了有效的促进作用。

综上所述，法国政府在近二、三十年间的建筑节能政策始终是沿着规范实施与激励机制并重这一路线来开展的。从石油危机爆发到今天，政府制定并完善了一系列针对新建建筑和既有建筑节能的节能规范，建立了配套机构和相关制度，以及专门的融资渠道来配合节能政策的全面实施，此外政府也出台了鼓励消费者使用节能产品、建设节能建筑和在住宅建筑中利用推广可再生能源技术以及高能效热电联产项目的各种财税激励政策，充分利用市场机制对建筑和能源行业中的各个生产和消费部门因势利导（如建筑节能环保标识），积极鼓励节能技术的发展和政策的推广实施，体现了政府在建筑节能的政策上的系统性、完整性和连续性。同时各个大区和省的地方政府也出台了各种有利于当地节能推广实施的政策，各大学和研究机构与各个能源生产，建筑企业之间的在建筑节能技术、产品的研发方面表现出的协同合作，都对建筑节能的开展起到了积极的促进作用。

4 结语：对我国未来建筑节能政策的思考

根据2004年中国能源统计年鉴的统计数字，2003年我国终端能源的消费中，住宅和商业消费仅仅占到了13.6%；而工业占绝对主导地位，占总能耗的2/3有余。从发达国家的历史经验可以预见，随着我国经济实力和人民生活水平的不断提高，人们对房屋居住舒适度的要求也将不断提升，随之而来的是对各种能源服务需求的增长，因此今后生活住宅用能将是城市能源需求增长的主要动力之一。根据文献[17]的预测分析，按购买力平均计算，2020年我国的人均GDP将达到1万美元左右，生活和商业用能将占终端能耗的25%以上。尤其是对电力和天然气的需求将呈快速增长趋势，最近几年，居民用电的增长速度非常迅速，某些城市夏季的高峰用电负荷中，建筑空调负荷占到了40%。

另外有一种现象值得注意，即目前大多数既有房屋建筑并未达到国家规定的节能标准，但许多城市家庭用能和公共建筑用能相比国外的节能建筑的消费仍然明显偏低，在文献[18]、[19]中均有详细阐述。但单位面积的能耗低于国外的建筑并不代表我国的建筑比国外的建筑更节能，这主要是由于我国目前城市居民的收入与发达国家之间还存在很大差距造成的。根据OECD和法国国家经济统计中心INSEE的统计数据，法国2004年人均GDP为22740 $（法郎，按2000美元汇率计算），人均可支配收入约为22000美金（按当年汇率计算）。法国2004年人均生活用能为1.1t标煤，为我国的城市人均生活用能的5倍，人均生活用电量为2350kWh，是上海市普通家庭人均消费的3.5倍①。在我国经济最发达的城市上海，2004年人均可支配收入为16683元，按汇率计算只有法国人均的收入的1/10，另外，在我国的夏热冬冷地区许多城市没有集中供暖设施，冬季靠热泵性空调用电采暖，由于电价的原因，大多数家庭出于节约的考虑冬季开启空调采暖的时间很短，甚至于完全不开启，使得房间内根本达不到热舒适的基本要求，远达不到国外家庭舒适能源消费的水平，因此出现我国大多数非节能建筑比国外的节能建筑能源消费还要低的现象就不足为奇了。

同样，在商业建筑方面，发达国家在冬季和夏季的空调采暖期内室内热环境质量均高于我国，我国现行的建筑节能规范中对采暖期的室内温度要求一般取16~18℃，而在法国等欧洲国家一般冬季的室内温度都在20°C以上，在同样的度日数条件下，国外建筑的采暖或空调设备开启时间都要长于我国的建筑的相应值。所以如文献[19]中所说我国许多建筑是在低功能、高能耗的水平上运行是不过分的，但是今后随着人们收入的增加和生活水平的提高，居民住宅今后的采暖空调时间都将会延长，对房间内的舒适度的要求也会越来越高，因此努力降低单位建筑能耗的水平对将来整个社会的节能前景有着十分积极重要的意义。

据世界银行的报告测算，到2020年我国城市的住宅建筑的保有量将为目前的2倍，未来15年累计新建建筑面积将突破200亿m^2，相当于目前欧盟15国的住宅面积总和，如果未来的新建建筑仍然保持目前的能耗水平的话，意味着相应的总能耗也要成倍的增加。而普通建筑的寿命一般都要超过40年以上，如果不及时采取有效的节能措施来降低建筑的单位能耗的话，维持这些高能耗的建筑势必对将来国民经济和环境造成巨大的负面影响。法国在住房总面积增加了将近一倍的情况下使住房采暖能耗几乎保持不变的例子是一个成功的建筑节能范例，值得我们学习。

---

① 据上海市统计年鉴的数字，上海2004年人均生活用电为670kWh，同期法国的人均电力消费为1552kWh，其中电脑耗能为878kWh，其他电器消耗674kWh。

长期以来，建筑节能在我国由于种种因素的制约没有得到应有的重视，使得每年大量宝贵能源被白白浪费掉了，并且造成日益严峻的环境问题。研究发达国家在建筑节能方面的各种实践经验，可以为我们提供有益的参考，对于制定适合我国国情的建筑节能政策以及推广实施将会起到积极的推动作用。本文对法国的节能政策、尤其是建筑节能的相关规范和各项政策进行了回顾和探讨，希望抛砖引玉，将来能有更多更好的国外成功范例应用到我们的建筑节能中来。

参考文献

[1] Laponche, B. 2004. Maitriser la consommation d'Energie. p. 127

[2] Laponche, B. 2005. Energy in Europe: The vital role of energy efficiency.

[3] Le Blanc, Francis. 2000. sensibilité aux prix de la consommation de chauffage dans le résidentiel. Note de synthèse du SES. p. 4

[4] Traisnel, J. P. 2001. Habitat et développement durable in《CLIP》vol 13. p. 72.

[5] Traisnel, J. P. 2004. Habitat et développement durable: les perspectives offertes par le solaire thermique. CLIP. Vol (16). p. 80.

[6] IEA. Key World Energy Statistics 2006.

[7] Herve berrier, 2000. enjeux et modalités du renforcement de la réglementation thermique de la construction en France. Ministère de l'Equipement, des Transports et du Logement. p. 30

[8] l'Energie en France , chiffre clé. 2006. Ministère de l'Economie des finances et de l'industrie. p. 40

[9] Pierre RADANNE, 2004. La division par 4 des émissions de dioxyde de carbone en France d'ici 2050. p. 32

[10] Boissieu, Christian . 2005. Rapport du Groupe de travail《Division par quatre des émissions de gaz a effet de serre de la France a l'horizon 2050》. Ministère de l'économie des finances et de l'industrie. Ministère de l'Ecologie et du développement durable. p. 77

[11] CSTB 2001. Réglementation Thermique 2000, Comprendre et Appliquer.

[12] 20 ans de chauffage dans les résidences principales en France de 1982 a 2002. *Observatoire de l'Energie. 2004.*

[13] Arrêté du 24 mai 2006 relatif aux caractéristiques thermiques des bâtiments nouveaux et des parties nouvelles de bâtiments. Journal Officiel de la République Franc aise 2006/05/25.

[14] World Bank 2005. China heat reform and Building Energy Efficiency.

[15] 中国能源统计年鉴 2004. 北京：中国统计出版社.

[16] 上海市统计年鉴 2005. 上海市统计局.

[17] 中国能源综合发展战略与政策研究之二能源需求情景分析. 2004. 国家发展和改革委员会.

[18] 龙惟定. 试论建筑节能的科学发展观. 建筑科学. 2007. Vol. 23 (2).

[19] 杨洁等. 天津神户公共建筑能耗调查及空调制冷系统节能分析. 暖通空调. 2002. vol (1).

李　骏　法国巴黎高等矿业学院　博士研究生

法国的能源利用效率和建筑节能标准的发展演变

李　骏

【摘要】　本文分析了法国目前的能源生产和消费特点，回顾和分析了法国过去30年中颁布的各项建筑节能规范的技术标准的发展演变，并对新旧标准中的各项技术指标进行了详细比较。

【关键词】　法国　能效　建筑节能　节能规范　指标

发达国家自20世纪70年代的石油危机以来，十分重视能源有效利用和环境保护的问题，尤其自1992年的《联合国气候变化框架公约》和1997年的《京都议定书》签定以来，气候变化这一全球性的环境问题更日益得到各国政府和民间的高度关注。由于化石能源的消耗是人类温室气体最主要的排放来源，因此有效利用能源来降低能源的消耗构成了当今防止全球变暖和可持续发展概念中最重要的组成部分之一。目前除美国、澳大利亚以外的所有西方发达国家均已批准通过了《京都议定书》，这意味着这些国家均有义务在2008~2012年的减排义务期内将各国的温室气体排放量下降到低于1990年的某个水平。与我国的能源消费结构形成鲜明对比的是，发达国家中民用部门通常是能源的主要消费部门，一般占到终端用能的40%以上，其中又以建筑用能所占比重最高，因此控制建筑能耗增长成为这些国家提高能源利用效率和CO_2减排政策中最主要的部分之一。

欧盟在最近的一份能源白皮书中提出了到2020年将欧洲的能源消费水平降低20%的目标。近二、三十年间，欧洲各国凭借自身先进的经济和科研实力以及各国政府对节能事业的扶持与鼓励政策，在建筑能效方面取得了显著的进步。作为欧盟的第二大经济实体的法国，在建筑节能方面也取得了令人瞩目的发展，目前该国所有新建房屋的采暖能耗相比20世纪70年代初的水平下降了60%左右。研究法国在建筑节能技术推广和政策实施方面的经验，可以对我国的建筑节能事业的开展和深入起到良好的促进作用。

1　法国能源消费与能源利用效率

1.1　能源消费概况

图1显示了法国1973年到2005年各主要年份的一次能源消费情况。法国的一次性能源消费从1973年的1.8亿t标准油增加到2005年的2.76亿t标准油，占欧盟能源总消费的18%，年平均增长幅度为1.4%。根据OECD的统计，2004年法国的GDP能源强度为每10000 $GDP耗能1.9t标准油，是我国同期水平的1/5（按2000年汇率计算，IEA2006）。2005年法国人均能源消费量为6.3t标准煤，为我国人均消费的4倍多。同时在这30年间，法国的能源结构也发生了根本性变化。1973年之前，法国的能源供给主要是以石油和煤炭为主导，占到能源总消费的80%以上，而到了2005年，煤炭从1973年的

15% 下降到 5%，石油的消费尽管依然占能源总消费的第一位，但其比重已经从 1973 年的 67% 下降到了 33%，而一次电力的比重增长了 10 倍，由 1973 年的 4% 提高到了 42%，天然气比重增长了一倍多，从 7% 增加为 15%。主要原因是法国在 20 世纪 70 年代两次石油危机之后，深刻意识到油气资源的消费严重依赖从 OPEC 国家进口的地缘政治的脆弱性和能源价格的巨大波动对国民经济的威胁，因此出于能源安全性的考虑开始在国内大力开发核电资源以减少对进口能源的依赖程度。2004 年，法国全国的核电发电量为 448TWh，占总发电量的 78.3%（见图 2）。核电装机容量从 1970 年的不足 1.7GW 发展到 2004 年的 63GW，增长了 37 倍多。此外通过一系列对能源消费结构的调整和能源利用效率的改进，法国的能源对外依赖度从 1973 年的 76% 下降到了 2005 年的 40.2%。

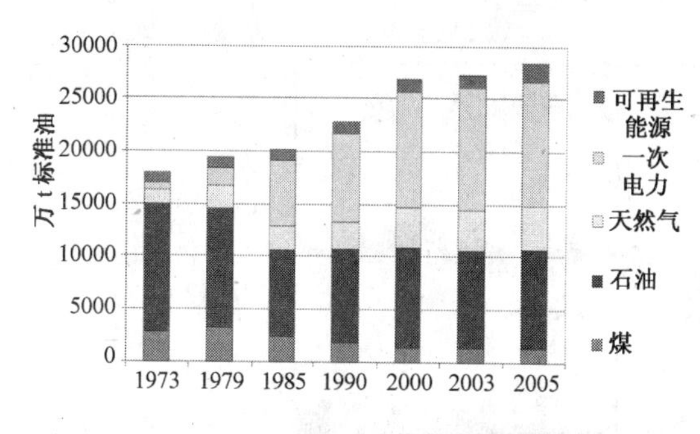

图 1　法国一次能源消费结构演变 1973～2005 年（Observatoire de l'Energie2006）

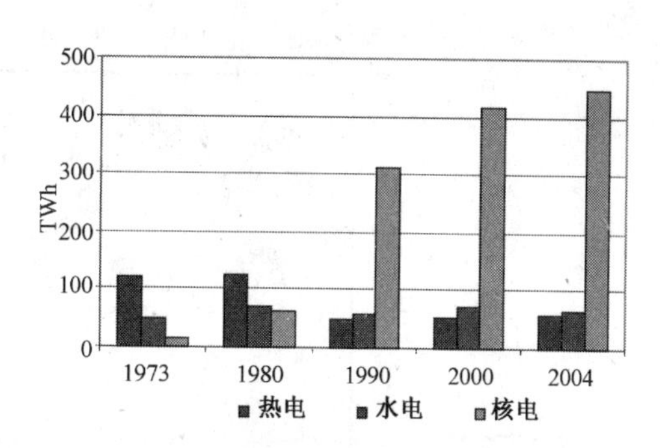

图 2　法国各主要年份发电量（DGEMP2005）

发达国家能源消费的一个显著特点是在终端能源消费中，生活消费所占的比重最高，其中住宅建筑的能耗为最主要部分。

表 1 中所列出的是法国 2004 年的终端能源消费情况。从表中我们看到，生活和商业用能占到终端消费的 42% 强，其中绝大多数为建筑能耗，交通用能占第二位，而工业只占到了 24%。

法国 2004 年终端能源消费（百万吨标准油）　　**表 1**

能 源 消 费		所占比例（%）	能 源 消 费		所占比例（%）
产 业 部 门	39.3	24	农　　业	2.9	2
居民消费，商业	67.9	42	交 通 运 输	50.8	32

资料来源：DGEMP 2006.

1.2　能源与环境政策

如果说从 1974 年到 1990 年以前，法国的能源政策主要是以强调保障能源安全，减少石油进口依赖度，平抑国内能源消费品价格为主导的话，那么随着 1992 年《联合国气候变化框架公约》和 1997 年的《京都议定书》的签定之后，在法国提高能源使用效率和如何实现减少 CO_2 排放目标，防止全球变暖，以及环境保护等问题都和能源政策的制定直接联系起来。

由图3可以看到法国各个部门碳排放量从1970~2000年30年中的总体变化趋势。法国在20世纪70年代初各部门的排放总体水平最高，石油危机之后通过实施各种节能措施以及能源消费结构的调整对碳排放的减少起到了明显的作用。目前法国的各部门中，交通运输的CO_2排放处于第一位，这是因为交通行业的用能消费结构比较单一，几乎完全依赖石化产品，尽管省油节能型的小汽车已经开始迅速普及，但由于汽油的替代消费品缺乏，短期消费缺乏价格弹性，加之城市的不断向外扩张发展和居民生活方式的改变，个人小汽车的出行里程比以前有了很大提高，从而导致交通能耗在总的能源消费和CO_2排放中的比例不断上升。建筑能耗虽然在终端消费中比例最高，但是碳排放却排在交通和产业部门之后，其主要原因还是因为电力和天然气在建筑的终端能源消费中占据了绝对主导地位。

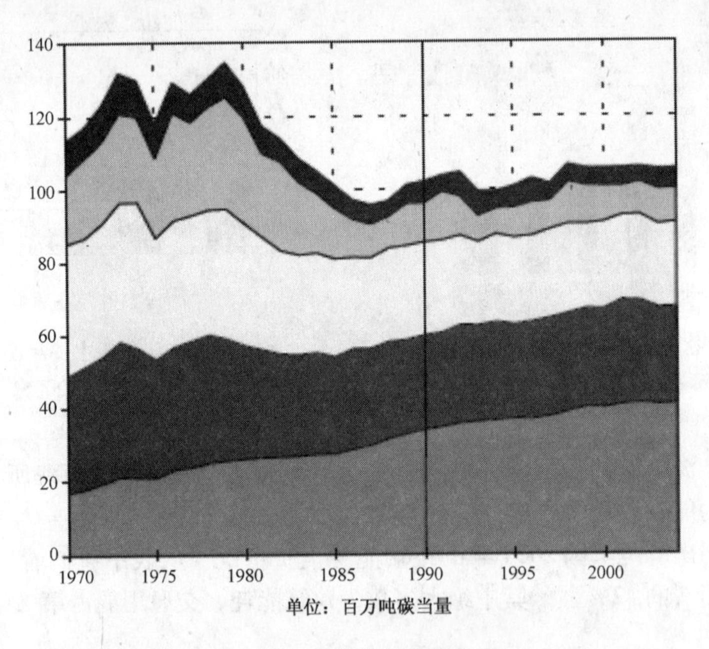

图3　法国各部门的碳排放量

资料来源：Observatoire de l'energie；2006

法国因其核电在一次能源消耗中占有的重要比例，其人均温室气体排放在工业化国家中是最低的，2004年人均CO_2的排放为6.22t当量，而同期欧洲国家的平均水平为8.43t，英国和德国分别为8.98t和10.3t，美国的人均排放更高达19.7t。按照京都议定书的规定，法国在2010年的CO_2减排目标为维持1990年的水平。但是法国政府并不满足于这一目标，目前正在争取使民用部门的CO_2的排放在2010年之前减少10%。而且从2000年以来其就组织多个部门对法国各个终端消费部门未来的能源需求和碳排放趋势进行全面的预测分析，并对“Facteur 4[①]”的经济、技术可行性和相关对策展开了积极探讨和研究，即怎样实现将2050年的CO_2排放水平减少到2000年的1/4的目标。图4是“法国国民经济规

① 这项计划的全称为《La division par 4 des emissions de dioxyde de carbone en France d'ici 2050》. 这一概念最早由德国科学家Ernst Ulrich von Weizsäcker于1997年在Factor four这本书中提出.

划署”（Commissariat du Plan）对法国2020年终端能源消费预测的三个不同情形，分别代表了不同政策影响下的能源消费情形，最低的S3情景（节能环保并重）比最高的S1情景（放任，不干预政策）终端能源消费要低22%左右，主要是由于在S3情景中许多提高能效和大力开发可再生能源的政策得到了充分考虑。

2　法国建筑节能概况

2.1　气候特点

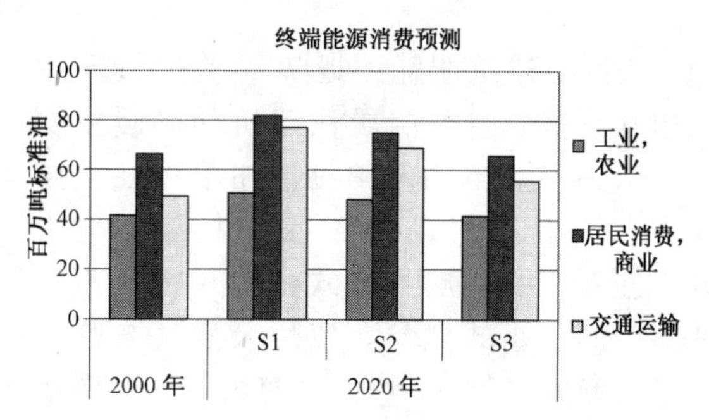

图4　2020年法国终端能源消费三个情形的预测

资料来源：摘自“Maitriser la consommation d'energie”，p. 68.　Commissariat du plan，Commission Energie 2010-2020.

法国地处欧洲西部，国内主要为三种气候特征。西部和北部沿海地区受大西洋季风性气候影响，冬季寒冷且降水较多，而夏季白天的气温较高，有时可以达到35°C以上，然而在夜间处于该区域可以享受到从大西洋吹来的海风，所以较为凉爽，极端闷热无风的天气较为罕见。法国东部为欧洲大陆性气候，以第戎、斯特拉斯堡、里昂等城市为代表，这些地区冬季寒冷，夏季炎热，类似于我国长江流域的天气，但是夏季不如我国这些区域潮湿，而东南部则为地中海气候，该地区夏季气温普遍较高，而冬季则相对温和湿润。法国的地理位置及其气候特点决定了在全国大部分地区的居住建筑中主要能耗是冬季采暖，而夏季空调的能耗处于相对较低的水平，但在经历了席卷全国的2003年热浪之后，目前在南部一些城市的空调使用已开始出现明显增加的趋势。另外对于各类商业建筑来说，宾馆、饭店、写字楼等建筑的空调能耗会高得多，所以在法国最近出台的建筑热工设计规范中也就房间的夏季热舒适和空调节能方面做出了新的规定。表2中列出了法国从北至南的主要代表性城市的采暖度日数和日照时数，以及各城市的年平均温度。

法国各主要城市气象参数　　**表2**

城　　市	北　　纬	年平均气温（℃）	采暖度日数（d·℃）	年平均太阳辐射照度（W/m²）
里　　尔	50°37′	8.5	2467	100
巴　　黎	48°86′	9.5	2213	104
斯特拉斯堡	48°58′	9.5	2598	96
布雷斯特	48°4′	10	1981	130
第　　戎	47°30′	8.5	2976	126
南　　特	47°13′	10	2032	128
克莱蒙费朗	45°78′	6.5	2327	126
里　　昂	45°75′	10	2167	126
波　尔　多	44°50′	12.5	1622	134
马　　赛	43°17′	13	1532	166

2.2　建筑用能状况

法国的建筑终端能源消费的结构如图5所示，可以看到电力和天然气占有绝对主导地位。

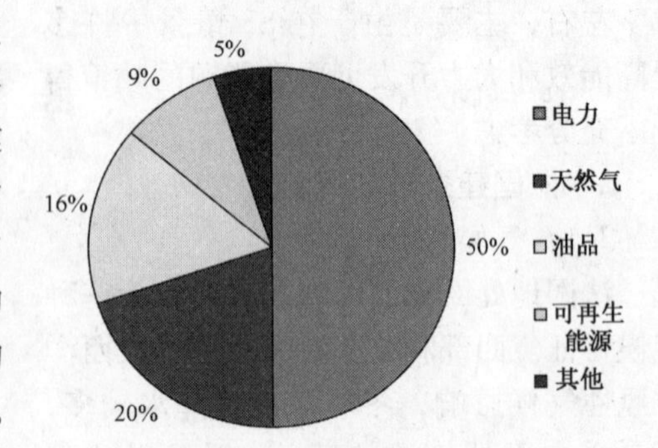

图5　法国建筑终端能源消费结构（ENSMP-cenerg）

法国的建筑能耗中近70%为采暖和生活热水消费。目前的居住建筑的采暖主要使用天然气，电力和热油。在单体独立建筑中，三者的使用分布几乎相当，均为30%左右。在多层集合式住宅中，使用中央供暖的公寓式建筑，使用天然气采暖的住宅占绝大多数（56%），使用燃油取暖的约占21%，其他能源的区域供暖占22%。而在分户采暖的集合建筑中，电采暖和天然气为最主要的取暖方式，分别占50%和48%。在所有的集合建筑中，使用天然气采暖的住房约占44%；使用热油和电采暖的分别为26%和21%。在居住建筑用能方面，法国政府自1974年以来相继出台了多部有关节能和提高建筑能效的法规，并加强了对房屋建筑的能源管理，并且已经确立了今后法国建筑节能目标是每5年使新建建筑的单位能耗降低10%。据统计，法国在1973年至2002年间人均居住面积从$25m^2$提高到了$37m^2$，全国住宅保有量从1973年的1730万套增长到2480万套，增长了43.3%，住宅总面积从12.9亿m^2增加到22亿m^2，增长了近70%。而住宅采暖能耗却只增长了3%左右（从1973年的14.1亿GJ增长到2002年的14.65亿GJ），人均生活用能则从1973年的7.4MWh下降到了2002年的6.75MWh。这些成就得益于1975年之后法国政府颁布的若干部住宅节能规范。随着这些规范的实施，在新建建筑中广泛采取了有效的保温节能措施，同时还逐渐普及了能效比高的燃气供暖和电采暖设备。根据文献［2］，自1974年法国的第一部建筑热工规范实施以来，新建建筑的平均传热系数G从1974年的2.4下降到了1988年的0.70。新建建筑的单位平均能耗比1974年下降了50%以上，2000年法国新建住宅达到RT2000标准的单位平均采暖能耗约为82kWh/(m^2·a)。表3列出了法国1973年来不同年份的全法国住宅的平均能源消耗水平。

1973～1998年住宅平均能源消耗强度［kWh/(m^2·a)］　　**表3**

	1973年	1994年	1998年
采　暖	329.7	189	179
生活热水	21.6	22.2	28.3
炊　事	14	13.6	18
家用电器	13.7	20.8	30.8

资料来源：摘自文献［2］

不同时期房屋建筑的终端能源消耗状况比较[kWh/(m² · a)] **表 4**

		1975 年之前	目前新建房屋平均水平（a）	CSTB[①]目标值 *
住　宅	采　暖	328	80 ~ 100	50
	生活热水	36	40	10
商业建筑	采　暖	209	130 ~ 150	50
	生活热水	19	30 ~ 40	7.5

* CSTB 的目标值是为达到 Facteur 4 计划而设定的一个情景参考值。

由表 3 和表 4 可以看到，住宅建筑的平均采暖能耗从 1973 年的每 m^2 的 330kWh 下降到了 1998 年的不足 180kWh[②]，而生活热水、炊事及家用电器的单位能耗均有了不同程度的提高，尤其是家电能耗增长了近 3 倍[③]。法国的人均可支配收入从 1970 年初的 6300 €（欧元）提高到了 2000 年的 11500 €（按 2004 年价格计算，INSEE2006），以上数字也说明了居民生活用电需求和生活水平与个人收入有着明显的正相关关系。而新建房屋的单位采暖能耗相比 1975 年以前（即不满足节能规范的房屋）的房屋相比下降了 2 倍多。而 CSTB 假设的目标值更是将一次能耗限定在 60kWh/(m^2 · a)以下。需要说明的是，上表中列出的单位面积能耗均按照户内的有效使用面积（Surface Habitable）来计算，因此不包括楼道、墙体、阁楼、地下室、停车场、凉台、室外晾晒区域，以及净空低于 1.80m 的区域等，所以说这个概念不同于我国广泛使用的单位建筑面积[④]能耗，除特殊说明以外，下文中均是指套内面积。

在法国，公共建筑的面积大概占房屋建筑总量的 1/4，根据巴黎矿院能源研究中心的研究报告（climatisation a haute efficacite energetique et a faible impact environnemental），商业建筑的平均能耗约为 230kWh/(m^2 · a)，其中采暖和热水为 kWh/(m^2 · a)左右，而办公建筑的照明能耗为 45 ~ 65kWh/(m^2 · a)。

表 5 列出了法国公共建筑 2000 年的采暖能耗状况。

法国公共建筑采暖面积和能耗一览（2000 年） **表 5**

	GWh	比　重	$10^6 m^2$	比　重
办公建筑	28148	25%	169.4	21%
商业建筑	21456	19%	185	23%
医疗卫生	14666	13%	92.6	12%
教育机构	19667	17%	163.6	20%

① 法国建筑科学研究中心，该中心负责法国建筑节能标准的起草工作。

② 这里所指的是既有房屋的平均采暖能耗，并不代表当年新建建筑的能耗水平。后者的采暖能耗大大低于这个数字。

③ 考虑了房屋面积的增加。

④ 法国建筑行业中经常使用的 SHOD（Surfaco hors ocuvro bruto）这个术语类似于我国的建筑面积。

续表

	GWh	比　重	10^6m^2	比　重
餐饮，酒店	9502	8.4%	53.4	6.7%
体育，休闲设施	8640	7.6%	59.2	7.4%
社区活动中心	6938	6.1%	53	6.6%
交通管理部门	4005	3.5%	24.13	3.0%
其　他	29085	26%	189.6	24%
总　计	113022	100%	800.2	100%

资料来源：EuroStat 2003.

2.3　建筑节能规范

1973 年至 1997 年的 25 年间，法国的房屋面积增加了 37%，而每年的采暖能耗却下降 12%。单套房屋采暖的能耗从 25000kWh 下降到了 16000kWh，减少了近 36%，如果考虑到住房面积的提高，这个值还会更高。其功劳当然是主要归功于 1973 年之后出台的节能规范。

法国政府在 1973 年石油危机之后便立刻开始着手第一部有关住房采暖节能标准的制定与实施，对建筑单位面积的采暖能耗进行限制并对建筑物墙体等围护结构的热工性能作出强制性要求，同时开始在全国大力推广各种住宅节能技术来降低新建建筑的单位采暖能耗。在 RT2000 之前的建筑节能规范主要考虑如何降低居住建筑的采暖能耗，而从 RT2000 开始，开始对建筑的空调能耗进行规范。第一部建筑节能规范 RT1974 出台之后，分别在 1977 年、1982 年、1988 年、2000 年、2005 年先后得到修订，其要求也在不断提高。在最新的 RT2005 这部规范中，政府提出了今后每 5 年使建筑能耗比 2005 的水平下降 10% 的目标。如果这一目标顺利达到的话，据文献[3]的测算，到 2050 年，新建住宅的采暖能耗应该可以减低到 $30kWh/(m^2 \cdot a)$，法国 2005 ~ 2050 年中所有新建住房的平均能耗应该在 $60kWh/(m^2 \cdot a)$左右。

2.4　RT1974

法国最早的建筑节能设计规定可以上溯到 1952 年的 Arrete du MRU 通则。二战之后，法国为了复兴经济开始了大规模的重建工作，同时城市化的迅速发展也使得流入城市的农村和外来移民人口数量急剧增加，政府不得不组织修建了大量的平价社会住房 HLM (Habitation à loyer modéré)① 以满足日益增长的房屋需求。在当时尚无能源价格和环境污染忧患意识的背景之下，绝大部分的这些住宅没有采取任何保温与节能措施，因此热工性能也非常差。由于居住在这些低租金住房的居民均是城市的中低收入者，不可能支付得起太昂贵的水电和暖气开支，因此政府下属的公共住宅营建署 OPAC-HLM 认为有必要对房屋建筑的热工性能进行改善，以保障这些居民在正常取暖要求下，尽可能地降低他们的采

① 法国在 1950 年通过一项住宅改革方案，将以往低价出售的廉价住房（Habitations a bon marche）改为平价出租，以较便宜的租金提供给城市的低收入者，由公共营建署 OPAC 统一建设、出租和修缮，是法国政府的一项社会福利政策。

暖费用支出。当时分管住房建设的战后重建与城市规划部 MRU 遂于 1952 年出台了 Arreté du MRU 法令，对 HLM 住房建筑的单位体积传热系数 G① 提出了明确要求，规定每小时不得超过 4.6～9.2KJ/(m^3·K)。当时有一部分房地产开发商主动和 OPAC 合作来履行这个尚不十分完善的规范，探索如何尽可能地降低节能施工成本的技术。应当说，1952 年的这个针对 HLM 条文不仅仅是对后来全国性的住宅节能规范制定的一个试验，而且对法国日后节能建筑技术的大面积推广和节能产品的规模经济效益及技术进步带来的成本降低提供了一个有利的契机。

1969 年，法国政府出台了一项建筑规范 arrêté du14juin1969，要求所有的采暖住宅建筑冬季采暖期内房间内的温度不得低于 18°C，但是该规定仅仅对采暖期室内热舒适温度作出了规定，而没有对建筑物的能耗提出具体限制。随后的 1973 年的石油危机导致法国国内的石油产品价格大幅上涨②，许多低收入家庭顿时支付不起昂贵的采暖费用。出于加强能源供给安全和减轻家庭能源开支负担的考虑，由政府委托建筑科学研究中心 CSTB③ 和其他部门在当年着手制定了第一部正式的建筑节能设计规范，并于次年在全法国正式颁布实施，即 RT1974。这部规范规定所有新建的房屋在冬季室内温度达到 18°C 的前提下，采暖能耗比当时的既有建筑降低 25%。规范对建筑物的综合传热系数 G 值和围护结构各个构建的传热系数 K 值[W/(m^2·℃)]的上限依照房屋的类型和所处的气候区域作出了明确的规定（表 6）。

RT1974 中规定的 G 值上限[W/(m^3·℃)] **表 6**

类　　型	H1	H2	H3
单 体 住 宅	1.45～2.15	1.6～2.5	1.9～2.75
多层集合住宅	0.85～1.6	0.95～1.85	1.10～2.05

资料来源：摘自[5]表中 H1，H2，H3 分别为法国北部中部和南部地区。

随着这部热工规范的生效与实施，生产保温材料的相关产业也开始在法国蓬勃发展起来，当时建筑节能的设计思路主要集中在如何降低围护结构和通风换气的热损失，规范推出之后各种墙体保温材料和改善建筑通风装置的产品开始大量投入到住宅建筑市场，各种新的节能施工工艺被陆续发现和改进，节能建筑的成本也随之不断地下降。

2.5　RT1988

1982 年爆发的新一轮石油价格危机促使法国开始对建筑节能技术进行更加广泛深入地研究和对节能产品的开发，从这以后，建筑节能设计考虑不仅仅局限于如何减少围护结构和通风换气的热损失，同时也开始注意到加强窗的热工性能和利用太阳得热来降低冬季房

---

① 这个指标可以理解为建筑物室内外温差 1°C 时，每小时单位体积的耗热量，法国在 RT2000 之前一直表征建筑热工性能的一个重要指标，这个概念在后来的热工规范已经被 Ubat 值（W/m^2°C）所代替。

② 由于进口石油、天然气的价格猛增，在石油危机爆发后很短的时间内居民采暖的平均价格从 0.168 法郎增加到 0.389 法郎每 kWh。据统计，当时法国家庭的采暖消费下降了 35%，从每户 25600kWh 下降到 16700 kWh（Le Blanc 2000，p.2）。

③ 全称为 Centre Scientifique et Technique du Batiment. 是负责法国建筑节能规范起草和各种节能及可再生能源利用技术研发的公共科研机构。

间内的热负荷。在1982年对1974年的规范作出了修订，引入了CoefficientB① 这个指标提高了对房屋围护结构的热工性能要求。

1989年CSTB在综合了各方的意见之后，出台了新的建筑节能设计规范RT1988，规定新建建筑的热工性能提高25%，并且同时对生活热水的能耗作出了限制性规定。这部1988年的规范开始对使用不同能源和不同类型的建筑的墙体和其他部分的保温性能和单位采暖能耗进行了限制规定。例如使用电采暖的单体建筑的单位采暖能耗应低于54kWh/m^2，多层集合住宅不应高于79kWh/m^2；对于使用天然气采暖的房屋，独立式住宅单位采暖能耗应低于136kWh/m^2等。RT1988引入了3个新的住宅建筑热工性能指标，并同时开始考虑供暖设备的能效并引入CoefficientC② 来限制居住建筑的采暖能耗。

2.6 RT2000

1997年京都协议签订之后，欧盟各国都纷纷出台了本国减少CO_2排放的部门性对策。法国政府为了进一步加强房屋的热工性能和减少建筑用能产生的CO_2排放，于2001年通过了RT2000并在所有新建房屋中开始实施。与先前的几部规范不同的是，RT2000开始对建筑的空调能耗和夏季的室内热舒适作出了具体规定，在对建筑的采暖能耗作出限制的同时，RT2000对建筑整体能耗（包括供暖，空调，通风，热水及照明用电等）作出了详细规定，要求居住建筑节能10%，非居住建筑节能25%。

2000年的这部规范另一个主要目的是使法国的节能建筑规范和欧盟国家的标准统一起来，因此RT2000以建筑物的综合传热系数U_{bat}和U_{batref}③代替了以往的G值，这样可以通过房屋的采暖面积直接计算出单位面积的采暖能耗，规范同时也对房屋的围护结构各个组成部分的传热系数U值的极限值依照房屋类型和气候分区作出了规定。

RT2000除了进一步提高住宅建筑的能效之外，对商业建筑也提出了更高的要求。由于RT1988规范仅仅对非住宅建筑的墙体保温提出了要求，RT2000增加了对照明、通风、热水等方面的要求。

建筑用能和温室气体排放之间的关系是RT2000中最关心的问题之一。规范要求建筑设计人员对采取的各种建筑节能措施均可以实现对减少CO_2排放的贡献进行具体量化。这样一来，RT2000使得对住宅建筑的环境效益的评估得以实现，例如在技术经济分析中可以对外部性成本进行内化，使得建筑节能投资的全寿命期内的成本收益分析更加准确和完备。RT2000对建筑能耗的计算提供了一整套统一完备的方法，建立了以基准建筑④为参考的计算模型Th-C-E方法和使用推荐工艺施工的两种实施方式，并对建筑物各个部分的热工设计性能计算作出了极为细致的描述，具有很强的可操作性。

RT2000继续沿用3个采暖分区H1、H2、H3的方法，并新增了4个空调气候分区E_a，E_b，E_c，E_d对夏季的房屋空调能耗作出规定。

---

① 即Besoin de Chauffage．是冬季房间内维持室内规定热舒适温度的采暖热负荷（kWh/m^2）。

② 即参考建筑单位面积能耗（kWh/m^2）。

③ 这两个值分别表征建筑物室内外温差每增加1°C，通过建筑物单位采暖面积和单位维护结构面积的传热值，后者包括围护结构组成部分中墙体，门窗，屋顶，地板和周边热桥等各个部分耗热的加权总和，因此是衡量建筑物围护结构整体的热工性能的一个表征。

④ 该方法的主要思路为，根据每个具体的住宅建筑方案和它所在的区域，RT2000给出了该方案的参照虚拟建筑的能耗计算方式，所有实际的设计方案不得低于这个虚拟的基准建筑的最低节能标准。

RT2000 对计算《基准线》建筑物综合传热系数（Ubat）的围护结构热工性能规定
[W/(m² · ℃)] **表 7**

气候分区		
	H1/H2	H3
a1	0.4	0.47
a2	0.23	0.3
a3	0.3	0.3
a4	0.3	0.43
a5	1.5	1.5
a6	2.4	2.6
a7	2	2.35
a8	0.5	0.5
a9	单体建筑 0.7	单体建筑 0.7
	多层集合建筑 0.9	多层集合建筑 0.9
a10	单体建筑 0.7	单体建筑 0.7
	多层集合建筑 0.9	多层集合建筑 0.9

表中 a1 表示外墙；a2～a4 表示顶层、中间层和底层楼板；a5～a7 表示门洞，不带开启装置的窗洞，阳台落地窗以及可透光部分围护部分，带开启装置的窗洞，阳台落地窗以及可透光部分围护部分；a8～a10 表示不同类型的冷桥部分。

由表 7 中列出的围护结构各个部分的基准传热系数和房屋的面积可以计算出建筑物所处气候区域的基准建筑（这是一个虚拟建筑）能耗，RT2000 规定新建建筑的能耗必须低于这个参考值，从而达到规范所要求的标准。另外规范也对围护结构最低的节能要求，即无参照建筑情形下的围护结构的传热系数极限值作出了限制性规定，见表 8。对于夏季使用空调的建筑，玻璃的太阳光透射率 facteur solaire① 应当低于相应朝向上的基准值，见表 9，且夏季室内温度不得高于由参照值计算出的相应区域的基准建筑室内温度。

RT2000 围护结构传热系数的极限值[W/(m² · ℃)] **表 8**

围护结构构件	U 值	围护结构构件	U 值
外墙及屋顶	0.47	与地面直接接触的地板（地下停车场的屋顶除外）	0.47
顶层地板	0.3	架空层楼板	0.43
底层楼板	0.36	外窗	2.9

① 该参数定义为通过围护结构的太阳光的冷负荷与投射在围护结构表面积总负荷之比值。

太阳光透射率极限值 **表 9**

	Ea	Eb	Ec	Ed
北向外窗	0.65	0.65	0.65	0.45
其他朝向外窗	0.45	0.45	0.45	0.25
天窗	0.25	0.25	0.25	0.15

E_a、E_b、E_c、E_d 分别为夏季空调气候分区

同时 CSTB 将 RT2000 的计算内核 Th-I、Th-U、Th-S 进行了详细的说明和阐述，对友好界面的计算机模拟软件的开发提供了必要的技术支持。RT2000 赋予房屋设计人员对建筑采暖系统设计和房屋建筑材料及设备的选择以很大的灵活性，工程设计人员可以根据具体的使用需要设计符合节能规范标准的各种组合，并且尽可能地控制建筑节能施工成本的增加，使节能建筑设计做到技术经济的优化。由于 RT2000 强调对建筑采暖设备的能效提高，因此规定对于使用高能效采暖设备的房屋，可以酌情降低对维护结构综合热工性能参数 U_{bat} 的要求，上浮系数可以达到 1.3. 即 $U = U_{batref} \times 1.3$。

2.7 RT2005

在 2005 年法国出台的能源总方向动员法案中对各部门节能规划作出了战略部署。同时，法国政府在 2004 年制定的《气候变化对策实施纲领》（Le Plan Climat 2004）也中明确规定了建筑节能规范每 5 年更新一次，使房屋的热工性能提高 15%，并提出在 2020 年建筑的能耗比 2000 年降低 40% 的目标（图 6）。

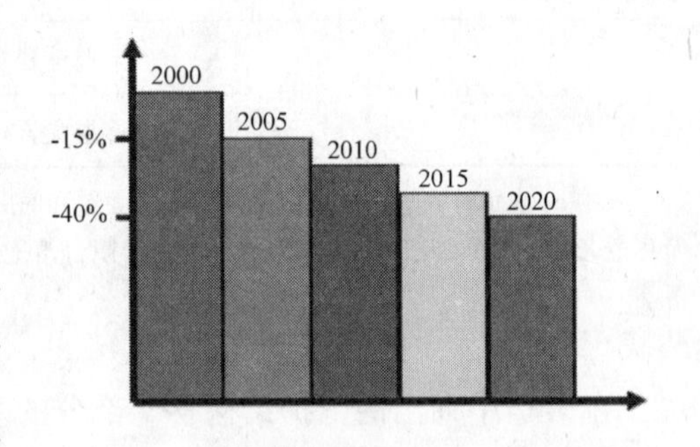

图 6 法国新建建筑节能目标示意图

RT2005 规范也正是在气候问题日趋紧迫的背景下对 RT2000 中各指标的进一步的完善和提高。这是法国目前最新的一部建筑节能规范，从 2006 年 1 月开始正式实施。从 2006 年起在法国建设行政部门申请开工许可的新建建筑（住宅和商业建筑）均要达到 RT2005 的要求。和以前的几部规范相比，这部规范的最大特点是对房屋的空调、新风、照明等能耗进行了更加详细地说明和规定，尤其是对房屋的夏季热舒适提出了新的要求，主要通过 T_{iceref} 这个指标来进行控制。RT2005 规定房屋在夏季室内有人员活动状况下，室内参考温度 T_{iceref} 不高于 26℃ 为设计依据。

2.8 采暖

采暖是法国建筑能耗最主要的部分，RT2005 根据法国住宅结构的特点和对采暖的舒适度要求，对房屋的围护结构的热工性能进一步进行了修订，见表 10。

RT2005 对计算《基准线》建筑物综合传热系数（Ubat）的围护结构热工性能规定（$W/m^2 \cdot ℃$）

表 10

围护结构构件	H2，H2，H3 > 800m	H3 ≤ 800m
a1	0.36	0.40
a2	0.20	0.25

续表

围护结构构件	H2，H2，H3 > 800m	H3≤800m
a3	0.27	0.27
a4	0.27	0.36
a5	1.50	1.50
a6	2.10	2.30
a7	1.80	2.10
a8	0.40	0.40
a9	单体建筑 0.55	单体建筑 0.55
	多层集合建筑 0.60	多层集合建筑 0.60
a10	单体建筑 0.50	单体建筑 0.50
	多层集合建筑 0.60	多层集合建筑 0.60

表中 a1 至 a10 定义与表 8 注脚定义相同。资料来源：文献[11].

RT2005 的目标是将建筑的热工性能在 RT2000 的基础上提高 15%，并通过各种技术手段尽量减少房屋夏季空调的使用，进一步减少温室气体的排放。RT2005 改变了以往规范的传统气候分区，重新将全国划分成了 8 个区域，分别为 H1a，H1b，H1c，H2a，H2b，H2c，H2d，H3。相比 RT2000，RT2005 还引进了一个新的节能参数，即建筑全年一次能源消耗 CEP_{ref}相对于住宅建筑，RT2005 引入 CepMax 指标，规定了不同的建筑类型和采暖方式的住宅采暖和生活热水的单位面积能耗的上限。CSTB 对于住房的采暖和生活热水的一次能耗目标是最终降低到 50kWh/m^2 以下。但是这个参数目前尚只适用于住宅建筑，对商业建筑暂无此项要求。RT2005 沿用了 RT2000 中的基准建筑计算和最低标准规定的思路，兼取两种不同的节能实施方式，设计人员可以采用 CSTB 提供的 TH-C/E 计算内核，利用专业软件进行各个部分的热工性能模拟计算，或直接采用跟规范配套发行的各种节能建筑的推荐做法。在采暖能耗方面，对房屋的围护结构热工性能和设备要求上比 RT2000 均有了进一步提高。冷桥部分的散热损失要求比 RT2000 减少了 20%，其他部分的热工性能要求则提高了 10%。此外 RT2005 对房屋太阳能和其他可再生能源的利用也作出了更加合理的考虑。表 11 中是对建筑的围护结构部分的传热系数上限的规定。

围护结构各部分传热系数的极限值[W/(m^2·℃)] **表 11**

围护结构构件	*U* 值极限值	围护结构构件	*U* 值极限值
外墙及屋顶	0.45	与地面或停车场顶棚直接接触的地板	0.36
顶层楼板	0.28	架空层（非采暖）楼板	0.40
中间层地板	0.34	外窗	2.6

和 RT2000 一样，RT2005 的思路使房屋的综合用能能耗被控制在标准要求的范围之内，因此节能的具体实施方法不仅仅局限于提高建筑物的热工性能，同时也对空调和采暖设备的运行效率作出了新的规定见表 12、表 13。RT2005 降低了设备和维护结构之间互补的上浮系

数，集合住宅从 1.3 下降至 1.25，单体住宅从 1.3 降低到 1.2。另外 RT2005 和 2005 年颁布的“能源总方向法 LOE2005”遥相呼应，鼓励在建筑中使用可再生能源满足采暖和生活热水的消费，如水源、空气源热泵，木炭，太阳能和其他生物质能等。对于有条件使用可再生能源用以供应生活热水的房屋而没有使用的设计方案，在具体的能耗计算时会有惩罚性的约束。相反，对于有效利用可再生能源满足采暖和供应生活热水需要的房屋建设项目，对于容积率 COS 的限制可以向上浮动 20%。房屋建设完工之后，业主必须向法国政府制定的行政管理部门出示“建筑热工性能调查书”（Fiche de synthese d'etude thermique）。

燃气或液体燃料锅炉热效率（%）（低发热值） **表 12**

热水锅炉	$P_n \leqslant 400kW$	$P_n > 400kW$
	2008 年 6 月 30 日之前	2008 年 6 月 30 日之后
100% 出力，热水平均温度 70℃	$88.5 + 1.5\lg P_n$	92.4
30% 出力，低温散热热水锅炉热水平均温度 40℃	$88.5 + 1.5\lg P_n$	92.4

表中 P_n 为额定功率.

对于采用固体燃料如木炭的采暖设备，功率在 400kW 以下的热效率最低标准为 $(47 + 6 \times \lg P_n)\%$，400kW 以上的不低于 67.2%。热泵性采暖设备热效率 COP 不得低于 2.45。

RT2005 中建筑物单位面积的一次能源消耗限制 **表 13**

热源类型	气候分区	Cep[a] 最大值 [kWh/ (m² · yr)]
化石燃料	H1	130
	H2	110
	H3	80
电采暖	H1	250
	H2	190
	H3	130

表中[a]：consommation d' energie primaire 为一次能源消费.

2.9 生活热水

RT2005 鼓励使用清洁的可再生能源用于取暖和供应生活热水，因此规定普通的使用电或化石燃料方式的单体建筑的生活热水能耗应比 Th-C-E 方法计算的参照值低 20%，而多层公寓式建筑应该低 10%。此外对于热水器的参考能耗计算需要考虑贮水装置的热损耗。对于 70L 以下的电热水器，其容器 24 小时的热损失不得超过 $0.1474 + 0.0719V^{2/3}$ kWh，而对于 70L 以上的热水器，垂直式不得超过 $0.224 + 0.0663V^{2/3}$ kWh，水平式不超过 $0.939 + 0.0104V^{2/3}$ kWh。规范中还提供了一个冷却系数 CrWh（l · K · d）用以对计算值修正，对于电热水器，当容器的体积小于 500L 的时候，$Cr = 1.25V^{-0.33}$，而当容器大于 50L 的时候，

$Cr = 2V^{-0.4}$。对于其他燃料的热水供应装置，$Cr = 3.33V^{-0.45}$。

2.10　照明和通风

对于建筑的照明能耗，RT2005 规定：普通公共建筑的照明强度不超过 $12W/m^2$，体育场和仓储建筑物的照明强度不超过 $10W/m^2$。对于有特殊照明要求的（大于 600lx），每 100lx 的能耗为 $2.5W/m^2$，且上限为 $2.5W/m^2$。

此外，RT2005 重新对房屋的通风、照明和围护结构的气密性提出了新的要求。对于 CE1 类（主要为北部地区的房屋）房屋建筑，外窗可开启面积应不低于围护结构表面积的 30%。对于应采取夏季遮阳措施的房屋，窗洞的透光系数在装置开启和关闭时分别不得高于 0.15 和 0.40。相应地对于门窗的气密性也提出了要求，住宅外围护结构不得超过 $0.8m^3/(m^2 \cdot h)$，公寓式住宅和商业建筑不得高于 $1.2m^3/(m^2 \cdot h)$，其他类型的建筑不高于 $2.5m^3/(m^2 \cdot h)$（单位中所指的是围护结构的传热部分面积）。

2.11　房屋夏季热舒适

法国在 RT2005 之前的规范都没有直接针对夏季空调能耗的规定，一来是因为法国大部分地区夏季昼夜温差较大，所以有利于白天通过太阳辐射进入室内的热量在夜间向室外排出。随着最近几年天气逐渐转暖和城市居民消费习惯的改变，居住建筑空调的使用在南方一些城市也开始普及起来。为避免过度太阳光负荷进入室内以保持房屋在夏季的热舒适，RT2005 对窗洞部分的太阳透射系数的极限值不得超过表 9 中的上限值。

另外对于房屋的夏季空调设备的能效比，RT2005 规定热泵性空调的 EER 不得低于 2.45，采用燃气空调的能效在 2008 年以前不低于 0.70kW/kWep，2008 年以后需达到 0.95。

值得注意的是，在 RT2000 和 RT2005 的制定过程中，负责起草规范的法国建筑科学中心 CSTB 曾广泛和建筑师、房屋结构和暖通工程师、开发商（尤其是社会公房投资营建署）以及各种节能产品的生产商进行了广泛的讨论和磋商，使得规范在制定过程中充分考虑到了当前的技术水平和市场承受与适应能力，使得规范可以被设计和施工人员比较快地接受，没有造成规范跟实际脱节的问题，而且借助于相关激励政策和地方政府的财政支持，标准的实施状况也比较理想。

参考文献

[1] Le Blanc，Francis. 2000. sensibilité aux prix de la consommation de chauffage dans le résidentiel. Note de synthèse du SES . p. 4.

[2] Traisnel，J. P. 2001. Habitat et développement durable in《 CLIP》vol 13. p. 72.

[3] Traisnel，J. P. 2004. Habitat et développement durable ：les perspectives offertes par le solaire thermique. CLIP. Vol（16）. p. 80.

[4] IEA. Key World Energy Statistics 2006. p. 79.

[5] Herve berrier，2000. enjeux et modalités du renforcement de la réglementation thermique de la construction en France. Ministère de l'Equipement，des Transports et du Logement . p. 30.

[6] l'Energie en France ，chiffre clé. 2006. Ministère de l'Economie des finances et de l'industrie. p. 40.

[7] Pierre RADANNE,2004. La division par 4 des émissions de dioxyde de carbone en France d'ici 2050. p. 32.

[8] Boissieu，Christian . 2005. Rapport du Groupe de travail《Division par quatre des émissions de gaz a effet de serre de la France a l'horizon 2050 》. Ministères de l'économie des finances et de l'industrie. Ministères de

l'Ecologie et du développement durable. p. 77 .

[9] CSTB 2001. Réglementation Thermique 2000, Comprendre et Appliquer.

[10] 20 ans de chauffage dans les résidences principales en France de 1982 a 2002. *Observatoire de l'Energie. 2004*.

[11] Arrêté du 24 mai 2006 relatif aux caractéristiques thermiques des bâtiments nouveaux et des parties nouvelles de bâtiments. Journal Officiel de la République Francaise 2006/05/25.

[12] EuroStat. 2003. Rapports sur les indicateurs des états membres sélectionnés. France : Indicateurs du secteur des services.

[13] ENSMP-Centre Energétique. Climatisation a haute efficacité énergétique et a faible impact environnemental. http://www.cenerg.ensmp.fr/francais/themes/syst/html/cles.htm.

李骏　法国巴黎高等矿业学院　博士研究生

2005～2006年度锅炉供热能耗的调查报告

温　丽　张荣芝

【摘要】　2005～2006年度中建协建筑节能专业委员会供热网对各网员单位锅炉供热能耗进行了普遍调查，调查对象以京津为主，总供热面积近1.2亿m^2，包括燃煤锅炉供热和燃气锅炉供热。本文汇总了调查结果，并进行了分析。

【关键词】　锅炉供热　能耗　调查

2005～2006年度供热结束后，进入“十一五”时期。为搞好节能的量化管理，摸清“十五”期间最后一个采暖期的实际能耗十分重要，它将成为“十一五”期末对比供热能耗的基数。为此，供热网于2006年10月中旬组织各网员单位开展了2005～2006年度供热能耗调查工作，在全体网员单位的大力支持下，已顺利完成了此项任务。现将能耗调查结果的汇总和初步分析报告如下。

1　2005～2006年度供热能耗调查概况

参加本次调查的网员单位共75个，地区分布以京津为主，北京占70%，天津占23%，其他地区包括东北、西北、华北、山东、湖北等共占7%。调查规模较大，总供热面积近1.2亿m^2，是1999～2000年度我网组织能耗调查总供热面积5072万m^2的2.4倍。在调查的1.2亿m^2供热面积中，各地区的燃煤锅炉供热共8936万m^2，占75%。此外，北京地区的燃气锅炉供热1573万m^2，占13%；蒸汽锅炉供热1382万m^2，占12%。其他如燃油锅炉供热12万m^2、电采暖1.6万m^2等所占比例很小。详见表1。

2005～2006年度锅炉供热能耗调查分布概况（m^2）　　**表1**

	北京地区	其他地区	天津地区
燃煤29MW	27584775	2570599	
燃煤14MW	13368072	2472597	27432495
燃煤14MW以下	13795927	2630431	
燃　气	15731066		
蒸汽锅炉	13823300		

续表

	北京地区	其他地区	天津地区
燃　油	123439		
电采暖	16334		
合计　119549035 (100%)	84442913 (70%)	7673627 (7%)	27432495 (23%)

2　燃煤锅炉供热能耗调查结果

2.1　29MW 燃煤锅炉能耗调查结果

表 2 列出北京地区 29MW 燃煤锅炉 14 个单位，共 2758 万 m^2 供热面积的单方能耗，并抽取其中指标较好的 7 个单位，共 1175 万 m^2 供热面积的单方能耗，共同与 1999 ~ 2000 年度调查的相应数据进行对比，不难看出能耗在稳步下降，详见表 2。

29MW 燃煤锅炉供热能耗调查结果　　表 2

调查年度	单方能耗		
	煤（$kgce/m^2$）	电（kWh/m^2）	水（m^3/m^2）
1999 ~ 2000 年度平均	21.31	3.16	0.080
2005 ~ 2006 年度平均	19.78	2.62	0.043
2005 ~ 2006 年度较好	18.30	2.53	0.047

注：kgce 中的“ce”表示标煤。

值得提出的是，在调查的 29MW 燃煤锅炉供热单位中，有 7 个单位的单方能耗指标较好，现列在表 3，供网员单位参考。

29MW 燃煤锅炉供热能耗指标较好的单位概况　　表 3

单位名称	供热建筑面积（m^2）		单方能耗			非住宅占百分比（%）
	合计	其中住宅	煤（$kgce/m^2$）	电（kWh/m^2）	水（m^3/m^2）	
北京首成物业管理有限公司	664204	664204	15.56	3.66	0.087	0%
北京华辰热力厂	2192706	1975190	16.13	1.28	0.05	9.9%
北京重型电机厂	1700000	1500000	17.4	1.806	0.0172	11.8%
天津塘沽区房产供热公司	3270000	2790000	19.04	2.296	0.055	14.7%
北京金太阳供暖服务中心（原嘉园供热厂）	1344408	1226647	19.407	4.11	0.048	8.8%
航天一院桃园锅炉房	874069	700104	19.71	3.316	0.062	19.9%
北京建工锅炉压力容器工程公司	1700000	1600000	20.1	3.31	0.043	5.9%
总　计	11745387	9956145	18.3	2.53	0.047	16.1%

2.2　14MW 燃煤锅炉能耗调查结果

表 4 列出北京地区 14MW 燃煤锅炉 15 个单位，共 1337 万 m^2 供热面积的单方能耗，

并抽出其中指标较好的7个单位共630万m^2供热面积的单方能耗，共同与1999~2000年度调查的相应数据进行对比，单方能耗也和前述29MW燃煤锅炉近似，稳步地下降，这是十分可喜的，详见表4。

14MW燃煤锅炉供热能耗调查结果 **表4**

调查年度	单方能耗		
	煤（$kgce/m^2$）	电（kWh/m^2）	水（m^3/m^2）
1999~2000年度平均	23.66	3.97	0.098
2005~2006年度平均	21.11	3.18	0.051
2005~2006年度较好	18.53	2.24	0.044

在整理调查结果中，发现有7个单位的14MW燃煤锅炉单方能耗指标较好，现列入表5，供网员单位参考。

14MW燃煤锅炉供热能耗指标较好的单位概况 **表5**

单位名称	供热建筑面积（m^2）		单方能耗			非住宅占百分比（%）
	合计	其中住宅	煤（$kgce/m^2$）	电（kWh/m^2）	水（m^3/m^2）	
北京虎城小区供热服务中心	1085000	1008000	15.52	4.64	0.06	7%
北京大龙供热中心	911000	911000	17.18	2.29	0.016	0%
北京宣武楼宇设备公司	916358	916358	19.2	3.79	0.07	0%
北京市海淀区供暖经营中心	887640	835539	19.46	3.2	0.056	5.9%
北京市丰台区房屋经营管理中心供暖设备服务中心	960000	960000	19.8	2.0	0.0176	0%
北京天恒热力有限公司	687000	557700	19.92	1.6	0.06	18.8%
北京家馨供热有限公司	861025	558071	20.23	2.3	0.046	35.2%
总计	6308023	5746668	18.53	2.24	0.044	8.9%

2.3 14MW以下燃煤锅炉供热能耗调查结果

2000年前的网员单位都是负责14MW以上大容量锅炉的运行管理单位，从1999~2000年度调查中没有14MW以下锅炉的能耗数据。此次调查结果表明14MW以下燃煤锅炉供热的单方能耗指标也比较好，表6列出本次调查北京14个单位共1380万m^2供热面积的单方能耗，并提出其中指标较好的7个单位共630万m^2供热面积的单方能耗，共同与2003~2004年北京市普查的相应数据进行对比，可以看出，两年来进步也是很大的，一方面是确有提高，另一方面是网员单位的专业化运行管理水平高于社会上的自管单位。详见表6。

14MW以下燃煤锅炉供热能耗调查结果 **表6**

调查年度	单方能耗		
	煤（$kgce/m^2$）	电（kWh/m^2）	水（m^3/m^2）
1999~2000年度普查	25.30	3.82	0.061
2005~2006年度平均	20.79	3.08	0.043
2005~2006年度较好	19.10	2.70	0.037

注：2003~2004年度北京市全市普查，锅炉未按容量分别统计，单方能耗为大小容量锅炉的平均值。

表7是本次调查中14MW以下燃煤锅炉7个单位能耗指标较好的明细表，可供网员单位参考。

14MW以下燃煤锅炉供热能耗指标较好的单位概况 **表7**

单位名称	供热建筑面积（m^2）		单方能耗			非住宅占百分比（%）
	合计	其中住宅	煤（$kgce/m^2$）	电（kWh/m^2）	水（m^3/m^2）	
北京大地供暖公司	510000	210000	16.9	1.59	0.06	58.8%
北京晟通供热有限责任公司	410000	140000	18.77	2.13	0.028	65.9%
北京大龙供热中心	1423400	142300	19.09	2.77	0.024	0%
北京市朝阳区建设委员会供暖中心	2620304	2620304	19.24	3.52	0.035	0%
北京平安供暖有限公司	298000	176000	19.45	2.21	0.03	40.9%
北京市海淀区供暖经营中心	345568	265412	19.88	4.16	0.06	23.2%
北京家馨供热有限责任公司	688229	461711	19.97	2.36	0.046	32.9%
总　　计	6295501	5296827	19.1	2.70	0.037	15.9%

3　燃气锅炉供热能耗调查结果

3.1　24个燃气锅炉供热单位能耗调查结果

本次共有北京地区的24个燃气供热单位参加了调查，1573万m^2供热面积的单方燃气、电、水、能耗指标均比2003~2004年度全市普查数据有明显提高，见表8。

燃气锅炉供热能耗调查结果 **表8**

供热建筑面积（m^2）				单方能耗		
合　计	其中			气	电	水
	住宅	公建	其他	（m^3/m^2）	（kWh/m^2）	（m^3/m^2）
15731006（100%）	12488793（79.4%）	3033672（19.3%）	208601（1.3%）	9.99	2.91	0.04

表9列出北京地区燃气锅炉供热能耗指标较好的12个单位共958万m^2供热面积的单位概况，供网员单位参考。

燃气锅炉供热能耗指标较好的单位概况 **表9**

单位名称	供热建筑面积（m^2）		单方能耗			非住宅占百分比（%）
	合计	其中住宅	气（m^3/m^2）	电（kWh/m^2）	水（m^3/m^2）	
住总角门13号院锅炉房	100000	100000	7.716	4	0.012	0%
北京成宏物业管理有限责任公司	320000	294000	8.0	2.0	0.02	8.1%
北苑供热厂	1032709	934109	9.1	3.36	0.004	9.5%
北京华特物业管理发展有限公司	244885	244885	9.13	2.62	0.125	0%
北京市海淀区供暖经营中心	1117290	121663	9.2	2.52	0.049	10.9%
北京市八大处中学锅炉房	19046	8129	9.23	1.76	0.01	42.7%
北京亿方物业管理有限责任公司	2432144	1767438	9.23	2.17	0.015	27.3%
北京市朝阳区建设委员会供暖中心	1291338	42569	9.33	3.37	0.04	8.7%
北京宣武楼宇设备公司	1066680	1066680	9.367	2.69	0.036	0%
北京市丰台区房管经营管理服务中心供暖设备服务所	713500	713500	9.61	1.91	0.015	0%
住总天诺物业供热厂	720000	709000	9.726	3.907	0.007	1.5%
中国石油勘探开发研究院	522372	303322	9.78	2.37	0.06	41.9%
总　　计	9579964	6305295	9.22	2.65	0.025	34.2%

3.2　2003～2004年度与2005～2006年度调查结果对比

表10列出2003～2004年度北京地区普查中，东城区124个燃气锅炉供热单位579万m^2供热面积的单方气耗，与本次2005～2006年度供热网调查24个燃气锅炉供热单位，1573万m^2供热面积的单方气耗分类对比。可以看出，两年多来，一方面进步很大，另一方面网员单位皆属于专业运行管理单位，相对于社会上单位自管的管理水平要高，也就是说，提高运行管理水平，可以大幅度节约燃气。

两次燃气锅炉供热单方气耗调查对比表 **表10**

单方气耗（m^3/m^2）	2003～2004年度东城区普查		2005～2006年度供热网调查	
	单位（个）	占%	单位（个）	占%
<8	7	5.64	2	8.3
8～9	9	7.26		
9～10	19	15.32	10	41.7
10～11	24	19.36	6	25
11～12	24	19.36	6	20.8
12～13	17	13.71	1	4.2
13～15	11	8.87		
15～17	5	4.03		
>17	8	6.45		
总　　计	124（579万m^2）		24（1573万m^2）	

3.3 采用燃气锅炉供热节能技术后单方气耗调查结果

现将22个单位共422万 m^2 供热面积采用燃气锅炉供热节能技术后的单方气耗列入表11，这22个燃气节能改造项目中，2003~2004年度改造的有3处，已运行三个采暖期。2004~2005年加上新改造的8处，已运行两个采暖期。2005~2006年改造的11处已运行一个采暖期，效果都较好，单方气耗在7.67~8.69m^3/m^2 之间，说明采用燃气锅炉供热节能技术可以进一步节能。

燃气锅炉供热采用节能技术后的单方气耗　　表11

	合　计	使用一年	使用二年	使用三年
2005~2006年度	22个	11个	8个	3个
面积（m^2）	2691495	1318164	1219740	153591
耗气量（m^3）	22627082	11461349	9357213	1308520
单方气耗（m^3/m^2）	8.41	8.69	7.67	8.52
2004~2005年度	11个		8个	3个
面积（m^2）	1373331		1219740	153591
耗气量（m^3）	11745565		10390052	1355513
单方气耗（m^3/m^2）	8.55		8.52	8.83
2003~2004年度	3个			3个
面积（m^2）	153591			153591
耗气量（m^3）	1296800			1296800
单方气耗（m^3/m^2）	8.44			8.44

注：本表摘自北京环境保护基金会对北京地区采用燃气锅炉供热节能技术22个项目的调查结果，共22个单位4218417m^2。

4　蒸汽锅炉供热能耗调查结果

此次蒸汽锅炉供热调查，北京地区共有9个单位参加，总供热面积1382万 m^2（其中平均非住宅占38.2%），现将调查结果列入表12和表13。

蒸汽锅炉供热不同年度能耗调查结果对比　　表12

调查年度	单方能耗			吨蒸汽标煤耗
	煤（$kgce/m^2$）	电（kWh/m^2）	水（m^3/m^2）	（kgce）
1999~2000年度	25.22	2.82	0.190	125.99
2005~2006年度	25.06	1.55	0.106	151.12

热水与蒸汽锅炉供热能耗对比情况　　表13

供热方式	单方能耗		
	煤（$kgce/m^2$）	电（kWh/m^2）	水（m^3/m^2）
蒸汽供热	25.06	1.55	0.106

续表

供热方式	单方能耗		
	煤（$kgce/m^2$）	电（kWh/m^2）	水（m^3/m^2）
热水供热（平均）	20.36	2.87	0.04
热水供热（29MW）	19.78	2.62	0.043
热水供热（14MW）	21.11	3.18	0.051
热水供热（14MW 以下）	20.79	3.08	0.043

表12 中的蒸汽锅炉供热单方能耗也在降低，但此次调查吨标煤耗皆较高，除与各蒸汽厂服务对象和使用性质各不相同的客观因素外，统计方法上尚存在问题，请大家共同研究提出合理的能源统计方法，以便改进。

此外，表13 的数据表明，热水锅炉供热较蒸汽锅炉供热省煤、省水，但不省电。这当中也可能存在耗煤量统计中比较难划分准确的问题，请大家考虑。

5 结果分析

5.1 燃煤锅炉供热能耗调查结果表明，14MW 以上大容量锅炉已由 1999～2000 年度的 22.45$kgce/m^2$ 降低为 20.51$kgce/m^2$；单方电耗由 3.57kWh/m^2 降低为 2.84kWh/m^2；单方水耗由 0.089m^3/m^2 降低为 0.046m^3/m^2，已有很大的提高。当前的问题，发展并不平衡，差距就是潜力，况且网内单位的水平是偏高的，对于全行业来说，节能的任务是艰巨的，是大有可为的。

5.2 燃气锅炉供热能耗调查结果表明，北京地区自 1997 年“煤改气”以来，经过一段时间的适应、学习和改进，燃气锅炉的运行水平有了一定的提高，单方气耗指标由 2003 年～2004 年度北京地区普查的 11.9m^3/m^2 降至采用燃气锅炉供热节能技术的气耗一般在 8～9m^3/m^2。这表明进步是比较大的。但潜力还很不小，需要通过实施燃气锅炉供热节能技术改造和提高运行管理水平，来进一步实现节能降耗。

5.3 东北地区沈阳市东陵区热力供暖公司，单方能耗的煤、电、水指标分别为 19.9$kgce/m^2$、2.32kWh/m^2、0.044m^3/m^2。沈阳市华安城建供暖公司单方能耗的煤、电、水指标分别为 19.8$kgce/m^2$、2.85kWh/m^2、0.062m^3/m^2。该地区室外温度低、采暖时间长，在京津地区之外的其他各地区调查范围内，能耗指标达到这一水平是十分难得的，值得学习、借鉴。

5.4 从本次能耗调查的数据分析，影响能耗指标准确性的因素很多，首先能耗的计量装置不完备，尤其是水、电的计量；其次是供热单位对热源、管网、热力站的管辖范围不尽相同，致使统计口径不完全一致；第三热用户的性质多样，对单方能耗的指标影响很大；第四在能耗调查中对既有非节能住宅和不同阶段的新建节能住宅并未分别进行统计。由于上述原因对本调查数据准确性有一定的影响，有待随着今后能源管理的规范化逐步得到改进。

温　丽　中国建筑业协会建筑节能专业委员会　副会长　教授级高工　邮编：100021

南宁市既有公共建筑能耗现状调查分析

彭红圃　朱惠英　蹇兴超　农永亮

【摘要】　本文对包括政府办公建筑、写字楼、商业建筑、宾馆饭店和综合建筑在内的南宁市的各类大、中型既有公共建筑的能耗状况进行了初步调查分析，并结合这些大、中型公共建筑的能耗现状和广西的地域特点对其节能改造提出了初步方案，为广西2007年开展既有建筑的节能改造进行准备。

【关键词】　既有公共建筑　能耗调查　节能改造

建筑节能已成为政府当前的主要工作重点之一，涉及新建建筑节能建设和既有建筑的节能改造。在广西区内强制做好新建建筑节能50%的同时，既有建筑的节能改造也要同步进行，特别是大中型既有公共建筑，由于早期建筑节能意识淡薄、节能措施落后，使得这些建筑成为既有建筑的能耗大户。为顺利开展广西的既有建筑节能改造工作，并为下一步出台相关节能改造政策创造条件，广西建筑科学研究设计院和广西壮族自治区建设厅对南宁市的既有公共建筑能耗现状进行了摸底调研，根据调研结果形成本文。

1　南宁市既有公共建筑能耗现状

南宁市既有城镇建筑面积约5990万m^2，其中，办公、商场等既有公共建筑约900万m^2，约占15%。虽然既有公共建筑的面积占既有建筑总面积的比例不大，但其能耗却非常大，约占总能耗的30%。

南宁市的既有居住建筑面积约5100万m^2，即每百户居住建筑拥有空调40台。实际使用过程中，由于住宅内部使用功能的不同，开机台数一般在1/3左右，开机时间大多数在晚上的8点至早上6点，约10个小时，因此其年耗电量约13kWh/m^2（总面积）。而公共建筑却不同，基本上都装有空调设备，而且使用面积一般都等于安装空调设备面积，特别是政府办公楼、商场、宾馆、饭店，使用率一般都在工作时间内的100%。如政府办公，上午8:00~12:00，下午14:30~17:30约7小时；商场营业，上午9:00至晚上22:00，约13小时；办公楼的能耗一般在80~120W/m^2，商场则更高，大约在300W/m^2左右。可见公共建筑的能耗按空调面积使用率计算是居住建筑的5~10倍。

2　南宁市既有公共建筑能耗分析

南宁市既有公共建筑的形式多种多样，它们不仅性质（使用功能）不同，而且建设的时间不同，围护结构参差不齐，所采用的空调系统形式也各不相同，因而造成这些既有公共建筑的能耗差异较大。所以，有必要掌握好各个时期各类既有公共建筑的能耗特征，了解能源浪费之所在，为今后的节能改造找准突破口，以期达到事半功倍的效果。

2.1　政府办公楼

南宁市内的政府办公楼包括区直党政机关、市直党政机关、各级人大政协、中直机关等，约占南宁市既有公共建筑总面积的20%。

在政府办公楼中，建造时间最长的是20世纪50年代的建筑，较新的建筑则是近几年建成的，时间跨越近50年。从调查的结果看，80%以上的办公建筑是在近10年内建成的。由于时代及社会的进步和发展，办公建筑使用空调比较普及。随着国家墙体材料改革政策的出台，各地开始陆续禁止使用实心黏土砖，使得新型墙体材料得到了大量应用。但是也存在着只注重墙体材料生产过程的能耗而忽略了建筑物的使用能耗的问题。另外，由于南方建筑节能意识比较淡薄，节能设计规范缺位，所以，这一时期的办公建筑大多为高耗能建筑。为了便于分析，根据既有政府办公建筑的特性，将它们分成三类。

2.1.1　早期建设的建筑

此类建筑的代表项目是广西壮族自治区人民政府办公楼，如图1所示。区人民政府办公楼的外围护结构为：外墙采用240mm实心红砖，传热系数约1.96W/m^2·K。这一时期的建筑窗墙面积比一般都比较小，各朝向大约在10%~40%之间。外窗的材料基本都已更换过，型材均为铝合金，大多采用有色玻璃，遮阳系数S_c=0.5~0.7。屋面采用的是架空隔热层做法。20世纪80年代建设或改造过的办公建筑也大体如此，如图2的广西电视台办公楼。

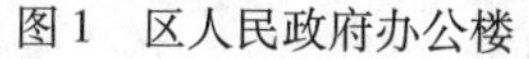

图1　区人民政府办公楼

图2　广西电视台办公楼

该时期建设的办公楼所采用的空调设备以窗式或分体空调为主，能效比偏低。但是由于单位面积的空调负荷选择都比较小，因此整体能耗不是很大，只是室内环境品质较差。通过节能计算比对，此类建筑基本能接近本地区节能标准要求。

2.1.2　重新建设期的办公楼

该时期的办公建筑一般都是在20世纪90年代中期以前建设的。随着时代的发展，许多单位人员和业务不断扩展，需独立或联合重新建设办公大楼，使这一时期的办公建筑大量增加。这一时期的建筑特点与早期建设的办公建筑有所不同，设计采用较大的窗面积，并选用较高档的玻璃形式，如玻璃幕墙、热反射玻璃等，且普遍选用带色玻璃，如茶色玻璃铝合金窗等。中国工商银行广西分行办公楼为这一时期的代表性建筑之一，如图3所示。

这一时期的外墙材料已开始推广应用新型墙体材料，特别是混凝土小型空心砌块已逐步进入市场取代实心黏土砖。屋面的隔热处理也由单一架空隔热砖发展到保温架空隔热砖，如珍珠岩隔热砖、轻质砖渣隔热砖、陶粒隔热砖等。但从建筑整体而言，外围护结构的设计主要还是以美观实用为主，没有太多的考虑建筑物本身的能耗问题（如混凝土砌块等），所以，此时的建筑外围护结构热工性能比较差，特别是外墙，采用混凝土空心小砌块取代实心黏土砖后，其传热系数由原来的 $1.9W/(m^2 \cdot K)$ 左右上升到 $2.8W/(m^2 \cdot K)$ 左右，大大降低了外墙的保温隔热性能，使建筑物的使用能耗随之增加。

图3　广西工商银行办公楼

此外，这类建筑在用电设备上的变化也较大，一般办公建筑物都比较高大，都安装有电梯。大多数建筑物还安装了空调设备，并以中央空调系统为主。此阶段的中央空调系统以国产设备或合资设备为主，空调主机以活塞式压缩机为主，也有使用螺杆机组的，制冷系数一般在3.5～4.2左右，空调系统基本无调频节能装置，自动化控制水平低。所以此类建筑自身需要的能耗增大，而节能措施缺乏，因而造成较大的能源浪费，主要表现为：

（1）外围护结构保温隔热性能差，造成较大的冷负荷损失。

（2）空调设备能效低，造成设备本身的耗能较大。

（3）空调系统缺乏相应的控制系统和变频节能装置，造成系统的运行浪费，且极易出现“大马拉小车”和室内温度偏低等现象，建筑运行的综合性浪费（外围护结构、设备和系统等）比较严重。

（4）没有选用节能灯和节能电气装置，造成建筑能耗增加。

（5）电梯设备陈旧，控制技术落后，也使得建筑物的运行能耗增加。

这一时期的建筑是一个较大的耗能群体，因此具有较大的节能潜力。但是，此类建筑也存在较复杂的个体特性，如围护结构的形式、中央空调选用的主机型号、系统特性、电气等设备的形式等，都需要针对具体项目逐个调研分析，才能提出合理的节能改造方案。

2.1.3　快速发展时期的办公建筑

20世纪90年代中期至今，南宁市的发展日新月异，此时政府办公建筑的建设也进入了快速发展的黄金时期，特别是琅东新区，大量的政府、机关办公大楼拔地而起。典型的大型既有办公建筑有南宁市政府办公大楼、广西投资大厦、市工商局、电信大楼、广西农行办公大楼、区建设厅办公大楼等，图4～图6给出了这一时期几个典型的办公大楼。

该时期办公建筑的特点是与时代发展同步，采用了大量的建筑新技术、新材料和新型设备。但是，在建筑的设计及建造过程中基本没有考虑到建筑节能问题。该时期的建筑大多数仍然是高能耗建筑，既没有系统地进行节能设计，也没有采取相应的节能措施，能源浪费比较严重。

通过调查发现，这一时期办公建筑的能耗特征是：

图4　南宁市人民政府办公楼

图5　电信大楼和农行办公楼

（1）外墙：基本上都采用了新型墙体材料，以混凝土小型空心砌块为主，也有部分选用了陶粒砌块、砖渣砌块等新型墙材。由这些材料所构成的墙体的传热系数在1.8～2.4W/(m^2·K)左右，基本不能满足国家和广西地方现行的建筑节能设计标准中$K \leqslant$ 1.5W/(m^2·K)的要求。有相当部分的建筑在外墙装修上外挂石材和铝塑板，可起到一定的隔热作用。但要具体分析各建筑物外挂材料的颜色、材质、施工工法等，才能确定墙体是否能够满足相关建筑节能设计标准的要求。

（2）外窗：大量选用了隔热玻璃和热反射玻璃，如电信大楼（图5）等，外窗面积较过去增大。除小部分选用玻璃幕墙结构的建筑外，大部分建筑基本都能满足节能标准规定的建筑外墙窗墙面积比的要求。外窗的建筑遮阳措施偏少，绝大多数都是靠玻璃本身的遮阳系数来遮阳的。在近期完成的办公建筑中，有一部分选用了热工性能较好的中空Low-E玻璃，外窗的热工性能（遮阳系数S_c）一般在0.5～0.7，基本能满足标准要求。少部分选用了普通透明玻璃，$S_c=0.9$左右，需有针对性地对这部分外窗进行节能改造。

（3）屋面：前期主要还是采用架空隔热层做法，后期多选用高效绝热材料为屋面隔热层，如欧文斯科宁的挤塑板、聚苯板等。铺设绝热材料的屋面，绝热板的厚度一般在25mm以上，屋面的传热系数$K=0.9$～0.6W/(m^2·K)，满足节能标准要求。存在的主要问题是架空隔热层屋面的整体传热系数$K=1.5$～1.8W/(m^2·K)，无法满足节能设计标准的要求。

图6　区党委办公楼

（4）空调设备：大多数都选用了能效比较高的空调主机设备，其制冷系数约在4.5以上，如区党委办公楼（图6），其所选用的是约克螺杆制冷机，COP＝4.8；电信大楼（图5）选用特灵离心制冷机，COP＝5.3，主机与水泵都设计了系统平衡装置，主机的自控系统非常好，可以较好地发挥其节能功效。空调设备存在的主要问题是系统的自动化控制，特别是末端

(风机盘管、冷风柜、新风机等）与主机的联动控制水平不高；主机、水泵、冷却塔、末端的系统联动控制系统几乎没有，水泵的流量自动控制、变频节电装置等，也只有部分采用，使得系统的运行能耗浪费较大。

（5）照明系统：部分安装了节能灯和节能开关，大部分仍采用普通的电气装置。由于建筑外窗选用了遮阳系数较好的玻璃，使得室内采光效果降低，开灯的数量和时间也相对增加，造成照明耗能的增加。所以，应在政府及机关办公大楼中大力推行节能灯及节能电气设备。

（6）电梯：电梯技术发展较快，前期的电梯节能效果差，后期安装的电梯已基本可以满足节能要求。

（7）自然通风效果差。外窗可开启面积偏小，无法充分利用过渡季节的自然风。

2.2　写字楼

写字楼的功能与政府办公楼相似，也是以办公为主，其能耗指标约为 80～100W/m²。其与政府办公楼的区别在于，政府办公大楼一般为独个单位或几个政府机构使用，由政府专门部门负责管理。而写字楼一般都是外租或外买，许多单位在同一栋楼内办公，由物业公司统一管理。南宁市的写字楼，大多是 20 世纪 90 年代后发展建设起来的，主要有泰安大厦、新兴大厦、金禄大厦、地王国际、航洋国际等一大批各式各样的综合大楼组成（图 7～图 9）。这类建筑的主要特点如下：

图 7　泰安大厦

图 8　新兴大厦

图 9　地王国际大厦

（1）外墙：以追求新颖美观为主，一般都选用较好的材料，追求较好的景观效果；选用大量的玻璃幕墙或大面积的窗户。墙体材料以新型墙材中的混凝土空心砌块为主，热工性能相对较差。

（2）外窗：选用的外窗面积都比较大，但按《公共建筑节能设计标准》中允许 70% 的开窗率，大多数还是能满足的。不过外窗大多选用的是单层热反射玻璃，仍然无法满足节能设计标准中的传热系数要求，只有少数几个较新建成的写字楼选用了中空 Low-E 玻璃，如地王国际、金源世纪城等，其外窗可以满足标准要求。但外窗可开启面积偏小。

（3）设备：空调设备形式多样，有集中中央空调系统，如泰安大厦、新兴大厦、航洋国际城等；也有分层中央空调系统，如金源世纪城、金禄大厦等；还有分体空调机，如南丰大厦、轻工大厦等。由于空调的形式多样且复杂，因此空调设备的能效及耗能量也不尽相同。中央空调系统如选用能效较高的离心机型，如泰安大厦，制冷系数可达5.0以上。新兴大厦选用的是日立螺杆机，制冷系数在4.5左右；如选用风冷机组，制冷效率相对较低，一般约为2.8～3.2；分体空调则效率更低，约为2.5。这些写字楼，除自装的分体空调外，大多数都是由租户承担空调费用，而且绝大多数都是按面积平均分摊计费，因此物业管理部门和业主的自主节能意识较淡，不利于建筑节能目标的实现。

（4）屋面：根据建设时间不同，屋面的保温隔热做法也不尽相同，有的采用架空隔热层，有的采用绝热保温材料，也有的做成斜屋顶。总体来说，一般大型写字楼都是高顶平层屋面，对整体能耗影响不大，但对顶层的用户影响却很大，有必要对屋面进行节能改造。

（5）照明：由于受外窗玻璃选材的影响，一般室内的采光不是很好，常需开灯。另外在这些建筑中，由于受一次性投资的影响，电费一般由租户缴纳等，大多数写字楼没有选用节能灯具和节能电气，这方面的节能改造潜力较大。

2.3　商业建筑

这里所指的商业建筑主要是指大中型综合商场。这类商场在南宁市主要有两大类，一类是独立的大型商场，如南宁百货大楼、万达广场、金湖广场地下商场、南城百货、利客隆、江南华联商厦等；另一类是依附在某大型综合楼内的综合商场，如梦之岛民族宫店、新朝阳商城、根德商业广场等，如图10和图11所示。

图10　万达商业广场

图11　民族宫梦之岛百货商店

商业广场的一个共同特点是人员密集，空调负荷大（一般都在300W/m^{2}左右），照明强度高，能耗大。在商业建筑中，围护结构的能耗相对室内能耗来说，所占的比例较小，而且大多数的大型商场一般外窗都很小，靠墙边均摆有货架，所以围护结构的外墙、外窗的节能改造可基本不需考虑。

南宁市的大型独立商场，大多采用独立的空调系统和照明系统，选用的空调主机以离心机为主，制冷效率较高，如南宁百货大楼、万达商业广场等。而在各种综合大楼内的商场，部分采用独立的空调系统，如民族宫梦之岛等。部分由大厦统一供冷，按面积分摊，如外贸大厦梦之岛等。

由于商业建筑的特性是人流量变化大，势必会造成空调负荷的大起大落。因此，空调系统自动化控制程度的高低对空调耗能有着至关重要的作用。从调查的情况看，南宁市商业建筑的空调自动化程度普遍偏低，大多不能根据人流的多少来调节送风量和精确控制送冷量，也不能根据季节的变化来最大限度地调整新风量。虽然部分商场可做小范围的调节（如梦之岛等），但也存在系统调节缓慢，甚至无法到位的现象，造成较大的能源浪费。

此外，在商场照明上，由于大多数柜台由各品牌商品经销商自行装修，一些为了追求品牌效果或突出产品特性的商家，只强调效果的好坏，根本不注意科学地选择照明照度，从而造成极大的电能浪费。灯具的选择也是一个难点，考虑到一次性投资与节能回收期，由于受短期行为的影响，也很少选用节能灯具。

综上所述，大型商业建筑是目前大型既有公共建筑中的能耗大户，应予以重点关注，并应通过科学的手段、先进的技术、高端的产品来降低其能耗。

2.4　宾馆、饭店

南宁市较大型较高档的宾馆、饭店，都是近十年内建设或进行改建的，因此基本都安装了中央空调。从管理上看，宾馆、饭店集住宿、餐饮、会议、商场于一体，能源利用应更多考虑综合调节，但由于受一次性投资的限制，能源利用效率普遍偏低。

从调查的情况来看，目前这类大型既有公共建筑存在的主要问题如下：

2.4.1　过于追求外观的视觉效果，大量采用大玻璃结构或幕墙结构，又没有选择符合节能要求的玻璃（因为在建设或改建时尚无节能设计要求），造成较大的能源浪费。如南宁饭店、明园新都酒店、国际大酒店等（见图12～图14）。

图12　南宁饭店

图13　明园新都酒店

2.4.2　空调系统复杂，自动控制水平低，无法准确把握各空调需求点的要求状态，造成过度开机，系统浪费大。另外空调的管线长，分支多，又无自动分配系统，造成了空调耗能的增大。如凤凰宾馆（图14）、南宁饭店（图12）等。

2.4.3　使用的空调温度普遍偏低，一般都在24℃以下，有时甚至低至20℃，造成使用不合理的能源浪费。

2.4.4　设备老化或型号陈旧，设备效率偏低又没有很好的控制系统，造成设

图14　凤凰宾馆

备运行的能源浪费，如银河大酒店、金悦酒店等。选用的均是活塞式制冷机，制冷系数一般在3.8左右。因此，针对空调设备的节能改造刻不容缓。

2.5　综合建筑

综合建筑包括办公商业建筑、居住商业建筑、宾馆商业建筑等多种类型，比较典型的有广西发展大厦——集办公、宾馆、饮食、娱乐为一体；水晶城——集住宅、商场、影视、娱乐为一体；广西民族艺术宫——集住宅、大型商场、会堂、展示厅等为一体。这些综合建筑与其他建筑的不同之处在于，其设计和施工时都只考虑了同一类的建筑设计标准要求，如商住楼，外墙都采用同一种材料，这样就很难满足不同的建筑节能要求（居住和公共建筑），也给这类建筑的节能改造带来了一定的难度。

在这类建筑中，公共部分的能耗浪费情况与前述的几类既有公共建筑的情况大体相同，只是功能分区更多，对系统及自动控制的要求更高，灵活性更大。

3　南宁市既有公共建筑节能改造初步方案

既有公共建筑节能改造是一项复杂的系统工程，决不能一概而论，必须针对每一个具体的建筑进行细致的分析、计算，做好建筑的通风状况、空调系统分析、照明系统分析、电梯系统分析、围护结构分析等。因为每一项既有公共建筑的条件都不一样，有的可能只需改造设备系统，而不用改造外围护结构，反之也有可能。所以，一定要经过详细的计算比较，选择一种适合于某个特定既有建筑的节能改造方案，使其性价比最高，又便于实施。另外在既有建筑的节能改造中，宜提倡实现一定的节能指标或目标，不宜制定统一的节能措施或做法，必须因地制宜，因项目具体情况而行，避免采用高能耗、高投入的方法来进行既有建筑的节能改造。

根据本次的初步调查结果，针对南宁市既有公共建筑的能耗现状，结合广西的气候及地域情况，对南宁市乃至整个广西的既有大中型公共建筑的节能改造提出以下初步方案：

3.1　外墙：不宜对外墙进行全面的外保温处理，因为外保温处理不仅费用较高，也影响工作。可根据南方的气候特性和节能目标要求，主要针对东、西外墙进行隔热处理，如采用隔热板、种植墙等遮阳处理以减少太阳辐射的影响。在不影响使用的情况下，也可采用对东、西外墙进行内保温的做法，既简单适用，又能达到较好的节能效果。此外，还可调整外墙的颜色，尽量选用较浅的颜色，以减少太阳辐射作用。

3.2　外窗：应从增加遮阳设备，提高遮阳效果入手，提高外窗的节能效果。同时考虑开窗对室内通风效果的影响。在南方地区，外窗是耗能的一大部位，也是节能的关键。而遮阳和改善通风又是减少此部位能耗的主要措施。所以，应多鼓励改善遮阳和通风效果，特别是采取适当的外遮阳措施，具体可选用百叶窗、遮阳棚、遮阳板等。如果做外遮阳有困难，可以采用内遮阳，但节能效果较外遮阳要差。也可以对窗玻璃进行必要的节能改造，如直接在窗户玻璃上粘贴节能膜，不仅具有良好的节能效果，成本也相对比较低。

3.3　屋面：可结合屋面的防水维修工程对其进行必要的保温隔热改造，可在屋面增加施工一层高效绝热的新型保温隔热材料，以有效阻隔屋面内外的热传递，改善既有建筑顶层用户的室内热环境。也可采用其他有效的隔热方法，如种植屋面、坡屋面、隔热反射涂料等。

3.4　空调系统：由于空调系统的节能改造比较复杂，节能效果不是以单一的某一项指标来判断，而是以系统的综合节能效果来衡量。所以在进行空调系统的节能改造之前，应认真分析其合理性，中央空调系统要计算其匹配性，并要逐时计算负荷，合理选择设备和系统。进行节能改造时必须配备相应的节能设施，并设计适宜的自动控制系统，尽可能选择高能效的空调设备。要达到系统的整体节能。

3.5　电气：应从重新合理设计照明和供电系统入手，按使用功能正确选择照度，并合理选择节能灯具和节能电器。

3.6　电梯：应着重做好其日常维护工作，及时更换易损、老化部件，满足检验规范，并尽量选用高性能、带节能装置的电梯。

3.7　热水：应尽量考虑应用可再生能源，如太阳能、浅层地能等。同时考虑与空调系统的综合利用。如空调余热、非电空调等。

4　结语

此次对南宁市既有大中型公共建筑的能耗现状进行的调研只是一次初步的摸底调查，因此相应的节能改造方案也只能给出一些定性的参考意见。如果要对具体某个既有公共建筑进行节能改造，必须对该建筑物的围护结构、通风状况、空调系统、照明和其他电气设备等逐项进行深入调研，并进行详细的分析计算，才能给出合理的节能改造方案。

彭红圃　广西建筑科学研究设计院　院长　邮编：530011

广州市某酒店建筑能耗调查与分析

陈伟青　周孝清　刘　芳

【摘要】　本文对广州市某酒店进行了能耗调查，分析了该酒店建筑的能耗状况，并对该建筑使用热泵前后的能耗状况作了比较，探讨了酒店设备改造对其建筑节能的影响。

【关键词】　广州市　建筑能耗　能耗调查　酒店类建筑

广州市地处亚热带季风海洋性气候区，属夏热冬暖地区，夏季时间长。入夏以后，全市电力系统负荷不断攀升，电力供应形势更加严峻。据统计，2004年广州市总供电量累计达346.1亿kWh，同比增长14.23%；2005年全市供电量386.72亿kWh，增长11.7%。近年广州每年新建的公共建筑面积约为2000万 m^2[1]，建筑能耗占全市总能耗的比例高达30%[2]。本文对广州市的某酒店建筑能耗进行调查，并对设备改造后的能耗变化情况进行了分析，为降低建筑能耗提供参考数据。

1　酒店建筑能耗状况

1.1　建筑概况

该酒店是一所具有国际四星级水准的综合型酒店。该酒店共26层，其中地下1层为车库，1层为商场和酒吧，2层为商场和中西餐厅，3层为宴会厅、健康中心和游泳池，5层为写字楼，6~26层为客房。以该酒店2005年的建筑能耗作分析。

1.2　调查结果

酒店建筑用电能耗和空调能耗　　表1

建筑面积 (m^2)	空调面积 (m^2)	单位面积用电能耗 GJ/(m^2. a)	单位空调面积能耗 GJ/(m^2. a)	空调能耗占总能耗的百分率 %	平均入住率 %	冷热源方式
80000	63400	1.209	0.473	30	60	离心式冷水机组+燃油锅炉+空气源热泵

注：1kWh电量 = 12.14×10^{-3}GJ。

北京星级酒店全年用电量为96~200kWh/m^2，转换为一次能耗即为1.165~2.428GJ/

$(m^2.a)$[3]；重庆所调查的5座酒店全年单位建筑面积能耗为2.089～4.045GJ/$(m^2.a)$，平均为2.431GJ/$(m^2.a)$，全年单位空调面积能耗为0.682～1.241GJ/$(m^2.a)$，平均为1.018GJ/$(m^2.a)$[4]；长沙所调查的6家酒店（包括宾馆）全年单位建筑面积能耗为0.45～2.29GJ/$(m^2.a)$，平均为1.385GJ/$(m^2.a)$，全年单位空调面积能耗为0.37～1.16GJ/$(m^2.a)$，平均为0.771GJ/$(m^2.a)$[5]；武汉所调查的2家酒店全年单位建筑面积能耗为0.873～1.309GJ/$(m^2.a)$，平均为1.091GJ/$(m^2.a)$，全年单位空调面积能耗为0.444～0.666GJ/$(m^2.a)$，平均为0.445GJ/$(m^2.a)$[6]。

由表1和上述数据可得出，广州市该酒店单位建筑面积用电能耗和单位空调面积能耗都低于北京、重庆、长沙，但高于武汉。

1.3　用电能耗分析

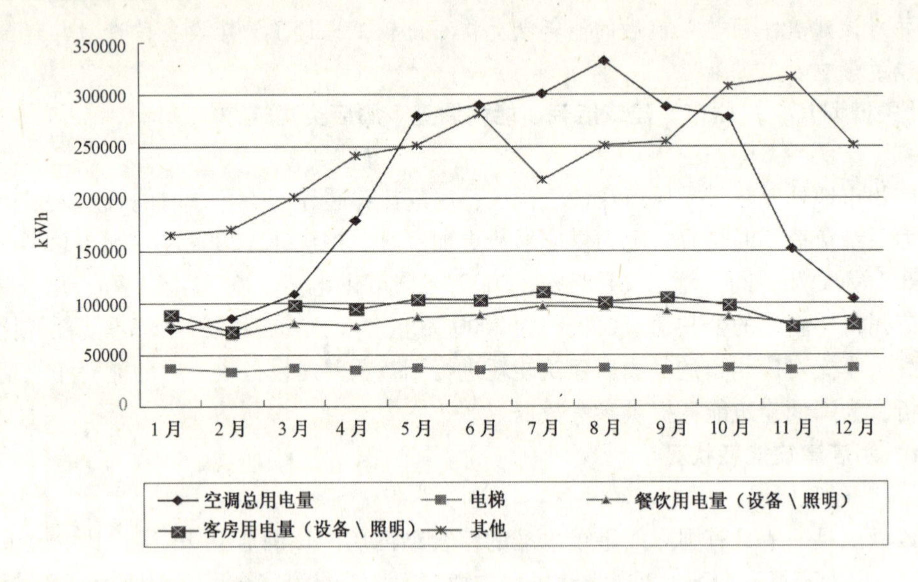

图1　酒店各系统全年逐月用电量曲线图

从图1可以看出：第一，电梯逐月用电量分布曲线十分平缓，说明电梯每月用电量很均衡，这与电梯系统简单，且技术成熟有关；第二，餐饮和客房逐月用电量分布曲线比较平缓，说明这两项用电量比较均衡；第三，其他（包括公共照明、热泵、生活泵、排污泵等）用电量很不均衡，影响的因素很复杂；第四，空调逐月用电量最不平衡，是随室外温度变化而变化的，空调用电高峰集中在5～9月，用电量最大月8月达到332.56kW，是最小月1月74.14kW的4.49倍。

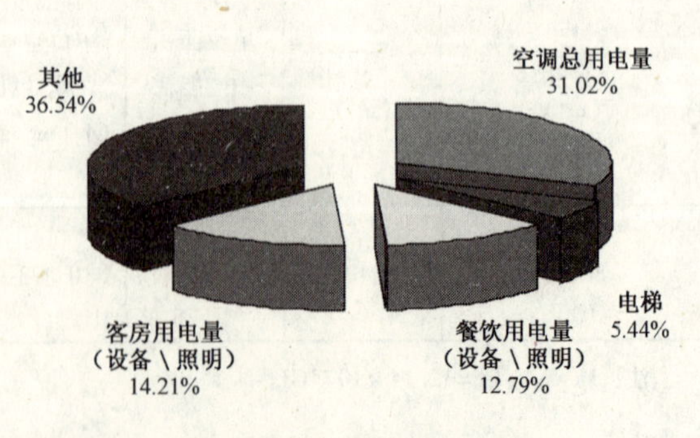

图2　建筑各系统用电比例

从图2可知，该酒店用电量最大的是其他项（包括公共照明、热泵、生活泵、排污泵等）占总建筑能耗的36.54%，其次是空调系统用电占31.02%，电梯用电量最少，占总能耗的5.44%。

从图3、图4可知，在空调系统中，空调主机能耗远远大于其他设备且占总空调能耗的44.6%，新风机组次之占16.4%，冷冻泵和冷却泵分别占12.9%和10.6%，风柜占9.7%，冷却塔能耗最低，仅占空调总能耗的1.8%。因此可以知道空调系统节能的关键在于空调主机。在空调设备选择时应根据实际的负荷及其特点进行选择，使冷水机组的匹配与动态负荷相符，从而达到空调主机节能。从图3可以看出只有空调主机、冷冻泵和冷却泵每月用电量不平衡，特别是空调主机的用电量，最大月能耗是最小月的6.57倍，这与室外温度变化有关；其他设备逐月用电量较平衡，这是因为在星级酒店中，餐厅、健身中心、商场等场所以及入住的客房一年中12个月都要开启空调，用于制冷或换气，以满足酒店室内的舒适度。

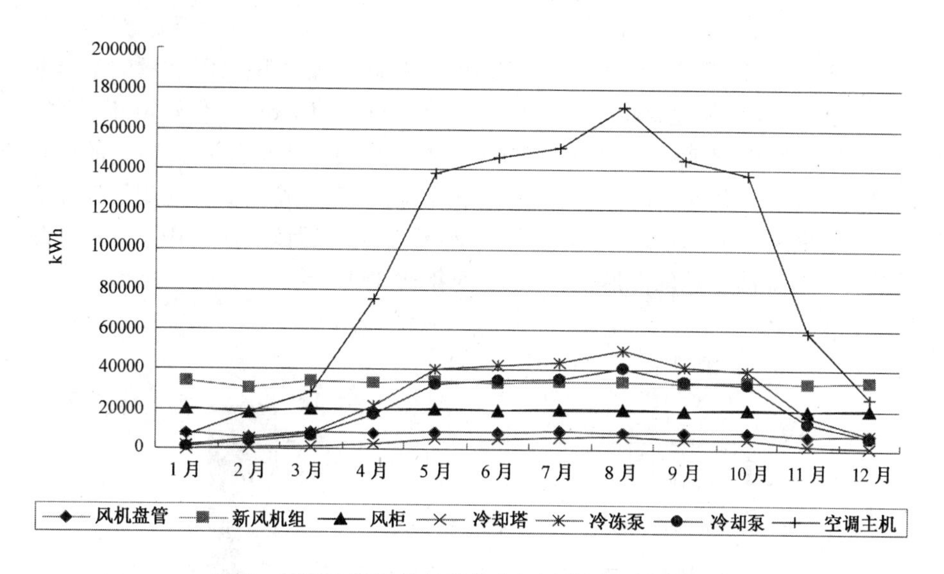

图3 酒店空调系统各设备全年逐月用电量曲线图

1.4 酒店建筑能耗分析

从图5可知，石油气和煤气逐月用量曲线十分平缓，说明每个月的用量很平衡；总用电量每月最不平衡，主要是随着空调系统和其他（包括公共照明、生活泵、排污泵、热泵等）的变化而变化；重油逐月用量曲线7月份后很明显下降了，7月份前后两部分每月用量曲线分别比较平缓，7月份后重油用量减少是因为使用了热泵系统供应部分生活热水。

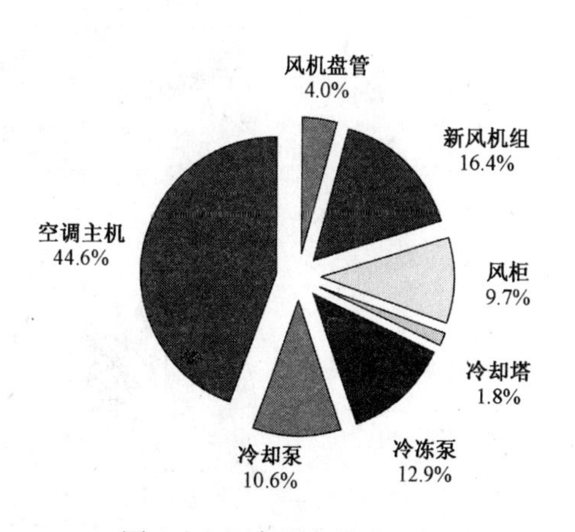

图4 空调各设备用电比例

2 使用热泵前后建筑能耗的变化情况

2.1 两年的建筑能耗对比分析

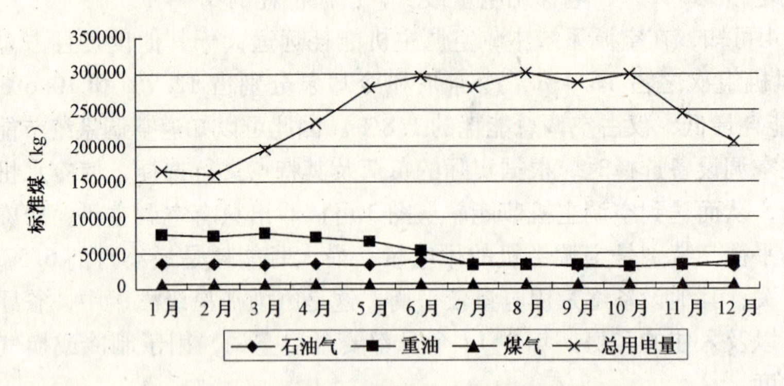

图5　酒店各能源全年逐月用量曲线图

从图6、图7可知，2005年和04年石油气、重油、煤气和总用电量的消耗量。石油气和重油的消耗量2005年比2004年分别少用了15.4%和16.8%，但这两年石油气和重油之和几乎相等，分别占总能耗的29%和25%，主要是用于供应热水；煤气的消耗量两年一样多，都占总能耗的2%，并且都是由罐装和市政煤气组成，主要是用于餐饮；总的用电量2005年比2004年多1.4%，主要是因为2005年7月后该酒店使用了热泵系统，所以多消耗了电而少消耗油。总的能源消耗量2005年比2004年少3.7%。

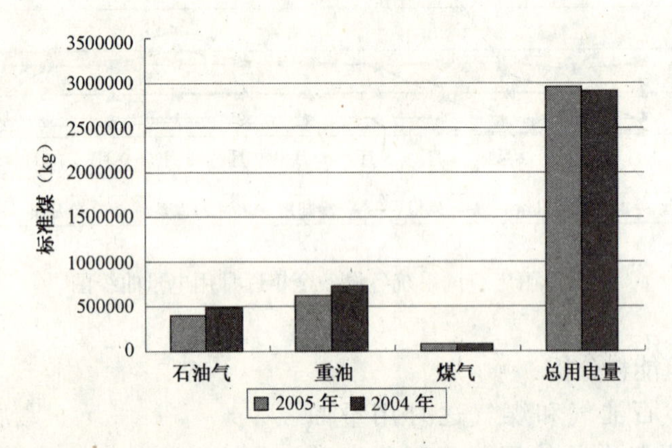

图6　2004年和2005年各能源比较

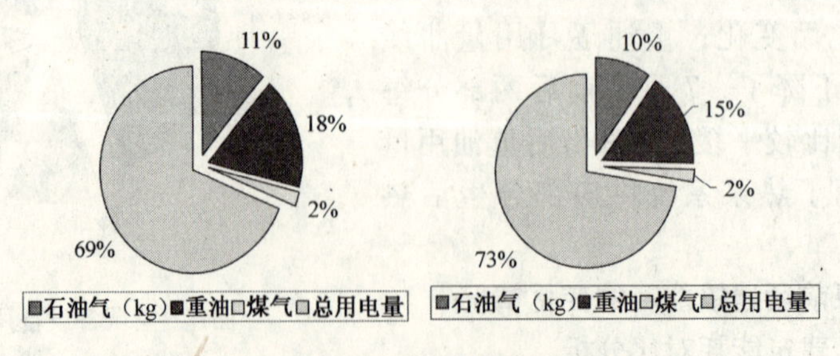

图7　2004年和2005年各能源消耗比例

2.2　两年典型月份能耗对比分析

由图8、图9可知，两年8月份的耗电量几乎一样，逐日用量最不均衡，且可以看出这两个月的用电量逐日曲线随最高温度变化而变化，2004年8月的用电量逐日曲线与入住率逐日曲线的变化趋势很相似；2004年8月重油的用量是2005年8月用量的1.89倍，重油逐日曲线很平缓，说明其用量很平衡，跟酒店的入住率和室外最高温度无关；2004年8月石油气的用量是2005年8月用量的1.3倍，石油气逐日变化曲线不太平缓，每日用量不太平衡，但其逐日曲线趋势与酒店的入住率和室外最高温度无关。

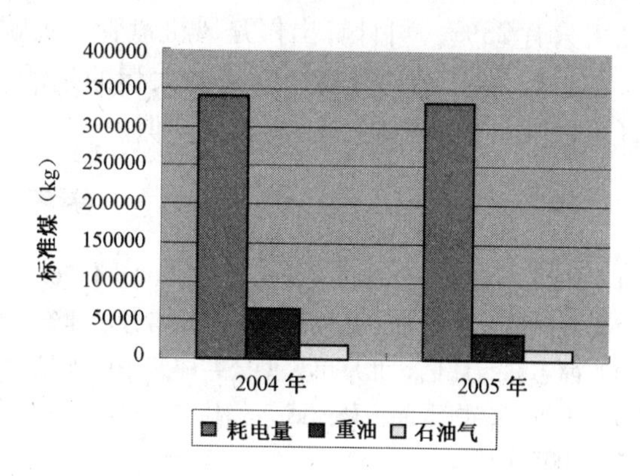

图8　2004年和2005年8月各能源比较

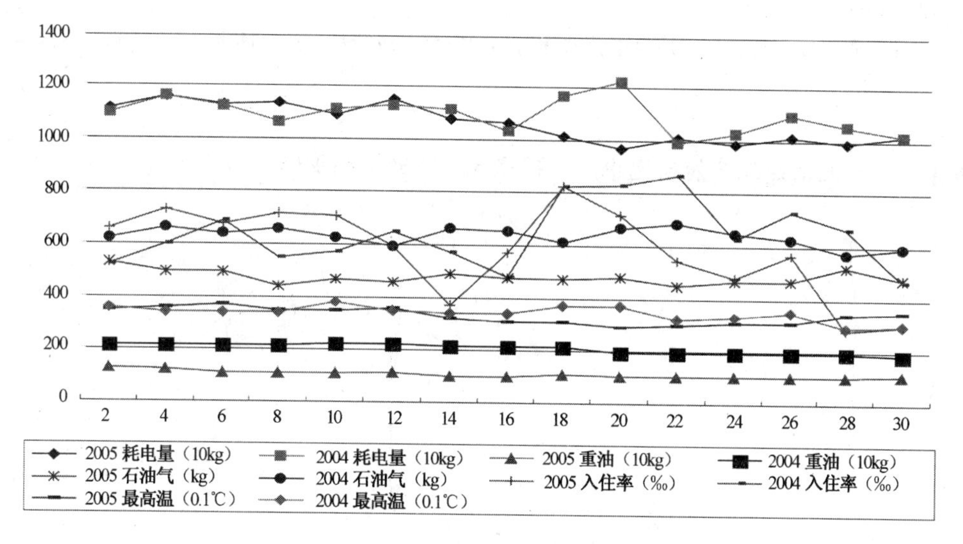

图9　2004年和2005年8月逐日曲线图

3　结论

与其他类型的公共建筑相比，酒店类建筑有其自身的特点，酒店内有各种不同功能的设施，比如：餐厅、客房、健身中心、洗涤房、办公商务楼等，运营时间不同，室内环境及空调参数因客人的要求而不同，入住率的变化、室外温度变化等因素都会影响其能耗。

通过上述分析，可以得到以下结论：

3.1　重油、石油气用于供应酒店每天热水，与酒店的入住率和室外最高温度无关；酒店使用热泵系统后，每天重油的消耗量几乎是原来的一半，由平均每天烧1.45t重油（约相当2065kg标准煤）减少到每天平均0.76t重油，这样可以减少因燃烧重油而释放大量的烟尘、SO_2、SO_3和NO_x等，从而可以节约能源和减少城市环境污染。

3.2　在调查其他星级酒店中，了解到其酒店客房即使在没有客人入住时，空调系统也保持开放，以保证室内空气品质和舒适性，这样造成了能源浪费。但该四星级酒店的用电量是随着入住率和室外最高温度的变化而变化的，说明了该酒店的客房等空调系统并不是在没有客人入住时也正常开启，这样有利于节省能源，比如2005年8月最低时日的入住率只有28%，可计算出仅是风机盘管一天就可以节约电量160kW。

3.3 鉴于酒店建筑平时需要大量的生活热水，可以考虑用余热回收系统等措施，这样可以减少油类燃烧，既节能又环保。

参考文献

[1] 2005年广州市经济发展年度数据.2006-4-26.

[2] 阮凤清，杨树荣，吕祯辉等.广州市开展建筑节能工作的对策研究（一）.地方调研，2004，10.

[3] 薛志峰，江亿.北京市大型公共建筑用能现状与节能潜力分析.暖通空调，2004，34（9）.

[4] 王洪卫，白雪莲，孙纯武，郭林文.重庆大型公共建筑集中空调能耗状况及分析.洁净与空调技术，2005（4）.

[5] 杨昌智，吴晓艳，李文菁，戴小珍.长沙市公共建筑空调系统能耗现状与节能潜力分析.暖通空调，2005，35（12）.

[6] 李玉云，张春枝，曾省稚.武汉市公共建筑集中空调系统能耗分析.暖通空调，2002，32（4）.

陈伟青　广州大学建筑节能研究中心　研究生　邮编：510405

中国节能政策大纲发布

中国节能政策大纲已由国家发展和改革委员会和科学技术部发布。

节能是一项长期的战略任务，也是当前的紧迫任务。节能工作要全面贯彻科学发展观，落实节约资源基本国策，以提高能源利用效率为核心，以转变经济增长方式、调整经济结构、加快技术进步为根本，强化全社会的节能意识，建立严格的管理制度，实行有效的激励政策，逐步形成具有中国特色的节能长效机制和管理体制。

坚持节能与发展相互促进，把节能作为转变经济增长方式的主攻方向，从根本上改变高耗能、高污染的粗放型经济增长方式；坚持发挥市场机制作用与政府宏观调控相结合，努力营造有利于节能的体制环境、政策环境和市场环境；坚持源头控制与存量挖潜、依法管理与政策激励、突出重点与全面推进相结合。

《大纲》所称节能技术是指：提高能源开发利用效率和效益、减少对环境影响、遏制能源资源浪费的技术。应包括能源资源优化开发利用技术，单项节能改造技术与节能技术的系统集成，节能型的生产工艺、高性能用能设备、可直接或间接减少能源消耗的新材料开发应用技术，以及节约能源、提高用能效率的管理技术等。

《大纲》从实际出发，根据节能技术的成熟程度、成本和节能潜力，采用“研究、开发”，“发展、推广”，“限制、淘汰、禁止”等措施，规范节能技术政策。《大纲》以2010年前推行的节能技术为主，相应考虑中长期节能技术的研发。

《大纲》用于指导节能技术研究开发、节能项目投资重点方向，为编制能源开发利用规划和节约能源规划提供技术支持，为实现国家“十一五”节能目标奠定基础。

中国节能政策大纲是在国家发展和改革委员会和科学技术部的组织领导下完成的，其间经历了两年多的时间。大纲中建筑节能、城市与民用节能以及城市交通运输节能，系建设部工作范围，由建设部科技司委托中国建筑业协会建筑节能专业委员会涂逢祥教授级高工主持编写。初稿写出后，反复征求过建设部各有关司和一些建筑节能专家的意见，并上网征求各方面的意见，经过多次讨论修改后形成最终文稿。

（芳　馨）

国家发改委发布《可再生能源中长期发展规划》

2007 年 6 月 7 日，国务院原则通过了《可再生能源中长期发展规划》。经过 2 个多月的调整，国家发改委于 2007 年 8 月底正式颁布了该项规划。根据规划，今后 15 年中国可再生能源发展的总目标是：提高可再生能源在能源消费中的比重，解决偏远地区无电人口用电问题和农村生活燃料短缺问题，推行有机废弃物的能源化利用，推进可再生能源技术的产业化发展。到 2010 年使可再生能源消费量达到能源消费总量的 10%，到 2020 年达到 15%。具体目标包括：水电总装机容量 2010 年达到 1.9 亿 kW，其中小水电 5000 万 kW；2020 年达到 3 亿 kW，小水电 7500 万 kW。生物质发电总装机容量 2010 年达到 550 万 kW；2020 年达到 3000 万 kW。风电总装机容量 2010 年达到 500 万 kW；2020 年达到 3000 万 kW。太阳能发电总容量 2010 年达到 30 万 kW；2020 年达到 180 万 kW。经测算，实现 2020 年规划目标将需总投资约 2 万亿元。

（能源基金会）

行业标准《建筑遮阳技术要求》、《建筑遮阳工程技术标准》编制工作启动

2007年7月12日，建设部标准定额司在北京召开了行业标准《建筑遮阳技术要求》、《建筑遮阳工程技术标准》编制工作启动暨第一次工作会议。启动会由标准定额研究所陈国义处长主持。标准定额司杨榕副司长和标准定额研究所李铮副所长到会并发表讲话。

杨榕副司长首先强调了制定建筑遮阳标准对于推进建筑节能工作具有重要意义。他说，这次安排确定的这两个遮阳标准，是遮阳系列标准中顶端的两个标准，非常重要。产品标准对工程标准起着重要的支撑作用，进度要提前一步。工程标准要涵盖设计、施工、验收、检测方面的要求。遮阳设计要体现建筑总体设计一体化的要求，要将遮阳设计和建筑总体设计充分紧密地融合在一起。要求充分做好调研工作，借鉴国外相关标准和技术经验，与既有标准密切协调；要重视对强制性条款的规定，规定的强制性条款要符合强制性条款的基本要求。希望各单位密切合作，把这两个标准的编制工作认真做好。

李铮副所长宣布了两个编制组的成员名单后，发表了讲话，他认为，建筑遮阳关系到节能问题，也涉及到安全问题，必须高度重视。要重视做好标准征求意见的工作，要经过上网程序广泛征求意见。要保持编制组的稳定性。整个工作要在标定所工程处、产品处和归口单位的指导下进行。

陈国义处长说，这次遮阳产品标准和工程技术标准编制组成立会在一起开，是因为编制组人员基本上重复，标准内容又密切关联。产品标准由构配件委员会归口管理，工程标准由建筑工程标准归口单位管理。希望充分利用标准信息网，通过密码获取工作平台，上报资料。

工程技术标准归口单位代表、中国建研院副院长林海燕讲，中国建研院作为工程建设标准归口单位，主要是在技术上和程序上做一些管理工作，把好关，提供服务。包括程序上和技术上的问题，可与归口单位联系，我们将尽力解决。建筑遮阳对我国南方地区建筑节能和提高热舒适性特别重要。

构配件标准归口单位顾泰昌副秘书长说，在标准编制工作中要加强组织性、纪律性。产品标准与工程标准中的术语要一致。国外标准如欧标、美标、日本JIS和ISO标准可以引用，但不要混用，要成体系，要结合中国国情。对所有编制组成员要进行确认，要盖章认定。

启动会议由标准定额研究所展磊副处长总结。他说，会议进展顺利。希望参编单位鼎力支持，在技术上和资金上积极支持标准的编制工作。要抓紧工作，要保证编制质量。遮阳产品技术要求是遮阳产品标准中最基础的标准，是对所有的遮阳产品提出的基本要求。要进行充分的调研和检索。要站在国家的立场上，整个行业的立场上，要充分考虑中国的社会经济情况，考虑气候环境要求；要有通用性，有可操作性，要考虑经济承受能力，要协调好与其他标准之间的关系。

两个标准的主编单位代表中国建筑业协会建筑节能专业委员会会长涂逢祥教授级高工表示，一定按照部里的要求，团结组织全体参编单位和参编人员，编出高水平的遮阳标准，不辜负领导的殷切期望。

两个标准的编制工作会议由主编单位代表中国建筑业协会建筑节能专业委员会涂逢祥主持，先后讨论了行业标准《建筑遮阳技术要求》和《建筑遮阳工程技术标准》的编制大纲。在主编单位提供的草稿的基础上修改补充，并对编制组进行了分工。

（建　阳）

全国低能耗建筑研讨会在南京举行

在建筑节能工作蓬勃发展、低能耗建筑不断涌现的情况下，由中国建筑业协会建筑节能专业委员会和东南大学联合召开的全国低能耗建筑研讨会，于2007年6月18～19日在南京举行。

中国建筑业协会建筑节能专业委员会会长涂逢祥、副会长方展和、江苏省建设厅副厅长顾小平、东南大学副校长沈炯、中国工程院院士齐康、东南大学建筑学院院长王建国、中国建筑工业出版社总编沈元勤等出席了研讨会，并发表了讲话。

研讨会开幕式和研讨活动分别由东南大学杨维菊教授、中国建筑业协会建筑节能专业委员会秘书长白胜芳教授、江苏省建筑科学研究院副总工许锦锋教授主持。

研讨会上的报告丰富多彩，有中国建筑业协会建筑节能专业委员会涂逢祥教授讲低能耗建筑的发展思路，南京银城房地产开发有限公司傅建总介绍南京聚福园小区，南京朗诗置业股份有限公司副总工郭咏海讲朗诗置业的低能耗建筑，东南大学杨维菊教授讲农村节能房与太阳能利用，德中建筑协会副主席卢求讲德国的低能耗建筑，振利公司总裁黄振利讲科学合理地发展低能耗建筑，华南理工大学孟庆林教授讲建筑遮阳，丽美顺公司李明云副总经理讲高舒适度低能耗建筑与组合式空气能量回收，德国希德海姆大学教授 Leimer 讲欧洲节能住宅，南京锋尚公司讲锋尚低能耗技术应用，成都镔锦房地产开发有限公司唐荣华介绍龙锦慧苑小区，北京新立基公司唐健正教授讲复合真空保温墙板，清华大学黄献明讲基于生态经济思想的绿色建筑设计，上海青鹰遮阳公司总经理顾端青讲建筑遮阳技术，北京风景线遮阳技术公司总经理金朝辉讲可变化的外遮阳系统，银城公司介绍河西新办公楼设计，南京臣功节能材料有限公司张城功讲外墙复合保温系统要合理，江苏绿源新材料有限公司林永飞讲聚氨酯板材在低能耗建筑领域中的应用，南京丰盛能源科技股份有限公司讲超低能耗高舒适度技术，拜耳公司讲满足中国建筑市场节能需求的聚合物解决方案，浙江大学郑荣进教授讲低能耗建筑中传统构造措施可能失效。最后由许锦锋教授总结。

结合联合国计划开发署对建筑节能标准培训的要求，还请涂逢祥和方展和两位专家在会上讲了建筑节能标准的现状、要求和进展。

研讨会与会人员还参观了银城公司建设的聚福园和西提国际小区，朗诗置业公司建设的国际街区，并出版了全国低能耗建筑研讨会论文集。

研讨会得到了银城房地产开发有限公司、南京朗诗置业股份有限公司和北京振利公司等单位的积极支持。

（方　夫）

全国建筑供热研讨会在宁波召开

中国建筑业协会建筑节能专业委员会供热网 2007 年 5 月 23 日在浙江省宁波市召开研讨会。本次会议是由建筑节能专业委员会供热网主办，北京市朝阳区房屋管理局供暖中心承办。北京、天津、黑龙江、吉林、辽宁、河北、山西、山东、内蒙、湖北等省市的代表，连同厂家代表共计 203 人参加了会议。供热网名誉主任、原建设部城建司徐中堂副司长，中国建筑业协会建筑节能专业委员会涂逢祥会长和白胜芳秘书长以及天津市供热管理办公室李锡久主任出席了会议。

会议首先由供热网温丽同志做报告。报告介绍了该网一年来所做的主要工作。如分别组织了燃气运行技术和节能培训班，约 1300 余人参加；组织编写的《供热采暖系统维修管理规范》已于 2007 年 3 月 30 日正式颁布成为北京市地方标准；组织全体网员单位开展《2005 ~ 2006 年度锅炉供热能耗调查》，受到网员单位和领导的高度重视。

徐中堂原副司长发表了热情洋溢的讲话。中国建筑业协会建筑节能专业委员会涂逢祥会长做了《建筑节能发展思路》的专题报告。天津市供热管理办公室李锡久主任讲了《天津市改革与节能工作的回顾》。哈尔滨市供热办公室供热管理处宋扬处长介绍了哈尔滨市供热体制改革推进工作及市场监管情况，长春市房屋供暖总公司蒋忠义讲《实施采暖费“暗补变明补”加快供热改革步伐》。

会议内容丰富，到会代表收获很大。

（冬　暖）

真空玻璃技术在创新中发展

真空玻璃是创新产品。日本板硝子公司从悉尼大学取得专利使用权，于 1997 年初在京都建成第一条中试生产线，宣告“神奇玻璃”问世。10 年来还在不断改进完善生产工艺。北京新立基真空玻璃技术有限公司从 1998 年开始进行真空玻璃生产产业化的试验，经过艰苦奋斗，2006 年通过建设部科技司组织的验收，实现批量生产。但由于真空玻璃项目是一个集玻璃深加工、真空技术、自动化技术、精密热学、力学测量技术于一体的高新技术项目，还有许多问题需要继续解决，需要国家和行业的大力支持。正如镀膜技术和中空玻璃技术也经过几十年发展一样，需要一代人甚至几代人的努力。

（唐健正）

《建筑节能》第33~48册总目录

新能源和可再生能源产业发展“十五”规划　国家经贸委　第39册

墙体材料革新“十五”规划　国家经贸委　第39册

关于中国建筑节能的跨越式发展　涂逢祥　第40册

中国的能源战略和政策　陈清泰　第42册

优化城市能源结构，推进建筑节能，增强可持续发展能力　汪光焘　第42册

建筑节能研究报告——《中国能源综合发展战略与政策研究报告》摘录　涂逢祥等　第42册

政府机构节能研究报告——《中国能源综合发展战略与政策研究报告》摘录　王庆一　第42册

北京的能源规划和能源结构调整　江　亿　第42册

大学城能源规划中的节能　杨延萍等　第42册

国务院办公厅部署开展资源节约活动　第43册

2020年中国能源需求展望　周大地等　第43册

如何提高中国城市建筑领域能源与资源利用效率　苏挺（德）　第43册

《建设部推广应用和限制禁止使用技术》更正内容对照表　建设部　第43册

关于四川地区建筑能耗可持续发展的思考　冯　雅　第43册

四川省建筑热工设计分区与节能技术对策　王　瑞　第43册

中国气候变化初始国家信息通报（摘录）　第44册

全球气候变化问题概述——《中国能源发展战略与政策研究》摘录　徐华清等　第44册

能源活动对环境质量和公众健康造成了极大危害——《中国能源发展战略与政策研究》摘录　王金南等　第44册

大力发展节能省地型住宅　汪光焘　第44册

中华人民共和国建设部关于加强民用建筑工程项目建筑节能审查工作的通知　建科［2004］174号　建设部　第44册

国务院关于做好建设节约型社会近期重点工作的通知　国务院　第45册

建设部关于新建居住建筑严格执行节能设计标准的通知　建设部　第45册

建设部关于认真做好《公共建筑节能设计标准》宣贯、实施及监督工作的通知　建设部　第45册

建设部关于发展节能省地型住宅和公共建筑的指导意见　建设部　第45册

上海市建筑节能管理办法　上海市人民政府　第45册

山西省人民政府关于加强建筑节能工作的意见　山西省人民政府　第45册

应对能源资源环境挑战　共同促进可持续发展　汪光焘　第45册

建筑节能刻不容缓　郑一军　第45册

建筑节能形势与政策建议　涂逢祥　第45册

积极推进绿色建筑标准　大力发展节能省地型建筑　曾培炎　第46册

我国当前的能源形势与“十一五”能源发展　马　凯　第46册

大力发展节能省地型建筑建设资源节约型社会　汪光焘　第46册

建立五大创新体系促进绿色建筑发展　仇保兴　第46册

建筑节能落实“十一五”规划的工作安排　仇保兴　第46册

推进供热体制改革必须提高认识强化措施　仇保兴　第46册

关于进一步推进城镇供热体制改革的意见　建设部等八部委　第46册

民用建筑节能管理规定　建设部　第46册

关于推进供热计量的实施意见　建设部　第46册

建筑节能怎样为单位GDP能耗降低20%做贡献　涂逢祥　第46册

胡锦涛强调：把节约能源资源放在更突出的战略位置，加快建设资源节约型、环境友好型社会　第47册

节能塑料门窗在南方炎热地区的应用　王　民等　第39册
对夏热冬暖地区建筑门窗的几点看法　蔡贤慈　第39册
合理配置建筑门窗　刘　军　第40册
我国节能窗户性能指标体系探讨　郎四维　第43册
节能外窗性能分析　杨善勤　第43册
夏热冬冷地区外窗保温隔热性能对居住建筑采暖空调能耗和节能影响的分析　赵士怀等　第43册
节能塑料门窗的发展　闫雷光等　第43册
高性能中空玻璃与超级间隔条　王铁华　第43册
深圳地区不同朝向窗户玻璃的优化选择　李雨桐等　第43册
双层立面研究初探　蒋　骞等　第43册
窗遮阳系数的检测方法研究　李雨桐等　第43册
太阳热能及其应用——欧洲相关建筑法规规范介绍　柯特（意）等　第43册
第三步建筑节能对发展节能窗的机遇与挑战　方展和　第44册
谈谈节能建筑中的窗　沈天行　第44册
窗户——节能建筑的关键部位　白胜芳　第44册
北京市建筑外窗调研报告　段　恺等　第44册
提高建筑门窗保温性能的途径　张家猷　第44册
节能塑窗在我国的发展趋势　胡六平　第44册
上海安亭薪镇节能建筑高档塑料门窗的选用　陈　祺等　第44册
实德新70系列平开塑料窗　程先胜　第44册
铝合金——聚氨酯组合隔热窗框的制成分类和应用　张晨曦　第44册
我国中空玻璃加工业的回顾与展望　张佰恒等　第44册
提高中空玻璃节能特性的若干技术问题　刘　军　第44册
改善中空玻璃的密封寿命　王铁华　第44册
硅酮/聚异丁烯双道密封结构浅析　戴海林　第44册
铝合金断热窗的改进设计与节能分析　曾晓武　第45册
节能65%后建筑外窗的配置建议　崔希骏等　第45册
论幕墙设计　谢士涛等　第45册
门窗幕墙节能任重道远　谢士涛　第45册
铝门窗幕墙行业的竞争力分析与对策　谢士涛　第45册
真空玻璃技术的新进展——吸气剂在真空玻璃中的应用　唐健正等　第46册
广州西塔超高层玻璃幕墙选型的DeST节能评价　孟庆林等　第47册
节能建筑要更多关注窗户问题　杨善勤　第47册
节能玻璃的热工性能分析　陈卓伦等　第47册
超级玻璃与超级真空玻璃　唐健正　第47册
高隔热隔声真空玻璃幕墙　唐健正　第47册
遮阳的节能功效　顾端青　第47册
活动式建筑外遮阳的设计浅谈　李　田　第47册
梅尔美Sunscreen室外透景系列遮阳织物　梅尔美公司　第47册
动态幕墙管理——建筑节能的有效途径　黄　永　第47册
节能窗与节能玻璃　唐健正　第48册
浅谈塑料门窗节能技术　杨　坤等　第48册
可变化的外遮阳系统对建筑节能的影响　金朝晖　第48册

简析自然采光及材料透光性对建筑节能的影响　闫振宇等　第48册
作为遮阳构件的太阳能真空集热管应用初探　李　静等　第48册

11　节能屋面技术

用挤塑聚苯板作倒置屋面保温层　王美君　第34册
生态型节能屋面的研究　白雪莲等　第34册
屋面被动蒸发隔热技术分析　刘才丰等　第34册
屋面绝热板的改进与应用研究　杨星虎等　第34册
把既有建筑的节能改造与“平改坡”相结合引向市场　方展和　第41册
关于屋顶绿化节能技术问题　唐鸣放等　第47册
自然通风状态下屋顶绿化隔热等效评价　唐鸣放等　第47册
夏热冬暖地区空调建筑屋顶节能技术　江　建等　第48册
胶东半岛海苔草房的节能措施　张竹容等　第48册

12　采暖空调节能技术

热量表产业化的若干理论和技术问题　王树铎　第33册
采用地板热辐射采暖、热表计量，促进建筑节能全面发展　池基哲　第33册
集中供热/冷系统中的能量计量　喻李葵等　第35册
对集中供暖住宅分户计量若干难点的再思考　张锡虎等　第35册
计量供热系统设计探讨　王　敬　第35册
单户燃气供热相关问题探讨　许海峰等　第35册
住宅供热计量综论　孙恺尧　第37册
集中供热按表计量收费室内系统的设计方法　高顺庆等　第37册
热网调节设备和热计量方式的选用　狄洪发等　第37册
从生理卫生和舒适的角度论述地板辐射供暖的特点　杨文帅等　第37册
太阳能、地热利用与地板辐射供暖　王荣光等　第37册
采暖热计量收费方法的试验分析　方修睦等　第39册
寒冷地区用空气源热泵的试验研究　马国远等　第39册
浦东国际机场大型离心水泵节能改造　曹　静　第39册
改善供热系统，节能建筑用能　曾享麟　第40册
中国城镇供热系统节能技术措施　中国城镇供热协会技术委员会　第40册
推进建筑耗能计量收费，保障可持续发展　孙恺尧　第40册
地下水源热泵系统运行能耗动态模拟分析　丁力行等　第40册
上海市建科大厦空调系统节能改造　刘传聚等　第40册
城市污水在建筑上的利用　沈天行等　第40册
关于电热采暖的多角度思考　张锡虎等　第41册
武汉市中央空调节能对策的探讨　李汉章等　第41册
光伏建筑一体化对建筑节能影响的理论研究　何　伟等　第41册
华北地区大中型城市建筑采暖方式分析　江　亿　第42册
新型的建筑物能源系统　徐建中等　第42册
藏东南地区冬季采暖方案初探　徐　明等　第42册
西藏地区太阳能采暖的利用　冯　雅　第42册
温度法采暖热计量系统　陈贻谅等　第43册
中央空调节能问题及对策刍议　龚明启等　第43册
燃气热源供暖系统综合经济分析　刘　亚　第43册

RX-Ⅱ型传热系数检测仪在工程检测中的应用　赵文海等　第44册
用气压法检测房屋气密性　刘凤香　第44册
示踪气体法检测房间气密性　赵文海等　第44册
利用导热仪和热流计方法对墙体和外门窗检测系统测量准确性的验证　陈　炼等　第44册
通道式玻璃幕墙遮阳性能测试　李雨桐　第44册
房屋节能检测中的抽样方案　赵　鸣等　第44册
空调冷水机组COP值现场测试方法　鄢　涛等　第44册
建筑围护结构节能指标的现场检测方法　杨仕超等　第46册
节能建筑快速检测技术的研究与开发　许锦峰等　第46册
建筑材料导热系数的测定　张　斌　第46册
实验室内与现场检测建筑围护结构传热系数方法——热箱法与热流计法　钱美丽　第46册
建筑节能与建筑外门窗幕墙热工性能的检测　刘月莉　第46册
传热系数检测仪在建筑实体检测中的应用　赵文海等　第46册
用红外热像法测定围护结构热工性能　方修睦　第46册
外保温耐候性试验方法　冯金秋　第46册
气压法检测房间气密性技术　段　恺等　第46册
建筑节能检测中发现的容易被忽略的“热桥”问题　梁　晶等　第46册
关于居住建筑现场节能检测方法的讨论　闫增峰　第47册

14　建筑节能软件

采暖地区居住建筑的节能设计达标评审——DECDC能耗计算软件简介　曲　南等　第40册
居住建筑设计节能能耗分析计算软件　牟秀泉等　第40册
建筑节能评估系统软件开发与研究　丁力行等　第40册
夏热冬冷地区建筑节能综合评价指标体系研究　丁力行等　第40册
应用DOE-2程序分析计算建筑能耗　林海燕　第41册
采暖居住建筑节能评价软件的研究与开发　方修睦等　第41册
建筑节能计算机评估体系研究　黄俊鹏等　第41册
围护结构隔热性评价及计算机算法　刘明明等　第41册
气象资料模拟软件在建筑节能标准制定中的应用　余　庄等　第41册
夏热冬暖地区居住建筑节能设计综合评价软件介绍　杨仕超等　第44册
居住建筑节能设计与审查软件的研究　马晓雯等　第44册
节能建筑能耗评估软件的开发　赵立华等　第44册
广州地区居住建筑节能设计的模拟分析　赵立华等　第47册

15　建筑能耗

广州地区住宅建筑能耗现状调查与分析　何俊毅等　第34册
夏热冬冷地区建筑能耗的模拟研究　侯余波等　第34册
上海住宅建筑节能潜力分析　倪德良　第37册
建立我国的建筑能耗评估体系　江　亿　第38册
广州地区居住建筑空调全年能耗及节能潜力分析　冀兆良等　第38册
广州市住宅空调能耗分析与研究　任　俊等　第41册
广州地区居住建筑空调能耗分析　周孝清等　第41册
公共建筑的节能判定参数的确定　李峥嵘等　第44册
北京市锅炉供热基础情况调查分析　北京市市政管理委员会供热办公室等　第45册

上海住宅建筑空调采暖用电调查　刘明明等　第46册
林区居住建筑室内环境及能耗分析　潘伟英等　第46册
德国和欧洲的建筑能耗认证和标识制度　吴　�等　第46册
北京地区农村建筑节能调查报告　王庆生等　第47册
2005~2006年度锅炉供热能耗的调查报告　温　丽等　第48册
南宁市既有公共建筑能耗现状调查分析　彭红圃等　第48册
广州市某酒店建筑能耗调查与分析　陈伟青等　第48册

16　国外建筑节能

英国建筑规范中的节能要求　乔治·韩德生　第36册
欧盟国家推行分户热计量收费现状分析　辛　坦　第36册
加拿大的能耗统计调查方法与实践　建设部考察团　第37册
英、法、德三国建筑节能标准近期进展　涂逢祥等　第37册
英、法、德三国建筑节能技术考察　顾同曾等　第37册
欧洲的三幢节能示范建筑　白胜芳等　第37册
德国室内采暖节能政策　Paul H · Suding　第37册
瑞典节能建筑现场测试与数据分析方法　周景德等　第38册
美国20世纪80年代初热费改革情况介绍　李立波等　第39册
丹麦区域供热收费体系　丹麦区域供热委员会　第45册
德国2006建筑节能规范及能源证书体系　卢　求　第47册
外墙外保温系统防火技术现状　宋长友等　第47册
玻璃钢节能应用的新发展　张　慧　第47册
德国低能耗建筑技术体系及发展趋势　卢　求　第48册
美国建筑节能法规体系　王新春　第48册
法国建筑节能政策的探讨与分析　李　骏　第48册
法国的能源利用效率和建筑节能标准的发展演变　李　骏　第48册

建筑节能进展